大数据技术与应用丛书

Hadoop
大数据技术原理与应用

黑马程序员 / 编著

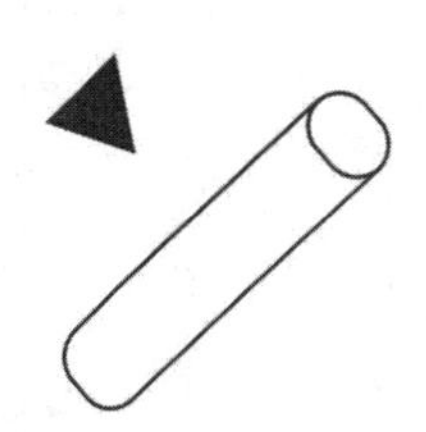

清華大學出版社
北 京

内 容 简 介

本书围绕 Hadoop 生态圈相关系统介绍大数据处理架构。全书共 11 章，其中，第 1、2 章主要带领大家认识 Hadoop 以及学会搭建 Hadoop 集群；第 3～5 章讲解分布式文件系统（HDFS）、分布式计算框架 MapReduce 以及分布式协调服务；第 6 章讲解 Hadoop 2.0 新特性，包含 YARN 和高可用特性；第 7～10 章主要讲解 Hadoop 生态圈的相关辅助系统，包括 Hive、Flume、Azkaban 和 Sqoop；第 11 章是一个综合项目——网站流量日志数据分析系统，目的是教会大家如何利用 Hadoop 生态圈技术构建大数据系统架构并进行开发，同时加深对 Hadoop 技术的理解。

本书附有配套视频、源代码、习题、教学设计、教学课件等资源。同时，为了帮助初学者更好地学习本书中的内容，还提供了在线答疑，欢迎读者关注。

本书可作为高等院校本、专科计算机相关专业，信息管理等相关专业的大数据课程教材，也可供相关技术人员参考，是一本适合广大计算机编程爱好者的优秀读物。

图书在版编目(CIP)数据

Hadoop 大数据技术原理与应用/黑马程序员编著. —北京：清华大学出版社，2019(2022.9重印)
(大数据技术与应用丛书)
ISBN 978-7-302-52440-3

Ⅰ. ①H… Ⅱ. ①黑… Ⅲ. ①数据处理软件 Ⅳ. ①TP274

中国版本图书馆 CIP 数据核字(2019)第 040842 号

责任编辑：袁勤勇　杨　枫
封面设计：韩　冬
责任校对：李建庄
责任印制：杨　艳

出版发行：清华大学出版社
网　　址：http://www.tup.com.cn，http://www.wqbook.com
地　　址：北京清华大学学研大厦 A 座　　**邮　　编**：100084
社 总 机：010-83470000　　**邮　　购**：010-62786544
投稿与读者服务：010-62776969，c-service@tup.tsinghua.edu.cn
质量反馈：010-62772015，zhiliang@tup.tsinghua.edu.cn
课件下载：http://www.tup.com.cn，010-83470236
印 装 者：三河市国英印务有限公司
经　　销：全国新华书店
开　　本：185mm×260mm　　**印　　张**：19　　**字　　数**：464 千字
版　　次：2019 年 5 月第 1 版　　**印　　次**：2022 年 9 月第 14 次印刷
定　　价：59.00 元

产品编号：083124-05

序 言

本书的创作公司—江苏传智播客教育科技股份有限公司(简称"传智教育")作为第一个实现A股IPO上市的教育企业,是一家培养高精尖数字化专业人才的公司,公司主要培养人工智能、大数据、智能制造、软件、互联网、区块链、数据分析、网络营销、新媒体等领域的人才。公司成立以来紧随国家科技发展战略,在讲授内容方面始终保持前沿先进技术,已向社会高科技企业输送数十万名技术人员,为企业数字化转型、升级提供了强有力的人才支撑。

公司的教师团队由一批拥有10年以上开发经验,且来自互联网企业或研究机构的IT精英组成,他们负责研究、开发教学模式和课程内容。公司具有完善的课程研发体系,一直走在整个行业的前列,在行业内竖立起了良好的口碑。公司在教育领域有2个子品牌:黑马程序员和院校邦。

一、黑马程序员—高端IT教育品牌

"黑马程序员"的学员多为大学毕业后想从事IT行业,但各方面条件还不成熟的年轻人。"黑马程序员"的学员筛选制度非常严格,包括了严格的技术测试、自学能力测试,还包括性格测试、压力测试、品德测试等。百里挑一的残酷筛选制度确保了学员质量,并降低了企业的用人风险。

自"黑马程序员"成立以来,教学研发团队一直致力于打造精品课程资源,不断在产、学、研3个层面创新自己的执教理念与教学方针,并集中"黑马程序员"的优势力量,有针对性地出版了计算机系列教材百余种,制作教学视频数百套,发表各类技术文章数千篇。

二、院校邦—院校服务品牌

院校邦以"协万千名校育人、助天下英才圆梦"为核心理念,立足于中国职业教育改革,为高校提供健全的校企合作解决方案,其中包括原创教材、高校教辅平台、师资培训、院校公开课、实习实训、协同育人、专业共建、传智杯大赛等,形成了系统的高校合作模式。院校邦旨在帮助高校深化教学改革,实现高校人才培养与企业发展的合作共赢。

(一)为大学生提供的配套服务

1. 请同学们登录"高校学习平台",免费获取海量学习资源。平台可以帮助高校学生解决各类学习问题。

2. 针对高校学生在学习过程中的压力等问题,院校邦面向大学生量身打造了IT学习小助手—"邦小苑",可提供教材配套学习资源。同学们快来关注"邦小苑"微信公众号。

高校学习平台

邦小苑”微信公众号

（二）为教师提供的配套服务

1. 院校邦为所有教材精心设计了“教案＋授课资源＋考试系统＋题库＋教学辅助案例”的系列教学资源。高校老师可登录“高校教辅平台”免费使用。

高校教辅平台

2. 针对高校教师在教学过程中存在的授课压力等问题，院校邦为教师打造了教学好帮手—“传智教育院校邦”，可搜索公众号“传智教育院校邦”，也可扫描“码大牛”老师微信（或QQ：2770814393），获取最新的教学辅助资源。

码大牛老师微信号

三、意见与反馈

为了让教师和同学们有更好的教材使用体验，您如有任何关于教材的意见或建议请扫码下方二维码进行反馈，感谢对我们工作的支持。

传智教育

2021 年 1 月

前言

我们生活在一个充满“数据”的时代，刷微信、聊 QQ、网购、旅游、看病等一系列行为无时无刻不在产生新的数据，日积月累形成巨大的数据集，迎来了大数据时代。大数据时代的力量，正在积极地影响着人们生活的方方面面，深刻改变着人类的思维、生产、生活、学习方式，深刻展示了世界发展的前景。

大数据时代，数据的存储与挖掘至关重要。企业在追求高可靠性、高扩展性及高容错性的大数据处理平台的同时还希望能够降低成本，而 Hadoop 为实现这些需求提供了解决方案。这里列举 3 条使用 Hadoop 作为大数据业务的基础原因，具体如下。

(1) Hadoop 底层的分布式文件系统具有高拓展性，通过数据冗余保证数据不丢失和提升计算效率，同时可以存储各种格式的数据。它还有多种计算框架，既可以进行离线计算也可以进行在线实时计算。

(2) Hadoop 是架构在廉价的硬件服务器上，且产品是开源的，供开发者免费使用，开发成本和维护成本都降低很多。

(3) Hadoop 具有成熟的生态圈，有许多辅助系统对数据进行处理。

本书作为大数据技术 Hadoop 的入门教程，最重要又最难的一件事情就是将一些复杂、难以理解的思想和问题简单化，让初学者能够轻松理解并快速掌握。本教材对每个知识点都进行了深入分析，并针对每个知识点精心设计了相关案例，然后模拟这些知识点在实际工作中的运用，真正做到了知识的讲解由浅入深、由易到难。

全书共分为 11 章。

第 1 章主要讲解什么是大数据以及 Hadoop 相关概念。通过本章的学习，读者可对大数据有简单的认识，并了解 Hadoop 生态圈工具及各自的用途。

第 2 章主要讲解 Hadoop 集群的构建。通过本章的学习，读者能掌握 Linux 系统网络配置、独立搭建 Hadoop 开发平台，以及简单操作 Hadoop 系统。

第 3 章主要讲解 Hadoop 分布式文件系统(HDFS)。通过本章的学习，读者可以掌握 HDFS 的架构和工作原理，并能够通过 Shell 接口和 Java API 操作 HDFS。

第 4 章主要讲解 MapReduce 的相关知识。通过本章的学习，初学者可以了解 MapReduce 计算框架的思想并且能够使用 MapReduce 解决实际问题。

第 5 章主要讲解 Zookeeper 分布式协调服务。通过本章的学习，读者能够对 Zookeeper 分布式协调服务有基本的认识，掌握 Zookeeper 内部运行原理，并会通过 Shell 和 Java API 操作 Zookeeper。

第 6 章主要讲解 Hadoop 2.0 的新特性，包括 YARN 资源管理框架和 HDFS 的高可用。其中，YARN 作为资源管理框架，读者需要明白它的体系结构和工作流程；HDFS 的高可用性能够解决集群的单点故障问题，读者要掌握高可用架构的部署方式，并能独立参考文档搭建高可用的Hadoop集群。

第7章主要讲解Hive的相关知识。读者需要了解Hive架构、数据模型、Hive的安装和管理以及Hive的数据操作。这里建议初学者在学习Hive时多动手操作Hive，通过丰富的案例练习，掌握Hive的使用。

第8章主要讲解Flume日志采集系统的基本知识。通过本章的学习，读者应该掌握Flume的基本概念、运行机制并且能够掌握Flume的安装配置和基本使用。

第9章主要讲解Azkaban工作流管理器的基本知识。通过本章的学习，读者应该对Azkaban有一定的了解，掌握Azkaban的部署和使用，并能够使用Azkaban进行任务调度管理。

第10章主要讲解Sqoop数据迁移工具的相关知识。通过本章的学习，读者可以掌握Sqoop工作原理，会独立搭建Sqoop工具并且能够使用Sqoop工具完成常用的数据迁移操作。

第11章主要通过开发网站流量日志分析系统来讲解利用Hadoop生态体系的技术解决实际问题。通过本章的学习，读者可以了解大数据系统的架构、数据采集、数据预处理、数据仓库的设计、数据分析、数据导出以及最后可视化处理。读者应该熟练掌握系统架构以及业务流程，熟练使用Hadoop生态体系相关技术。

致谢

本书的编写和整理工作由传智播客教育科技股份有限公司完成，主要参与人员有吕春林、高美云、石荣新、翟振方、文燕等，全体参编人员在这近一年的编写过程中付出了许多辛勤的汗水，在此表示衷心的感谢。

意见反馈

尽管我们尽了最大的努力，但书中难免会有欠妥之处，欢迎各界专家和读者朋友们来信提出宝贵意见，我们将不胜感激。您在阅读本书时，如果发现任何问题或有不认同之处可以通过电子邮件与我们取得联系。

请发送电子邮件至itcast_book@vip. sina. com。

黑马程序员

2019年3月于北京

目录

第1章 初识Hadoop

学习目标

- 了解大数据的概念及其特征。
- 熟悉大数据的典型应用。
- 了解 Hadoop 的发展历史及其版本。
- 掌握 Hadoop 的生态体系。

随着近几年计算机技术和互联网的发展,“大数据”这个词被提及得越来越频繁。与此同时,大数据的快速发展无时无刻不在影响着我们的生活,例如,医疗方面,大数据能够帮助医生预测疾病;电商方面,大数据能够向顾客个性化推荐商品;交通方面,大数据会帮助人们选择最佳出行方案。

Hadoop 作为一个能够对大量数据进行分布式处理的软件框架,用户可以利用 Hadoop 生态体系开发和处理海量数据。由于 Hadoop 可靠及高效的处理性能,使得它逐渐成为分析大数据的领先平台。接下来,将深入介绍大数据以及 Hadoop 的相关概念,为后面知识的学习建立概念体系。

1.1 大数据概述

1.1.1 什么是大数据

高速发展的信息时代,新一轮科技革命和变革正在加速推进,技术创新日益成为重塑经济发展模式和促进经济增长的重要驱动力量,而“大数据”无疑是核心推动力。

那么,什么是“大数据”呢?如果从字面意思来看,大数据指的是巨量数据。那么可能有人会问,多大量级的数据才叫大数据?不同的机构或学者有不同的理解,难以有一个非常定量的定义,只能说,大数据的计量单位已经越过 TB 级别发展到 PB、EB、ZB、YB 甚至 BB 级别。

最早提出“大数据”这一概念的是全球知名咨询公司麦肯锡,它是这样定义大数据的:一种规模大到在获取、存储、管理、分析方面大大超出了传统数据库软件工具能力范围的数据集合,具有海量的数据规模、快速的数据流转、多样的数据类型以及价值密度低四大特征。

研究机构 Gartner 是这样定义大数据的:“大数据”是需要新处理模式才能具有更强的决策力、洞察发现力和流转优化能力来适应海量、高增长率和多样化的信息资产。

若从技术角度来看,大数据的战略意义不在于掌握庞大的数据,而在于对这些含有意义的数据进行专业化处理，换言之，如果把大数据比作一种产业，那么这种产业盈利的关键在于提高对数据的"加工能力"，通过"加工"实现数据的"增值"。

1.1.2 大数据的特征

一般认为，大数据主要具有以下4个方面的典型特征，即大量(Volume)、多样(Variety)、高速(Velocity)和价值(Value)，即所谓的4V，接下来，通过一张图1-1来具体描述。

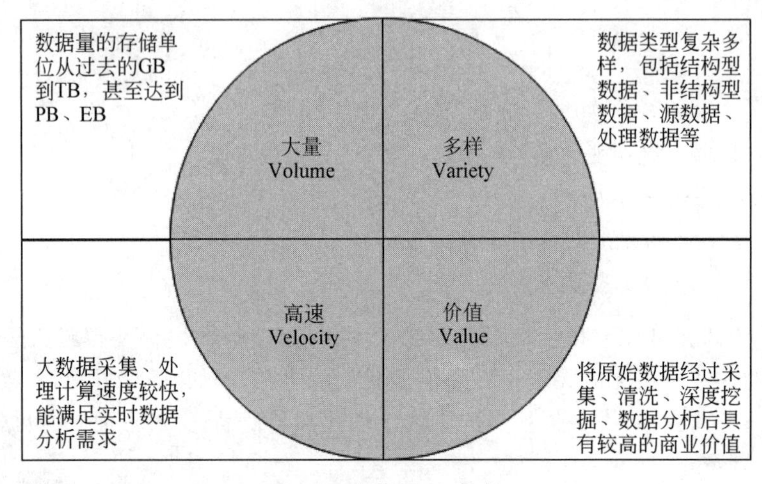

图1-1 大数据4V特征

接下来针对图1-1中的4V特征进行简要介绍，具体如下。

1. Volume(大量)

大数据的特征首先就是数据规模大。随着互联网、物联网、移动互联技术的发展，人和事物的所有轨迹都可以被记录下来，数据呈现出爆发性增长。数据相关计量单位的换算关系如表1-1所示。

表1-1 单位换算关系

单位	换算公式	单位	换算公式
Byte	1Byte=8bit	TB	1TB=1024GB
KB	1KB=1024Byte	PB	1PB=1024TB
MB	1MB=1024KB	EB	1EB=1024PB
GB	1GB=1024MB	ZB	1ZB=1024EB

2. Variety(多样)

数据来源的广泛性，决定了数据形式的多样性。大数据可以分为三类，一是结构化数据，如财务系统数据、信息管理系统数据、医疗系统数据等，其特点是数据间因果关系强；二是非结构化的数据，如视频、图片、音频等，其特点是数据间没有因果关系；三是半结构化数据,如 HTML 文档、邮件、网页等,其特点是数据间的因果关系弱。有统计显示,目前结构化数据占据整个互联网数据量的 75%以上,而产生价值的大数据,往往是这些非结构化数据。

3. Velocity(高速)

数据的增长速度和处理速度是大数据高速性的重要体现。与以往的报纸、书信等传统数据载体生产传播方式不同,在大数据时代,大数据的交换和传播主要是通过互联网和云计算等方式实现的,其生产和传播数据的速度是非常迅速的。另外,大数据还要求处理数据的响应速度要快,例如,上亿条数据的分析必须在几秒内完成。数据的输入、处理与丢弃必须立刻见效,几乎无延迟。

4. Value(价值)

大数据的核心特征是价值,其实价值密度的高低和数据总量的大小是成反比的,即数据价值密度越高数据总量越小,数据价值密度越低数据总量越大。任何有价值的信息的提取依托的就是海量的基础数据。当然目前大数据背景下有个未解决的问题,如何通过强大的机器算法更迅速地在海量数据中完成数据的价值提纯。

1.1.3　研究大数据的意义

现在的社会是一个高速发展的社会,科技发达,信息流通,人们之间的交流也越来越密切,生活也越来越便捷,大数据就是这个高科技时代的产物。未来的时代将不是 IT 时代,而是 DT 的时代,DT 就是 Data Technology,数据科技,这显示出大数据对于未来的时代来说是举足轻重的。

有人把数据比喻为蕴藏能量的煤矿。煤炭按照性质有焦煤、无烟煤、肥煤、贫煤等分类,而露天煤矿、深山煤矿的挖掘成本又不一样。与此类似,大数据并不在于"大",而在于"有用"。数据的价值含量、挖掘成本比数量更为重要。对于很多行业而言,如何利用这些大规模数据,发掘其潜在价值,才是赢得核心竞争力的关键。

研究大数据,最重要的意义是预测。因为数据从根本上讲,是对过去和现在的归纳和总结,其本身不具备趋势和方向性的特征,但是可以应用大数据去了解事物发展的客观规律、了解人类行为,并且能够帮助我们改变过去的思维方式,建立新的数据思维模型,从而对未来进行预测和推测。比如,商业公司对消费者日常的购买行为和使用商品习惯进行汇总和分析,了解到消费者的需求,从而改进已有商品并适时推出新的商品,消费者的购买欲就会提高。知名互联网公司谷歌对其用户每天频繁搜索的词汇进行数据挖掘,从而进行相关的广告推广和商业研究。

大数据的处理技术迫在眉睫,近年来各国政府和全球学术界都掀起了一场大数据技术的革命,众人纷纷积极研究大数据的相关技术。很多国家都把大数据技术研究上升到了国家战略高度,提出了一系列的大数据技术研发计划,从而推动政府机构、学术界、相关行业和各类企业对大数据技术进行探索和研究。

可以说大数据是一种宝贵的战略资源,其潜在价值和增长速度正在改变着人类的工作、生活和思维方式。可以想象,在未来,各行各业都会积极拥抱大数据,积极探索数据挖掘和分析的新技术、新方法，从而更好地利用大数据。当然，大数据并不能主宰一切。大数据虽然能够发现“是什么”，却不能说明“为什么”；大数据提供的是一些描述性的信息，而创新还是需要人类自己来实现。

1.2 大数据的应用场景

近年来，大数据不断向世界的各行各业渗透，影响着我们的衣食住行。例如，网上购物时，经常会发现电子商务门户网站向我们推荐商品，往往这类商品都是我们最近需要的。这是因为用户上网行为轨迹的相关数据都会被搜集记录，并通过大数据分析，使用推荐系统将用户可能需要的物品进行推荐，从而达到精准营销的目的。下面简单介绍几种大数据的应用场景。

1.2.1 医疗行业的应用

大数据让就医、看病更简单。过去，对于患者的治疗方案，大多数都是通过医师的经验来进行，优秀的医师固然能够为患者提供好的治疗方案，但由于医师的水平不相同，所以很难保证患者都能够接受最佳的治疗方案。而随着大数据在医疗行业的深度融合，大数据平台积累了海量的病例、病例报告、治愈方案、药物报告等信息资源，所有常见的病例、既往病例等都记录在案，医生通过有效、连续的诊疗记录，能够给病人优质、合理的诊疗方案。这样不仅提高医生的看病效率，而且能够降低误诊率，从而让患者在最短的时间接受最好的治疗。下面列举大数据在医疗行业的应用，具体如下。

(1) 优化医疗方案，提供最佳治疗方法。面对数目及种类众多的病菌、病毒，以及肿瘤细胞时，疾病的确诊和治疗方案的确定也是很困难的。借助于大数据平台，可以搜集不同病人的疾病特征、病例和治疗方案，从而建立医疗行业的病人分类数据库。如果未来基因技术发展成熟，可以根据病人的基因序列特点进行分类，建立医疗行业的病人分类数据库。在医生诊断病人时可以参考病人的疾病特征、化验报告和检测报告，参考疾病数据库来快速帮助病人确诊，明确地定位疾病。在制订治疗方案时，医生可以依据病人的基因特点，调取相似基因、年龄、人种、身体情况相同的有效治疗方案，制订出适合病人的治疗方案，帮助更多人及时进行治疗。同时这些数据也有利于医药行业研发出更加有效的药物和医疗器械。

(2) 有效预防预测疾病。解决患者的疾病，最为简单的方式就是防患于未然。通过大数据对于群众的人体数据监控，将各自的健康数据、生命体征指标都集合在数据库和健康档案中。通过大数据分析应用，推动覆盖全生命周期的预防、治疗、康复和健康管理的一体化健康服务，这是未来健康服务管理的新趋势。当然，这一点不仅需要医疗机构加快大数据的建设，还需要群众定期去做检查，及时更新数据，以便通过大数据来预防和预测疾病的发生，做到早治疗、早康复。当然，随着大数据的不断发展，以及在各个领域的应用，一些大规模的流感也能够通过大数据实现预测。

1.2.2 金融行业的应用

随着大数据技术的应用，越来越多的金融企业也开始投身到大数据应用实践中。麦肯锡的一份研究显示，金融业在大数据价值潜力指数中排名第一。下面列举若干大数据在金融行业的典型应用，具体如下。

(1) 精准营销。银行在互联网的冲击下，迫切需要掌握更多用户信息，继而构建用户360°立体画像，即可对细分的客户进行精准营销、实时营销等个性化智慧营销。

(2) 风险管控。应用大数据平台，可以统一管理金融企业内部多源异构数据和外部征信数据，更好地完善风控体系。内部可保证数据的完整性与安全性，外部可控制用户风险。

(3) 决策支持。通过大数据分析方法改善经营决策，为管理层提供可靠的数据支撑，从而使经营决策更高效、敏捷、精准。

(4) 服务创新。通过对大数据的应用，改善与客户之间的交互、增加用户黏性，为个人与政府提供增值服务，不断增强金融企业业务核心竞争力。

(5) 产品创新。通过高端数据分析和综合化数据分享，有效对接银行、保险、信托、基金等各类金融产品，使金融企业能够从其他领域借鉴并创造出新的金融产品。

1.2.3　零售行业的应用

零售业曾经有这样一个传奇故事，某家商店将纸尿裤和啤酒并排放在一起销售，结果纸尿裤和啤酒的销量双双增长！为什么看起来风马牛不相及的两种商品搭配在一起，能取到如此惊人的效果呢？后来经过分析发现，这些购买者多数是已婚男士，这些男士在为小孩购买尿不湿的同时，会同时为自己购买一些啤酒。发现这个秘密后，超市就大胆地将啤酒摆放在尿不湿旁边，这样顾客购买的时候更方便，销量自然也会大幅上升。之所以讲"啤酒-尿布"这个例子，其实是想告诉大家，挖掘大数据潜在的价值，是零售业竞争的核心竞争力，下面列举若干大数据在零售业的创新应用，具体如下。

(1) 精准定位零售行业市场。企业想进入或开拓某一区域零售行业市场，首先要进行项目评估和可行性分析，只有通过项目评估和可行性分析才能最终决定是否适合进入或者开拓这块市场。通常需要分析这个区域流动人口是多少？消费水平怎么样？客户的消费习惯是什么？市场对产品的认知度怎么样？当前的市场供需情况怎么样等等，这些问题背后包含的海量信息构成了零售行业市场调研的大数据，对这些大数据的分析就是市场定位过程。

(2) 支撑行业收益管理。大数据时代的来临，为企业收益管理工作的开展提供了更加广阔的空间。需求预测、细分市场和敏感度分析对数据需求量很大，而传统的数据分析大多采集的是企业自身的历史数据来进行预测和分析，容易忽视整个零售行业信息数据，因此难免使预测结果存在偏差。企业在实施收益管理过程中如果能在自有数据的基础上，依靠一些自动化信息采集软件来收集更多的零售行业数据，了解更多的零售行业市场信息，这将会对制订准确的收益策略，赢得更高的收益起到推进作用。

(3) 挖掘零售行业新需求。作为零售行业企业，如果能对网上零售行业的评论数据进行收集，建立网评大数据库，然后再利用分词、聚类、情感分析了解消费者的消费行为、价值取向、评论中体现的新消费需求和企业产品质量问题，以此来改进和创新产品，量化产品价值，制定合理的价格及提高服务质量，从中获取更大的收益。

1.3 Hadoop概述

1.3.1 Hadoop的前世今生

随着数据的快速增长,数据的存储和分析都变得越来越困难。例如存储容量、读写速度、计算效率等都无法满足用户的需求。为了解决这些问题,Google提出了如下3种处理大数据的技术手段。

- MapReduce：Google的MapReduce开源分布式并行计算框架；
- BigTable：一个大型的分布式数据库；
- GFS：Google的分布式文件系统。

上述三大技术可以说是革命性的技术,具体表现在：

(1) 成本降低,能用PC机,就不用大型机和高端存储。

(2) 软件容错硬件故障视为常态,通过软件保证可靠性。

(3) 简化并行分布式计算,无须控制节点同步和数据交换。

在2003—2004年,Google陆续公布了部分GFS和MapReduce思想的细节,Nutch的创始人Doug Cutting受到启发,用了若干年时间实现了DFS和MapReduce机制,使Nutch性能飙升。

2005年,Hadoop作为Lucene子项目Nutch的一部分正式被引入Apache基金会,随后又从Nutch中剥离,成为一套完整独立的软件,起名为Hadoop。据说,Hadoop这个名字来源于创始人Doug Cutting儿子的毛绒玩具大象,因此,Hadoop的Logo形象如图1-2所示。

图1-2 Hadoop Logo

目前,Hadoop已经正式成为Apache顶级开源项目,俨然已经处于大数据处理技术的核心地位。下面回顾一下近10年来Hadoop的主要发展历程。

- 2008年1月,Hadoop成为Apache顶级项目。
- 2008年6月,Hadoop的第一个SQL框架——Hive成为Hadoop的子项目。
- 2009年7月,MapReduce和Hadoop Distributed File System (HDFS)成为Hadoop项目的独立子项目。
- 2009年7月,Avro和Chukwa成为Hadoop新的子项目。
- 2010年5月,Avro脱离Hadoop项目,成为Apache顶级项目。
- 2010年5月,HBase脱离Hadoop项目,成为Apache顶级项目。
- 2010年9月,Hive脱离Hadoop,成为Apache顶级项目。
- 2010年9月,Pig脱离Hadoop,成为Apache顶级项目。
- 2010—2011年,扩大的Hadoop社区忙于建立大量的新组件(Crunch,Sqoop,Flume,Oozie等)来扩展Hadoop的使用场景和可用性。
- 2011年1月,ZooKeeper脱离Hadoop,成为Apache顶级项目。

- 2011 年 12 月，Hadoop 1.0.0 版本发布，标志着 Hadoop 已经初具生产规模。
- 2012 年 5 月，Hadoop 2.0.0-alpha 版本发布，这是 Hadoop 2.x 系列中第一个(alpha)版本。与之前的 Hadoop 1.x 系列相比，Hadoop 2.x 版本中加入了 YARN，YARN 成为了 Hadoop 的子项目。
- 2012 年 10 月，Impala 加入 Hadoop 生态圈。
- 2013 年 10 月，Hadoop 2.0.0 版本发布，标志着 Hadoop 正式进入 MapReduce v2.0 时代。
- 2014 年 2 月，Spark 开始代替 MapReduce 成为 Hadoop 的默认执行引擎，并成为 Apache 顶级项目。
- 2017 年 12 月，继 Hadoop 3.0.0 的 4 个 Alpha 版本和 1 个 Beta 版本后，第一个可用的 Hadoop 3.0.0 版本发布。

1.3.2 Hadoop 的优势

Hadoop 作为分布式计算平台，能够处理海量数据，并对数据进行分析。经过近 10 年的发展，Hadoop 已经形成了以下几点优势。

- 扩容能力强。Hadoop 是一个高度可扩展的存储平台，它可以存储和分发跨越数百个并行操作的廉价的服务器数据集群。不同于传统的关系数据库不能扩展到处理大量的数据，Hadoop 是能给企业提供涉及成百上千 TB 的数据节点上运行的应用程序。
- 成本低。Hadoop 为企业用户提供了极具缩减成本的存储解决方案。通过普通廉价的机器组成服务器集群来分发处理数据，成本比较低，普通用户也很容易在自己的 PC 机上搭建 Hadoop 运行环境。
- 高效率。Hadoop 能够并发处理数据，并且能够在节点之间动态地移动数据，并保证各个节点的动态平衡，因此处理数据的速度是非常快的。
- 可靠性。Hadoop 自动维护多份数据副本，假设计算任务失败，Hadoop 能够针对失败的节点重新分布处理。
- 高容错性。Hadoop 的一个关键优势就是容错能力强，当数据被发送到一个单独的节点，该数据也被复制到集群的其他节点上，这意味着故障发生时，存在另一个副本可供使用。

1.3.3 Hadoop 的生态体系

随着 Hadoop 的不断发展，Hadoop 生态体系越来越完善，现如今已经发展成一个庞大的生态体系，如图 1-3 所示。

从图 1-3 中可以看出，Hadoop 生态体系包含了很多子系统，下面介绍一些常见的子系统，具体如下。

1. 分布式存储系统(HDFS)

HDFS 是 Hadoop 分布式文件系统的简称，它是 Hadoop 生态系统中的核心项目之一，是分布式计算中数据存储管理基础。HDFS 具有高容错性的数据备份机制，它能检测和应

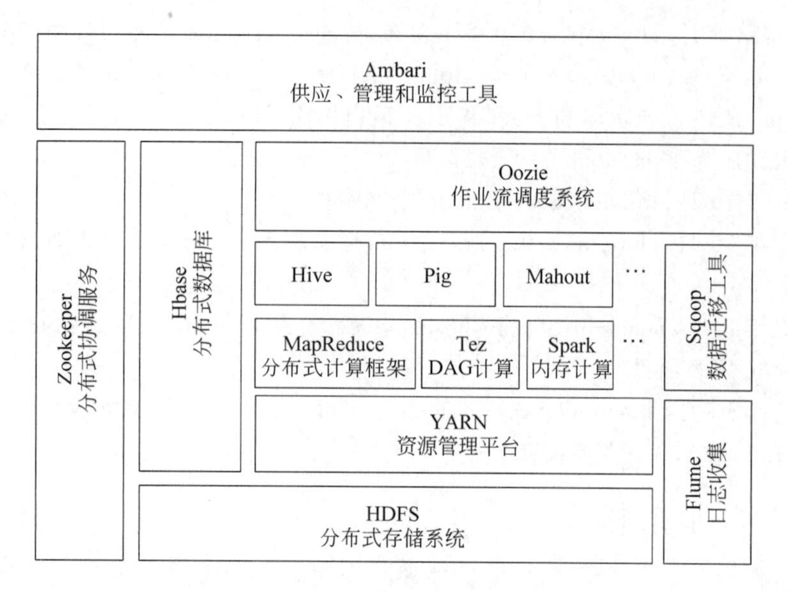

图 1-3　Hadoop 生态圈

对硬件故障，并在低成本的通用硬件上运行。另外，HDFS 具备流式的数据访问特点，提供高吞吐量应用程序数据访问功能，适合带有大型数据集的应用程序。

2. MapReduce 分布式计算框架

MapReduce 是一种计算模型，用于大规模数据集(大于 1TB)的并行运算。"Map"对数据集上的独立元素进行指定的操作，生成键值对形式中间结果；"Reduce"则对中间结果中相同"键"的所有"值"进行规约，以得到最终结果。MapReduce 这种"分而治之"的思想，极大地方便了编程人员在不会分布式并行编程的情况下，将自己的程序运行在分布式系统上。

3. YARN 资源管理平台

YARN(Yet Another Resource Negotiator)是 Hadoop 2.0 中的资源管理器，它可为上层应用提供统一的资源管理和调度，它的引入为集群在利用率、资源统一管理和数据共享等方面带来了巨大好处。

4. Sqoop 数据迁移工具

Sqoop 是一款开源的数据导入导出工具，主要用于在 Hadoop 与传统的数据库间进行数据的转换，它可以将一个关系数据库(例如，MySQL、Oracle 等)中的数据导入到 Hadoop 的 HDFS 中，也可以将 HDFS 的数据导出到关系数据库中，使数据迁移变得非常方便。

5. Mahout 数据挖掘算法库

Mahout 是 Apache 旗下的一个开源项目，它提供了一些可扩展的机器学习领域经典算法的实现，旨在帮助开发人员更加方便快捷地创建智能应用程序。Mahout 包含许多实现，包括聚类、分类、推荐过滤、频繁子项挖掘。此外，通过使用 Apache Hadoop 库，Mahout 可以有效地扩展到云中。

6. HBase 分布式数据库

HBase 是 Google Bigtable 克隆版，它是一个针对结构化数据的可伸缩、高可靠、高性能、分布式和面向列的动态模式数据库。和传统关系数据库不同，HBase 采用了 BigTable 的数据模型：增强的稀疏排序映射表(Key/Value)，其中，键由行关键字、列关键字和时间戳构成。HBase 提供了对大规模数据的随机、实时读写访问，同时，HBase 中保存的数据可以使用 MapReduce 来处理，它将数据存储和并行计算完美地结合在一起。

7. Zookeeper 分布式协调服务

Zookeeper 是一个分布式的，开放源码的分布式应用程序协调服务，是 Google 的 Chubby 一个开源的实现，是 Hadoop 和 HBase 的重要组件。它是一个为分布式应用提供一致性服务的软件，提供的功能包括配置维护、域名服务、分布式同步、组服务等用于构建分布式应用，减少分布式应用程序所承担的协调任务。

8. Hive 基于 Hadoop 的数据仓库

Hive 是基于 Hadoop 的一个分布式数据仓库工具，可以将结构化的数据文件映射为一张数据库表，将 SQL 语句转换为 MapReduce 任务进行运行。其优点是操作简单，降低学习成本，可以通过类 SQL 语句快速实现简单的 MapReduce 统计，不必开发专门的 MapReduce 应用，十分适合数据仓库的统计分析。

9. Flume 日志收集工具

Flume 是 Cloudera 提供的一个高可用的，高可靠的，分布式的海量日志采集、聚合和传输的系统，Flume 支持在日志系统中定制各类数据发送方，用于收集数据；同时，Flume 提供对数据进行简单处理，并写到各种数据接受方(可定制)的能力。

1.3.4 Hadoop 的版本

Hadoop 发行版本分为开源社区版和商业版，社区版是指由 Apache 软件基金会维护的版本，是官方维护的版本体系。商业版 Hadoop 是指由第三方商业公司在社区版 Hadoop 基础上进行了一些修改、整合以及各个服务组件兼容性测试而发行的版本，比较著名的有 Cloudera 公司的 CDH 版本。

为了方便学习，本书采用开源社区版，而 Hadoop 自诞生以来，主要分为 Hadoop 1、Hadoop 2 和 Hadoop 3 三个系列的多个版本。由于目前市场上最主流的是 Hadoop 2. x 版本，因此，本书只针对 Hadoop 2. x 版本进行相关介绍。

Hadoop 2. x 版本指的是第 2 代 Hadoop，它是从 Hadoop 1. x 发展而来的，并且相对于 Hadoop 1. x 来说，有很多改进。下面从 Hadoop 1. x 到 Hadoop 2. x 发展的角度，对两版本进行讲解，如图 1-4 所示。

通过图 1-4 可以看出，Hadoop 1. 0 内核主要由分布式存储系统(HDFS)和分布式计算框架 MapReduce 两个系统组成，而 Hadoop 2. x 版本主要新增了资源管理框架 YARN 以及

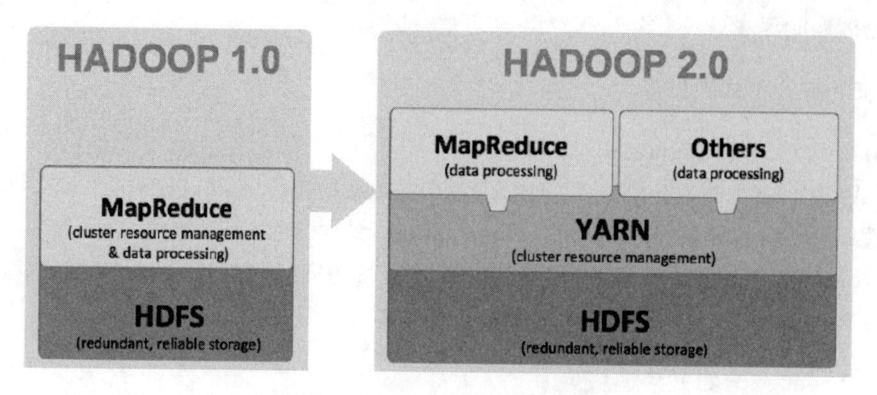

图 1-4 Hadoop 版本内核演变

其他工作机制的改变。

在 Hadoop 1.x 版本中，HDFS 与 MapReduce 结构如图 1-5 和图 1-6 所示。

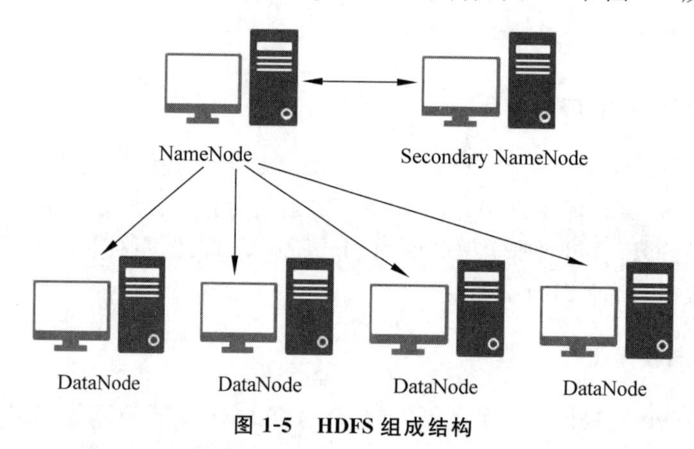

图 1-5 HDFS 组成结构

从图 1-5 可以看出，HDFS 由一个 NameNode 和多个 DateNode 组成，其中，DataNode 负责存储数据，但是数据具体存储到哪个 DataNode(节点)，则是由 NameNode 决定的。

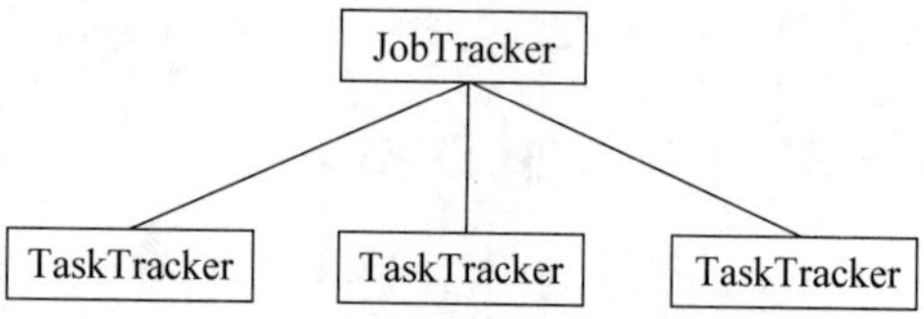

图 1-6 MapReduce 组成结构

从图 1-6 可以看出 MapReduce 由一个 JobTracker 和多个 TaskTracker 组成，其中，MapReduce 的主节点 JobTracker 只有一个，从节点 TaskTracker 有很多个，JobTracker 与 TaskTracker 在 MapReduce 中的角色就像是项目经理与开发人员的关系，而 JobTracker 负责接收用户提交的计算任务，将计算任务分配给 TaskTracker 执行、跟踪，JobTracker 同时监控 TaskTracker 的任务执行状况等。当然，TaskTracker 只负责执行 JobTracker 分配的计算任务，正是由于这种机制，Hadoop 1.x 架构中的 HDFS 和 MapReduce 存在以下缺陷：

(1) HDFS 中的 NameNode、SecondaryNode 单点故障，风险比较大。其次，NameNode 内存受限不好扩展，因为 Hadoop 1.x 版本中的 HDFS 只有一个 NameNode，并且要管理所有的 DataNode。

(2) MapReduce 中的 JobTracker 职责过多,访问压力太大,会影响系统稳定。除此之外,MapReduce 难以支持除自身以外的框架,扩展性较低。

Hadoop 2. x 版本为克服 Hadoop 1. x 中的不足,对其架构进行了以下改进:

(1) Hadoop 2. x 可以同时启动多个 NameNode,其中一个处于工作(Active)状态,另一个处于随时待命(Standby)状态,这种机制被称为 Hadoop HA(Hadoop 高可用)。当一个 NameNode 所在的服务器宕机时,可以在数据不丢失的情况下,自动切换到另一个 NameNode 持续提供服务。

(2) Hadoop 2. x 将 JobTracker 中的资源管理和作业控制分开,分别由 ResourceManager(负责所有应用程序的资源分配)和 ApplicationMaster(负责管理一个应用程序)实现,即引入了资源管理框架 YARN,它是一个通用的资源管理框架,可以为各类应用程序进行资源管理和调度,不仅限于 MapReduce 一种框架,也可以为其他框架使用,如 Tez、Spark、Storm,这种设计不仅能够增强不同计算模型和各种应用之间的交互,使集群资源得到高效利用,而且能更好地与企业中已经存在的计算结构集成在一起。

(3) Hadoop 2. x 中的 MapReduce 是运行在 YARN 上的离线处理框架,它的运行环境不再由 JobTracker 和 TaskTracker 等服务组成,而是变成通用资源管理 YARN 和作业控制进程 ApplicationMaster,从而使 MapReduce 在速度上和可用性上都有很大的提高。

关于 Hadoop 2. 0 的 HDFS、MapReduce 以及 YARN 的具体介绍,将在后续章节详细讲解,这里大家有个印象即可。

1.4　本章小结

本章主要讲解什么是大数据以及 Hadoop 相关概念。首先介绍了大数据的 4V 特征(规模性、多样性、高速性、价值性),以及研究大数据的意义。接着,介绍了大数据在医疗、金融、零售行业的应用场景,利用大数据技术可以帮助企业达到业绩的提升。最后,通过 Hadoop 概述介绍了 Hadoop 的来源以及发展历程,介绍了 Hadoop 生态圈各个系统的主要功能,最后通过对 Hadoop 版本的简要概括,说明本教材选用 Hadoop 2. 0 的原因。

1.5　课后习题

一、填空题

1. 大数据的 4V 特征包含________、________、________和________。
2. Hadoop 三大组件包含________、________和________。
3. Hadoop 2. x 版本中的 HDFS 是由________、________和________组成。
4. Hadoop 发行版本分为________和________。
5. 目前 Apache Hadoop 发布的版本主要有________、________和________。

二、判断题

1. Cloudera CDH 是需要付费使用的。　(　　)

2. JobTracker 是 HDFS 的重要角色。（ ）
3. 在 Hadoop 集群中，NameNode 负责管理所有 DataNode。（ ）
4. 在 Hadoop 1.x 版本中，MapReduce 程序是运行在 YARN 集群之上。（ ）
5. Hadoop 是用 Java 语言开发的。（ ）

三、选择题

1. 下列选项中，哪个程序负责 HDFS 数据存储？（ ）
   A. NameNode　B. DataNode
   C. Secondary NameNode　D. ResourceManager
2. 下列选项中，哪项通常是集群的最主要的性能瓶颈？（ ）
   A. CPU　B. 网络　C. 磁盘　D. 内存
3. 下面哪项是 Hadoop 的作者？（ ）
   A. Martin Fowler　B. Doug cutting
   C. Mark Elliot Zuckerberg　D. Kent Beck

四、简答题

1. 简述大数据研究的意义。
2. 简述 Hadoop 的发行版本。

第 2 章 搭建Hadoop集群

学习目标

- 了解虚拟机的安装和克隆。
- 熟悉 Linux 系统的网络配置和 SSH 配置。
- 掌握 Hadoop 集群的搭建和配置。
- 掌握 Hadoop 集群测试。
- 熟悉 Hadoop 集群初体验的操作。

"磨刀不误砍柴工",要想深入学习和掌握 Hadoop 的相关应用,首先必须得学会搭建一个属于自己的 Hadoop 集群。本章将带领大家从零开始搭建一个简单的 Hadoop 集群,并体验 Hadoop 集群的简单使用。

2.1 安装准备

Hadoop 是一个用于处理大数据的分布式集群架构,支持在 GNU/Linux 系统以及 Windows 系统上进行安装使用。在实际开发中,由于 Linux 系统的便捷性和稳定性,更多的 Hadoop 集群是在 Linux 系统上运行的,因此本教材也针对 Linux 系统上 Hadoop 集群的构建和使用进行讲解。

2.1.1 虚拟机安装

Hadoop 集群的搭建涉及多台机器,而在日常学习和个人开发测试过程中,这显然是不可行的,为此,可以使用虚拟机软件(如 VMware Workstation)在同一台电脑上构建多个 Linux 虚拟机环境,从而进行 Hadoop 集群的学习和个人测试。

接下来,就分步骤演示如何使用 VMware Workstation 虚拟软件工具进行 Linux 系统虚拟机的安装配置。

1. 创建虚拟机

(1) 根据说明下载并安装好 VMware Workstation 虚拟软件工具(此次演示的是 VMware Workstation12 版本使用,该工具下载安装非常简单,具体可以查阅相关资料),安装成功后打开 VMware Workstation 工具,效果如图 2-1 所示。

(2) 在图 2-1 中,单击"创建新的虚拟机"选项进入新建虚拟机向导,根据安装向导可以

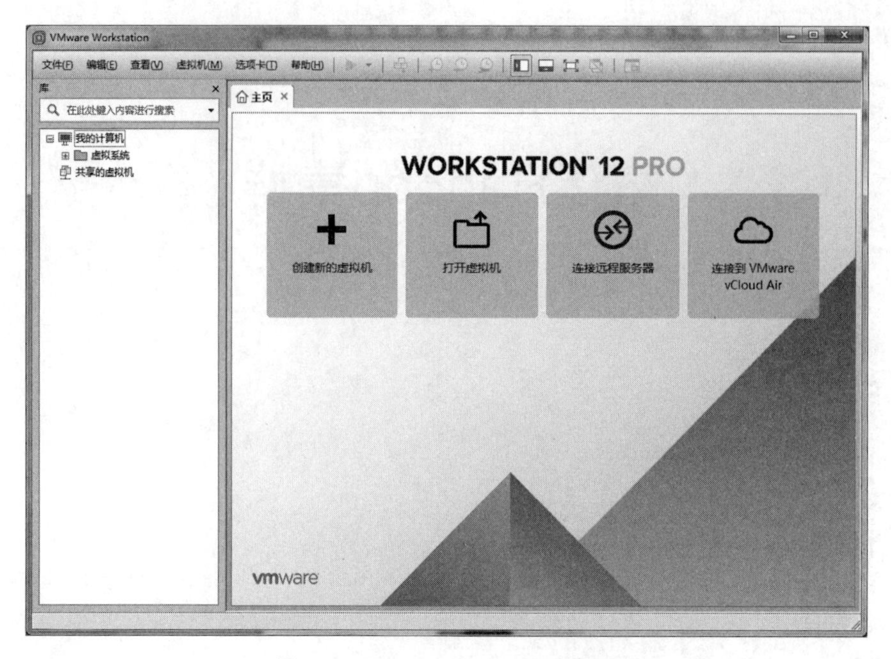

图 2-1 Vmware Workstation 界面

使用默认安装方式连续单击“下一步”按钮。当进入到“选择客户机操作系统”界面时，选择此次要安装的客户机操作系统为 Linux，以及版本为 CentOS 64 位，如图 2-2 所示。

图 2-2 操作系统选择

(3) 在图 2-2 中选择好客户机操作系统后，单击“下一步”按钮，进入到“命名虚拟机”界面，自定义配置虚拟机名称(示例中定义了虚拟机名称为 Hadoop01)和安装位置，如图 2-3 所示。

图 2-3　虚拟机命名

(4) 在图 2-3 中完成虚拟机命名后，单击“下一步”按钮，进入到“处理器配置”界面，根据个人 PC 端的硬件质量和使用需求，自定义设置“处理器数量”和“每个处理器的核心数量”，如图 2-4 所示。

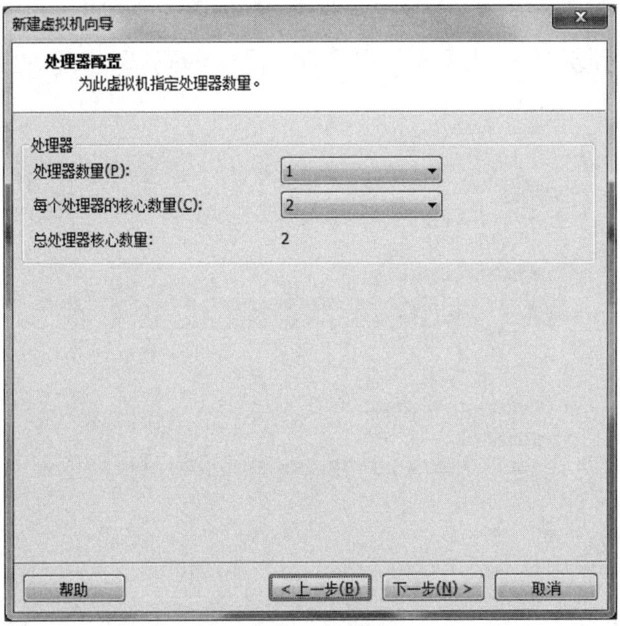

图 2-4　处理器配置

(5) 在图 2-4 中完成处理器配置后，单击“下一步”按钮，进入到“此虚拟机的内存”设置界面，同样根据个人 PC 端的物理内存进行合理分配，这里搭建的 Hadoop01 虚拟机后续将作为 Hadoop 集群主节点，所以通常会分配较多的内存，如图 2-5 所示。

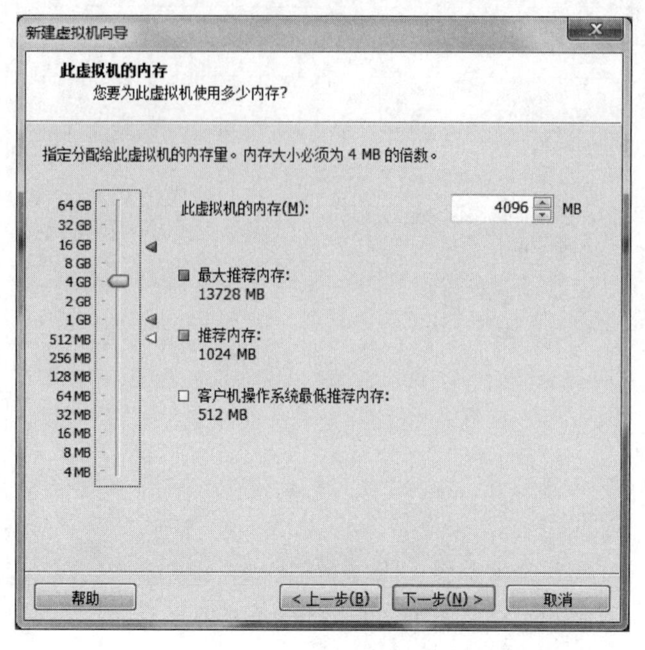

图 2-5 虚拟机内存

(6) 在图 2-5 中完成内存设置后，根据向导可以使用默认安装方式连续单击“下一步”按钮。当进入到“指定磁盘容量”界面后，可以根据实际需要并结合 PC 端硬件情况合理选择“最大磁盘大小”(此处演示使用默认值 20.0GB)，如图 2-6 所示。

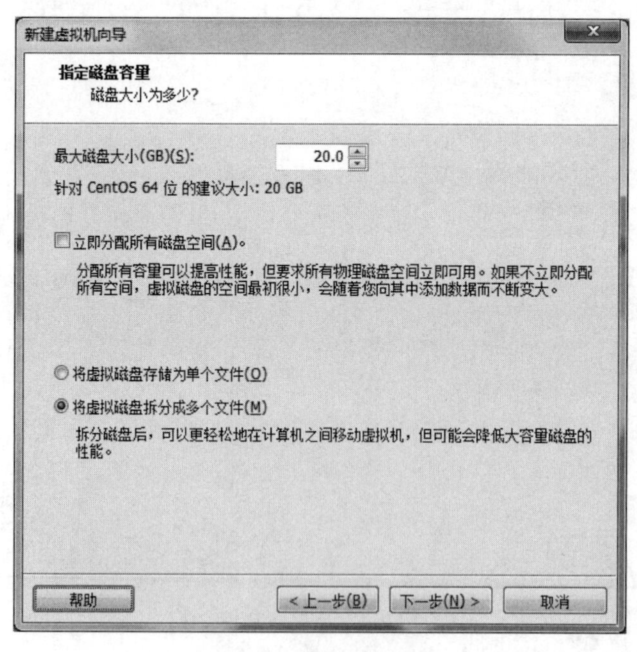

图 2-6 指定磁盘容量

(7) 在图 2-6 中完成磁盘容量设置后，再次根据向导可以使用默认安装方式连续单击“下一步”按钮。当进入到“已准备好创建虚拟机”界面，就可以查看当前设置的要创建的虚拟机参数，在确认无误后单击“完成”按钮，即可完成新建虚拟机的设置，如图 2-7 所示。

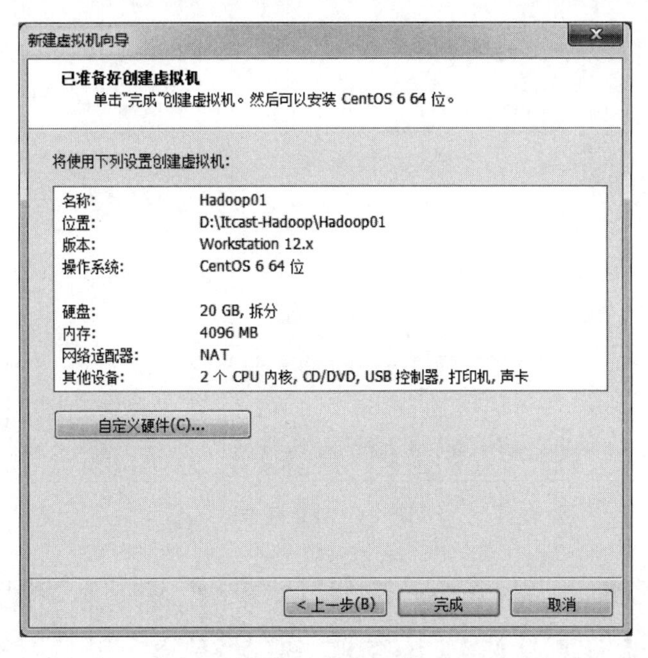

图 2-7 创建完成

根据上述步骤和说明进行操作，就可以完成新建虚拟机的设置，不过接下来，还需要对该虚拟机进行启动和初始化。

2. 虚拟机启动初始化

(1) 选中创建成功的 Hadoop01 虚拟机，右击打开“设置”中的 CD/DVD(IDE)选项，选中“使用 ISO 镜像文件(M)”选项，并单击“浏览(B)”按钮来设置 ISO 镜像文件的具体地址(此处根据前面操作系统的设置使用 CentOS 镜像文件来初始化 Linux 系统)，如图 2-8 所示。

(2) 设置完 ISO 镜像文件后，单击图 2-8 中的“确定”按钮，然后选择当前 Hadoop01 主界面的“开启此虚拟机”选项，来启动 Hadoop01 虚拟机，如图 2-9 所示。

(3) 选择图 2-9 中的第一条 Install or upgrade an existing system 选项，引导驱动加载完毕进入 Disc Found 界面，如图 2-10 所示。

(4) 在图 2-10 界面中，按下 Tab 键切换至 Skip 选项并按下 Enter 键进入到 CentOS 操作系统的初始化过程。先单击界面的“Next(下一步)”按钮进入到系统语言设置界面，为了后续软件及系统兼容性，通常会使用默认的 English(English)选项作为系统语言(为了方便查看也可以选择“Chinese(Simplified)(中文(简体))”系统语言，如图 2-11 所示。

(5) 设置好系统语言后，使用系统默认配置连续单击界面的 Next 按钮。当进入到“Storage Device Warning(存储设备警告)”界面时，选择“Yes，discard any data(是，忽略所有数据)”选项，如图 2-12 所示。

图 2-8 挂载镜像

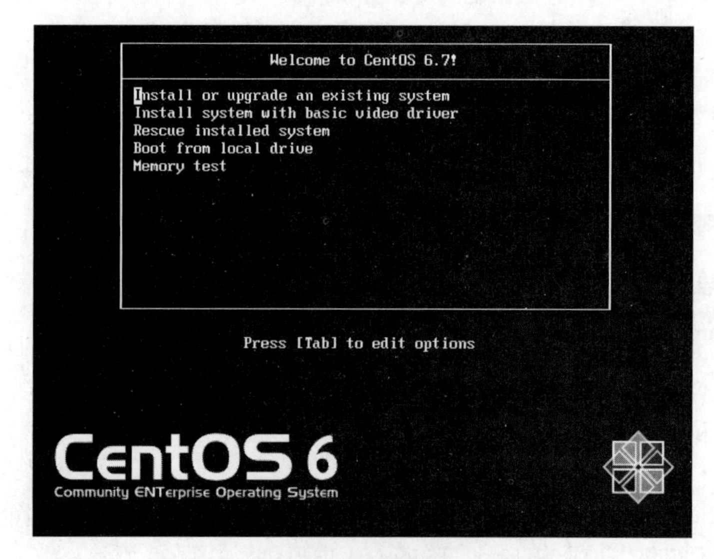

图 2-9 安装界面

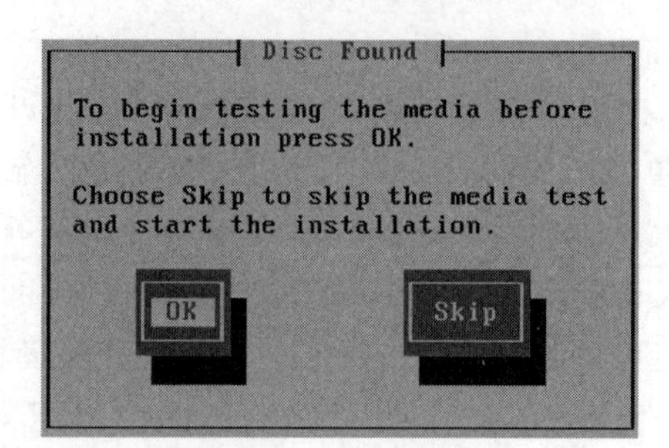

图 2-10 媒体选择

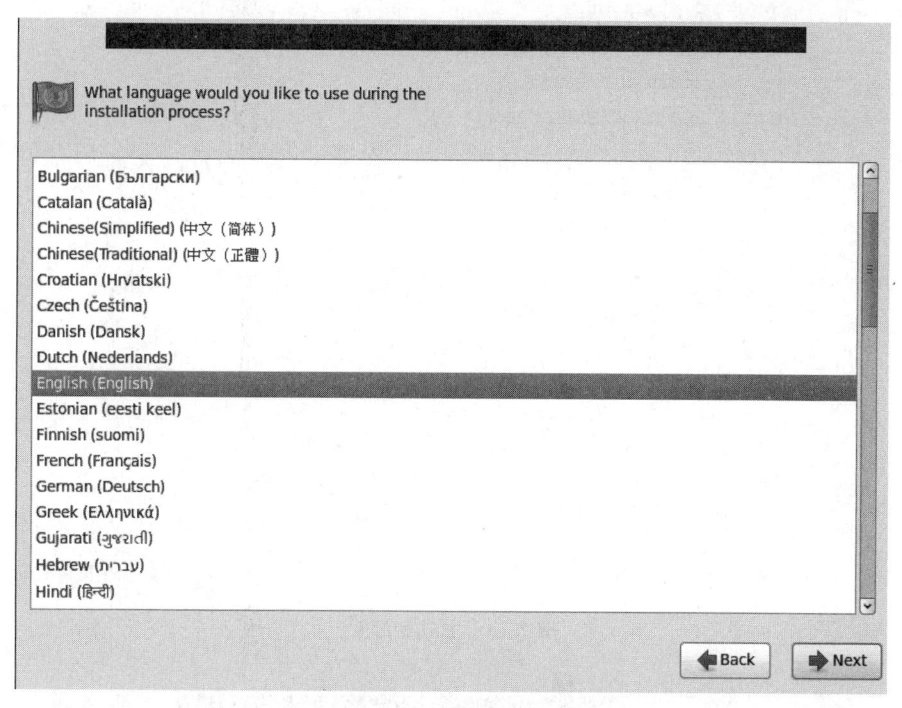

图 2-11　系统语言设置

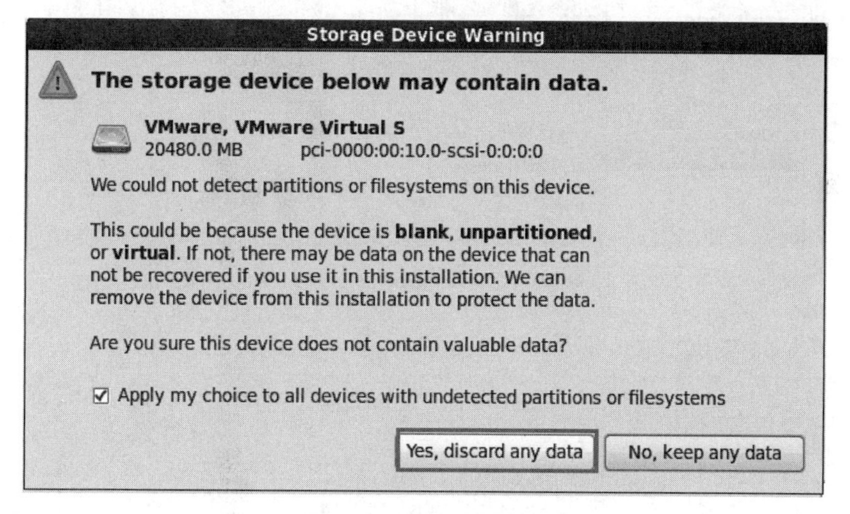

图 2-12　存储设备警告

（6）执行完图 2-12 所示的磁盘格式后，会立刻跳转到主机名 hostname 设置界面，自定义该台虚拟机的主机名 hostname（此处设置该台虚拟机主机名 hostname 为 hadoop01），如图 2-13 所示。

（7）完成主机名 hostname 设置后，继续单击图 2-13 中的“Configure Network（网络配置）”选项，在弹出的窗口中选择唯一的网卡 System eth0 并单击“Edit（编辑）”按钮，会出现一个网络配置的新弹出窗口，在新弹出窗口中选中“Connect automatically（自动连接）”选项，并单击“Apply（应用）”按钮，如图 2-14 所示。

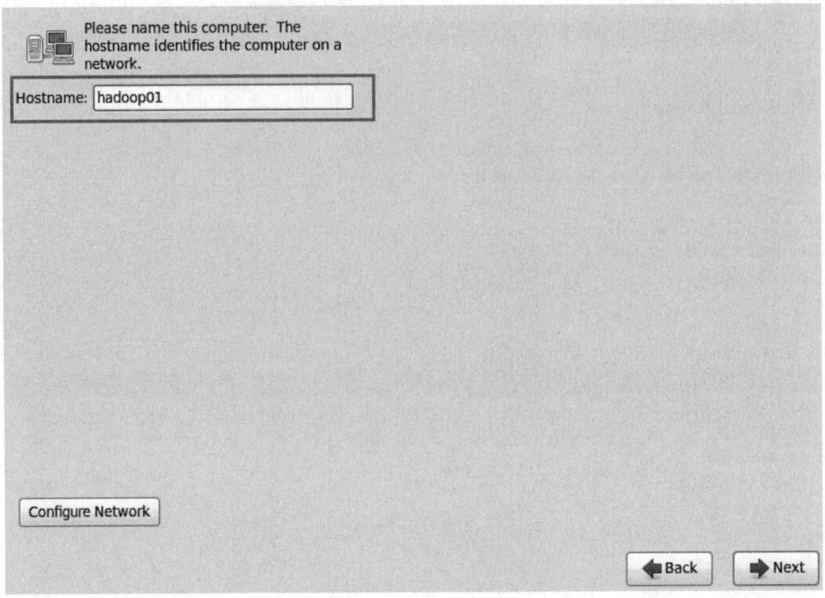

图 2-13 主机名配置

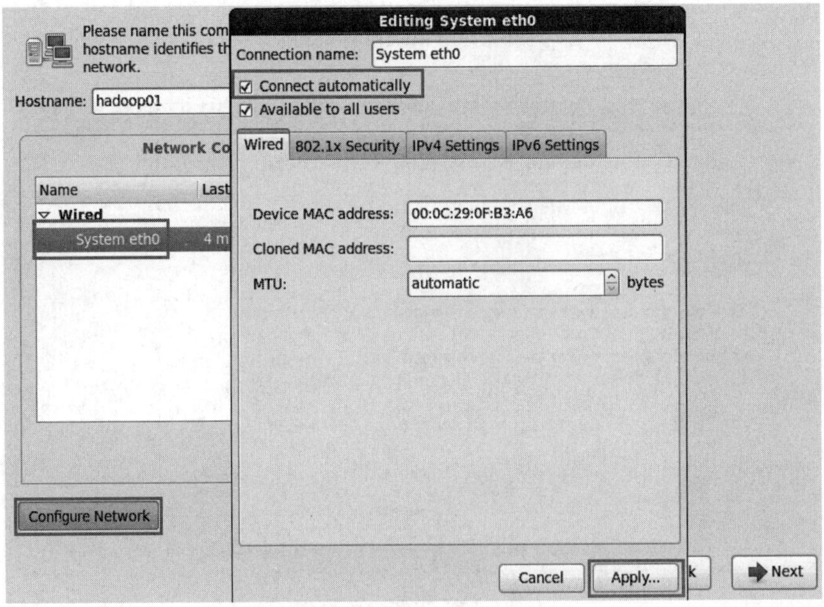

图 2-14 网络配置

(8) 完成主机名和网络配置后，单击界面的 Next 按钮，进行系统时区的选择，此处通常会选择 Asia/ShangHai(亚洲/上海)，如图 2-15 所示。

(9) 完成系统时区配置后，单击界面的 Next 按钮，进入到 root 用户密码设置界面，读者可以自定义 root 用户密码，但是要求密码长度最低 6 个字符(如果密码强度较低可能出现提示窗，直接单击“Use Anyway(无论如何都用)”选项即可)，这里设置的密码为 chuanzhi 如图 2-16 所示。

Selected city: Shanghai, Asia (Beijing Time)
Asia/Shanghai
System clock uses UTC
Back
Next

图 2-15　系统时区配置

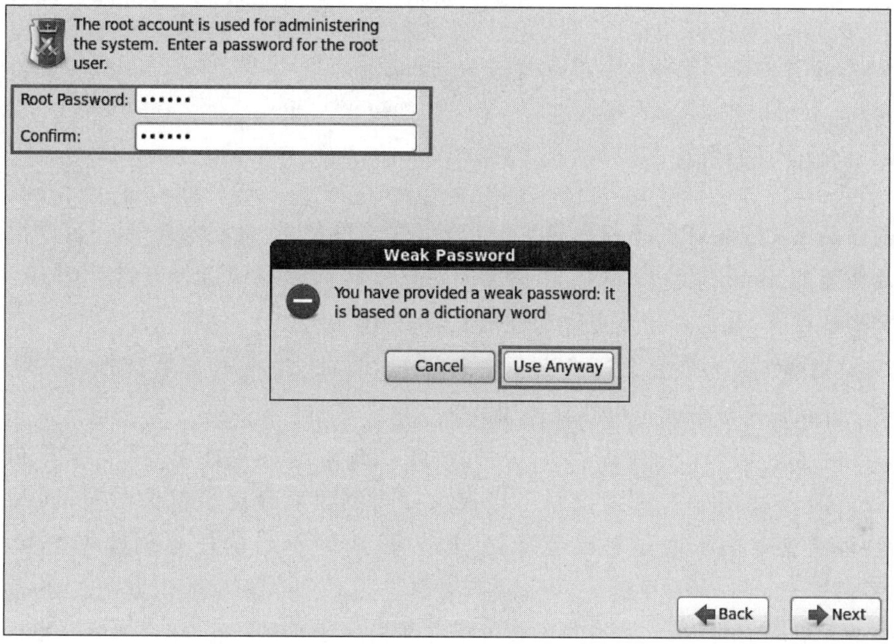

The root account is used for administering the system. Enter a password for the root user.
Root Password: ••••••
Confirm: ••••••
Weak Password
You have provided a weak password: it is based on a dictionary word
Cancel
Use Anyway
Back
Next

图 2-16　系统 root 用户密码设置

(10) 完成系统 root 用户密码设置后，单击界面的 Next 按钮，进入到磁盘修改格式化界面，直接单击“Write changes to disk(将修改写入磁盘)”选项即可，如图 2-17 所示。

执行完上述操作后，该虚拟机就会进入磁盘格式化过程，稍等片刻就会跳转到 CentOS 系统安装成功的界面。在安装成功界面，单击“Reboot(重启)”按钮进行重新引导系统，至此，就完成了 CentOS 虚拟机的安装。

为了规范后续 Hadoop 集群相关软件和数据的安装配置，这里在虚拟机的根目录下创建一些文件夹作为约定，具体如下：

① /export/data/：存放数据类文件；

② /export/servers/：存放服务类软件；

③ /export/software/：存放安装包文件。

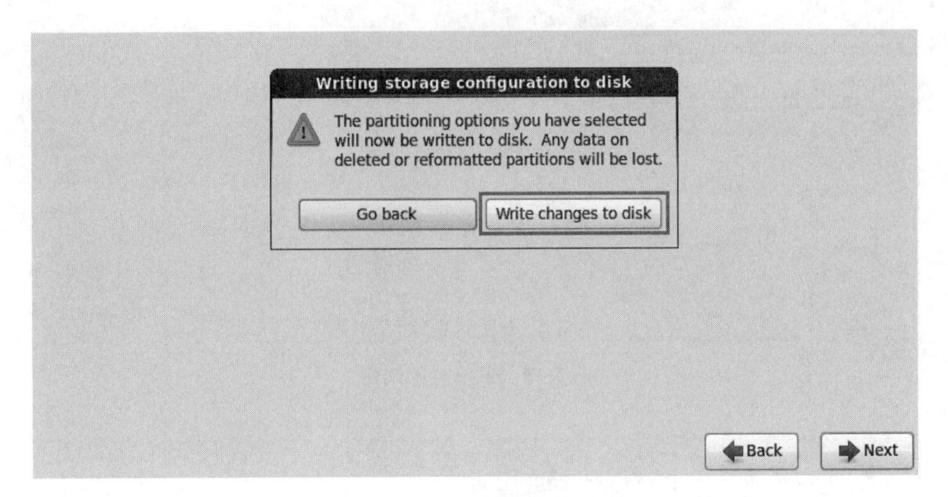

图 2-17 磁盘格式化

2.1.2 虚拟机克隆

目前已经成功安装好了一台搭载CentOS镜像文件的Linux系统，而一台虚拟机远远不能满足搭建Hadoop集群的需求，因此需要对已安装的虚拟机进行克隆。VMware提供了两种类型的克隆，分别是完整克隆和链接克隆，具体介绍如下。

- 完整克隆：是对原始虚拟机完全独立的一个复制，它不和原始虚拟机共享任何资源，可以脱离原始虚拟机独立使用。
- 链接克隆：需要和原始虚拟机共享同一虚拟磁盘文件，不能脱离原始虚拟机独立运行。但是，采用共享磁盘文件可以极大缩短创建克隆虚拟机的时间，同时还节省物理磁盘空间。通过链接克隆，可以轻松地为不同的任务创建一个独立的虚拟机。

以上两种克隆方式中，完整克隆的虚拟机文件相对独立并且安全，在实际开发中也较为常用。因此，此处以完整克隆方式为例，分步骤演示虚拟机的克隆。

(1) 关闭Hadoop01虚拟机，在VMware工具左侧系统资源库中右击Hadoop01，选择“管理”列表下的“克隆”选项，弹出克隆虚拟机向导，如图2-18所示。

(2) 根据克隆向导连续单击界面中的“下一步”按钮，进入到“克隆类型”界面后，选择“创建完整克隆(F)”选项，如图2-19所示。

(3) 选择完整克隆方式后，单击图2-19中的“下一步”按钮，进入到“新虚拟机名称”界面，在该界面自定义新虚拟机名称和位置，如图2-20所示。

在图2-20所示界面中，设置好新虚拟机名称和位置后，单击“完成”按钮就会进入新虚拟机克隆过程，稍等片刻就会跳转到虚拟机克隆的结果界面。在克隆成功界面，单击“关闭”按钮就完成了虚拟机的克隆。

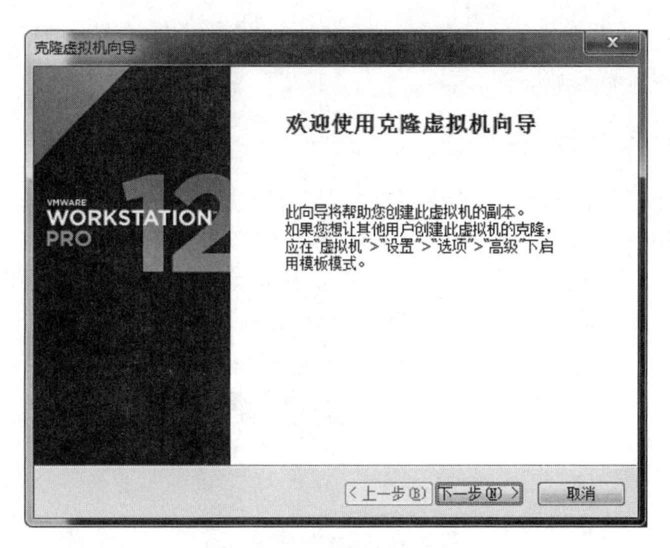

图 2-18　克隆虚拟机向导

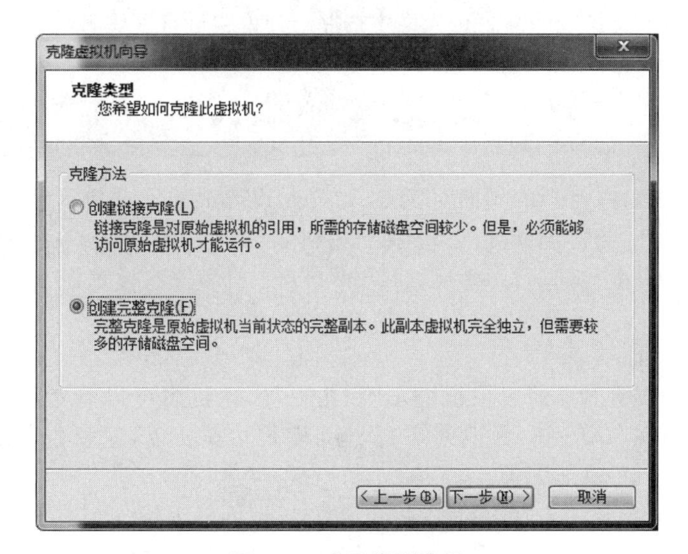

图 2-19　克隆类型选择

克隆虚拟机向导
新虚拟机名称
您要为此虚拟机使用什么名称?
虚拟机名称(V)
Hadoop02
位置(L)
D:\Itcast-Hadoop\Hadoop02
浏览(R)...
< 上一步(B)
完成
取消

图 2-20　新建虚拟机名称

上面完整演示了一台虚拟机的克隆，如果想克隆多台虚拟机，重复上述操作即可（注：本节克隆了两台服务器）。

2.1.3 Linux 系统网络配置

前面两小节介绍了虚拟机的安装和克隆，但是通过前面方式安装的虚拟机 Hadoop01 虽然能够正常使用，但是该虚拟机的 IP 是动态生成的，在不断的开停过程中很容易改变，非常不利于实际开发；而通过 Hadoop01 克隆的虚拟机（假设克隆了 2 个虚拟机 Hadoop02 和 Hadoop03）则完全无法动态分配到 IP，直接无法使用。因此，还需要对这三台虚拟机的网络分别进行配置。

接下来，本节就对如何配置虚拟机网络进行详细讲解（此处以克隆的 Hadoop02 虚拟机为例进行演示说明），具体如下。

1. 主机名和 IP 映射配置

开启克隆的虚拟机 Hadoop02，输入 root 用户的用户名（即 root）和密码后进入虚拟机系统。然后，在 Hodoop02 系统的命令行界面中按照下列说明进行主机名和 IP 映射的配置。

（1）配置主机名，具体指令如下。

```
$ vi /etc/sysconfig/network
```

执行上述指令后，在打开的界面对 HOSTNAME 选项进行重新编辑，根据个人实际需求进行主机名配置（此处将 Hadoop02 虚拟机主机名配置为 hadoop02）。后续演示 Hadoop 集群搭建时，会将 Hadoop01、Hadoop02、Hadoop03 主机名依次设置为 hadoop01、hadoop02 和 hadoop03。

（2）配置 IP 映射。

配置 IP 映射，要明确当前虚拟机的 IP 和主机名，主机名可以参考前面已配置的主机名，但 IP 地址必须在 VMware 虚拟网络 IP 地址范围内。所以，这里必须先清楚可选的 IP 地址范围，方可进行 IP 映射配置。

首先，选择 VMware 工具的“编辑”菜单下的“虚拟网络编辑(N)”菜单项，打开虚拟网络编辑器；接着，选中“NAT 模式”类型的 VMnet8，单击“DHCP 设置(P)”按钮会出现一个 DHCP 设置窗口，如图 2-21 所示。

从图 2-21 可以看出，此处 VMware 工具允许的虚拟机 IP 地址可选范围（192.168.121.128～192.168.121.254，不同电脑网络可能不同）。至此，就明确了要配置 IP 映射的 IP 地址可选范围（且不建议使用已用 IP 地址）。

然后，执行如下指令对 IP 映射文件 hosts 进行编辑。

```
$ vi /etc/hosts
```

执行上述指令后，会打开一个 hosts 映射文件，为了保证后续相互关联的虚拟机能够通过主机名进行访问，根据实际需求配置对应的 IP 和主机名映射，如图 2-22 所示。

从图 2-22 可以看出，此处分别将主机名 hadoop01、hadoop02、hadoop03 与 IP 地址 192.168.121.134、192.168.121.135 和 192.168.121.136 进行了匹配映射（这里通常要根据实际需要，将要搭建的集群主机都配置主机名和 IP 映射）。读者在进行 IP 映射配置时，

图 2-21　DHCP 设置

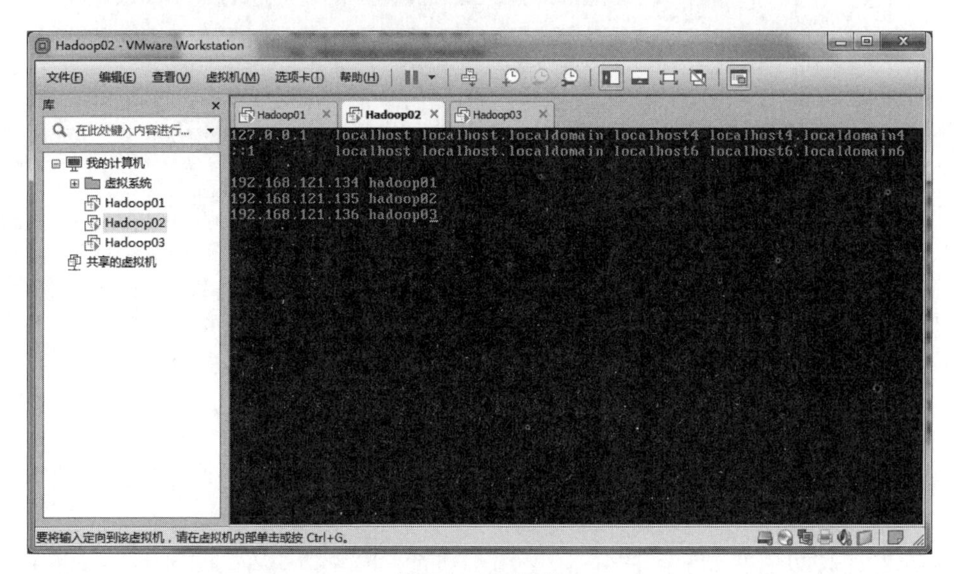

图 2-22　IP 映射

可以根据自己的 DHCP 设置和主机名规划 IP 映射。

小提示：需要说明的是，此处的主机名和 IP 映射配置并不是 Hadoop 集群搭建准备环境的必须项，读者也可以不必进行此步操作。只是通常情况下，为了更方便进行文件配置和虚拟机联系，都会进行主机名和 IP 映射配置。

2. 网络参数配置

上一步中，对虚拟机的主机名和 IP 映射进行了配置，而想要虚拟机能够正常使用，还需要进行网络参数配置。

(1) 修改虚拟机网卡配置文件,配置网卡设备的MAC地址,具体指令如下。

```
$ vi /etc/udev/rules.d/70-persistent-net.rules
```

执行上述指令后,会打开当前虚拟机的网卡设备参数文件,如图2-23所示。

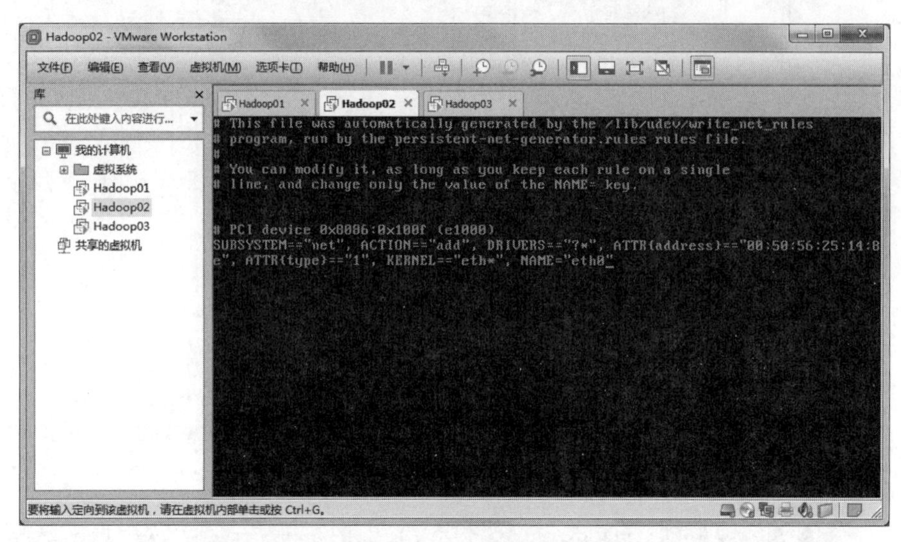

图2-23 网卡配置

由于虚拟机克隆的原因,在Hadoop02虚拟机中会有eth0和eth1两块网卡(Hadoop01虚拟机只有一块eth0网卡),此处删除eth1网卡配置,只保留eth0一块网卡,并且修改参数ATTR{address}=="当前虚拟机的MAC地址"(另一种更简单的方式是,删除eth0网卡,将eth1网卡的参数NAME="eth1"修改为NAME="eth0")。

为了查看当前虚拟机的MAC地址,右击当前虚拟机的"设置"列表并选中"网络适配器"选项,接着单击窗口右侧的"高级(V)"按钮,会出现一个新窗口,如图2-24所示。

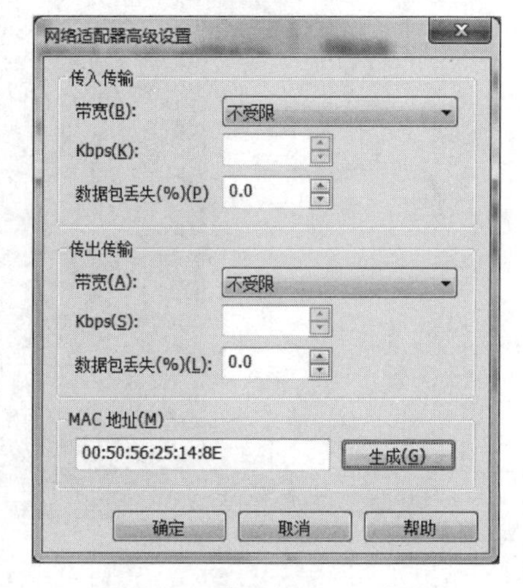

图2-24 虚拟机MAC地址

从图2-24可以看出,当前Hadoop02虚拟机的MAC地址为00:50:56:25:14:8E,而不同的虚拟机MAC地址是唯一的。

(2) 修改IP地址文件,设置静态IP,具体指令如下。

```
$ vi /etc/sysconfig/network-scripts/ifcfg-eth0
```

执行上述指令后,会打开虚拟机的IP地址配置界面,如图2-25所示。

在图2-25所示的IP地址配置界面,根据需要通常要配置或修改以下7处参数:

- ONBOOT=yes:表示启动这块网卡;
- BOOTPROTO=static:表示静态路由协议,可以保持IP固定;

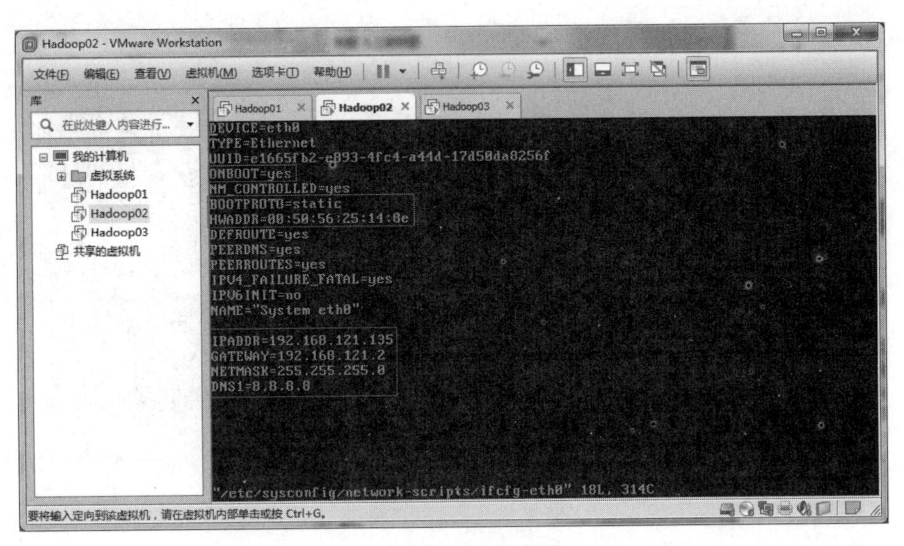

图 2-25 IP 地址配置

- HWADDR：表示虚拟机 MAC 地址，需要与当前虚拟机 MAC 地址一致；
- IPADDR：表示虚拟机的 IP 地址，这里设置的 IP 地址要与前面 IP 映射配置时的 IP 地址一致，否则无法通过主机名找到对应 IP；
- GATEWAY：表示虚拟机网关，通常都是将 IP 地址最后一个位数变为 2；
- NETMASK：表示虚拟机子网掩码，通常都是 255.255.255.0；
- DNS1：表示域名解析器，此处采用 Google 提供的免费 DNS 服务器 8.8.8.8（也可以设置为 PC 端电脑对应的 DNS）。

3. 配置效果验证

完成上述两个步骤的操作后，还需要重启虚拟机方可使当前配置生效，这里可以使用 reboot 指令重启系统。

系统重启完毕后，先通过 ifconfig 指令查看 IP 配置是否生效，如图 2-26 所示。

从图 2-26 中看出，Hadoop02 主机的 IP 地址已经设置为 192.168.121.135。接下来执行“ping www.baidu.com”指令检测网络连接是否正常（前提是安装虚拟机的 PC 端电脑可以正常上网），如图 2-27 所示。

从图 2-27 可以看出，虚拟机能够正常地接收数据，并且延迟正常，说明网络连接正常。至此，当前虚拟机的网络配置完毕，虚拟机参考上述步骤重复操作即可。

小提示：由于 Centos6 已经于 2020 年 11 月 30 日停止维护，Centos 官网停止了 Centos6 的所有更新，并下架了 Centos6 的源，所有导致在 Centos6 中执行 yum install xxx 的命令时无法实现在线安装。为了解决这一问题，我们需要更改 Centos6 默认的官方 yum 源，具体操作步骤如下。

（1）重命名 Centos6 默认的 yum 源文件 CentOS-Base.repo，具体命令如下。

```
mv /etc/yum.repos.d/CentOS-Base.repo /etc/yum.repos.d/CentOS-Base.repo.backup
```

（2）创建并编辑 yum 源文件 CentOS-Base.repo，具体命令如下。

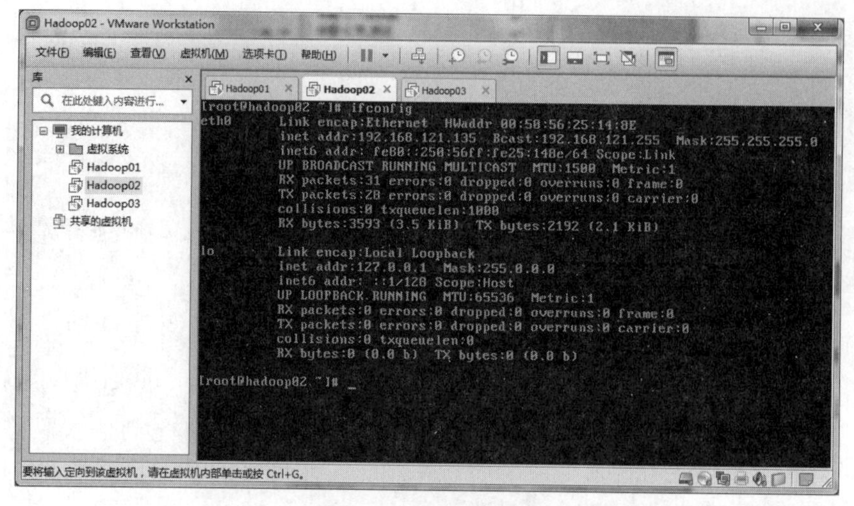

图 2-26 查看 IP 配置

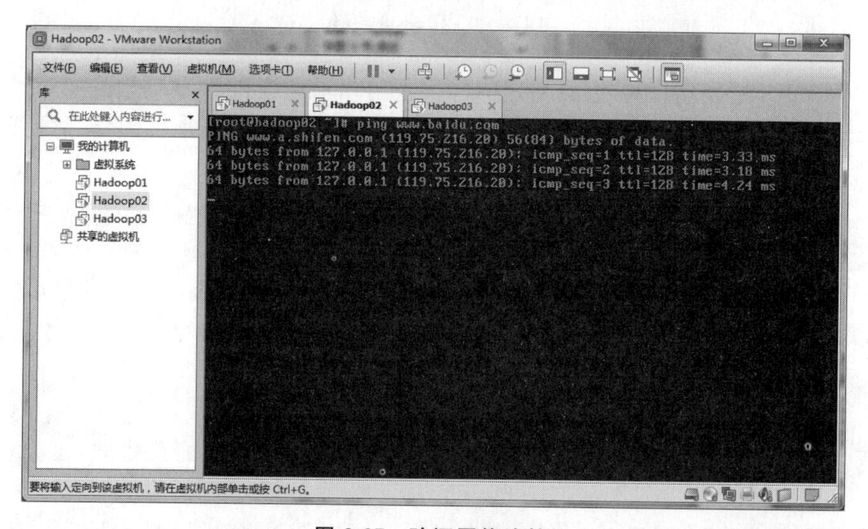

图 2-27 验证网络连接

```
vi /etc/yum.repos.d/CentOS-Base.repo
```

(3) 将官方 yum 源更改为 vault 的 yum 源，在 yum 源文件 CentOS-Base. repo 中添加如下内容。

```
[centos-office]
name=centos-office
failovermethod=priority
baseurl=https://vault.centos.org/6.10/os/x86_64/
gpgcheck=1
gpgkey=https://vault.centos.org/6.10/os/x86_64/RPM-GPG-KEY-CentOS-6
```

上述内容添加完成后，保存 yum 源文件 CentOS-Base. repo 即可。

2.1.4　SSH 服务配置

通过前面的操作,已经完成了三台虚拟机 Hadoop01、Hadoop02 和 Hadoop03 的安装和网络配置,虽然这些虚拟机已经可以正常使用了,但是依然存在下列问题。

(1) 实际工作中,服务器被放置在机房中,同时受到地域和管理的限制,开发人员通常不会进入机房直接上机操作,而是通过远程连接服务器,进行相关操作。

(2) 在集群开发中,主节点通常会对集群中各个节点频繁地访问,就需要不断输入目标服务器的用户名和密码,这种操作方式非常麻烦并且还会影响集群服务的连续运行。

为了解决上述问题,可以通过配置 SSH 服务来分别实现远程登录和 SSH 免密登录功能。接下来,就分别对这两种服务配置和说明进行详细讲解。

1. SSH 远程登录功能配置

SSH 为 Secure Shell 的缩写,它是一种网络安全协议,专为远程登录会话和其他网络服务提供安全性的协议。通过使用 SSH 服务,可以把传输的数据进行加密,有效防止远程管理过程中的信息泄露问题。

为了使用 SSH 服务,服务器首先必须安装并开启相应的 SSH 服务。在 CentOS 系统下,可以先执行"rpm -qa | grep ssh"指令查看当前机器是否安装了 SSH 服务,同时使用"ps -e | grep sshd"指令查看 SSH 服务是否启动,如图 2-28 所示。

```
[root@hadoop01 ~]# rpm -qa | grep ssh
libssh2-1.4.2-1.el6_6.1.x86_64
openssh-clients-5.3p1-111.el6.x86_64
openssh-5.3p1-111.el6.x86_64
openssh-server-5.3p1-111.el6.x86_64
[root@hadoop01 ~]# ps -e | grep sshd
  1654 ?        00:00:00 sshd
[root@hadoop01 ~]# _
```

图 2-28　查看是否安装和开启 SSH 服务

从图 2-28 可以看出,CentOS 虚拟机已经默认安装并开启了 SSH 服务,所以不需要进行额外安装就可以进行远程连接访问(如果没有安装,CentOS 系统下可以执行"yum install openssh-server"指令进行安装)。

在目标服务器已经安装 SSH 服务并且支持远程连接访问后,在实际开发中,开发人员通常会通过一个远程连接工具来连接访问目标服务器。本教材就介绍一个实际开发中常用的 SecureCRT 远程连接工具来演示远程服务器的连接和使用。

SecureCRT 是一款支持 SSH 的终端仿真程序,它能够在 Windows 操作系统上远程连接 Linux 服务器执行操作。本书采用 SecureCRT 7.2 版本进行介绍说明,读者可以通过地址 https://www.vandyke.com/download/securecrt/7.2/index.html 自行下载安装。下载安装完成后,按照以下操作进行远程连接访问。

(1) 打开 SecureCRT 远程连接工具,单击导航栏上的 File(文件)→Quick Connect(快速连接)创建快速连接,并根据虚拟机的配置信息进行设置,如图 2-29 所示。

在图 2-29 所示的快速连接设置中,主要是根据要连接远程服务器设置了目标主机名为

192.168.121.134(即 Hadoop01 虚拟机的 IP 地址)的主机和登录用户 root,而其他相关设置通常情况下使用默认值即可。

(2) 设置完快速连接配置后,单击图 2-29 中的"Connect(连接)"按钮,会弹出"New Host Key(新建主机密钥)"对话框(主要用于密钥信息发送确认),如图 2-30 所示。

(3) 单击图 2-30 中的"Accept&Save(接收并保存)"按钮。保存完毕后,客户端需要输入目标服务器的用户名和密码,并且可以选中"Save password(保存密码)"复选框,避免下次连接重复要求输入密码,如图 2-31 所示。

(4) 在图 2-31 中输入正确的用户名和密码后,单击"OK(确定)"按钮,SecureCRT 远程连接工具就会自动连接到远程目标服务器,如图 2-32 所示。

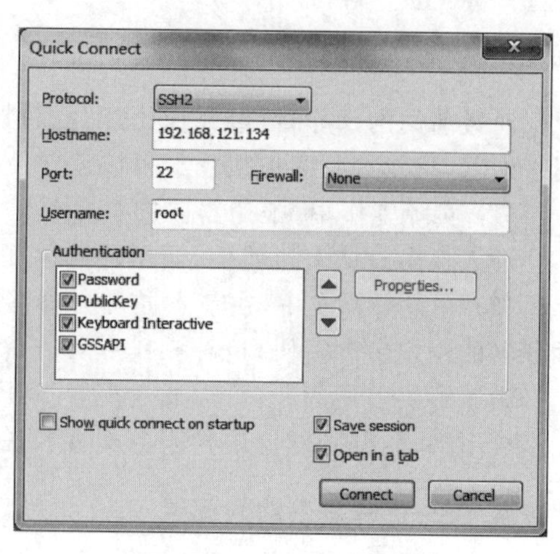

图 2-29 创建快速链接

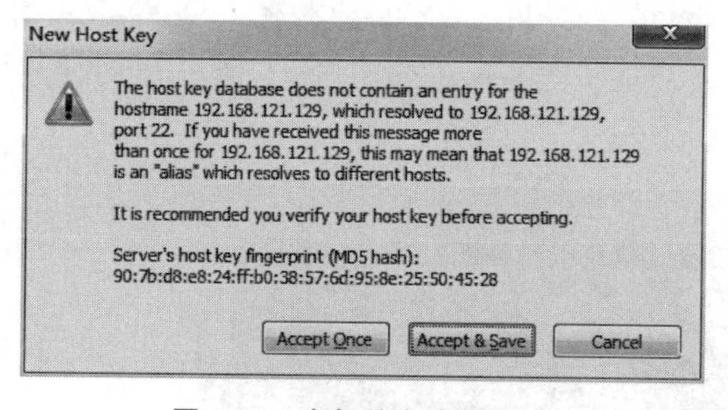

图 2-30 密钥信息发送确认

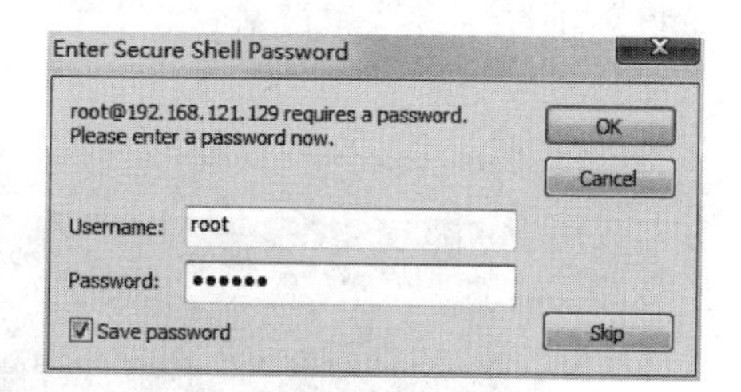

图 2-31 输入用户名密码

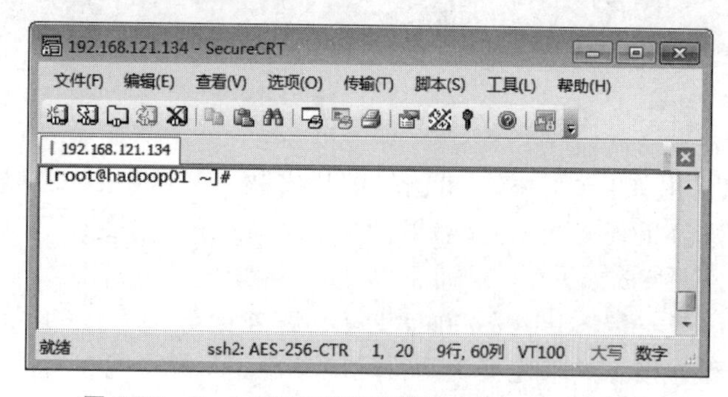

图 2-32 SecureCRT 远程连接到 Hadoop01 服务器

进入到图 2-32 所示界面,就表示通过 SecureCRT 远程连接服务器成功,后续就可以像在虚拟机终端窗口一样,也可以在该工具客户端上操作虚拟机。

2. SSH 免密登录功能配置

前面介绍了 SSH 服务,并实现了远程登录功能,而想要实现多台服务器之间的免密登录功能还需要进一步设置。下面就详细讲解如何配置 SSH 免密登录,具体如下。

(1) 在需要进行统一管理的虚拟机上(如后续会作为 Hadoop 集群主节点的

Hadoop01)输入“ssh-keygen -t rsa”指令，并根据提示，可以不用输入任何内容，连续按 4 次 Enter 键确认，接着就会在当前虚拟机的 root 目录下生成一个包含有密钥文件的. ssh 隐藏文件。在虚拟机的 root 目录下通过“ll -a”指令可以查看当前目录下的所有文件(包括隐藏文件)，然后进入到. ssh 隐藏目录，查看当前目录的文件，如图 2-33 所示。

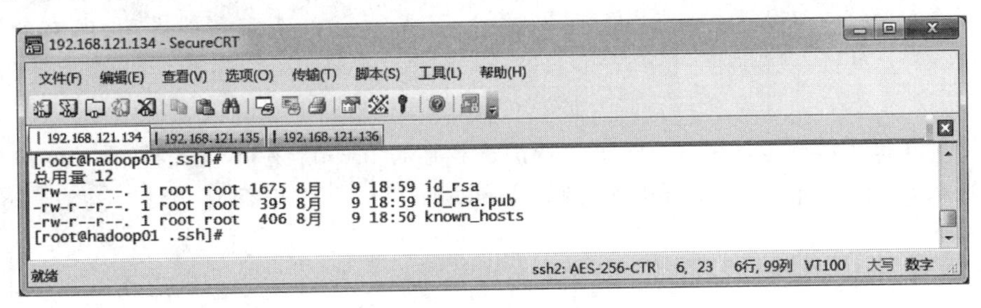

图 2-33　.ssh 目录文件

在图 2-33 中，. ssh 隐藏目录下的 id_rsa 就是生成的 Hadoop01 私钥，id_rsa. pub 为公钥。

(2) 在生成密钥文件的虚拟机 Hadoop01 上，执行相关指令将公钥复制到需要关联的服务器上(包括本机)。如执行“ssh-copy-id hadoop02”指令可以将公钥文件复制到主机名为 hadoop02 的虚拟机上(复制到其他服务器，指令只需修改主机名即可)，如图 2-34 所示。

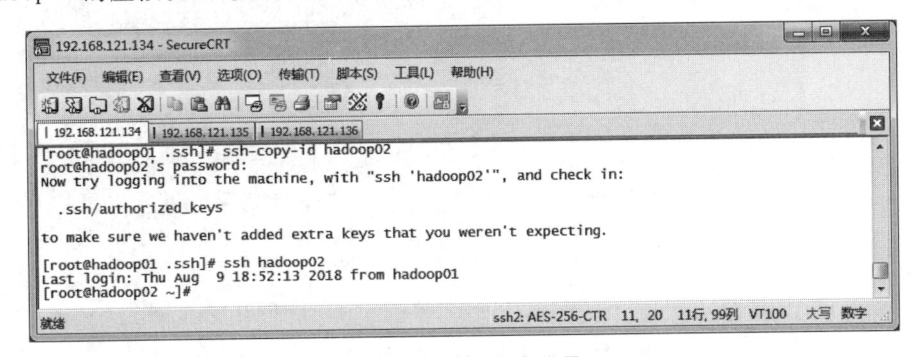

图 2-34　验证免密登录

从图 2-34 可以看出，在 hadoop01 主机上生成的公钥复制到了 hadoop02 主机上并自动重命名为 authorized_keys。当在 hadoop01 主机上输入 ssh hadoop02 指令访问 hadoop02 主机时就不再需要输入密码了。

需要说明的是，上述步骤只是演示了在主机名为 hadoop01 的机器上生成密钥文件，并将公钥复制到 hadoop02 主机上，实现了 hadoop01 到 hadoop02 的单向免密登录。本教材后续将使用前面安装的主机名为 hadoop01、hadoop02 和 hadoop03 主机进行 Hadoop 集群搭建，因此，还需要将 hadoop01 机器上的公钥复制到 hadoop02 和 hadoop03 主机上，实现 hadoop01 主机到 hadoop01、hadoop03 主机的单向免密登录。

2.2　Hadoop 集群搭建

在学习和个人开发测试阶段，可以在虚拟机上安装多台 Linux 系统来搭建 Hadoop 集群，前面已经学习了虚拟机的安装、网络配置以及 SSH 服务配置，减少了后续集群搭建与使用过程中不必要的麻烦，下面就对 Hadoop 集群搭建进行详细讲解。

2.2.1 Hadoop 集群部署模式

Hadoop集群的部署方式分为3种，分别是独立模式(Standalone mode)、伪分布式模式(Pseudo-Distributed mode)、完全分布式模式(Cluster mode)，具体介绍如下。

(1) 独立模式：又称为单机模式，在该模式下，无须运行任何守护进程，所有的程序都在单个JVM上执行。独立模式下调试Hadoop集群的MapReduce程序非常方便，所以一般情况下，该模式在学习或者开发阶段调试使用。

(2) 伪分布式模式：Hadoop程序的守护进程运行在一台主机节点上，通常使用伪分布式模式来调试Hadoop分布式程序的代码，以及程序执行是否正确，伪分布式模式是完全分布式模式的一个特例。

(3) 完全分布式模式：Hadoop的守护进程分别运行在由多个主机搭建的集群上，不同节点担任不同的角色，在实际工作应用开发中，通常使用该模式构建企业级Hadoop系统。

在Hadoop环境中，所有服务器节点仅划分为两种角色，分别是master(主节点，1个)和slave(从节点，多个)。因此，伪分布模式是集群模式的特例，只是将主节点和从节点合二为一罢了。

接下来，本书将以前面安装的3台虚拟机为例，阐述完全分布模式Hadoop集群的安装与配置方法，具体集群规划如图2-35所示。

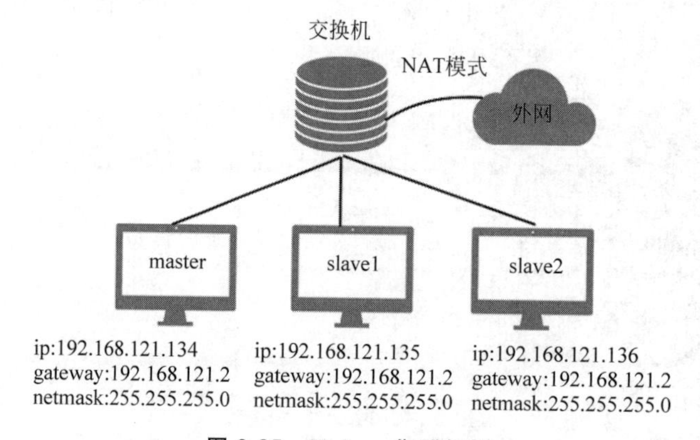

图2-35 Hadoop集群规划

从图2-35可以看出，当前规划的Hadoop集群包含一台master节点和两台slave节点。这里，将前面安装的Hadoop01作为master节点，Hadoop02和Hadoop03作为slave节点。

2.2.2 JDK安装

由于Hadoop是由Java语言开发的，Hadoop集群的使用依赖于Java环境，因此在安装Hadoop集群前，需要先安装并配置好JDK。

接下来，就在前面规划的Hadoop集群主节点hadoop01机器上分步骤演示如何安装和配置JDK，具体如下。

(1) 下载JDK。

访问 https://www.oracle.com/technetwork/java/javase/downloads/index.html 下载Linux系统下的JDK安装包。

注：本书会提供和使用jdk-8u161-linux-x64.tar.gz安装包。

(2) 安装JDK。

下载完JDK安装包后，在hadoop01的/export/software目录下，执行rz命令(可以通过 yum install lrzsz -y 指令安装 rz 命令)，弹出 Select Files to Send using Zmodem 对话框，选择要上传的 JDK 安装包，单击 Add 按钮，将其添加至 Files to send 文件框中，最后单击 OK 按钮，将 JDK 安装包上传到 hadoop01 主机的/export/software/目录下。接着，将安装包解压到/export/servers/目录，具体指令如下。

```
$ tar -zxvf jdk-8u161-linux-x64.tar.gz -C /export/servers/
```

执行完上述指令，解压完 JDK 安装包后，进入到/export/servers/目录，如果觉得解压后的文件名过长，可以对文件进行重命名，具体指令如下。

```
$ mv jdk1.8.0_161/ jdk
```

(3) 配置 JDK 环境变量。

安装完 JDK 后，还需要配置 JDK 环境变量。使用"vi /etc/profile"指令打开 profile 文件，在文件底部添加如下内容即可。

```
#配置 JDK 系统环境变量
export JAVA_HOME=/export/servers/jdk
export PATH=$ PATH:$JAVA_HOME/bin
export CLASSPATH=.:$JAVA_HOME/lib/dt.jar:$JAVA_HOME/lib/tools.jar
```

在/etc/profile 文件中配置完上述 JDK 环境变量后(注意 JDK 路径)，保存退出即可。然后，还需要执行"source /etc/profile"指令使配置文件生效。

(4) JDK 环境验证。

在完成 JDK 的安装和配置后，为了检测安装效果，可以输入如下指令进行验证。

```
$ java -version
```

执行上述指令后，如果出现如图 2-36 所示效果就说明 JDK 安装和配置成功。

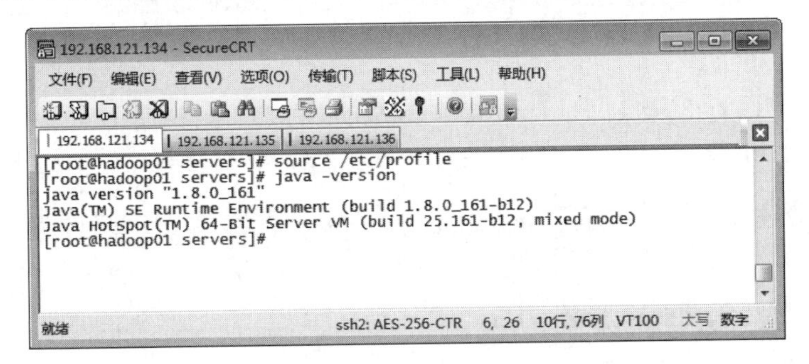

图 2-36 JDK 环境验证

2.2.3 Hadoop 安装

Hadoop 是 Apache 基金会面向全球开源的产品之一，任何用户都可以从 Apache Hadoop 官网 https://archive.apache.org/dist/hadoop/common/下载使用。本书将以编写时较为稳定的 Hadoop2.7.4 版本为例，详细讲解 Hadoop 的安装。

先将下载的 hadoop-2.7.4.tar.gz 安装包上传到主节点 hadoop01 的/export/software/目录下，然后将文件解压到/export/servers/目录，具体指令如下。

```
$ tar -zxvf hadoop-2.7.4.tar.gz -C /export/servers/
```

执行完上述指令后，同样通过“vi /etc/profile”指令打开 profile 文件，在文件底部进一步添加如下内容配置 Hadoop 环境变量。

```
#配置 Hadoop 系统环境变量
export HADOOP_HOME=/export/servers/hadoop-2.7.4
export PATH=$PATH:$HADOOP_HOME/bin:$HADOOP_HOME/sbin
```

在/etc/profile 文件中配置完上述 Hadoop 环境变量后（注意 HADOOP_HOME 路径），保存退出即可。然后，还需要执行“source /etc/profile”指令使配置文件生效。

安装完 Hadoop 并配置好环境变量后，可以在当前主机任意目录下查看安装的 Hadoop 版本号，具体指令如下。

```
$ hadoop version
```

执行完上述指令后，效果如图 2-37 所示。

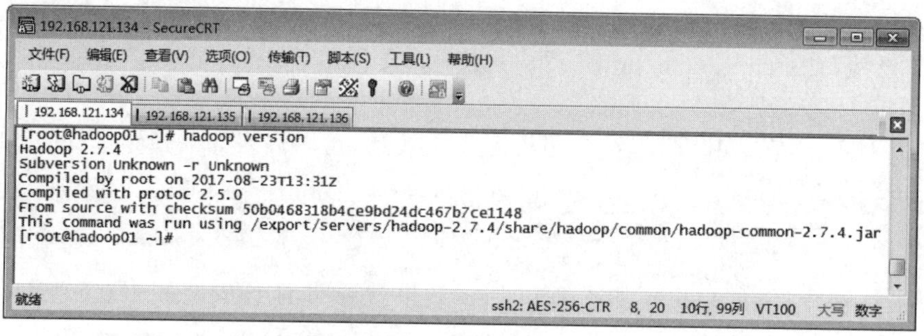
192.168.121.134 - SecureCRT
文件(F) 编辑(E) 查看(V) 选项(O) 传输(T) 脚本(S) 工具(L) 帮助(H)
192.168.121.134
192.168.121.135
192.168.121.136
[root@hadoop01 ~]# hadoop version
Hadoop 2.7.4
Subversion Unknown -r Unknown
Compiled by root on 2017-08-23T13:31Z
Compiled with protoc 2.5.0
From source with checksum 50b0468318b4ce9bd24dc467b7ce1148
This command was run using /export/servers/hadoop-2.7.4/share/hadoop/common/hadoop-common-2.7.4.jar
[root@hadoop01 ~]#
就绪
ssh2: AES-256-CTR 8, 20 10行, 99列 VT100 大写 数字

图 2-37 Hadoop 版本号

从图 2-37 可以看出，当前 Hadoop 版本就是指定的 2.7.4，说明 Hadoop 安装成功。

接下来，可以在 Hadoop 解压目录下通过 ll 指令查看 Hadoop 目录结构，如图 2-38 所示。

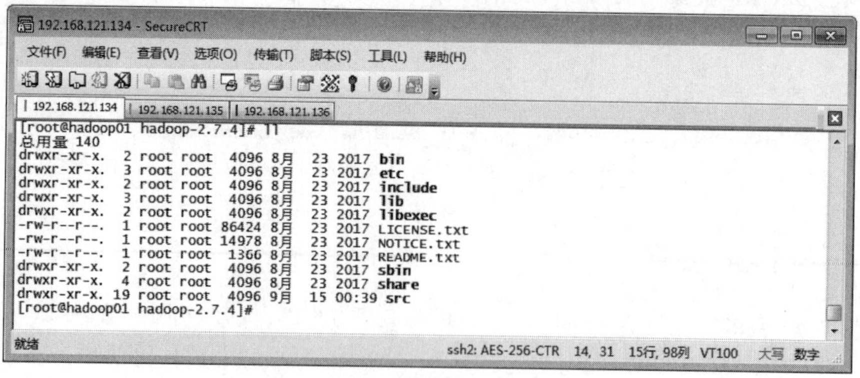
192.168.121.134 - SecureCRT
文件(F) 编辑(E) 查看(V) 选项(O) 传输(T) 脚本(S) 工具(L) 帮助(H)
192.168.121.134
192.168.121.135
192.168.121.136
[root@hadoop01 hadoop-2.7.4]# ll
总用量 140
drwxr-xr-x. 2 root root 4096 8月 23 2017 bin
drwxr-xr-x. 3 root root 4096 8月 23 2017 etc
drwxr-xr-x. 2 root root 4096 8月 23 2017 include
drwxr-xr-x. 3 root root 4096 8月 23 2017 lib
drwxr-xr-x. 2 root root 4096 8月 23 2017 libexec
-rw-r--r--. 1 root root 86424 8月 23 2017 LICENSE.txt
-rw-r--r--. 1 root root 14978 8月 23 2017 NOTICE.txt
-rw-r--r--. 1 root root 1366 8月 23 2017 README.txt
drwxr-xr-x. 2 root root 4096 8月 23 2017 sbin
drwxr-xr-x. 4 root root 4096 8月 23 2017 share
drwxr-xr-x. 19 root root 4096 9月 15 00:39 src
[root@hadoop01 hadoop-2.7.4]#
就绪
ssh2: AES-256-CTR 14, 31 15行, 98列 VT100 大写 数字

图 2-38 Hadoop 安装目录结构

从图 2-38 可以看出，Hadoop 安装目录包括有 bin、etc、include、lib、libexec、sbin、share 和 src 共 8 个目录以及其他一些文件，下面简单介绍下各目录内容及作用。

- bin：存放操作 Hadoop 相关服务（HDFS、YARN）的脚本，但是通常使用 sbin 目录下的脚本。
- etc：存放 Hadoop 配置文件，主要包含 core-site. xml、hdfs-site. xml、mapred-site . xml 等从 Hadoop1. 0 继承而来的配置文件和 yarn-site. xml 等 Hadoop2. 0 新增的配置文件。
- include：对外提供的编程库头文件（具体动态库和静态库在 lib 目录中），这些头文件均是用 C++ 定义的，通常用于 C++ 程序访问 HDFS 或者编写 MapReduce 程序。
- lib：该目录包含了 Hadoop 对外提供的编程动态库和静态库，与 include 目录中的头文件结合使用。
- libexec：各个服务对用的 shell 配置文件所在的目录，可用于配置日志输出、启动参数（比如 JVM 参数）等基本信息。
- sbin：该目录存放 Hadoop 管理脚本，主要包含 HDFS 和 YARN 中各类服务的启动/关闭脚本。
- share：Hadoop 各个模块编译后的 jar 包所在的目录。
- src：Hadoop 的源码包。

2.2.4 Hadoop 集群配置

上一节仅仅进行了单机上的 Hadoop 安装，为了在多台机器上进行 Hadoop 集群搭建和使用，还需要对相关配置文件进行修改（注：修改配置文件时，文件中内容之间不可出现空格），来保证集群服务协调运行。

Hadoop 默认提供了两种配置文件：一种是只读的默认配置文件，包括 core-default . xml、hdfs-default. xml、mapred-default. xml 和 yarn-default. xml，这些文件包含了 Hadoop 系统各种默认配置参数；另一种是 Hadoop 集群自定义配置时编辑的配置文件（这些文件多数没有任何配置内容，都存在于 Hadoop 解压包下的 etc/hadoop/目录中），包括 core-site . xml、hdfs-site. xml、mapred-site. xml 和 yarn-site. xml 等，可以根据需要在这些文件中对上一种默认配置文件中的参数进行修改，Hadoop 会优先选择这些配置文件中的参数。

接下来，先通过表 2-1 来对 Hadoop 集群搭建可能涉及的主要配置文件及功能进行描述。

表 2-1　Hadoop 主要配置文件

配置文件	功能描述
hadoop-env. sh	配置 Hadoop 运行所需的环境变量
yarn-env. sh	配置 YARN 运行所需的环境变量
core-site. xml	Hadoop 核心全局配置文件，可在其他配置文件中引用该文件
hdfs-site. xml	HDFS 配置文件，继承 core-site. xml 配置文件
mapred-site. xml	MapReduce 配置文件，继承 core-site. xml 配置文件
yarn-site. xml	YARN 配置文件，继承 core-site. xml 配置文件

在表 2-1 中，前两个配置文件都是用来指定 Hadoop 和 YARN 所需运行环境，hadoop-

env. sh 用来保证 Hadoop 系统能够正常执行 HDFS 的守护进程 NameNode、Secondary NameNode 和 DataNode；而 yarn-env. sh 用来保证 YARN 的守护进程 ResourceManager 和 NodeManager 能正常启动。其他 4 个配置文件都是用来设置集群运行参数的，在这些配置文件中可以使用 Hadoop 默认配置文件中的参数进行配置来优化 Hadoop 集群，从而使集群更加稳定高效。

Hadoop 提供的默认配置文件 core-default. xml、hdfs-default. xml、mapred-default. xml 和 yarn-default. xml 中的参数非常之多，这里不便一一展示说明。读者在具体使用时可以通过访问 Hadoop 官方文档 http://hadoop. apache. org/docs/stable/index. html，进入到文档最底部的 Configuration 部分进行学习和查看。

接下来，就以 2.2.1 节中介绍 Hadoop 集群规划图为例详细讲解 Hadoop 集群配置，具体步骤如下。

1. 配置 Hadoop 集群主节点

(1) 修改 hadoop-env. sh 文件。

先进入到主节点 hadoop01 解压包下的 etc/hadoop/目录，使用“vi hadoop-env. sh”指令打开其中的 hadoop-env. sh 文件，找到 JAVA _HOME 参数位置，进入如下修改(注意 JDK 路径)。

```
export JAVA_HOME=/export/servers/jdk
```

上述配置文件中设置的是 Hadoop 运行时需要的 JDK 环境变量，目的是让 Hadoop 启动时能够执行守护进程。

(2) 修改 core-site. xml 文件。

该文件是 Hadoop 的核心配置文件，其目的是配置 HDFS 地址、端口号，以及临时文件目录。参考上一步，打开该配置文件，添加如下配置内容。

```
<configuration>
    <!--用于设置 Hadoop 的文件系统,由 URI 指定 -->
    <property>
        <name>fs.defaultFS</name>
        <!--用于指定 namenode 地址在 hadoop01 机器上 -->
        <value>hdfs://hadoop01:9000</value>
    </property>
    <!--配置 Hadoop 的临时目录,默认/tmp/hadoop-${user.name} -->
    <property>
        <name>hadoop.tmp.dir</name>
        <value>/export/servers/hadoop-2.7.4/tmp</value>
    </property>
</configuration>
```

在上述核心配置文件中，配置了 HDFS 的主进程 NameNode 运行主机(也就是此次 Hadoop 集群的主节点位置)，同时配置了 Hadoop 运行时生成数据的临时目录。

(3) 修改 hdfs-site. xml 文件。

该文件用于设置 HDFS 的 NameNode 和 DataNode 两大进程。打开该配置文件，添加如下配置内容。

```
<configuration>
    <!--指定 HDFS 副本的数量-->
    <property>
        <name>dfs.replication</name>
        <value>3</value>
    </property>
    <!--secondary namenode 所在主机的 IP 和端口-->
    <property>
        <name>dfs.namenode.secondary.http-address</name>
        <value>hadoop02:50090</value>
    </property>
</configuration>
```

在上述配置文件中，配置了 HDFS 数据块的副本数量(默认值就为 3，此处可以省略)，并根据需要设置了 Secondary NameNode 所在服务的 HTTP 协议地址。

(4) 修改 mapred-site. xml 文件。

该文件是 MapReduce 的核心配置文件，用于指定 MapReduce 运行时框架。在 etc/hadoop/目录中默认没有该文件，需要先通过“cp mapred-site. xml. template mapred-site. xml”命令将文件复制并重命名为“mapred-site. xml”。接着，打开 mapred-site. xml 文件进行修改，添加如下配置内容。

```
<configuration>
    <!--指定 MapReduce 运行时框架，这里指定在 YARN 上，默认是 local -->
    <property>
        <name>mapreduce.framework.name</name>
        <value>yarn</value>
    </property>
</configuration>
```

在上述配置文件中，就是指定了 Hadoop 的 MapReduce 运行框架为 YARN。

(5) 修改 yarn-site. xml 文件。

本文件是 YARN 框架的核心配置文件，需要指定 YARN 集群的管理者。打开该配置文件，添加如下配置内容。

```
<configuration>
    <!--指定 YARN 集群的管理者(ResourceManager)的地址 -->
    <property>
        <name>yarn.resourcemanager.hostname</name>
        <value>hadoop01</value>
    </property>
    <property>
        <name>yarn.nodemanager.aux-services</name>
        <value>mapreduce_shuffle</value>
    </property>
</configuration>
```

在上述配置文件中，配置了YARN的主进程ResourceManager运行主机为hadoop01，同时配置了NodeManager运行时的附属服务，需要配置为mapreduce_shuffle才能正常运行MapReduce默认程序。

(6) 修改slaves文件。

该文件用于记录Hadoop集群所有从节点(HDFS的DataNode和YARN的NodeManager所在主机)的主机名，用来配合一键启动脚本启动集群从节点(并且还需要保证关联节点配置了SSH免密登录)。打开该配置文件，先删除里面的内容(默认localhost)，然后配置如下内容。

```
hadoop01
hadoop02
hadoop03
```

在上述配置文件中，配置了Hadoop集群所有从节点的主机名为hadoop01、hadoop02和hadoop03(这是因为此次在该3台机器上搭建Hadoop集群，同时前面的配置文件hdfs-site.xml指定了HDFS服务副本数量为3)。

2. 将集群主节点的配置文件分发到其他子节点

完成Hadoop集群主节点hadoop01的配置后，还需要将系统环境配置文件、JDK安装目录和Hadoop安装目录分发到其他子节点hadoop02和hadoop03上，具体指令如下。

```
$ scp /etc/profile hadoop02:/etc/profile
$ scp /etc/profile hadoop03:/etc/profile
$ scp -r /export/ hadoop02:/
$ scp -r /export/ hadoop03:/
```

执行完上述所有指令后，还需要在其他子节点hadoop02、hadoop03上分别执行"source /etc/profile"指令立即刷新配置文件。

至此，整个集群所有节点就都有了Hadoop运行所需的环境和文件，Hadoop集群也就安装配置完成。在下节中，将对此次安装配置的集群进行效果测试。

2.3 Hadoop集群测试

2.3.1 格式化文件系统

通过前面小节的学习，已经完成了Hadoop集群的安装和配置。此时还不能直接启动集群，因为在初次启动HDFS集群时，必须对主节点进行格式化处理，具体指令如下。

```
$ hdfs namenode -format
```

或者

```
$ hadoop namenode -format
```

执行上述任意一条指令都可以对 Hadoop 集群进行格式化。执行格式化指令后，必须出现有 successfully formatted 信息才表示格式化成功，然后就可以正式启动集群了；否则，就需要查看指令是否正确，或者之前 Hadoop 集群的安装和配置是否正确，若都正确，则需要删除所有主机的/hadoop-2.7.4 目录下的 tmp 文件夹，重新执行格式化命令，对 Hadoop 集群进行格式化。

另外需要注意的是，上述格式化指令只需要在 Hadoop 集群初次启动前执行即可，后续重复启动就不再需要执行格式化了。

2.3.2　启动和关闭 Hadoop 集群

针对 Hadoop 集群的启动，需要启动内部包含的 HDFS 集群和 YARN 集群两个集群框架。启动方式有两种：一种是单节点逐个启动；另一种是使用脚本一键启动。

1. 单节点逐个启动和关闭

单节点逐个启动的方式，需要参照以下方式逐个启动 Hadoop 集群服务需要的相关服务进程，具体步骤如下。

(1) 在主节点上使用以下指令启动 HDFS NameNode 进程：

```
$ hadoop-daemon.sh start namenode
```

(2) 在每个从节点上使用以下指令启动 HDFS DataNode 进程：

```
$ hadoop-daemon.sh start datanode
```

(3) 在主节点上使用以下指令启动 YARN ResourceManager 进程：

```
$ yarn-daemon.sh start resourcemanager
```

(4) 在每个从节点上使用以下指令启动 YARN nodemanager 进程：

```
$ yarn-daemon.sh start nodemanager
```

(5) 在规划节点 hadoop02 使用以下指令启动 SecondaryNameNode 进程：

```
$ hadoop-daemon.sh start secondarynamenode
```

上述介绍了单节点逐个启动和关闭 Hadoop 集群服务的方式。另外，当需要停止相关服务进程时，只需要将上述指令中的 start 更改为 stop 即可。

2. 脚本一键启动和关闭

启动集群还可以使用脚本一键启动，前提是需要配置 slaves 配置文件和 SSH 免密登录(如本书采用 hadoop01、hadoop02 和 hadoop03 三台节点，为了在任意一台节点上执行脚本一键启动 Hadoop 服务，那么就必须在三台节点包括自身节点均配置 SSH 双向免密登录)。

使用脚本一键启动 Hadoop 集群，可以选择在主节点上参考如下方式进行启动。

(1) 在主节点hadoop01上使用以下指令启动所有HDFS服务进程：

```
$ start-dfs.sh
```

(2) 在主节点hadoop01上使用以下指令启动所有YARN服务进程：

```
$ start-yarn.sh
```

上述使用脚本一键启动的方式，先启动了集群所有的HDFS服务进程，然后再启动了所有的YARN服务进程，这就完成了整个Hadoop集群服务的启动。

另外，还可以在主节点hadoop01上执行“start-all.sh”指令，直接启动整个Hadoop集群服务。不过在当前版本已经不再推荐使用该指令启动Hadoop集群了，并且使用这种指令启动服务会有警告提示。

同样，当需要停止相关服务进程时，只需要将上述指令中的start更改为stop即可(即使用stop-dfs.sh和stop-yarn.sh来关停服务)。

在整个Hadoop集群服务启动完成之后，可以在各自机器上通过jps指令查看各节点的服务进程启动情况，效果分别如图2-39、图2-40和图2-41所示。

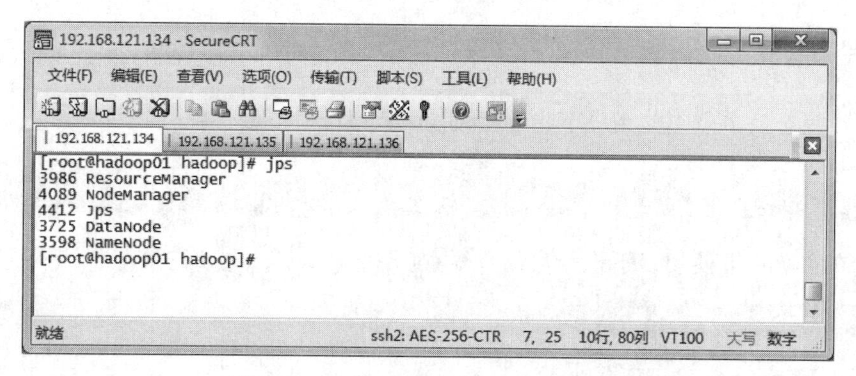

图 2-39 hadoop01集群服务进程效果图

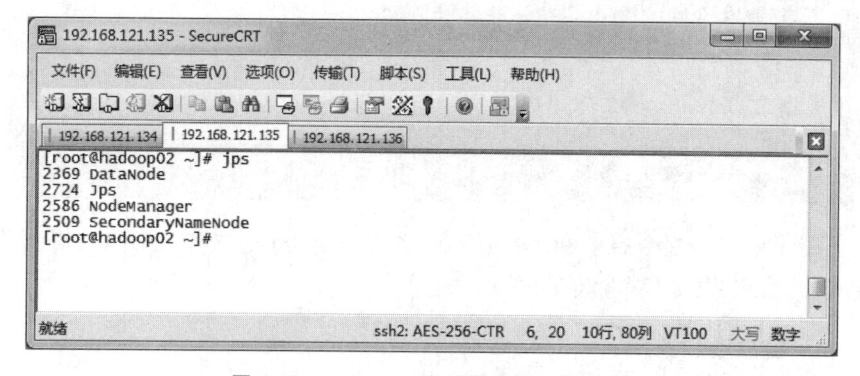

图 2-40 hadoop02集群服务进程效果图

从图2-39、图2-40和图2-41可以看出，hadoop01节点上启动了NameNode、DataNode、ResourceManager和NodeManager 4个服务进程；hadoop02上启动了DataNode、

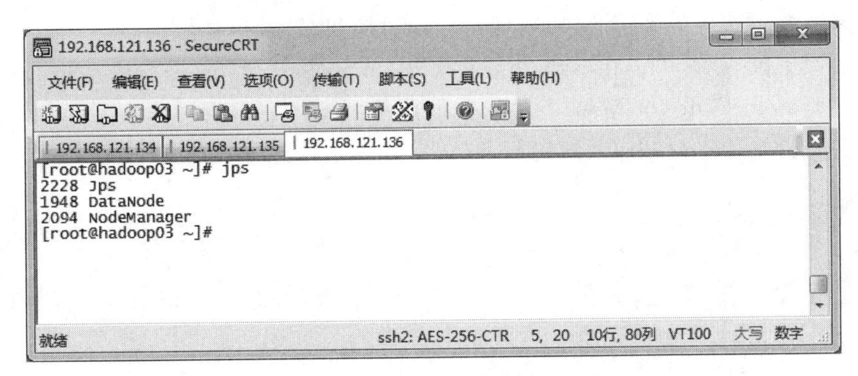

图2-41 hadoop03集群服务进程效果图

NodeManager和SecondaryNameNode 3个Hadoop服务进程；hadoop03上启动了DataNode和NodeManager两个服务进程。这与之前规划配置的各节点服务一致，说明Hadoop集群启动正常。

注意：读者在进行前面Hadoop集群的配置和启动时，可能会出现如NodeManager进程无法启动或者启动后自动结束的情况，此时可以查看Hadoop解压包目录中logs下的日志文件，主要是因为系统内存和资源分配不足。此时，可以参考如下方式，在所有节点的yarn-site.xml配置文件中添加如下参数进行适当调整。

```
<property>
    <!--定义NodeManager上要提供给正在运行的容器的全部可用资源大小-->
    <name>yarn.nodemanager.resource.memory-mb</name>
    <value>2048</value>
</property>
<property>
    <!--资源管理器中分配给每个容器请求的最小内存限制-->
    <name>yarn.scheduler.minimum-allocation-mb</name>
    <value>2048</value>
</property>
<property>
    <!--NodeManager可以分配的CPU核数-->
    <name>yarn.nodemanager.resource.cpu-vcores</name>
    <value>1</value>
</property>
```

上述配置文件中，yarn.nodemanager.resource.memory-mb表示该节点上NodeManager可使用的物理内存总量，默认是8192MB，如果节点内存资源不够8GB，则需要适当调整；yarn.scheduler.minimum-allocation-mb表示每个容器可申请的最少物理内存量，默认是1024MB；yarn.nodemanager.resource.cpu-vcores表示NodeManager总的可用虚拟CPU核数。

2.3.3 通过UI查看Hadoop运行状态

Hadoop集群正常启动后，它默认开放了50070和8088两个端口，分别用于监控HDFS集群和YARN集群。通过UI可以方便地进行集群的管理和查看，只需要在本地操作系统的浏览器输入集群服务的 IP 和对应的端口号即可访问。

为了后续方便查看，可以在本地宿主机的 hosts 文件(Windows7 操作系统下路径为 C:\Windows\System32\drivers\etc)中添加集群服务的 IP 映射，具体内容示例如下(读者需要根据自身集群构建进行相应的配置)。

```
192.168.121.134 hadoop01
192.168.121.135 hadoop02
192.168.121.136 hadoop03
```

想要通过外部 UI 访问虚拟机服务，还需要对外开放配置 Hadoop 集群服务端口号。为了后续学习方便，这里就直接将所有集群节点防火墙进行关闭即可，具体操作如下。

首先，在所有集群节点上执行如下指令关闭防火墙：

```
$ service iptables stop
```

接着，在所有集群节点上执行如下指令关闭防火墙开机启动：

```
$ chkconfig iptables off
```

执行完上述所有操作后，再通过宿主机的浏览器分别访问 http://hadoop01:50070(集群服务 IP+端口号)和 http://hadoop01:8088 查看 HDFS 和 YARN 集群状态，效果分别如图 2-42 和图 2-43 所示。

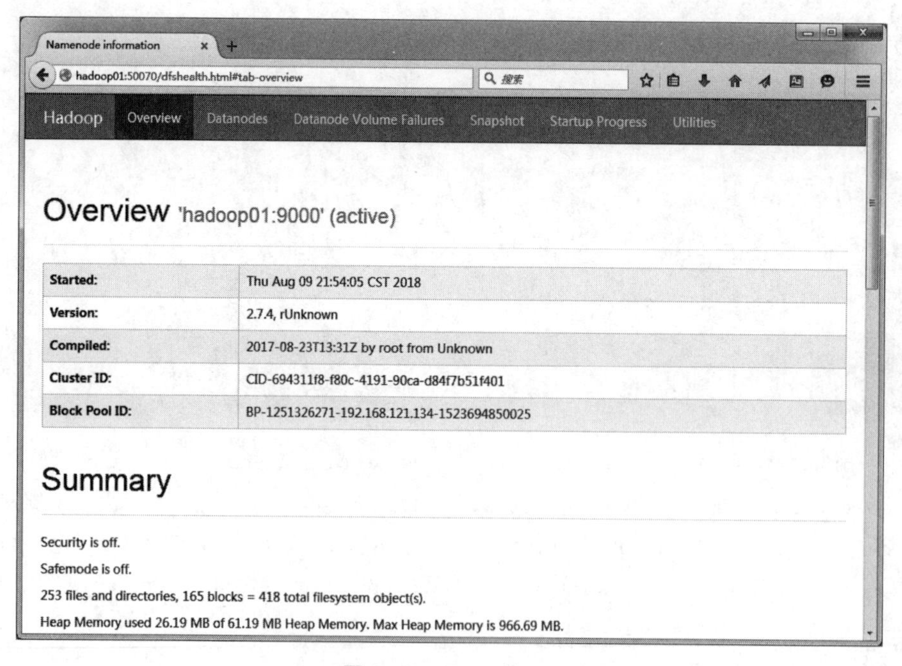

图 2-42 HDFS 的 UI

从图 2-42 和图 2-43 可以看出，通过 UI 可以正常访问 Hadoop 集群的 HDFS 界面和 YARN 界面，并且页面显示正常，同时通过 UI 可以更方便地进行集群状态管理和查看。

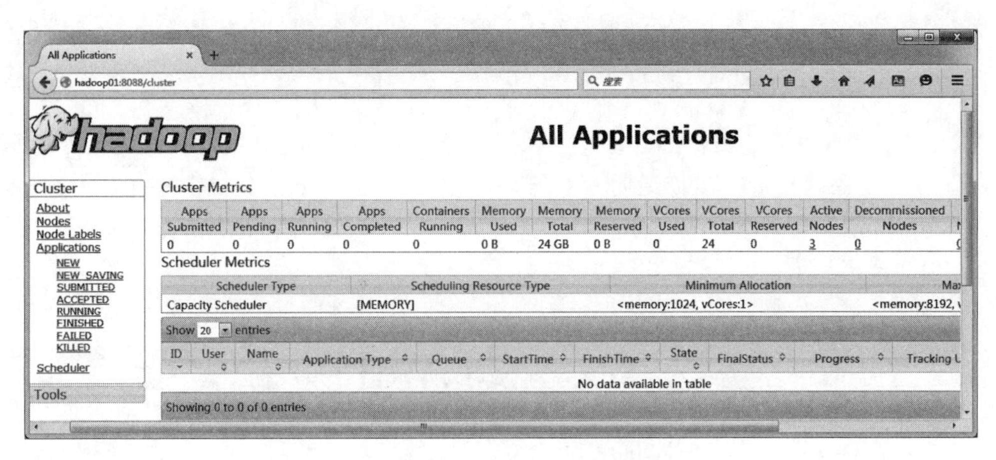

图 2-43　YARN 的 UI

2.4　Hadoop 集群初体验

前面完成了 Hadoop 集群安装和测试，显示构建的 Hadoop 集群能够正常运行。接下来，就通过 Hadoop 经典案例——单词统计，来演示 Hadoop 集群的简单使用。

(1) 打开 HDFS 的 UI，选择 Utilities→Browse the file system 查看分布式文件系统里的数据文件，可以看到新建的 HDFS 上没有任何数据文件，如图 2-44 所示。

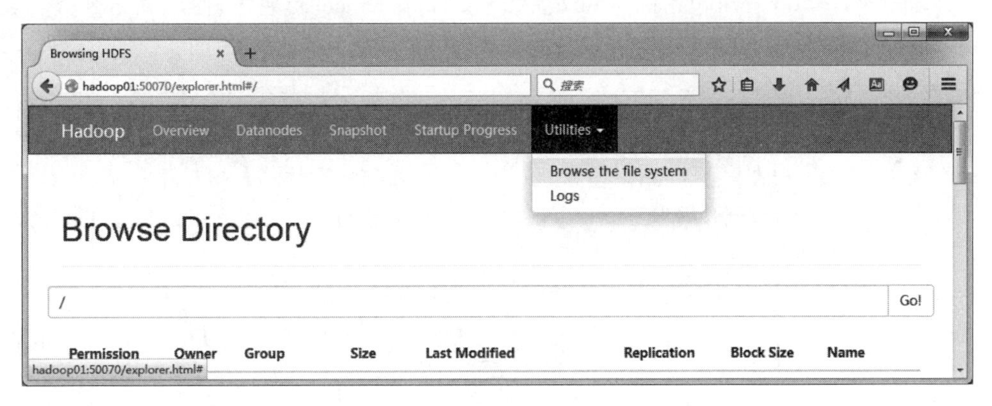

图 2-44　查看 HDFS 的数据文件

(2) 先在集群主节点 hadoop01 上的/export/data/目录下，执行"vi word.txt"指令新建一个 word.txt 文本文件，并编写一些单词内容，如文件 2-1 所示。

文件 2-1　word.txt

```
hello itcast
hello itheima
hello hadoop
```

接着，在 HDFS 上创建/wordcount/input 目录，并将 word.txt 文件上传至该目录下，具体指令如下所示：

```
$ hadoop fs -mkdir -p /wordcount/input
$ hadoop fs -put /export/data/word.txt /wordcount/input
```

上述指令是 Hadoop 提供的进行文件系统操作的 HDFS Shell 相关指令，此处不必深究具体使用，在下一章会进行详细说明。执行完上述指令后，再次查看 HDFS 的 UI，会发现/wordcount/input 目录创建成功并上传了指定的 word.txt 文件，如图 2-45 所示。

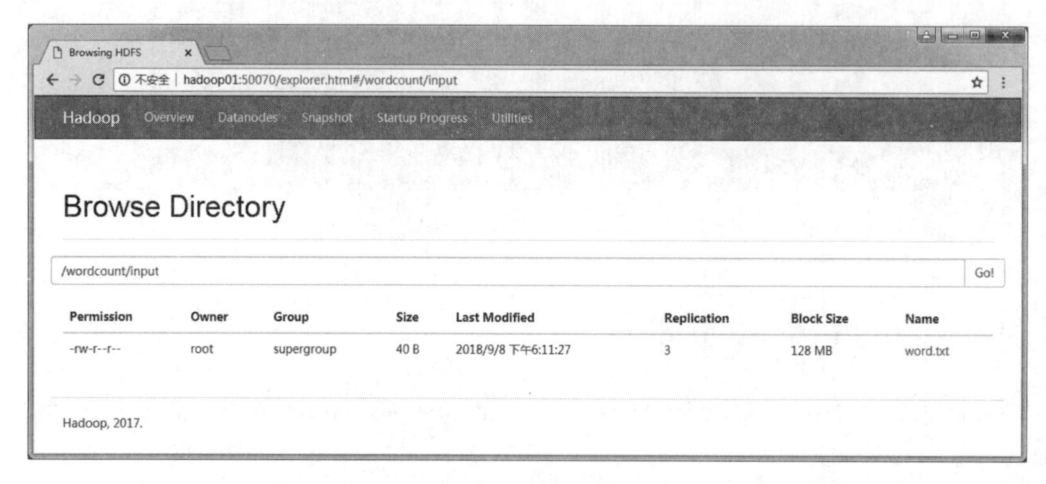

图 2-45　HDFS 界面

(3) 进入 Hadoop 解压包中的/share/hadoop/mapreduce/目录下，使用 ll 指令查看文件夹内容，如图 2-46 所示。

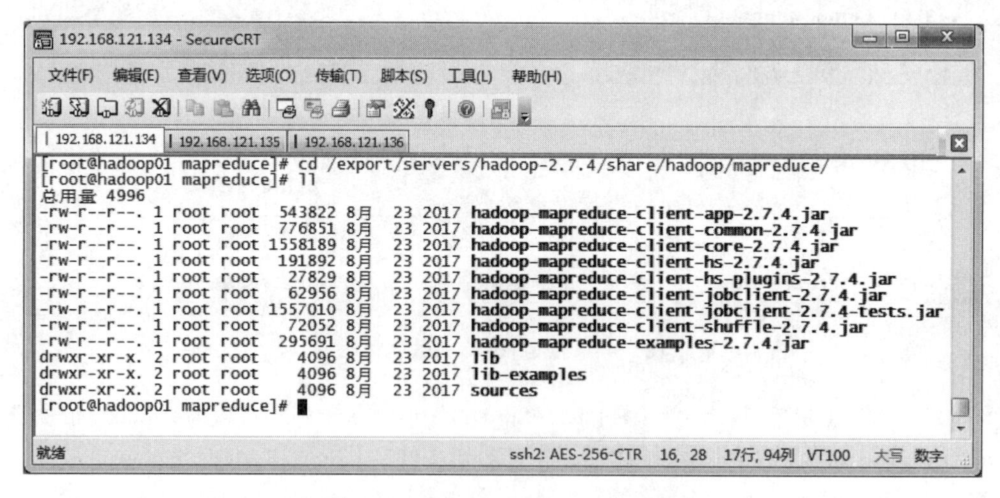

图 2-46　官方 MapReduce 示例程序

从图 2-46 可以看出，在该文件夹下自带了很多 Hadoop 的 MapReduce 示例程序。其中，hadoop-mapreduce-examples-2.7.4.jar 包中包含了计算单词个数、计算 Pi 值等功能。

因此，这里可以直接使用 hadoop-mapreduce-examples-2.7.4.jar 示例包，对 HDFS 上的 word.txt 文件进行单词统计，来进行此次案例的演示，在 jar 包位置执行如下指令。

```
$ hadoop jar hadoop-mapreduce-examples-2.7.4.jar wordcount \
/wordcount/input /wordcount/output
```

上述指令中，hadoop jar hadoop-mapreduce-examples-2.7.4.jar 表示执行一个 Hadoop 的 jar 包程序；wordcount 表示执行 jar 包程序中的单词统计功能；/wordcount/input 表示进行单词统计的 HDFS 文件路径；/wordcount/output 表示进行单词统计后的输出 HDFS 结果路径。

执行完上述指令后，示例包中的 MapReduce 程序开始运行，此时可以通过 YARN 集群的 UI 查看运行状态，如图 2-47 所示。

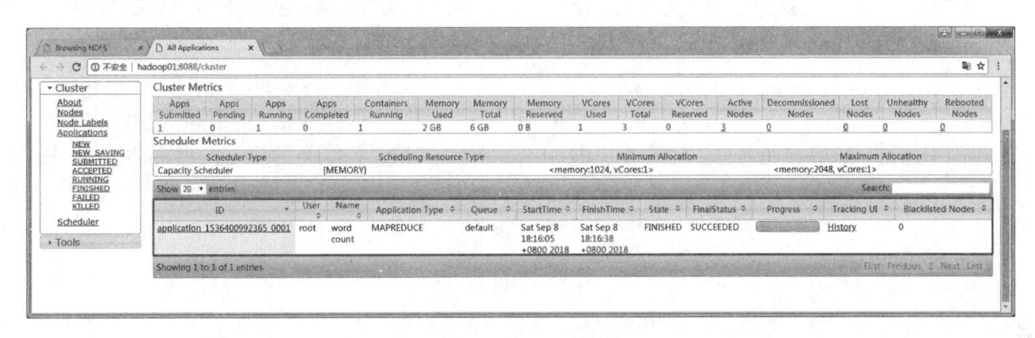

图 2-47　YARN 集群 UI

经过一定时间的执行，再次刷新查看 YARN 集群的 UI，就会发现程序已经运行成功的状态信息以及其他相关参数。

(4) 在单词统计的示例程序执行成功后，再次刷新并查看 HDFS 的 UI，如图 2-48 所示。

Browse Directory

/wordcount/output　Go!

Permission	Owner	Group	Size	Last Modified	Replication	Block Size	Name
-rw-r--r--	root	supergroup	0 B	2018/9/8 下午6:16:37	3	128 MB	_SUCCESS
-rw-r--r--	root	supergroup	36 B	2018/9/8 下午6:16:37	3	128 MB	part-r-00000

Hadoop, 2017.

图 2-48　MapReduce 程序执行结果

从图 2-48 可以看出，MapReduce 程序执行成功后，在 HDFS 上自动创建了指定的结果目录/wordcount/output，并且输出了_SUCCESS 和 part-r-00000 结果文件。其中_SUCCESS 文件用于表示此次任务成功执行的标识，而 part-r-00000 表示单词统计的结果。

接着，就可以单击下载图 2-48 中的 part-r-00000 结果文件到本地操作系统，并使用文本工具(EditPlus、Nodepad++、记事本等)打开该文件，如图 2-49 所示。

从图 2-49 可以看出，MapReduce 示例程序成功统计出了/wordcount/input/word.txt 文本中的单词数量，并进行了结果输出。

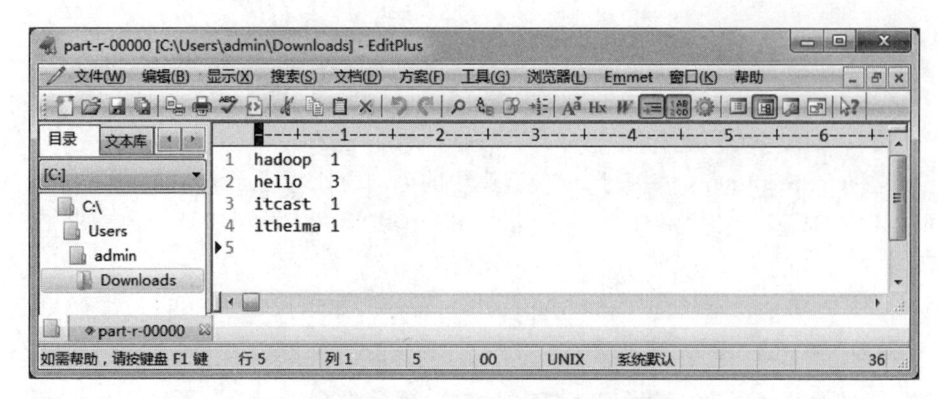

图 2-49 MapReduce 单词统计结果文件

在本节使用 Hadoop 提供的示例程序演示了单词统计案例的实现，在实际应用开发中，开发者需要根据需求自行编写各种 MapReduce 程序，打包上传至服务器，然后执行此程序。关于 Hadoop 系统的工作原理以及 MapReduce 程序编写方式，将在后面的章节进行详细讲解。

注意：在执行 MapReduce 程序时，可能会出现类似“WARN hdfs. DFSClient: Caught exception”的警告提示信息，这是由于 Hadoop 版本以及系统资源配置的原因，读者可以不必在意，它并不会影响程序的正常执行。

2.5 本章小结

本章主要针对 Hadoop 集群的构建进行了讲解。先对集群搭建的安装准备，例如虚拟机安装克隆、网络配置和 SSH 服务配置进行了讲解；然后，使用集群模式对 Hadoop 搭建进行了详细的讲解，这是本章的重点内容，务必亲手实践并牢记，在进行配置文件修改过程中一定要认真细致；最后，对搭建好的 Hadoop 集群进行了测试，并通过一个单词统计的案例演示了 Hadoop 集群的初次使用。

2.6 课后习题

一、填空题

1. Hadoop 集群部署方式分别是________、________和________。
2. 加载环境变量配置文件需要使用________命令。
3. 格式化 HDFS 集群命令是________。
4. 脚本一键启动 Hadoop 集群服务命令是________。
5. Hadoop 默认开设 HDFS 端口号________和监控 YARN 集群端口号________。

二、判断题

1. Hadoop 是 Java 语言开发的，因此在搭建 Hadoop 集群时，需要为集群安装 JDK 环境变量。 （ ）

2. 伪分布式模式下的 Hadoop 功能与完全分布式模式下的 Hadoop 功能相同。（　　）
3. 启动 Hadoop 集群服务之前需要格式化文件系统。（　　）
4. Hadoop 存在多个副本，且默认备份数量是 3。（　　）
5. 配置 Hadoop 集群只需要修改 core-site. xml 配置文件就可以。（　　）

三、选择题

1. HDFS 默认备份数量是多少？（　　）

   A. 0　　B. 1　　C. 2　　D. 3

2. 下列描述说法错误的是（　　）。

   A. SecureCRT 是一款支持 SSH 的终端仿真程序，它能够在 Windows 操作系统上远程连接 Linux 服务器执行操作

   B. Hadoop 是一个用于处理大数据的分布式集群架构，支持在 GNU/Linux 系统以及 Windows 系统上进行安装使用

   C. VMware Workstation 是一款虚拟计算机的软件，用户可以在单一的桌面上同时操作不同的操作系统

   D. SSH 是一个软件，专为远程登录会话和其他网络服务提供安全性功能的软件

3. 配置 Hadoop 集群时，下列哪个 Hadoop 配置文件需要进行修改？（多选）（　　）

   A. hadoop-env. sh　　B. profile

   C. core-site. xml　　D. ifcfg-eth0

四、简答题

1. 简述 SSH 协议解决的问题。
2. 简述 Hadoop 集群部署方式以及各方式使用场景。

第3章

HDFS分布式文件系统

学习目标

- 了解 HDFS 演变。
- 掌握 HDFS 特点。
- 掌握 HDFS 的架构和原理。
- 掌握 HDFS 的 Shell 和 JavaApi 操作。

HDFS 是 Hadoop 体系中的重要组成部分，主要用于解决海量大数据文件存储的问题，是目前应用最广泛的分布式文件系统。接下来，本章将从 HDFS 的演变开始，带领大家逐步学习 HDFS 的架构、工作原理以及常见操作。

3.1 HDFS 的简介

3.1.1 HDFS 的演变

HDFS 源于 Google 在 2003 年 10 月份发表的 GFS(Google File System)论文，接下来从传统的文件系统入手，开始学习分布式文件系统，以及分布式文件系统是如何演变而来。

传统的文件系统对海量数据的处理方式是将数据文件直接存储在一台服务器上，如图 3-1 所示。

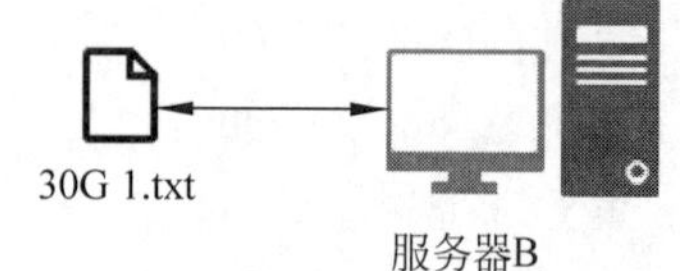

图 3-1 传统文件系统

从图 3-1 可以看出，传统的文件系统在存储数据时，会遇到两个问题，具体如下：

- 当数据量越来越大时，会遇到存储瓶颈，就需要扩容；
- 由于文件过大，上传和下载都非常耗时。

为了解决传统文件系统遇到的存储瓶颈问题，首先考虑的就是扩容，扩容有两种形式，一种是纵向扩容，即增加磁盘和内存；另一种是横向扩容，即增加服务器数量。通过扩大规模达到分布式存储，这种存储形式就是分布式文件存储的雏形，如图 3-2 所示。

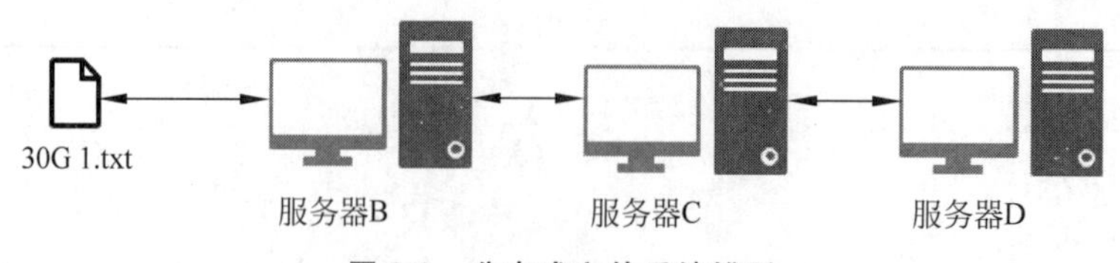

图 3-2 分布式文件系统雏形

解决了分布式文件系统的存储瓶颈问题之后，还需要解决文件上传与下载的效率问题，常规的解决办法是将一个大的文件切分成多个数据块，将数据块以并行的方式进行存储。这里以 30G 的文本文件为例，将其切分成 3 块，每块大小 10G（实际上每个数据块都很小，只有 100M 左右），将其存储在文件系统中，如图 3-3 所示。

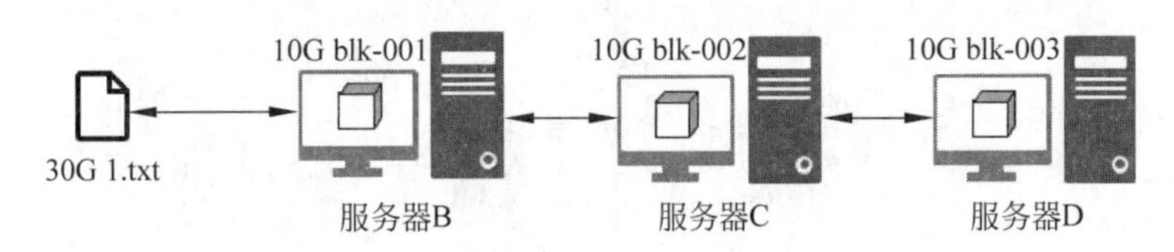

图 3-3　分布式文件系统雏形

从图 3-3 可以看出，原先一台服务器要存储 30G 的文件，此时每台服务器只需要存储 10G 的数据块就完成了工作，从而解决了上传下载的效率问题。但是文件通过数据块分别存储在服务器集群中，那么如何获取一个完整的文件呢？针对这个问题，就需要再考虑增加一台服务器，专门用来记录文件被切割后的数据块信息以及数据块的存储位置信息，如图 3-4 所示。

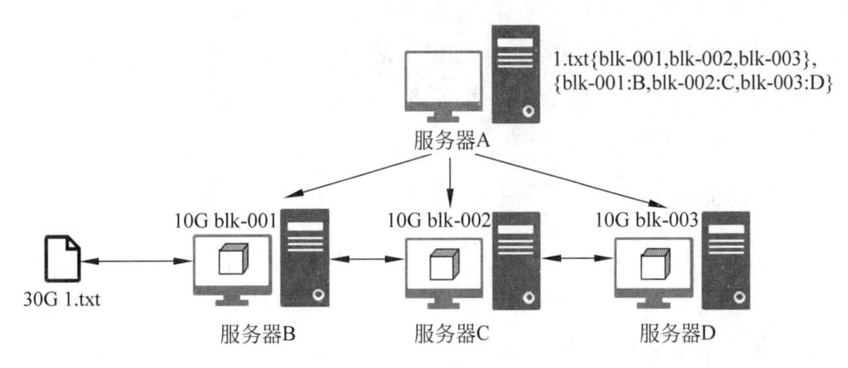

图 3-4　HDFS 雏形

从图 3-4 可以看出，文件存储系统中增加了一台服务器 A 用于管理其他服务器，服务器 A 记录着文件被切分成多少个数据块，这些数据块分别存储在哪台服务器中，当客户端访问服务器 A 请求下载数据文件时，就能够通过类似查找目录的方式查找数据了。

通过前面的操作，看似解决了所有问题，但其实还有一个非常关键的问题需要处理，那就是当存储数据块的服务器中突然有一台机器宕机，就无法正常的获取文件了，这个问题被称为单点故障。针对这个问题，可以采用备份的机制解决，如图 3-5 所示。

从图 3-5 可以看出，每个服务器中都存储两个数据块，进行备份。服务器 B 存储 blk-001 和 blk-002，服务器 C 存储 blk-002 和 blk-003，服务器 D 存储 blk-001 和 blk-003。当服务器 C 突然宕机，我们还可以通过服务器 B 和服务器 D 查询完整的数据块供客户端访问下载。这就形成了简单的 HDFS。

这里的服务器 A 被称为 NameNode，它维护着文件系统内所有文件和目录的相关信息，服务器 B、C、D 被称为 DataNode，用于存储数据块。

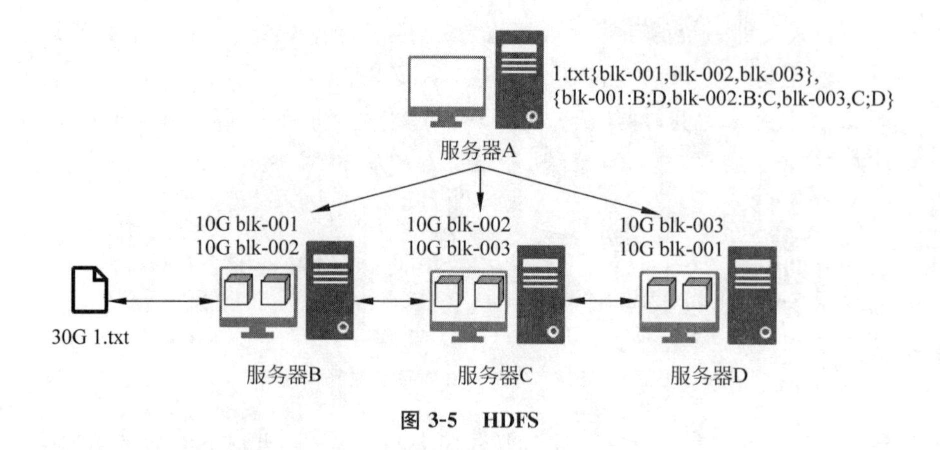

图 3-5 HDFS

3.1.2 HDFS的基本概念

HDFS(Hadoop Distributed File System)是一个易于扩展的分布式文件系统，运行在成百上千台低成本的机器上。它与现有的分布式文件系统有许多相似之处，都是用来存储数据的系统工具，而区别在于HDFS具有高度容错能力，旨在部署在低成本机器上。HDFS提供对应用程序数据的高吞吐量访问，主要用于对海量文件信息进行存储和管理，也就是解决大数据文件(如TB乃至PB级)的存储问题。本节将针对HDFS的基本概念进行详细讲解。

1. NameNode(名称节点)

NameNode是HDFS集群的主服务器，通常称为名称节点或者主节点。一旦NameNode关闭，就无法访问Hadoop集群。NameNode主要以元数据的形式进行管理和存储，用于维护文件系统名称并管理客户端对文件的访问；NameNode记录对文件系统名称空间或其属性的任何更改操作；HDFS负责整个数据集群的管理，并且在配置文件中可以设置备份数量，这些信息都由NameNode存储。

2. DataNode(数据节点)

DataNode是HDFS集群中的从服务器，通常称为数据节点。文件系统存储文件的方式是将文件切分成多个数据块，这些数据块实际上是存储在DataNode节点中的，因此DataNode机器需要配置大量磁盘空间。它与NameNode保持不断的通信，DataNode在客户端或者NameNode的调度下，存储并检索数据块，对数据块进行创建、删除等操作，并且定期向NameNode发送所存储的数据块列表，每当DataNode启动时，它将负责把持有的数据块列表发送到NameNode机器中。

3. Block(数据块)

每个磁盘都有默认的数据块大小，这是磁盘进行数据读/写的最小单位，HDFS同样也有块(block)的概念，它是抽象的块，而非整个文件作为存储单元，在Hadoop2. x版本中，默认大小是128M，且备份3份，每个块尽可能地存储于不同的DataNode中。按块存储的好处主要是屏蔽了文件的大小(在这种情况下,可以将一个文件分成 N 个数据块,存储到各个磁盘,就简化了存储系统的设计。为了数据的安全,必须要进行备份,而数据块非常适合数据的备份),提供数据的容错性和可用性。

4. Rack(机架)

Rack 是用来存放部署 Hadoop 集群服务器的机架,不同机架之间的节点通过交换机通信,HDFS 通过机架感知策略,使 NameNode 能够确定每个 DataNode 所属的机架 ID,使用副本存放策略,来改进数据的可靠性、可用性和网络带宽的利用率。

5. Metadata(元数据)

元数据从类型上可分为三种信息形式,一是维护 HDFS 中文件和目录的信息,如文件名、目录名、父目录信息、文件大小、创建时间、修改时间等;二是记录文件内容,存储相关信息,如文件分块情况、副本个数、每个副本所在的 DataNode 信息等;三是用来记录 HDFS 中所有 DataNode 的信息,用于 DataNode 管理。

小提示: 具体文件内容不是元数据,元数据是用于描述和组织具体的文件内容,如果没有元数据,具体的文件内容将变得没有意义。元数据的作用十分重要,它们的可用性直接决定了 HDFS 的可用性。

3.1.3 HDFS 的特点

随着互联网数据规模的不断增大,对文件存储系统提出了更高的要求,需要更大的容量、更好的性能以及安全性更高的文件存储系统,与传统分布式文件系统一样,HDFS 也是通过计算机网络与节点相连,但也有传统分布式文件系统的优点和缺点。

1. 优点

(1) 高容错。

HDFS 可以由成百上千台服务器组成,每个服务器存储文件系统数据的一部分。HDFS 中的副本机制会自动把数据保存多个副本,DataNode 节点周期性地向 NameNode 发送心跳信号,当网络发生异常,可能导致 DataNode 与 NameNode 失去通信,NameNode 和 DataNode 通过心跳检测机制,发现 DataNode 宕机,DataNode 中副本丢失,HDFS 则会从其他 DataNode 上面的副本自动恢复,所以 HDFS 具有高的容错性。

(2) 流式数据访问。

HDFS 的数据处理规模比较大,应用程序一次需要访问大量的数据,同时这些应用程序一般都是批量地处理数据,而不是用户交互式处理,所以应用程序能以流的形式访问数据集,请求访问整个数据集要比访问一条记录更加高效。

(3) 支持超大文件。

HDFS 具有很大的数据集,旨在可靠的大型集群上存储超大型文件(GB、TB、PB 级别的数据),它将每个文件切分成多个小的数据块进行存储,除了最后一个数据块之外的所有数据块大小都相同,块的大小可以在指定的配置文件中进行修改,在 Hadoop2. x 版本中默认大小是 128M。

(4) 高数据吞吐量。

HDFS采用的是"一次写入,多次读取"这种简单的数据一致性模型,在HDFS中,一个文件一旦经过创建、写入、关闭后,一旦写入就不能进行修改了,只能进行追加,这样保证了数据的一致性,也有利于提高吞吐量。

(5) 可构建在廉价的机器上。

Hadoop的设计对硬件要求低,无须构建在昂贵的高可用性机器上,因为在HDFS设计中充分考虑到了数据的可靠性、安全性和高可用性。

2. 缺点

(1) 高延迟。

HDFS不适用于低延迟数据访问的场景,例如,毫秒级实时查询。

(2) 不适合小文件存取场景。

对于Hadoop系统,小文件通常定义为远小于HDFS的数据块大小(128MB)的文件,由于每个文件都会产生各自的元数据,Hadoop通过NameNode来存储这些信息,若小文件过多,容易导致NameNode存储出现瓶颈。

(3) 不适合并发写入。

HDFS目前不支持并发多用户的写操作,写操作只能在文件末尾追加数据。

3.2 HDFS的架构和原理

3.2.1 HDFS存储架构

HDFS是一个分布式的文件系统,相比普通的文件系统来说更加复杂,因此在学习HDFS的操作之前有必要先来学习一下HDFS的存储架构,如图3-6所示。

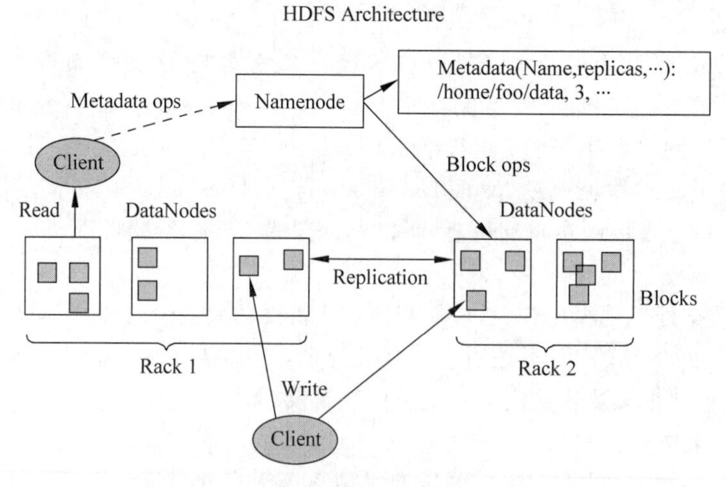

图3-6 HDFS存储架构图

从图3-6可以看出,HDFS采用主从架构(Master/Slave架构)。HDFS集群分别是由一个NameNode和多个DataNode组成。其中,NameNode是HDFS集群的主节点,负责管理文件系统的命名空间以及客户端对文件的访问;DataNode 是集群的从节点,负责管理它所在节点上的数据存储。HDFS 中的 NameNode 和 DataNode 两种角色各司其职,共同协调完成分布式的文件存储服务。

那么,NameNode 是如何管理分布式文件系统的命名空间呢?其实,在 NameNode 内部是以元数据的形式,维护着两个文件,分别是 FsImage 镜像文件和 EditLog 日志文件。其中,FsImage 镜像文件用于存储整个文件系统命名空间的信息,EditLog 日志文件用于持久化记录文件系统元数据发生的变化。当 NameNode 启动的时候,FsImage 镜像文件就会被加载到内存中,然后对内存里的数据执行记录的操作,以确保内存所保留的数据处于最新的状态,这样就加快了元数据的读取和更新操作。

随着集群运行时间长,NameNode 中存储的元数据信息越来越多,这样就会导致 EditLog 日志文件越来越大。当集群重启时,NameNode 需要恢复元数据信息,首先加载上一次的 FsImage 镜像文件,然后重复 EditLog 日志文件的操作记录,一旦 EditLog 日志文件很大,在合并的过程中就会花费很长时间,而且如果 NameNode 宕机就会丢失数据。为了解决这个问题,HDFS 中提供了 Secondary NameNode(辅助名称节点),它并不是要取代 NameNode 也不是 NameNode 的备份,它的职责主要是周期性地把 NameNode 中的 EditLog 日志文件合并到 FsImage 镜像文件中,从而减小 EditLog 日志文件的大小,缩短集群重启时间,并且保证了 HDFS 系统的完整性。

NameNode 存储的是元数据信息,元数据信息并不是真正的数据,真正的数据是存储在 DataNode 中。DataNode 是负责管理它所在节点上的数据存储。DataNode 中的数据块是以文件的类型存储在磁盘中,其中包含两个文件,一是数据本身(仅数据),二是每个数据块对应的一个元数据文件(包括数据长度,块数据校验和,以及时间戳)。

3.2.2　HDFS 文件读写原理

Client(客户端)对 HDFS 中的数据进行读写操作,分别是 Client 从 HDFS 中查找数据,即为 Read(读)数据;Client 从 HDFS 中存储数据,即为 Write(写)数据。下面对 HDFS 的读写流程进行详细的介绍。假设有一个 1.txt 文件,大小为 300M,这样就划分出 3 个数据块,如图 3-7 所示。

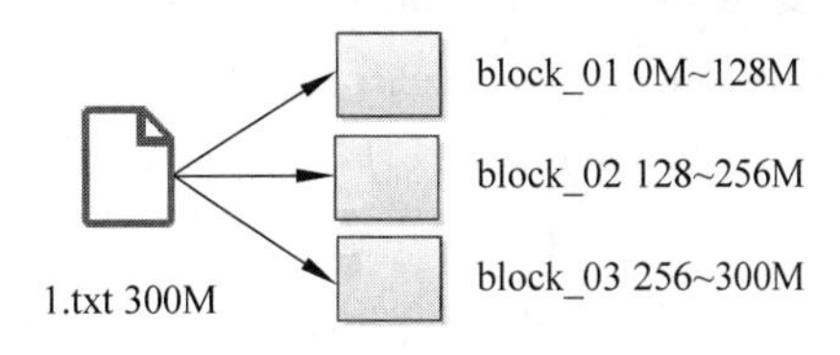

图 3-7　文件划分情况

下面,借助图 3-7 所示的文件,分别讲解 HDFS 文件读数据和写数据的原理。

1. HDFS 写数据原理

把文件上传到 HDFS 中,HDFS 究竟是如何存储到集群中去的?又是如何创建备份的?接下来学习客户端向 HDFS 中写数据的流程,如图 3-8 所示。

从图 3-8 可以看出,HDFS 中的写数据流程可以分为 12 个步骤,具体如下:

(1) 客户端发起文件上传请求,通过 RPC(远程过程调用)与 NameNode 建立通信。

(2) NameNode 检查元数据文件的系统目录树。

(3) 若系统目录树的父目录不存在该文件相关信息,返回客户端可以上传文件。

(4) 客户端请求上传第一个 Block 数据块,以及数据块副本的数量(可以自定义副本数

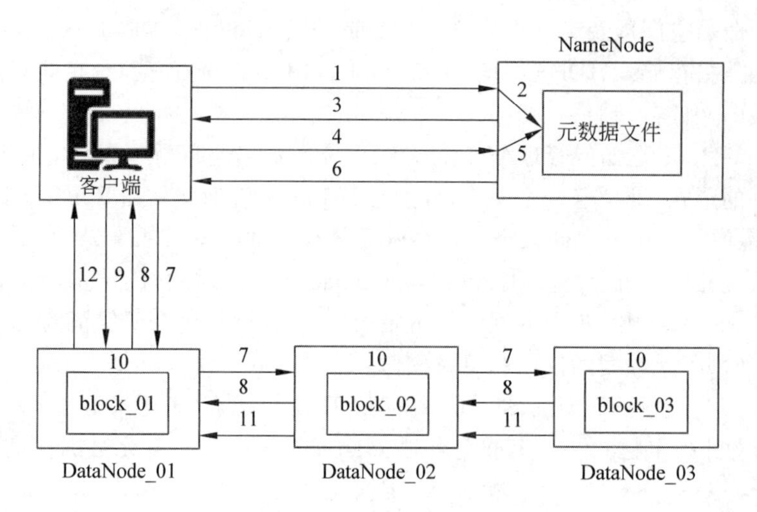

图 3-8 HDFS 写数据流程

量,也可以使用集群规划的副本数量)。

(5) NameNode 检测元数据文件中 DataNode 信息池,找到可用的数据节点(DataNode_01,DataNode_02 和 DataNode_03)。

(6) 将可用的数据节点的 IP 地址返回给客户端。

(7) 客户端请求 3 台节点中的一台服务器 DataNode_01,进行传送数据(本质上是一个 RPC 调用,建立管道 Pipeline),DataNode_01 收到请求会继续调用服务器 DataNode_02,然后服务器 DataNode_02 调用服务器 DataNode_03。

(8) DataNode 之间建立 Pipeline 后,逐个返回建立完毕信息。

(9) 客户端与 DataNode 建立数据传输流,开始发送数据包(数据是以数据包形式进行发送)。

(10) 客户端向 DataNode_01 上传第一个 Block 数据块,是以 Packet 为单位(默认 64K)发送数据块。当 DataNode_01 收到一个 Packet 就会传给 DataNode_02,DataNode_02 传给 DataNode_03;DataNode_01 每传送一个 Packet 都会放入一个应答队列等待应答。

(11) 数据被分割成一个个 Packet 数据包在 Pipeline 上依次传输,而在 Pipeline 反方向上,将逐个发送 Ack(命令正确应答),最终由 Pipeline 中第一个 DataNode 节点 DataNode_01 将 Pipeline 的 Ack 信息发送给客户端。

(12) DataNode 返回给客户端,第一个 Block 块传输完成。客户端则会再次请求 NameNode 上传第二个 Block 块和第三个 Block 块到服务器上,重复上面的步骤,直到 3 个 Block 都上传完毕。

小提示:Hadoop 在设计时考虑到数据的安全与高效,数据文件默认在 HDFS 上存放 3 份,存储策略为本地一份,同机架内其他某一节点上一份,不同机架的某一节点上一份。

Ack:检验数据完整性的信息。

2. HDFS 读数据流程

前面已经知道客户端向 HDFS 写数据的流程,接下来学习客户端从 HDFS 中读数据的流程,如图 3-9 所示。

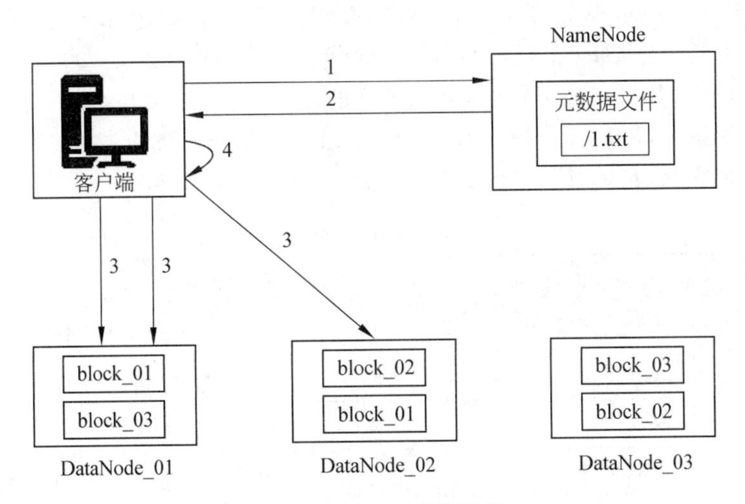

图 3-9　HDFS 读数据流程

从图 3-9 可以看出，HDFS 中的读数据流程可以分为 4 个步骤，具体如下：

（1）客户端向 NameNode 发起 RPC 请求，来获取请求文件 Block 数据块所在的位置。

（2）NameNode 检测元数据文件，会视情况返回部分 Block 块信息或者全部 Block 块信息，对于每个 Block 块，NameNode 都会返回含有该 Block 副本的 DataNode 地址。

（3）客户端会选取排序靠前的 DataNode 来依次读取 Block 块（如果客户端本身就是 DataNode，那么将从本地直接获取数据），每一个 Block 都会进行 CheckSum（完整性验证），若文件不完整，则客户端会继续向 NameNode 获取下一批的 Block 列表，直到验证读取出来文件是完整的，则 Block 读取完毕。

（4）客户端会把最终读取出来所有的 Block 块合并成一个完整的最终文件（如 1.txt）。

小提示：NameNode 返回的 DataNode 地址，会按照集群拓扑结构得出 DataNode 与客户端的距离，然后进行排序。排序有两个规则：网络拓扑结构中距离客户端近的则靠前；心跳机制中超时汇报的 DataNode 状态为无效的，则排靠后。

3.3　HDFS 的 Shell 操作

HDFS 提供了多种数据访问方式，其中，命令行的形式是最简单的，同时也是许多开发者最容易掌握的方式，本节将针对 HDFS 的基本操作进行讲解。

3.3.1　HDFS Shell 介绍

Shell 在计算机科学中俗称"壳"，是提供给使用者使用界面的进行与系统交互的软件，通过接收用户输入的命令执行相应的操作，Shell 分为图形界面 Shell 和命令行式 Shell。

HDFS Shell 包含类似 Shell 的命令，示例如下：

```
hadoop fs <args>
hadoop dfs <args>
hdfs dfs <args>
```

上述命令中，hadoop fs 使用面最广，可以操作任何文件系统，如本地系统、HDFS 等；hadoop dfs 则主要针对 HDFS，已经被 hdfs dfs 代替。

文件系统(FS)Shell 包含了各种的类 Shell 的命令，可以直接与 Hadoop 分布式文件系统以及其他文件系统进行交互，如与 Local FS、HTTP FS、S3 FS 文件系统交互等。通过命令行的方式进行交互，具体操作常用命令，如表 3-1 所示。

表 3-1　HDFS Shell 参数

命令参数	功能描述	命令参数	功能描述
-ls	查看指定路径的目录结构	-put	上传文件
-du	统计目录下所有文件大小	-cat	查看文件内容
-mv	移动文件	-text	将源文件输出为文本格式
-cp	复制文件	-mkdir	创建空白文件夹
-rm	删除文件/空白文件夹	-help	帮助

从表 3-1 可以看出，HDFS 支持的命令很多，但这里只列举常用的一部分，如果需要了解全部命令或使用过程中遇到问题都可以使用“hadoop fs -help”命令获取帮助文档，也可以通过 Hadoop 官方文档 http://hadoop.apache.org/docs/stable/hadoop-project-dist/hadoop-common/FileSystemShell.html 学习，接下来对这些常用的命令进行操作演示。

1. ls 命令

ls 命令用于查看指定路径的当前目录结构，类似于 Linux 系统中的 ls 命令，其语法格式如下：

```
hadoop fs -ls [-d] [-h] [-R] <args>
```

其中，各项参数说明如下。

- -d：将目录显示为普通文件。
- -h：使用便于操作人员读取的单位信息格式。
- -R：递归显示所有子目录的信息。

示例代码如下：

```
$ hadoop fs -ls /
```

上述示例代码，执行完成后会展示 HDFS 根目录下的所有文件及文件夹，如图 3-10 所示。

2. mkdir 命令

mkdir 命令用于在指定路径下创建子目录，其中创建的路径可以采用 URI 格式进行指定，与 Linux 命令 mkdir 相同，可以创建多级目录，其语法格式如下：

```
hadoop fs -mkdir [-p] <paths>
```

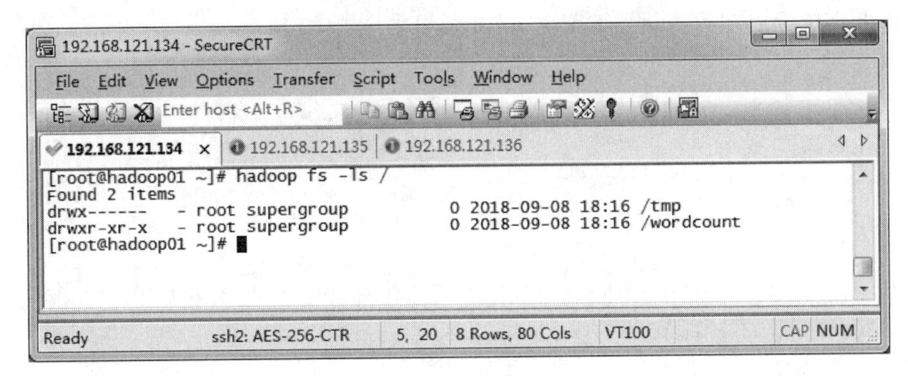

图 3-10　ls 命令效果

其中-p 参数表示创建子目录来先检查路径是否存在，如果不存在，则创建相应的各级目录。

示例代码如下：

```
$ hadoop fs -mkdir -p /itcast/hadoop
```

上述示例代码是在 HDFS 的根目录下创建 itcast/hadoop 层级文件夹，-p 参数表示递归创建路径中的各级目录。执行命令后效果如图 3-11 所示。

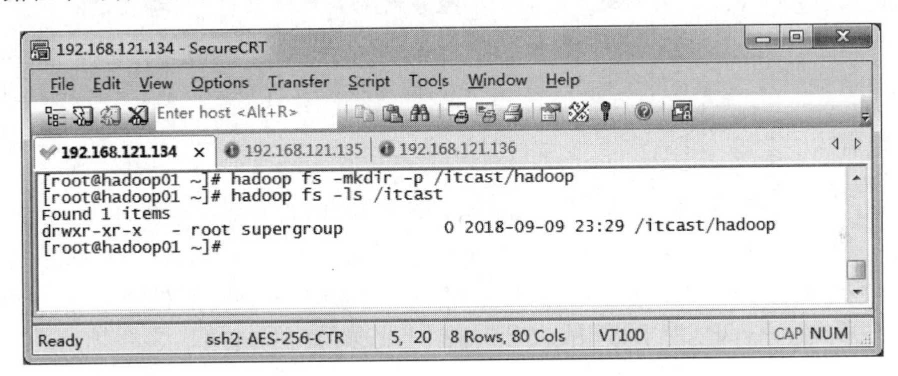

图 3-11　mkdir 命令效果

3．put 命令

put 命令用于将本地系统的文件或文件夹复制到 HDFS 上，其语法格式如下：

```
hadoop fs -put [-f] [-p] <locationsrc> <det>
```

其中各项说明如下：

- -f：覆盖目标文件。
- -p：保留访问和修改时间、权限。

示例代码如下：

```
$ hadoop fs -put -f install.log /
```

上述指令执行成功后查询 HDFS 根目录效果如图 3-12 所示。

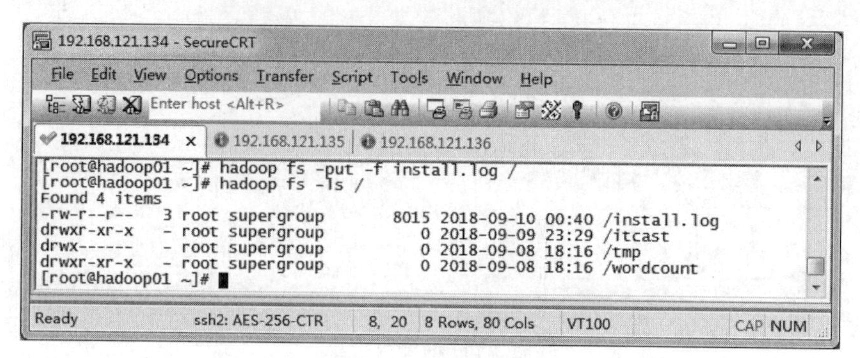

图 3-12 put 命令效果

3.3.2 案例——Shell 定时采集数据到 HDFS

在 3.3.1 节,对 HDFS 客户端命令行以及常用的命令进行了介绍,本节将通过采集数据文件脚本的案例来对 3.3.1 节所学的知识进行巩固。

服务器每天会产生大量日志数据,并且日志文件可能存在于每个应用程序指定的 data 目录中,在不使用其他工具的情况下,将服务器中的日志文件规范地存放在 HDFS 中。通过编写简单的 Shell 脚本,用于每天自动采集服务器上的日志文件,并将海量的日志上传至 HDFS 中。由于文件上传时会消耗大量的服务器资源,为了减轻服务器的压力,可以避开高峰期,通常会在凌晨进行上传文件的操作。下面按照步骤实现 Shell 定时日志采集功能。

1. 配置环境变量

首先在/export/data/logs 目录下(如果目录不存在,则需要提前创建)使用 vi 命令创建 upload2HDFS.sh 脚本文件,在编写 Shell 脚本时,需要设置 Java 环境变量,即使当前虚拟机节点已经配置了 Java 环境变量,这样做是用来提高系统的可靠性,保障运行程序的机器在没有配置环境变量的情况下依然能够运行脚本。代码如下所示:

```
export JAVA_HOME=/export/servers/jdk
export JRE_HOME=${JAVA_HOME}/jre
export CLASSPATH=.:${JAVA_HOME}/lib:${JRE_HOME}/lib
export PATH=${JAVA_HOME}/bin:$PATH
```

在配置完 Java 环境变量之后还需要配置 Hadoop 的环境变量,代码如下所示:

```
export HADOOP_HOME=/export/servers/hadoop-2.7.4/
export PATH=${HADOOP_HOME}/bin:${HADOOP_HOME}/sbin:$PATH
```

2. 准备日志存放目录和待上传文件

为了让开发者便于控制上传文件的流程,可以在脚本中设置一个日志存放目录和待上传文件目录,若上传过程中发生错误只需要查看该目录就能知道文件的上传进度。添加相应代码如下所示：

```
#日志文件存放的目录
log_src_dir=/export/data/logs/log/
#待上传文件存放的目录
log_toupload_dir=/export/data/logs/toupload/
```

为了保证后续脚本文件能够正常执行，还需要在启动脚本前手动创建好这两个目录。

3. 设置日志文件上传的路径

设置上传的 HDFS 目标路径，命名格式以时间结尾，并且输出打印信息。添加代码如下所示：

```
#设置日期
date1=`date -d last-day +%Y_%m_%d`
#日志文件上传到 hdfs 的根路径
hdfs_root_dir=/data/clickLog/$date1/
#打印环境变量信息
echo "envs: hadoop_home: $HADOOP_HOME"
#读取日志文件的目录，判断是否有需要上传的文件
echo "log_src_dir:"$log_src_dir
```

4. 实现文件上传

上传文件的过程就是遍历文件目录的过程，将文件首先移动到待上传目录，再从待上传目录中上传到 HDFS 中。添加代码如下所示：

```
ls $log_src_dir | while read fileName
do
    if [[ "$fileName" ==access.log.* ]]; then
        date=`date +%Y_%m_%d_%H_%M_%S`
        #将文件移动到待上传目录并重命名
        echo "moving $log_src_dir$fileName to
                    $log_toupload_dir"xxxxx_click_log_$fileName"$date"
        mv $log_src_dir$fileName
                    $log_toupload_dir"xxxxx_click_log_$fileName"$date
        #将待上传的文件 path 写入一个列表文件 willDoing,
        echo $log_toupload_dir "xxxxx_click_log_$fileName"$date >>
                                 $log_toupload_dir"willDoing."$date
    fi
done
```

最后将文件从待上传目录传至 HDFS 中，具体代码如下所示：

```
#找到列表文件 willDoing
ls $log_toupload_dir | grep will |grep -v "_COPY_" | grep -v "_DONE_" | while
read line
```

```
do
    #打印信息
    echo "toupload is in file:"$line
    #将待上传文件列表 willDoing 改名为 willDoing_COPY_
    mv $log_toupload_dir$line $log_toupload_dir$line"_COPY_"
    #读列表文件 willDoing_COPY_的内容(一个一个的待上传文件名)
    #此处的 line 就是列表中的一个待上传文件的 path
    cat $log_toupload_dir$line"_COPY_" |while read line
    do
        #打印信息
        echo "puting...$line to hdfs path.....$hdfs_root_dir"
        hadoop fs -mkdir -p $hdfs_root_dir
        hadoop fs -put $line $hdfs_root_dir
    done
    mv $log_toupload_dir$line"_COPY_" $log_toupload_dir$line"_DONE_"
done
```

如果在每天凌晨 12 点执行一次，可以使用 Linux Crontab 表达式执行定时任务。

```
0 0 * * * /shell/upload2HDFS.sh
```

上述 Crontab 表达式是由 6 个参数决定，分别为分、时、日、月、周、命令组成，其中/shell/upload2HDFS. sh 为 shell 脚本的绝对路径。由于 Crontab 表达式并非本书重点，想要深入学习的读者可以自行查阅资料。

5. 执行程序展示运行结果

一般日志文件产生是由业务决定，例如每小时滚动一次或者日志文件大小达到 1G 时，就滚动一次，产生新的日志文件。为了避免每个日志文件过大导致上传效率低，可以采取在滚动后的文件名后添加一个标识的策略，如 access. log. x，x 就是文件标识，它可以为序号、日期等自定义名称，该标识用于表示日志文件滚动过一次，滚动后的文件，新产生的数据将不再写入该文件中，当满足业务需求时，则文件可以被移动到待上传目录，如图 3-13 所示。

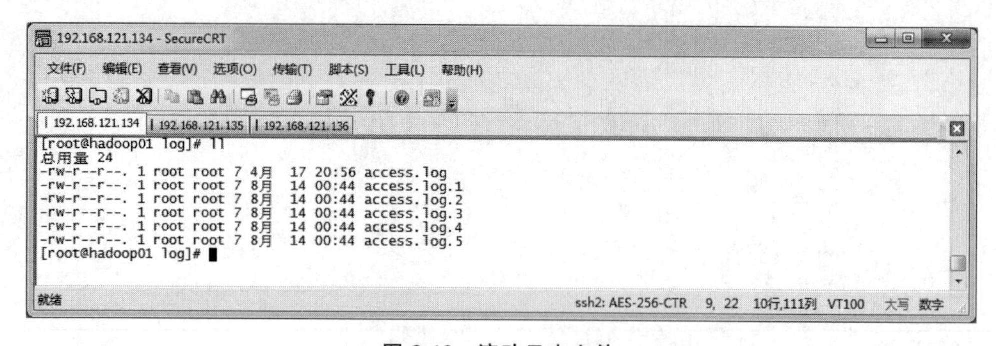

图 3-13 滚动日志文件

从图 3-13 可以看出，为了模拟生产环境，在日志存放目录/export/data/logs/log/中，执行命令“echo 111>access. log”“echo 111>access. log. 1”“echo 111>access. log. 2”，手动创

建日志文件(至少创建两个文件),access. log 表示正在源源不断地产生日志的文件,access. log. 1、access. log. 2 等表示已经滚动完毕的日志文件,即为待上传日志文件。

在 upload2HDFS. sh 文件路径下使用"sh upload2HDFS. sh"指令执行程序脚本,打印执行流程,如图 3-14 所示。

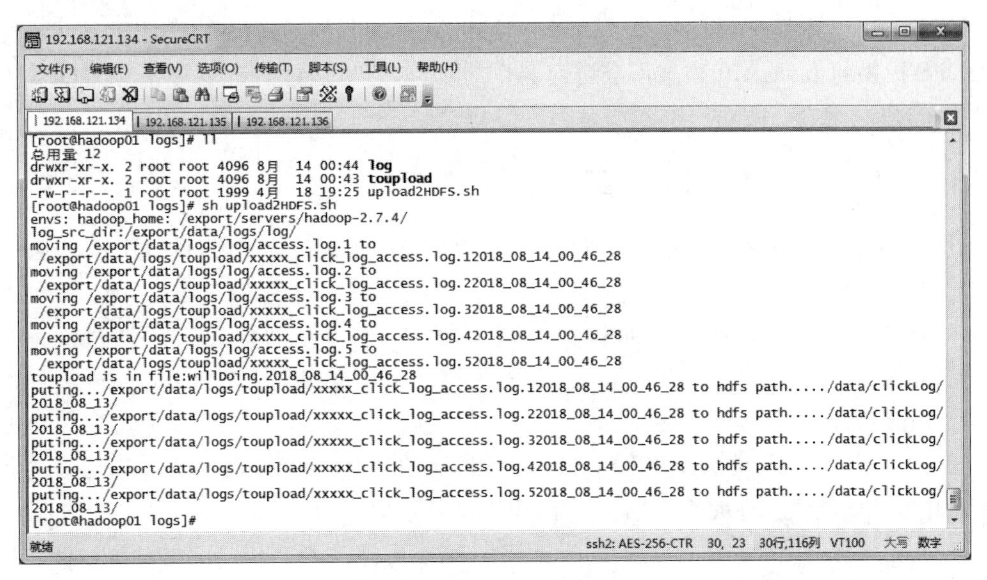

图 3-14　运行脚本

从图 3-14 可以看出,首先将日志存放目录 log 中的日志文件移动到待上传 toupload 目录下,并根据业务需求重命名,然后脚本自动执行 hadoop put 上传命令,将待上传目录下的所有日志文件上传至 HDFS 中。通过 HDFS Web 界面可以看到,需要采集的日志文件已经按照日期分类,上传到 HDFS 中,如图 3-15 所示。

Browsing HDFS

192.168.121.134:50070/explorer.html#/data/clickLog/2018_08_13

Browse Directory

/data/clickLog/2018_08_13　Go!

Permission	Owner	Group	Size	Last Modified	Replication	Block Size	Name
-rw-r--r--	root	supergroup	7 B	2018/8/14 上午12:46:35	3	128 MB	xxxxx_click_log_access.log.12018_08_14_00_46_28
-rw-r--r--	root	supergroup	7 B	2018/8/14 上午12:46:40	3	128 MB	xxxxx_click_log_access.log.22018_08_14_00_46_28
-rw-r--r--	root	supergroup	7 B	2018/8/14 上午12:46:46	3	128 MB	xxxxx_click_log_access.log.32018_08_14_00_46_28
-rw-r--r--	root	supergroup	7 B	2018/8/14 上午12:46:51	3	128 MB	xxxxx_click_log_access.log.42018_08_14_00_46_28
-rw-r--r--	root	supergroup	7 B	2018/8/14 上午12:46:57	3	128 MB	xxxxx_click_log_access.log.52018_08_14_00_46_28

Hadoop, 2017.

图 3-15　日志采集文件

小提示:Shell 脚本语言并非本章节的重点,读者只需要掌握本节案例的业务和思想,可以读懂简单的 Shell 脚本语言即可。

3.4 HDFS的Java API操作

由于Hadoop是使用Java语言编写的，因此可以使用Java API操作Hadoop文件系统。HDFS Shell本质上就是对Java API的应用，通过编程的形式操作HDFS，其核心是使用HDFS提供的Java API构造一个访问客户端对象，然后通过客户端对象对HDFS上的文件进行操作（增、删、改、查）。本节对HDFS提供的Java API进行详细讲解。

3.4.1 HDFS Java API介绍

Hadoop整合了众多文件系统，HDFS只是这个文件系统的一个实例。HDFS Java API的核心包如下所示。

- org.apache.hadoop.fs.FileSystem：它是通用文件系统的抽象基类，可以被分布式文件系统继承，它具有许多实现类，如LocalFileSystem、DistributedFileSystem、FtpFileSystem等。
- org.apache.hadoop.fs.FileStatus：它用于向客户端展示系统中文件和目录的元数据，具体包含文件大小、块大小、副本信息、修改时间等。
- org.apache.hadoop.fs.FSDataInputStream：文件输入流，用于读取Hadoop文件。
- org.apache.hadoop.fs.FSDataOutputStream：文件输出流，用于写入Hadoop文件。
- org.apache.hadoop.conf.Configuration：访问配置项，默认配置参数在core-site.xml中，用户可以添加相应的配置参数。
- org.apache.hadoop.fs.Path：用于表示Hadoop文件系统中的一个文件或者一个目录的路径。

在Java中操作HDFS，首先需要创建一个客户端实例，主要涉及以下类：

- Configuration：该类的对象封装了客户端或者服务器的配置，每个配置选项是一个键值对，通常情况下，Configuration实例会自动加载HDFS的配置文件core-site.xml，从中获取Hadoop集群的配置信息。
- FileSystem：该类的对象是一个文件系统对象，通过该对象的一些方法可以对文件进行操作，常用方法如表3-2所示；

表3-2 FileSystem常用方法

方法名称	方法描述
copyFromLocalFile(Path src,Path dst)	从本地磁盘复制文件到HDFS
copyToLocalFile(Path src,Path dst)	从HDFS复制文件到本地磁盘
mkdirs(Path f)	建立子目录
rename(Path src,Path dst)	重命名文件或文件夹
delete(Path f)	删除指定文件

小提示：Hadoop API 非常庞大，读者可以通过 Hadoop 官方文档自行查阅学习，地址如下：http://hadoop.apache.org/docs/stable/api/index.html。

3.4.2　案例——使用 Java API 操作 HDFS

本节通过 Java API 来演示如何操作 HDFS 文件系统，包括文件上传与下载以及目录操作等，具体介绍如下。

1. 搭建项目环境

打开 Eclipse 选择 File→New→Maven Project 创建 Maven 工程，选择 Create a simple project 选项，单击 Next 按钮，会进入 New Maven Project 界面，如图 3-16 所示。

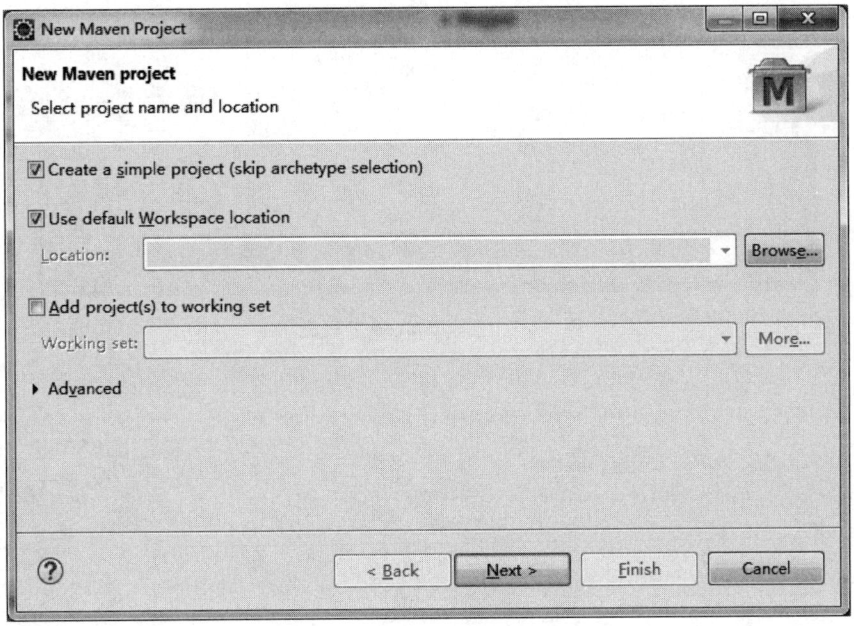

New Maven Project

New Maven project

Select project name and location

☑ Create a simple project (skip archetype selection)

☑ Use default Workspace location

Location: [　　　　] Browse...

☐ Add project(s) to working set

Working set: [　　　　] More...

▸ Advanced

? 　< Back　Next >　Finish　Cancel

图 3-16　创建 Maven 工程

在图 3-16 中，选中 Create a simple project(skip archetype selection)表示创建一个简单的项目(跳过原型模板的选择)，然后选中 User default Workspace location 表示使用本地默认的工作空间之后，单击 Next 按钮，如图 3-17 所示。

在图 3-17 中，GroupId 也就是项目组织唯一的标识符，实际对应 Java 的包结构，这里输入 com.itcast。ArtifactId 就是项目的唯一标识符，实际对应项目的名称，就是项目根目录的名称，这里输入 HadoopDemo，打包方式这里选择 jar 包方式即可，后续创建 Web 工程选择 war 包。

此时 Maven 工程已经被创建好了，会发现在 Maven 项目中，有一个 pom.xml 的配置文件，这个配置文件就是对项目进行管理的核心配置文件。

使用 Java API 操作 HDFS 需要用到 hadoop-common、hadoop-hdfs 和 hadoop-client 3 种依赖，同时为了进行单元测试，还要引入 junit 的测试包，具体代码如文件 3-1 所示。

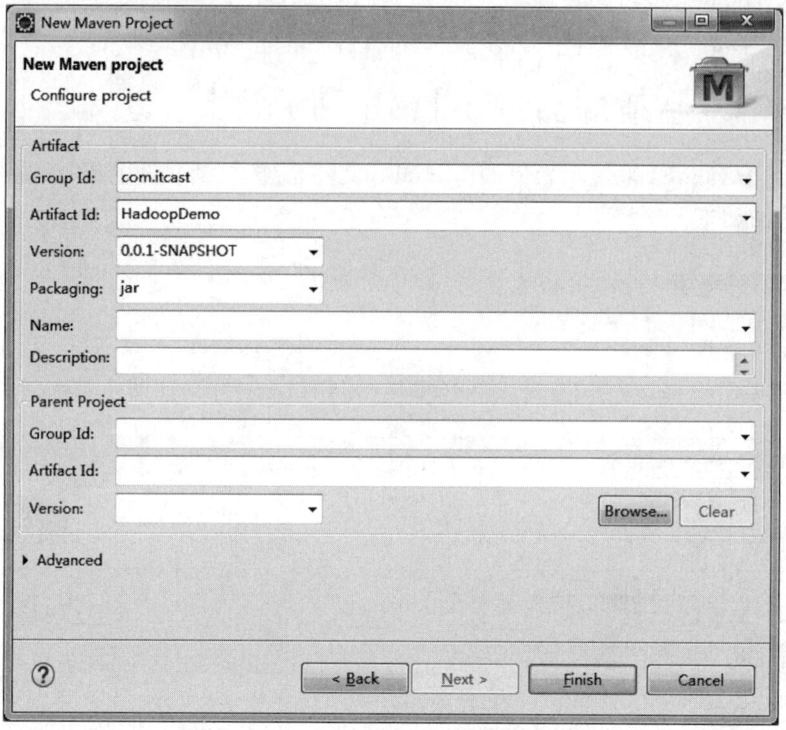

图 3-17 创建 Maven 工程配置

文件 3-1 pom.xml

```
1 <?xml version="1.0" encoding="UTF-8"?>
2 <project xmlns=http://maven.apache.org/POM/4.0.0
3 xmlns:xsi="http://www.w3.org/2001/XMLSchema-instance"
4 xsi:schemaLocation="http://maven.apache.org/POM/4.0.0
5 http://maven.apache.org/xsd/maven-4.0.0.xsd">
6   <modelVersion>4.0.0</modelVersion>
7   <groupId>com.itcast</groupId>
8   <artifactId>HadoopDemo</artifactId>
9   <version>0.0.1-SNAPSHOT</version>
10  <dependencies>
11       <dependency>
12           <groupId>org.apache.hadoop</groupId>
13           <artifactId>hadoop-common</artifactId>
14           <version>2.7.4</version>
15       </dependency>
16       <dependency>
17           <groupId>org.apache.hadoop</groupId>
18           <artifactId>hadoop-hdfs</artifactId>
19           <version>2.7.4</version>
20       </dependency>
21       <dependency>
22           <groupId>org.apache.hadoop</groupId>
```

```
23            <artifactId>hadoop-client</artifactId>
24            <version>2.7.4</version>
25        </dependency>
26        <dependency>
27          <groupId>junit</groupId>
28          <artifactId>junit</artifactId>
29          <version>RELEASE</version>
30      </dependency>
31    </dependencies>
32 </project>
```

当添加依赖完毕后，Hadoop 相关 jar 包就会自动下载，部分 jar 包如图 3-18 所示。

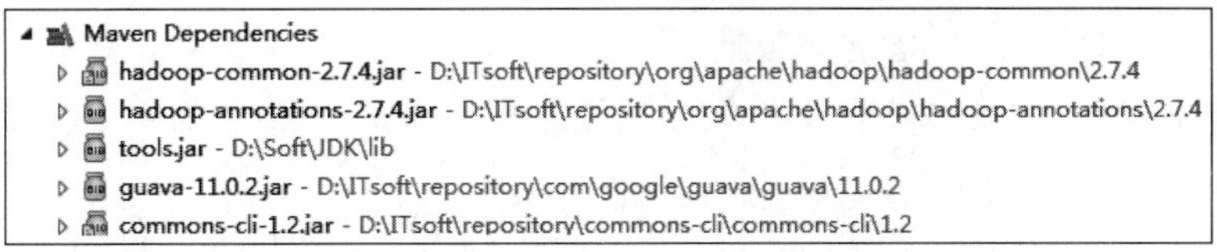

Maven Dependencies
hadoop-common-2.7.4.jar - D:\ITsoft\repository\org\apache\hadoop\hadoop-common\2.7.4
hadoop-annotations-2.7.4.jar - D:\ITsoft\repository\org\apache\hadoop\hadoop-annotations\2.7.4
tools.jar - D:\Soft\JDK\lib
guava-11.0.2.jar - D:\ITsoft\repository\com\google\guava\guava\11.0.2
commons-cli-1.2.jar - D:\ITsoft\repository\commons-cli\commons-cli\1.2

图 3-18　成功导入 jar 包

从图 3-18 可以看出，所需要的 Hadoop 的 jar 包所在路径就是 setting. xml 中配置的本地仓库位置。

2. 初始化客户端对象

首先在项目 src 文件夹下创建 com. itcast. hdfsdemo 包，并在该包下创建 HDFS_CRUD. java 文件，编写 Java 测试类，构建 Configuration 和 FileSystem 对象，初始化一个客户端实例进行相应的操作，具体代码如文件 3-2 所示。

文件 3-2　HDFS_CRUD. java

```
1 package com.itcast.hdfsdemo;
2 import java.io.*;
3 import org.apache.hadoop.conf.Configuration;
4 import org.apache.hadoop.fs.*;
5 import org.junit.*;
6 public class HDFS_CRUD {
7     FileSystem fs=null;
8     @Before
9     public void init() throws Exception {
10        //构造一个配置参数对象,设置一个参数:要访问的 HDFS 的 URI
11        Configuration conf=new Configuration();
12        //这里指定使用的是 HDFS
13        conf.set("fs.defaultFS", "hdfs://hadoop01:9000");
14        //通过如下的方式进行客户端身份的设置
15        System.setProperty("HADOOP_USER_NAME", "root");
16        //通过 FileSystem 的静态方法获取文件系统客户端对象
17        fs=FileSystem.get(conf);
18    }
19 }
```

在上述代码中,@Before是一个用于在Junit单元测试框架中控制程序最先执行的注解,这里可以保证init()方法在程序中最先执行。

小提示:FileSystem.get()方法从conf中的设置的参数fs.defaultFS的配置值,用来设置文件系统类型。如果代码中没有指定为fs.defaultFS,并且工程classpath下也没有给定相应的配置,则conf中的默认值就来自于hadoop-common-2.7.4.jar包中的core-default.xml,默认值为"file:///",这样获取的不是DistributedFileSystem实例,而是一个本地文件系统的客户端对象。

3. 上传文件到HDFS

初始化客户端对象后,接下来实现上传文件到HDFS的功能。由于采用Java测试类来实现JavaApi对HDFS的操作,因此可以在HDFS_CRUD.java文件中添加一个testAddFileToHdfs()方法来演示本地文件上传到HDFS的示例,具体代码如下:

```
@Test
public void testAddFileToHdfs() throws IOException {
    //要上传的文件所在本地路径
    Path src=new Path("D:/test.txt");
    //要上传到 HDFS 的目标路径
    Path dst=new Path("/testFile");
    //上传文件方法
    fs.copyFromLocalFile(src, dst);
    //关闭资源
    fs.close();
}
```

从上述代码可以看出,可以通过FileSystem对象的copyFromLocalFile()方法,将本地数据上传至HDFS中。copyFromLocalFile()方法接收两个参数,第一个参数是要上传的文件所在的本地路径(需要提前创建),第二个参数是要上传到HDFS的目标路径。

4. 从HDFS下载文件到本地

在HDFS_CRUD.java文件中添加一个testDownloadFileToLocal()方法,来实现从HDFS中下载文件到本地系统的功能,具体代码如下:

```
//从 HDFS 中复制文件到本地文件系统
@Test
public void testDownloadFileToLocal() throws IllegalArgumentException,
    IOException {
    //下载文件
    fs.copyToLocalFile(new Path("/testFile"), new Path("D:/"));
      fs.close();
}
```

从上述代码可以看出,可以通过FileSystem对象的copyToLocalFile()方法从HDFS

上下载文件到本地。copyToLocalFile()方法接收两个参数，第一个参数是 HDFS 上的文件路径，第二个参数是下载到本地的目标路径。

注意：在 Windows 平台开发 HDFS 项目时，若不设置 Hadoop 开发环境，则会报以下错误：

```
java.io.IOException: (null) entry in command string: null chmod 0644 D:\testFile
```

解决方式：

(1) 根据教材提示，安装配置 Windows 平台 Hadoop(注意，配置后必须重启电脑)，运行没有问题。

(2) 直接使用下载的 Linux 平台下的 Hadoop 压缩包进行解压，然后在解压包 bin 目录下额外添加 Windows 相关依赖文件(winutils. exe、winutils. pdb、hadoop. dll)，然后进行 Hadoop 环境变量配置(注意，配置后必须重启电脑)，运行同样没有问题。

(3) 使用 FileSystem 自带的方法即使不配置 Windows 平台 Hadoop 也可以正常运行(这种方法下载后就是没有附带一个类似. testFile. crc 的校验文件)：

```
fs.copyToLocalFile(false,new Path("/testFile"), new Path("D:/"),true);
```

5. 目录操作

在 HDFS_CRUD. java 文件中添加一个 testMkdirAndDeleteAndRename()方法，实现目录的创建、删除、重命名的功能，具体代码如下：

```
//创建,删除,重命名文件
@Test
public void testMkdirAndDeleteAndRename() throws Exception {
    //创建目录
    fs.mkdirs(new Path("/a/b/c"));
    fs.mkdirs(new Path("/a2/b2/c2"));
    //重命名文件或文件夹
    fs.rename(new Path("/a"), new Path("/a3"));
    //删除文件夹,如果是非空文件夹,参数 2 必须给值 true
    fs.delete(new Path("/a2"), true);
}
```

从上述代码可以看出，可以通过调用 FileSystem 的 mkdirs()方法创建新的目录；调用 delete()方法可以删除文件夹，delete()方法接收两个参数，第一个参数表示要删除的文件夹路径，第二个参数用于设置是否递归删除目录，其值为 true 或 false，true 表示递归删除，false 表示非递归删除；调用 rename()方法可以对文件或文件夹重命名，rename()接收两个参数，第一个参数代表需要修改的目标路径，第二个参数代表新的命名。

6. 查看目录中的文件信息

在 HDFS_CRUD. java 文件中添加一个 testListFiles()方法，实现查看目录中所有文件的详细信息的功能，代码如下：

```
//查看目录信息,只显示文件
@Test
public void testListFiles() throws FileNotFoundException,
        IllegalArgumentException, IOException {
    //获取迭代器对象
    RemoteIterator<LocatedFileStatus> listFiles=fs.listFiles(
                    new Path("/"), true);
    while (listFiles.hasNext()) {
        LocatedFileStatus fileStatus=listFiles.next();
        //打印当前文件名
        System.out.println(fileStatus.getPath().getName());
        //打印当前文件块大小
        System.out.println(fileStatus.getBlockSize());
        //打印当前文件权限
        System.out.println(fileStatus.getPermission());
        //打印当前文件内容长度
        System.out.println(fileStatus.getLen());
        //获取该文件块信息(包含长度,数据块,datanode的信息)
        BlockLocation[] blockLocations=
                        fileStatus.getBlockLocations();
        for (BlockLocation bl : blockLocations) {
            System.out.println("block-length:" +bl.getLength() +
                    "--" +"block-offset:" +bl.getOffset());
            String[] hosts=bl.getHosts();
            for (String host : hosts) {
                System.out.println(host);
            }
        }
        System.out.println("-----------分割线-------------");
    }
}
```

在上述代码中，可以调用 FileSystem 的 listFiles()方法获取文件列表，其中第一个参数表示需要获取的目录路径，第二个参数表示是否递归查询，这里传入参数为 true，表示需要递归查询。

3.5 本章小结

本章主要讲解的是 Hadoop 中的分布式文件系统。首先，通过对 HDFS 中基本概念和特点的概述，让大家对 Hadoop 分布式文件系统有基本的认识；其次，对 HDFS 的架构和原理进行讲解，让大家明白 HDFS 内部运行的原理；最后，通过 Shell 接口和 Java API 接口分别对 HDFS 的操作进行讲解，编写实际案例，让大家对本章的知识进行实践应用。通过本章的学习，大家可以使用 HDFS 很好地管理文件。

3.6 课后习题

一、填空题

1. ________用于维护文件系统名称并管理客户端对文件的访问，________存储真实的数据块。

2. NameNode 与 DataNode 通过________机制互相通信。

3. NameNode 以元数据形式维护着________和________文件。

二、判断题

1. Secondary NameNode 是 NameNode 的备份，可以有效解决 Hadoop 集群单点故障问题。（　　）

2. NameNode 负责管理元数据，客户端每次读写请求时，都会从磁盘中读取或写入元数据信息并反馈给客户端。（　　）

3. NameNode 本地磁盘保存了数据块的位置信息。（　　）

三、选择题

1. Hadoop2. x 版本中的数据块大小默认是多少？（　　）

A. 64M　　B. 128M　　C. 256M　　D. 512M

2. 关于 Secondary NameNode 的描述哪项是正确的？（　　）

A. 它是 NameNode 的热备。

B. 它对内存没有要求。

C. 它的目的是帮助 NameNode 合并编辑日志，减少 NameNode 启动时间。

D. SecondaryNameNode 应与 NameNode 部署到一个节点。

3. 客户端上传文件的时候哪项是正确的？（多选）（　　）

A. 数据经过 NameNode 传递给 DataNode。

B. 客户端将文件切分为多个 Block，依次上传。

C. 客户端只上传数据到一台 DataNode，然后由 NameNode 负责 Block 复制工作。

D. 客户端发起文件上传请求，通过 RPC 与 NameNode 建立通信。

四、简答题

1. 简述 HDFS 上传文件工作流程。

2. 简述 NameNode 管理分布式文件系统的命名空间。

五、编程题

通过 Java API 实现上传文件至 HDFS 中。

第 4 章 MapReduce分布式计算框架

学习目标

- 理解 MapReduce 的核心思想。
- 掌握 MapReduce 的编程模型。
- 掌握 MapReduce 的工作原理。
- 掌握 MapReduce 常见编程组件的使用。

MapReduce 是 Hadoop 系统核心组件之一，它是一种可用于大数据并行处理的计算模型、框架和平台，主要解决海量数据的分析计算，是目前分布式计算模型中应用较为广泛的一种，本章将针对 MapReduce 原理、编程模型及案例进行深入讲解。

4.1 MapReduce 概述

4.1.1 MapReduce 核心思想

MapReduce 的核心思想是“分而治之”。所谓“分而治之”就是把一个复杂的问题，按照一定的“分解”方法分为等价的规模较小的若干部分，然后逐个解决，分别找出各部分的结果，把各部分的结果组成整个问题的结果，这种思想来源于日常生活与工作时的经验，同样也完全适合技术领域。

为了更好地理解“分而治之”思想，先来看一个生活中的例子。例如，某大型公司在全国设立了分公司，假设现在要统计公司一年的营收情况制作年报，有两种统计方式。第一种方式是全国分公司将自己的账单数据发送至总部，由总部统一计算公司当年的营收报表；第二种方式是采用分而治之的思想，也就是说，先要求分公司各自统计营收情况，再将统计结果发给总部进行统一汇总计算。这两种方式相比，显然第二种方式的策略更好，工作效率更高。

MapReduce 作为一种分布式计算模型，它主要用于解决海量数据的计算问题。使用 MapReduce 分析海量数据时，每个 MapReduce 程序被初始化为一个工作任务，每个工作任务可以分为 Map 和 Reduce 两个阶段，具体介绍如下。

- Map 阶段：负责将任务分解，即把复杂的任务分解成若干个“简单的任务”来并行处理，但前提是这些任务没有必然的依赖关系，可以单独执行任务。
- Reduce 阶段：负责将任务合并，即把 Map 阶段的结果进行全局汇总。

下面通过一个图来描述上述 MapReduce 的核心思想，具体如图 4-1 所示。

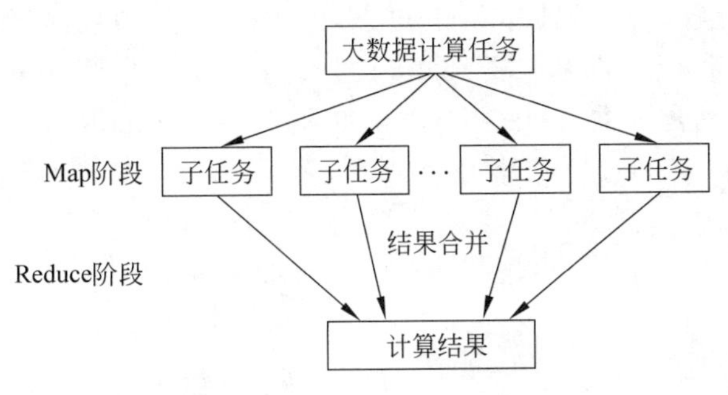

图 4-1　MapReduce 核心思想

从图 4-1 可知，MapReduce 就是“任务的分解与结果的汇总”。即使用户不懂分布式计算框架的内部运行机制，但是只要能用 Map 和 Reduce 思想描述清楚要处理的问题，就能轻松地在 Hadoop 集群上实现分布式计算功能。

4.1.2　MapReduce 编程模型

MapReduce 是一种编程模型，用于处理大规模数据集的并行运算。使用 MapReduce 执行计算任务的时候，每个任务的执行过程都会被分为两个阶段，分别是 Map 和 Reduce，其中 Map 阶段用于对原始数据进行处理，Reduce 阶段用于对 Map 阶段的结果进行汇总，得到最终结果，这两个阶段的模型如图 4-2 所示。

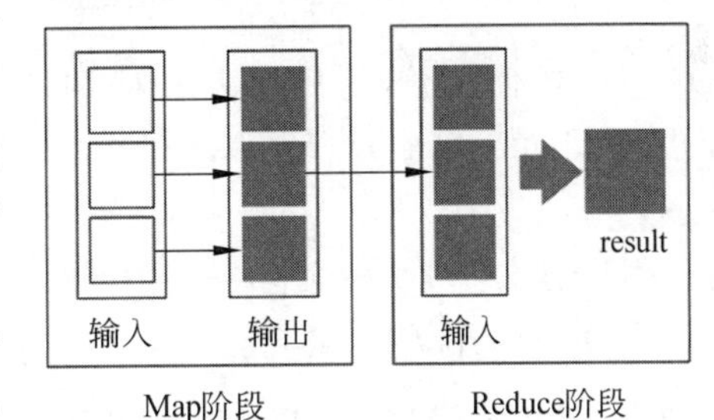

图 4-2　MapReduce 简易模型

MapReduce 编程模型借鉴了函数式程序设计语言的设计思想，其程序实现过程是通过 map() 和 reduce() 函数来完成的。从数据格式上来看，map() 函数接收的数据格式是键值对，产生的输出结果也是键值对形式，reduce() 函数会将 map() 函数输出的键值对作为输入，把相同 key 值的 value 进行汇总，输出新的键值对。接下来，通过一张图来描述 MapReduce 的简易数据流模型，具体如图 4-3 所示。

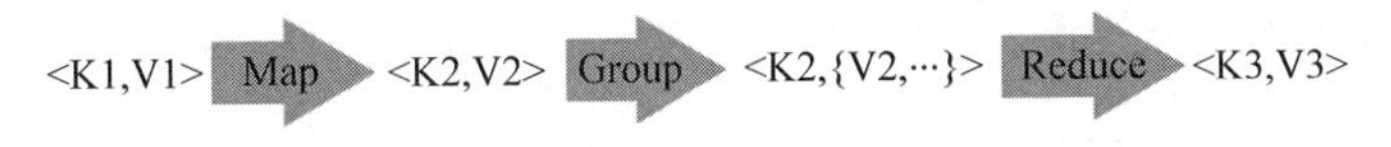

图 4-3　MapReduce 简易数据流模型

对于图 4-3 描述的 MapReduce 简易数据流模型说明如下：

(1) 将原始数据处理成键值对＜K1，V1＞形式。

(2) 将解析后的键值对＜K1，V1＞传给 map() 函数，map() 函数会根据映射规则，将键值对＜K1，V1＞映射为一系列中间结果形式的键值对＜K2，V2＞。

(3) 将中间形式的键值对＜K2，V2＞形成＜K2，{V2，···}＞形式传给 reduce() 函数处理，把具有相同 key 的 value 合并在一起，产生新的键值对＜K3，V3＞，此时的键值对＜K3，V3＞就是最终输出的结果。

这里需要说明的是，对于某些任务来说，可能不一定需要 Reduce 过程，也就是说，

MapReduce的数据流模型可能只有Map过程，由Map产生的数据直接被写入HDFS中。但是，对于大多数任务来说，都是需要Reduce过程的，并且可能由于任务繁重，需要设定多个Reduce。例如，下面是一个具有多个Map和Reduce的MapReduce模型，具体如图4-4所示。

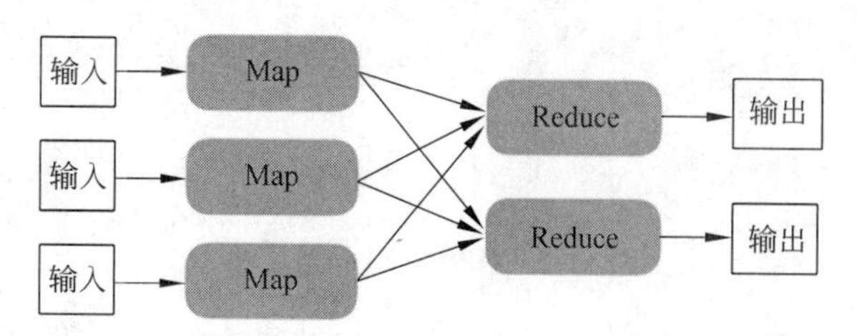

图4-4　多个Map和Reduce的MapReduce模型

图4-4演示的是含有3个Map和2个Reduce的MapReduce程序，其中，由Map产生的相关key的输出都会集中到Reduce中处理，而Reduce是最后的处理过程，其结果不会进行第二次汇总。

4.1.3　MapReduce编程实例——词频统计

通过前面的介绍，相信大家对MapReduce的编程思想和模型有了概念上的了解，下面借助MapReduce编程的一个典型案例——词频统计，来学习实现MapReduce编程开发。

假设有文件4-1和文件4-2两个文本文件，这两个文本文件位于HDFS中。

文件4-1　text1. txt

```
Hello World
Hello Hadoop
Hello itcast
```

文件4-2　text2. txt

```
Hadoop MapReduce
MapReduce Spark
```

根据MapReduce编程模型，那么单词计数的实现过程，如图4-5所示。

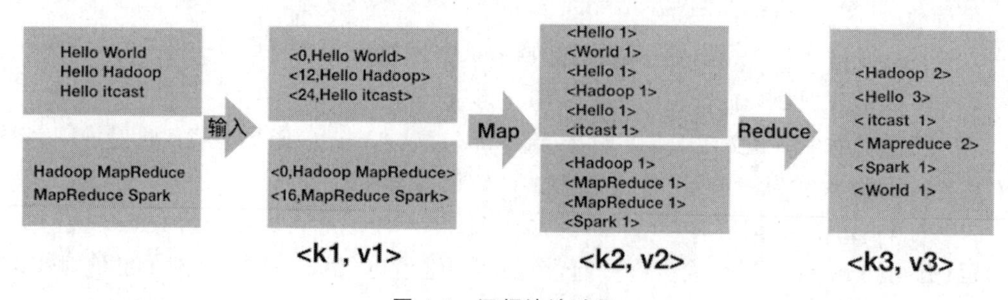

图4-5　词频统计过程

在图4-5中，首先，MapReduce通过默认组件TextInputFormat将待处理的数据文件(如text1.txt和text2.txt)，把每一行的数据都转变为<key,value>键值对(其中，对应key为偏移量，value为这一行的文本内容)；其次，调用map()方法，将单词进行切割并进行计数，输出键值对作为Reduce阶段的输入键值对；最后，调用reduce()方法将单词汇总、排序后，通过TextOutputFormat组件输出到结果文件中。

4.2 MapReduce工作原理

前面介绍了MapReduce的编程模型，了解了MapReduce框架主要是由Map和Reduce两个阶段来实现计算的，那么这两个阶段内部是如何协同工作的呢？下面来揭秘MapReduce的工作原理。

4.2.1 MapReduce工作过程

MapReduce编程模型开发简单且功能强大，专门为并行处理大规模数据量而设计。接下来，通过一张图来描述MapReduce的工作过程，如图4-6所示。

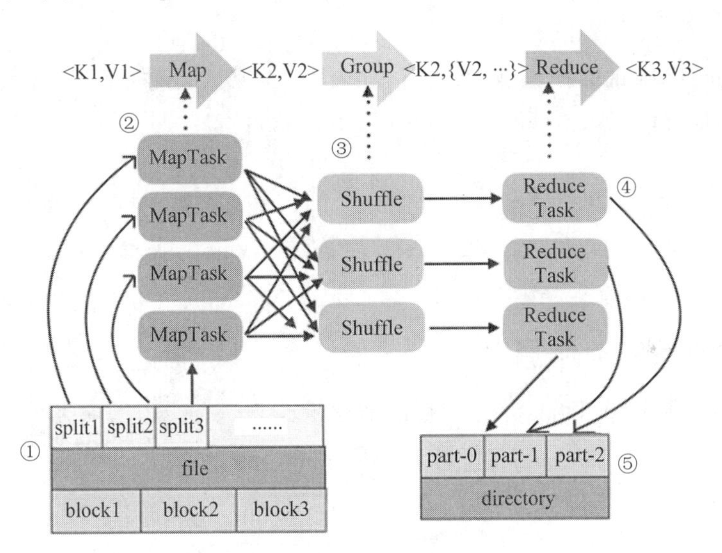

图4-6 MapReduce工作过程

在图4-6中，MapReduce的工作流程大致可以分为5步，具体如下：

1. 分片、格式化数据源

输入Map阶段的数据源，必须经过分片和格式化操作。其中：

- 分片操作：指的是将源文件划分为大小相等的小数据块(Hadoop 2.x中默认128MB)，也就是分片(split)，Hadoop会为每一个分片构建一个Map任务，并由该任务运行自定义的map()函数，从而处理分片里的每一条记录；
- 格式化操作：将划分好的分片(split)格式化为键值对<key,value>形式的数据，其中，key代表偏移量，value代表每一行内容。

2. 执行 MapTask

每个 Map 任务都有一个内存缓冲区(缓冲区大小 100MB),输入的分片(split)数据经过 Map 任务处理后的中间结果会写入内存缓冲区中。如果写入的数据达到内存缓冲的阈值(80MB),会启动一个线程将内存中的溢出数据写入磁盘,同时不影响 map 中间结果继续写入缓冲区。在溢写过程中,MapReduce 框架会对 key 进行排序,如果中间结果比较大,会形成多个溢写文件,最后的缓冲区数据也会全部溢写入磁盘形成一个溢写文件,如果是多个溢写文件,则最后合并所有的溢写文件为一个文件。

3. 执行 Shuffle 过程

MapReduce 工作过程中,Map 阶段处理的数据如何传递给 Reduce 阶段,这是 MapReduce 框架中关键的一个过程,这个过程叫作 Shuffle。Shuffle 会将 MapTask 输出的处理结果数据分发给 ReduceTask,并在分发的过程中,对数据按 key 进行分区和排序。关于 Shuffle 过程的具体机制,详见 4.2.4 节。

4. 执行 ReduceTask

输入 ReduceTask 的数据流是<key,{value list}>形式,用户可以自定义 reduce()方法进行逻辑处理,最终以<key,value>的形式输出。

5. 写入文件

MapReduce 框架会自动把 ReduceTask 生成的<key,value>传入 OutputFormat 的 write 方法,实现文件的写入操作。

4.2.2 MapTask 工作原理

MapTask 作为 MapReduce 工作流程的前半部分,它主要经历了 5 个阶段,分别是 Read 阶段、Map 阶段、Collect 阶段、Spill 阶段和 Combine 阶段,如图 4-7 所示。

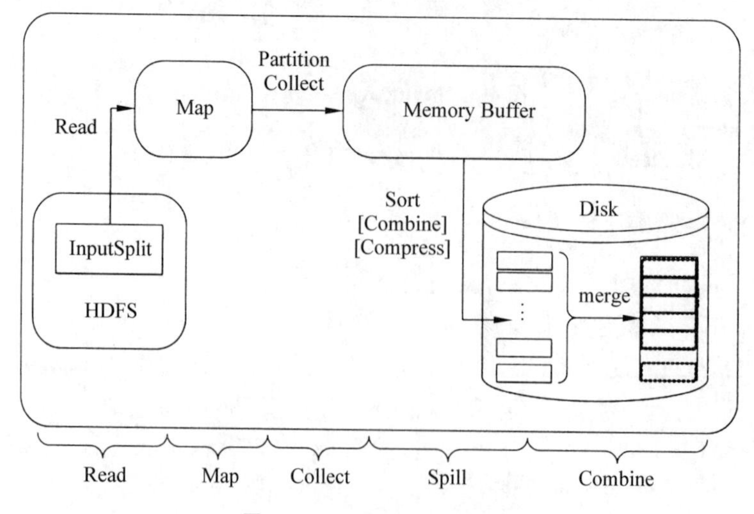

图 4-7 MapTask 工作原理

关于 MapTask 这 5 个阶段的相关介绍如下：

(1) Read 阶段：MapTask 通过用户编写的 RecordReader，从输入的 InputSplit 中解析出一个个 key/value。

(2) Map 阶段：将解析出的 key/value 交给用户编写的 map()函数处理，并产生一系列新的 key/value。

(3) Collect 阶段：在用户编写的 map()函数中，数据处理完成后，一般会调用 outputCollector.collect()输出结果，在该函数内部，它会将生成的 key/value 分片(通过调用 partitioner)，并写入一个环形内存缓冲区中。

(4) Spill 阶段：即"溢写"，当环形缓冲区满后，MapReduce 会将数据写到本地磁盘上，生成一个临时文件。需要注意的是，将数据写入本地磁盘前，先要对数据进行一次本地排序，并在必要时对数据进行合并、压缩等操作。

(5) Combine 阶段：当所有数据处理完成以后，MapTask 会对所有临时文件进行一次合并，以确保最终只会生成一个数据文件。

4.2.3 ReduceTask 工作原理

ReduceTask 的工作过程主要经历了 5 个阶段，分别是 Copy 阶段、Merge 阶段、Sort 阶段、Reduce 阶段和 Write 阶段，如图 4-8 所示。

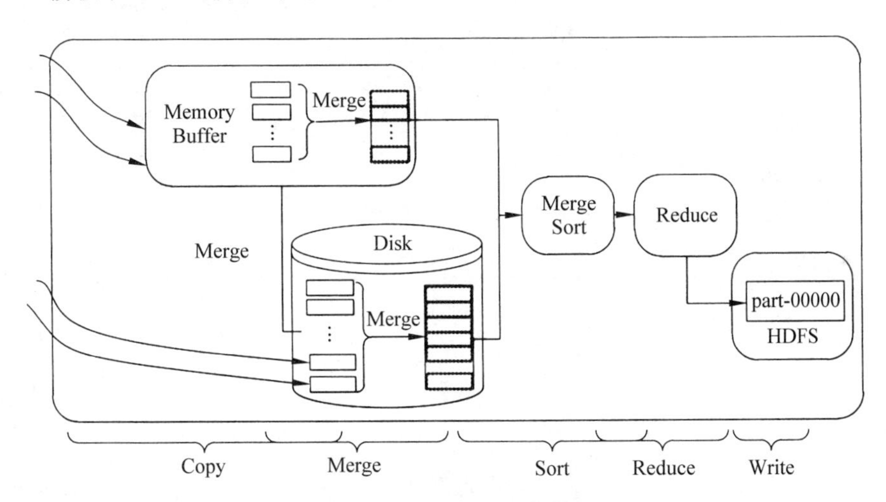

图 4-8 ReduceTask 工作原理

下面针对 ReduceTask 工作过程的 5 个阶段进行介绍：

(1) Copy 阶段：Reduce 会从各个 MapTask 上远程复制一片数据，并针对某一片数据，如果其大小超过一定阈值，则写到磁盘上，否则直接放到内存中。

(2) Merge 阶段：在远程复制数据的同时，ReduceTask 会启动两个后台线程，分别对内存和磁盘上的文件进行合并，以防止内存使用过多或者磁盘文件过多。

(3) Sort 阶段：用户编写 reduce()方法输入数据是按 key 进行聚集的一组数据。为了将 key 相同的数据聚在一起，Hadoop 采用了基于排序的策略。由于各个 MapTask 已经实现对自己的处理结果进行了局部排序，因此，ReduceTask 只需对所有数据进行一次归并排序即可。

(4) Reduce 阶段：对排序后的键值对调用 reduce()方法，键相等的键值对调用一次 reduce()方法，每次调用会产生零个或者多个键值对，最后把这些输出的键值对写入到 HDFS 中。

(5) Write 阶段：reduce()函数将计算结果写到 HDFS 上。

4.2.4 Shuffle 工作原理

Shuffle 是 MapReduce 的核心，它用来确保每个 Reducer 的输入都是按键排序的。它的性能高低直接决定了整个 MapReduce 程序的性能高低。接下来，通过一个图来描述 Shuffle 过程，具体如图 4-9 所示。

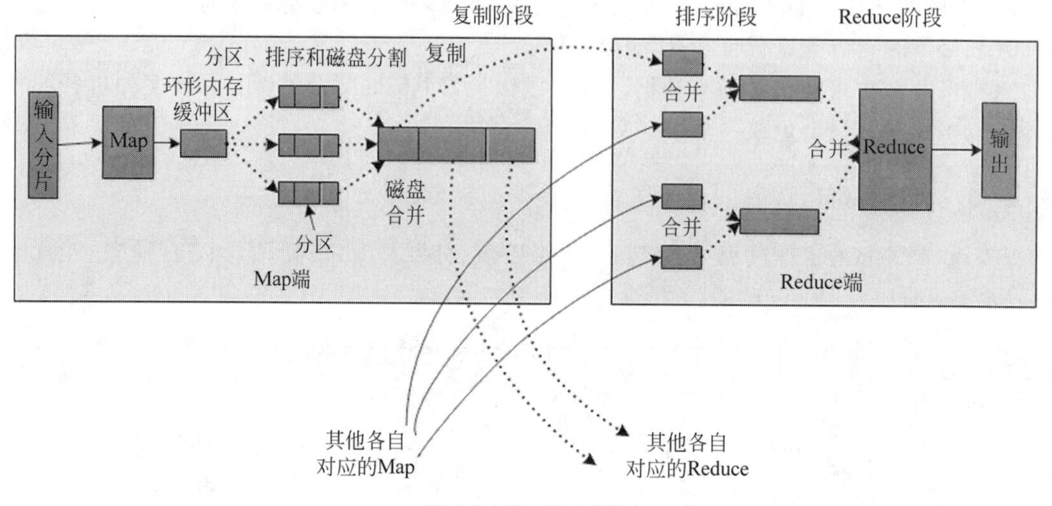

图 4-9 Shuffle 过程

在图 4-9 中，Map 和 Reduce 阶段都涉及了 Shuffle 机制，接下来，分别进行分析，具体如下：

1. Map 阶段

(1) MapTask 处理的结果会暂且放入一个内存缓冲区中(该缓冲区默认大小是 100MB)，当缓冲区快要溢出时(默认达到缓冲区大小的 80%)，会在本地文件系统创建一个溢出文件，将该缓冲区的数据写入这个文件。

(2) 写入磁盘之前，线程会根据 reduceTask 的数量，将数据分区，一个 Reduce 任务对应一个分区的数据。这样做的目的是为了避免有些 reduce 任务分配到大量数据，而有些 reduce 任务分到很少的数据，甚至没有分到数据的尴尬局面。

(3) 分完数据后，会对每个分区的数据进行排序，如果此时设置了 Combiner，将排序后的结果进行 Combine 操作，这样做的目的是尽可能少地执行数据写入磁盘的操作。

(4) 当 Map 任务输出最后一个记录时，可能有很多溢出文件，这时需要将这些文件合并，合并的过程中会不断地进行排序和 Combine 操作，其目的有两个：一是尽量减少每次写入磁盘的数据量；二是尽量减少下一复制阶段网络传输的数据量。最后合并成了一个已分区且已排序的文件。

(5) 将分区中的数据复制给对应的 Reduce 任务。

2. Reduce 阶段

(1) Reduce 会接收到不同 map 任务传来的数据,并且每个 map 传来的数据都是有序的。如果 Reduce 阶段接收的数据量相当小,则直接存储在内存中,如果数据量超过了该缓冲区大小的一定比例,则对数据合并后溢写到磁盘中。

(2) 随着溢写文件的增多,后台线程会将它们合并成一个更大的有序的文件,这样做是为了给后面的合并节省时间。

(3) 合并的过程中会产生许多的中间文件(写入磁盘了),但 MapReduce 会让写入磁盘的数据尽可能地少,并且最后一次合并的结果并没有写入磁盘,而是直接输入到 reduce 函数。

4.3 MapReduce 编程组件

如果要编写一个 MapReduce 程序,那么需要借助 MapReduce 提供的一些编程组件来实现。下面,针对 MapReduce 编程常见的组件进行介绍。

4.3.1 InputFormat 组件

InputFormat 主要用于描述输入数据的格式,它提供以下两个功能。

- 数据切分:按照某个策略将输入数据切分成若干个分片(split),以便确定 MapTask 个数以及对应的分片(split)。
- 为 Mapper 提供输入数据:给定某个分片(split),将其解析成一个一个的 key/value 键值对。

Hadoop 自带了一个 InputFormat 接口,该接口的定义代码如下所示:

```
public abstract class InputFormat<K, V>{
    public abstract List<InputSplit>getSplits(JobContext context
                    ) throws IOException, InterruptedException;
    public abstract RecordReader<K,V>createRecordReader(InputSplit split,
                                   TaskAttemptContext context
                    ) throws IOException, InterruptedException;
}
```

从上述代码可以看出,InputFormat 接口定义了 getSplits()和 createRecordReader()两个方法,其中,getSplits()方法负责将文件切分为多个分片(split),createRecordReader()方法负责创建 RecordReader 对象,用来从分片中读取数据。下面,主要对 getSplits()方法进行介绍。

getSplits()方法主要实现了逻辑切片机制。其中,切片的大小 splitSize 是由 3 个值确定的,即 minSize、maxSize 和 blockSize。

- minSize:splitSize 的最小值,由参数 mapred.min.split.size 确定,可在 mapred-site.xml 中进行配置,默认为 1MB。
- maxSize:splitSize 的最大值,由参数 mapreduce.jobtracker.split.metainfo.maxsize

确定,可在mapred-site.xml中进行设置,默认值为10MB。

- blockSize: HDFS中文件存储块的大小,由参数dfs.block.size确定,可在hdf-site.xml中进行修改,默认为128MB。

4.3.2 Mapper组件

MapReduce程序会根据输入的文件产生多个map任务。Hadoop提供的Mapper类是实现Map任务的一个抽象基类,该基类提供了一个map()方法,默认情况下,Mapper类中的map()方法是没有做任何处理的。

如果想自定义map()方法,只需要继承Mapper类并重写map()方法即可。接下来,以词频统计为例,自定义一个map()方法,具体代码如文件4-3所示。

文件4-3 WordCountMapper.java

```
1 import java.io.IOException;
2 import org.apache.hadoop.io.IntWritable;
3 import org.apache.hadoop.io.LongWritable;
4 import org.apache.hadoop.io.Text;
5 import org.apache.hadoop.mapreduce.Mapper;
6 public class WordCountMapper extends Mapper<LongWritable, Text,
7             Text, IntWritable>{
8     @Override
9     protected void map(LongWritable key, Text value, Mapper<
10             LongWritable, Text, Text, IntWritable>.Context context)
11             throws IOException, InterruptedException {
12         //接收传入进来的一行文本,把数据类型转换为String类型
13         String line=value.toString();
14         //将这行内容按照分隔符切割
15         String[] words=line.split(" ");
16         //遍历数组,每出现一个单词就标记一个数组1例如:<单词,1>
17         for (String word : words) {
18             //使用context,把Map阶段处理的数据发送给Reduce阶段作为输入数据
19             context.write(new Text(word), new IntWritable(1));
20         }
21     }
22 }
```

4.3.3 Reducer组件

Map过程输出的键值对,将由Reducer组件进行合并处理。Hadoop提供了一个抽象类Reducer,该类的定义代码如下所示:

```
1  public class Reducer<KEYIN,VALUEIN,KEYOUT,VALUEOUT>{
2  protected void setup(Context context
3      ) throws IOException, InterruptedException {
4      //NOTHING
5  }
```

```
6  @SuppressWarnings("unchecked")
7  protected void reduce(KEYIN key, Iterable<VALUEIN>values,
8          Context context) throws IOException, InterruptedException {
9        for(VALUEIN value: values) {
10          context.write((KEYOUT) key, (VALUEOUT) value);
11     }
12   }
13 protected void cleanup(Context context
14                ) throws IOException, InterruptedException {
15      //NOTHING
16    }
17 public void run(Context context) throws IOException, InterruptedException
18 {
19      setup(context);
20      try {
21      while (context.nextKey()) {
22         reduce(context.getCurrentKey(), context.getValues(), context);
23             //If a back up store is used, reset it
24             Iterator<VALUEIN>iter=context.getValues().iterator();
25             if(iter instanceof ReduceContext.ValueIterator) {
26             ((ReduceContext.ValueIterator<VALUEIN>)iter).resetBackupStore();
27           }
28        }
29      } finally {
30        cleanup(context);
31      }
32    }
33 }
```

上述代码中，当用户的应用程序调用 Reducer 类时，会直接调用 Reducer 类里面的 run()方法，该方法中定义了 setup()、reduce()、cleanup()三个方法的执行顺序：setup→reduce→cleanup。

默认情况下，setup()和 cleanup()方法内部不做任何处理，也就是说，reduce()方法是处理数据的核心方法，该方法接收 Map 阶段输出的键值对数据，对传入的键值对数据进行处理，并产生最终的某种形式的结果输出。

值得一提的是，如果 reduce()方法不符合应用要求时，可以尝试在 setup()和 cleanup()方法中添加代码满足应用要求，setup()方法一般会在 reduce()方法之前执行，可以在 setup()方法中做一些初始化工作，如任务的一些配置信息。cleanup()方法一般会在 reduce()方法之后执行，可以在 cleanup()方法中做一些结尾清理的工作，如资源释放等。

如果想自定义 reduce()方法，只需要继承 Reducer 类并重写 reduce()方法即可。接下来，以词频统计为例，自定义一个 reduce()方法，具体代码如文件 4-4 所示。

文件 4-4　WordCountReducer. java

```
1 import java.io.IOException;
2 import org.apache.hadoop.io.IntWritable;
3 import org.apache.hadoop.io.Text;
4 import org.apache.hadoop.mapreduce.Reducer;
```

```
5 public class WordCountReducer extends Reducer<Text, IntWritable,
6                                     Text, IntWritable>{
7     @Override
8     protected void reduce(Text key, Iterable<IntWritable>value,
9             Reducer<Text, IntWritable, Text, IntWritable>.Context
10                    context) throws IOException, InterruptedException {
11        //定义一个计数器
12        int count=0;
13        //遍历一组迭代器,把每一个数量1累加起来就构成了单词的总次数
14        for (IntWritable iw : value) {
15            count +=iw.get();
16        }
17        context.write(key, new IntWritable(count));
18    }
19 }
```

4.3.4 Partitioner组件

Partitioner组件可以让Map对key进行分区,从而可以根据不同的key分发到不同的Reduce中去处理,其目的就是将key均匀分布在ReduceTask上。Hadoop自带了一个默认的分区类HashPartitioner,它继承了Partitioner类,并提供了一个getPartition方法,其定义如下所示。

```
public abstract class Partitioner<KEY, VALUE>{
    public abstract int getPartition(KEY key,
                        VALUE value, int numPartitions);
}
```

如果想自定义一个Partitioner组件,需要继承Partitioner类并重写getPartition()方法。在重写getPartition()方法中,通常的做法是使用hash函数对文件数量进行分区,即通过hash操作,获得一个非负整数的hash码,然后用当前作业的reduce节点数进行取模运算,从而实现数据均匀分布在ReduceTask的目的。

4.3.5 Combiner组件

在Map阶段输出可能会产生大量相同的数据,例如<hello,1>、<hello,1>…,势必会降低Reduce聚合阶段的执行效率。Combiner组件的作用就是对Map阶段的输出的重复数据先做一次合并计算,然后把新的(key,value)作为Reduce阶段的输入。图4-10描述的就是Combiner组件对Map的合并操作。

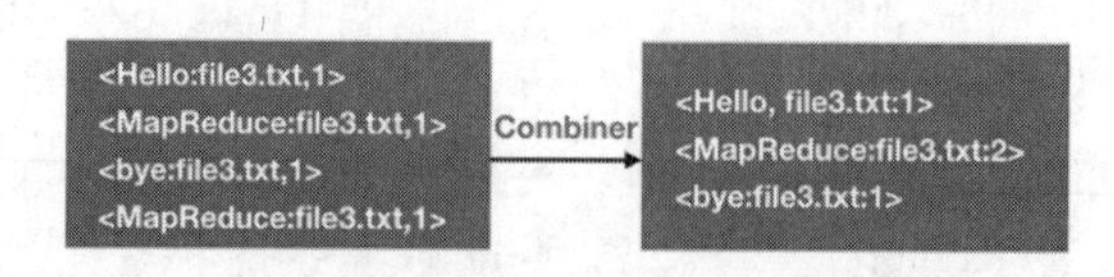

图4-10　Combiner组件的合并操作

Combiner 组件是 MapReduce 程序中的一种重要的组件，如果想自定义 Combiner，需要继承 Reducer 类，并且重写 reduce()方法。接下来，针对词频统计案例编写一个 Combiner 组件，演示如何创建和使用 Combiner 组件，具体代码如文件 4-5 所示。

文件 4-5　WordCountCombiner.java

```
1  import java.io.IOException;
2  import org.apache.hadoop.io.IntWritable;
3  import org.apache.hadoop.io.Text;
4  import org.apache.hadoop.mapreduce.Reducer;
5  public class WordCountCombiner extends Reducer<Text,
6                                       IntWritable, Text, IntWritable>{
7      @Override
8      protected void reduce(Text key, Iterable<IntWritable>values,
9              Reducer<Text, IntWritable, Text, IntWritable>.Context
10                     context) throws IOException, InterruptedException {
11         //局部汇总
12         int count=0;
13         for (IntWritable v : values) {
14             count +=v.get();
15         }
16         context.write(key, new IntWritable(count));
17     }
18 }
```

文件 4-5 是自定义 Combiner 类，它的作用就是将 key 相同的单词汇总(这与 WordCountReducer 类的 reduce()方法相同，也可以直接指定 WordCountReducer 作为 Combiner 类)，另外还需要在主运行类中为 Job 设置 Combiner 组件即可，具体代码如下：

```
wcjob.setCombinerClass(WordCountCombiner.class);
```

小提示：执行 MapReduce 程序，添加与不添加 Combiner 结果是一致的。通俗地讲，无论调用多少次 Combiner，Reduce 的输出结果都是一样的，因为 Combiner 组件不允许改变业务逻辑。

4.3.6　OutputFormat 组件

OutputFormat 是一个用于描述 MapReduce 程序输出格式和规范的抽象类，该类定义了 3 种方法，具体代码如下：

```
public abstract class OutputFormat<K, V>{
    public abstract RecordWriter<K, V>
        getRecordWriter(TaskAttemptContext context
                ) throws IOException, InterruptedException;
    public abstract void checkOutputSpecs(JobContext context
                        ) throws IOException,
                            InterruptedException;
```

```
    public abstract
    OutputCommitter getOutputCommitter(TaskAttemptContext context
                                ) throws IOException, InterruptedException;
}
```

上述代码中，getRecordWriter()方法用于返回一个RecordWriter的实例，checkOutputSpecs()方法用于检测任务输出规范是否有效，getOutputCommiter()方法负责输出被正确提交。

4.4 MapReduce运行模式

MapReduce程序的运行模式主要有如下两种。

(1) 本地运行模式：在当前的开发环境模拟MapReduce执行环境，处理的数据及输出结果在本地操作系统。

(2) 集群运行模式：把MapReduce程序打成一个jar包，提交至YARN集群上去运行任务。由于YARN集群负责资源管理和任务调度，程序会被框架分发到集群中的节点上并发地执行，因此处理的数据和输出结果都在HDFS中。

集群运行模式只需要将MapReduce程序打成jar包上传至集群即可，比较简单，这里不再赘述。下面以词频统计为例，讲解如何将MapReduce程序设置为在本地运行模式。

在MapReduce程序中，除了要实现Mapper(代码见4.3.2节的WordCountMapper.java文件)和Reduce(代码见4.3.3节的WordCountReducer.java文件)外，还需要一个Driver类提交程序和具体代码，如文件4-6所示。

文件4-6 WordCountDriver.java

```
1   import org.apache.hadoop.conf.Configuration;
2   import org.apache.hadoop.fs.Path;
3   import org.apache.hadoop.io.IntWritable;
4   import org.apache.hadoop.io.Text;
5   import org.apache.hadoop.mapreduce.Job;
6   import org.apache.hadoop.mapreduce.lib.input.FileInputFormat;
7   import org.apache.hadoop.mapreduce.lib.output.FileOutputFormat;
8   public class WordCountDriver {
9       public static void main(String[] args) throws Exception {
10          //通过 Job 来封装本次 MR 的相关信息
11          Configuration conf=new Configuration();
12          //配置 MR 运行模式,使用 local 表示本地模式,可以省略
13          conf.set("mapreduce.framework.name", "local");
14          Job wcjob=Job.getInstance(conf);
15          //指定 MR Job jar 包运行主类
16          wcjob.setJarByClass(WordCountDriver.class);
17          //指定本次 MR 所有的 Mapper Reducer 类
18          wcjob.setMapperClass(WordCountMapper.class);
19          wcjob.setReducerClass(WordCountReducer.class);
20          //设置业务逻辑 Mapper 类的输出 key 和 value 的数据类型
```

```
21         wcjob.setMapOutputKeyClass(Text.class);
22         wcjob.setMapOutputValueClass(IntWritable.class);
23         //设置业务逻辑 Reducer 类的输出 key 和 value 的数据类型
24         wcjob.setOutputKeyClass(Text.class);
25         wcjob.setOutputValueClass(IntWritable.class);
26         //使用本地模式指定要处理的数据所在的位置
27         FileInputFormat.setInputPaths(wcjob,"D:/mr/input");
28         //使用本地模式指定处理完成之后的结果所保存的位置
29         FileOutputFormat.setOutputPath(wcjob,new Path("D:/mr/output"));
30         //提交程序并且监控打印程序执行情况
31         boolean res=wcjob.waitForCompletion(true);
32         System.exit(res ? 0 : 1);
33     }
34 }
```

在文件 4-6 中，往 Configuration 对象中添加“mapreduce. framework. name＝local”参数，表示程序为本地运行模式，实际上在 hadoop-mapreduce-client-core-2. 7. 4. jar 包下面的 mapred-default. xml 配置文件中，默认指定使用本地运行模式，因此 mapreduce. framework. name＝local 配置也可以省略；同时，还需要指定本地操作系统源文件目录路径和结果输出的路径。当程序执行完毕后，就可以在本地系统的指定输出文件目录查看执行结果了。词频案例输出的结果，如图 4-11 所示。

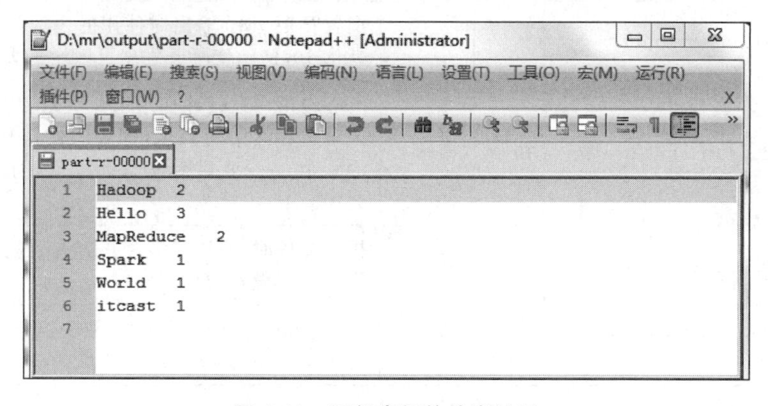

图 4-11　词频案例的输出结果

4.5　MapReduce 性能优化策略

使用 Hadoop 进行大数据运算，当数据量极大时，那么对 MapReduce 性能的调优重要性不言而喻，尤其是 Shuffle 过程中的参数配置对作业的总执行时间影响特别大。下面总结一些和 MapReduce 相关的性能调优方法，主要从 5 个方面考虑：数据输入、Map 阶段、Reduce 阶段、Shuffle 阶段和其他调优属性。

1. 数据输入

在执行 MapReduce 任务前，将小文件进行合并，大量的小文件会产生大量的 map 任务，增大 map 任务装载的次数，而任务的装载比较耗时，从而导致 MapReduce 运行速度较慢。因此采用 CombineTextInputFormat 来作为输入，解决输入端大量的小文件场景。

2. Map 阶段

(1) 减少溢写(spill)次数：通过调整 io. sort. mb 及 sort. spill. percent 参数值，增大触发 spill 的内存上限，减少 spill 次数，从而减少磁盘 I/O。

(2) 减少合并(merge)次数：通过调整 io. sort. factor 参数，增大 merge 的文件数目，减少 merge 的次数，从而缩短 mr 处理时间。

(3) 在 map 之后，不影响业务逻辑前提下，先进行 combine 处理，减少 I/O。

上面提到的那些属性参数，都是位于 mapred-default. xml 文件中，这些属性参数的调优方式如表 4-1 所示。

表 4-1 Map 阶段调优属性

属性名称	类型	默认值	说明
mapreduce. task. io. sort. mb	int	100	配置排序 map 输出时使用的内存缓冲区的大小，默认 100MB，实际开发中可以设置大一些
mapreduce. map. sort. spill. percent	float	0.80	map 输出内存缓冲和用来开始磁盘溢出写过程的记录边界索引的阈值，即最大使用环形缓冲内存的阈值。一般默认是 80%。也可以直接设置为 100%
mapreduce. task. io. sort. factor	int	10	排序文件时，一次最多合并的流数，实际开发中可将这个值设置为 100
mapreduce. task. min. num. spills. for. combine	int	3	运行 Combiner 时，所需的最少溢出文件数(如果已指定 Combiner)

3. Reduce 阶段

(1) 合理设置 map 和 reduce 数：两个都不能设置太少，也不能设置太多。太少，会导致 task 等待，延长处理时间；太多，会导致 map 和 reduce 任务间竞争资源，造成处理超时等错误。

(2) 设置 map 和 reduce 共存：调整 slowstart. completedmaps 参数，使 map 运行到一定程度后，reduce 也开始运行，减少 reduce 的等待时间。

(3) 规避使用 reduce：因为 reduce 在用于连接数据集的时候将会产生大量的网络消耗。通过将 MapReduce 参数 setNumReduceTasks 设置为 0 来创建一个只有 map 的作业。

（4）合理设置 reduce 端的 buffer：默认情况下，数据达到一个阈值的时候，buffer 中的数据就会写入磁盘，然后 reduce 会从磁盘中获得所有的数据。也就是说，buffer 和 reduce 是没有直接关联的，中间多一个写磁盘→读磁盘的过程，既然有这个弊端，那么就可以通过参数来配置，使得 buffer 中的一部分数据可以直接输送到 reduce，从而减少 I/O 开销。这样一来，设置 buffer 需要内存，读取数据需要内存，reduce 计算也要内存，所以要根据作业的运行情况进行调整。

上面提到的属性参数，都是位于 mapred-default. xml 文件中，这些属性参数的调优方式如表 4-2 所示。

表 4-2　Reduce 阶段的调优属性

属性名称	类型	默认值	说　明
mapreduce. job. reduce. slowstart. completedmaps	float	0.05	当 map task 在执行到 5%时，就开始为 reduce 申请资源。开始执行 reduce 操作，reduce 可以开始复制 map 结果数据和做 reduce shuffle 操作
mapred. job. reduce. input. buffer. percent	float	0.0	在 reduce 过程，内存中保存 map 输出的空间占整个堆空间的比例。如果 reducer 需要的内存较少，可以增加这个值来最小化访问磁盘的次数

4. Shuffle 阶段

Shuffle 阶段的调优就是给 Shuffle 过程尽量多地提供内存空间，以防止出现内存溢出现象，可以由参数 mapred. child. java. opts 来设置，任务节点上的内存大小应尽量大一些。

上面提到的属性参数，都是位于 mapred-site. xml 文件中，这些属性参数的调优方式如表 4-3 所示。

表 4-3　Shuffle 阶段的调优属性

属性名称	类型	默认值	说　明
mapred. map. child. java. opts	Int	-Xmx200m	当用户在不设置该值情况下，会以最大 1GB jvm heap size 启动 map task，有可能导致内存溢出，所以最简单的做法就是设大参数，一般设置为-Xmx1024m
mapred. reduce. child. java. opts	Int	-Xmx200m	当用户在不设置该值情况下，会以最大 1GB jvm heap size 启动 Reduce task，也有可能导致内存溢出，所以最简单的做法就是设大参数，一般设置为-Xmx1024m

5. 其他调优属性

除此之外，MapReduce 还有一些基本的资源属性的配置，这些配置的相关参数都位于 mapred-default. xml 文件中，通过合理配置这些属性可以提高 MapReduce 性能，表 4-4 列举了部分调优属性。

表 4-4 MapReduce 资源调优属性

属性名称	类型	默认值	说　明
mapreduce.map.memory.mb	int	1024	一个 Map Task 可使用的资源上限。如果 Map Task 实际使用的资源量超过该值,则会被强制杀死
mapreduce.reduce.memory.mb	int	1024	一个 Reduce Task 可使用的资源上限。如果 Reduce Task 实际使用的资源量超过该值,则会被强制杀死
mapreduce.map.cpu.vcores	int	1	每个 Map Task 可使用的最多 cpu core 数目
mapreduce.reduce.cpu.vcores	int	1	每个 Reduce Task 可使用的最多 cpu core 数目
mapreduce.reduce.shuffle.parallelcopies	int	5	每个 reduce 去 map 中拿数据的并行数
mapreduce.map.maxattempts	int	4	每个 Map Task 最大重试次数,一旦重试参数超过该值,则认为 Map Task 运行失败
mapreduce.reduce.maxattempts	int	4	每个 Reduce Task 最大重试次数,一旦重试参数超过该值,则认为 Map Task 运行失败

4.6 MapReduce 经典案例——倒排索引

4.6.1 案例分析

1. 倒排索引介绍

倒排索引是文档检索系统中最常用的数据结构,被广泛应用于全文搜索引擎。倒排索引主要用来存储某个单词(或词组)在一组文档中的存储位置的映射,提供了可以根据内容来查找文档的方式,而不是根据文档来确定内容,因此称为倒排索引(Inverted Index)。带有倒排索引的文件称为倒排索引文件,简称倒排文件(Inverted File)。

通常情况下,倒排文件由一个单词(或词组)和相关联的文档列表组成,如图 4-12 所示。

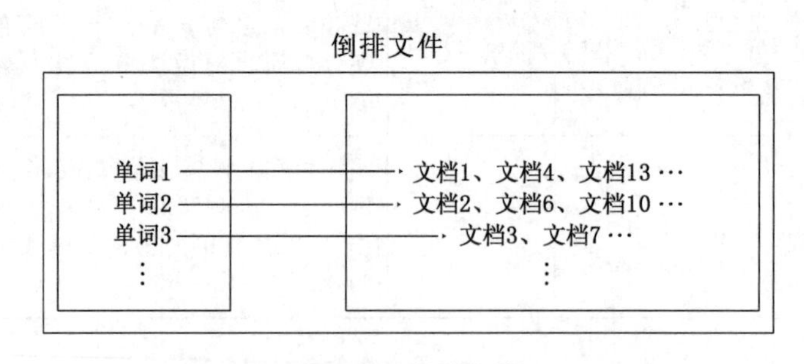

图 4-12 倒排文件

从图 4-12 可以看出,建立倒排索引的目的是为了更加方便地搜索。例如,单词 1 出现在文档 1、文档 4、文档 13 等文档中;单词 2 出现在文档 2、文档 6、文档 10 等文档中;而单词

3 出现在文档 3、文档 7 等文档中。

在实际应用中，还需要给每个文档添加一个权值，用来指出每个文档与搜索内容的相关度。最常用的是使用词频作为权重，即记录单词或词组在文档中出现的次数，用户在搜索相关文档时，就会把权重高的推荐给客户。下面以英文单词倒排索引为例，如图 4-13 所示。

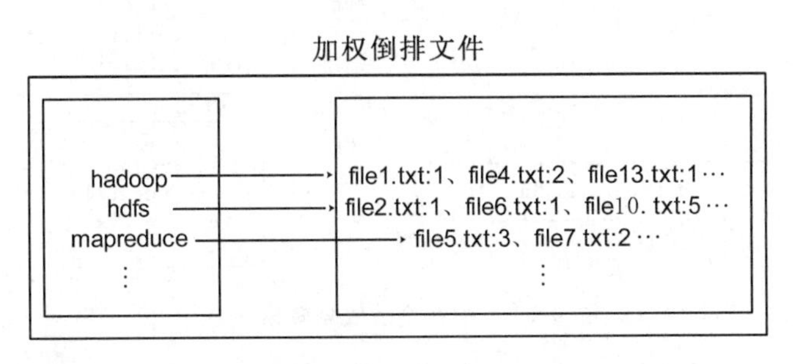

图 4-13　加权倒排索引文件

从图 4-13 可以看出，加权倒排索引文件中，文件每一行内容对每一个单词进行了加权索引，统计出单词出现的文档和次数。例如索引文件中的第一行，表示“hadoop”这个单词在文本 file1. txt 中出现过 1 次，在 file4. txt 中出现过 2 次，在 file13. txt 中出现过 1 次。

2. 案例需求及分析

现假设有 3 个源文件 file1. txt、file2. txt 和 file3. txt，需要使用倒排索引的方式对这 3 个源文件内容实现倒排索引，并将最后的倒排索引文件输出，整个过程要求实现如下转换，如图 4-14 所示。

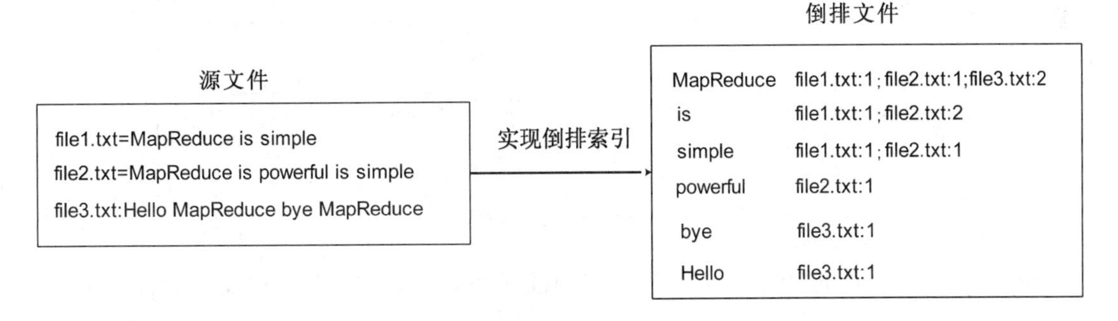

图 4-14　倒排索引文件

接下来，根据上面案例的需求结合倒排索引的实现，对该倒排索引案例的实现进行分析，具体如下。

(1) 首先使用默认的 TextInputFormat 类对每个输入文件进行处理，得到文本中每行的偏移量及其内容。Map 过程首先分析输入的<key,value>键值对，经过处理可以得到倒排索引中需要的 3 个信息：单词、文档名称和词频，如图 4-15 所示。

从图 4-15 可以看出，在不使用 Hadoop 自定义数据类型的情况下，需要根据情况将单

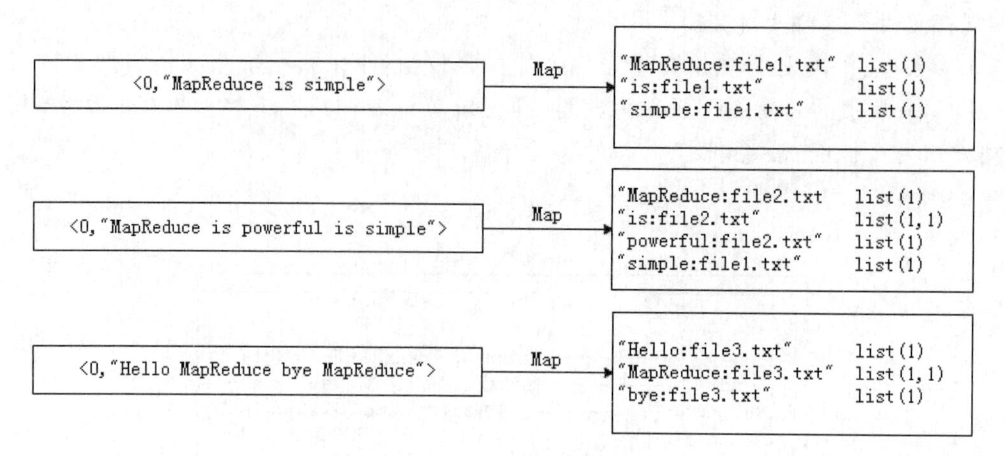

图 4-15 Map 阶段数据转换过程

词与文档名称拼接为一个 key(如"MapReduce:file1. txt"),将词频作为一个 value。

(2) 经过 Map 阶段数据转换后,同一个文档中相同的单词会出现多个的情况,而单纯依靠后续 Reduce 阶段无法同时完成词频统计和生成文档列表,所以必须增加一个 Combine 阶段,先完成每一个文档的词频统计,如图 4-16 所示。

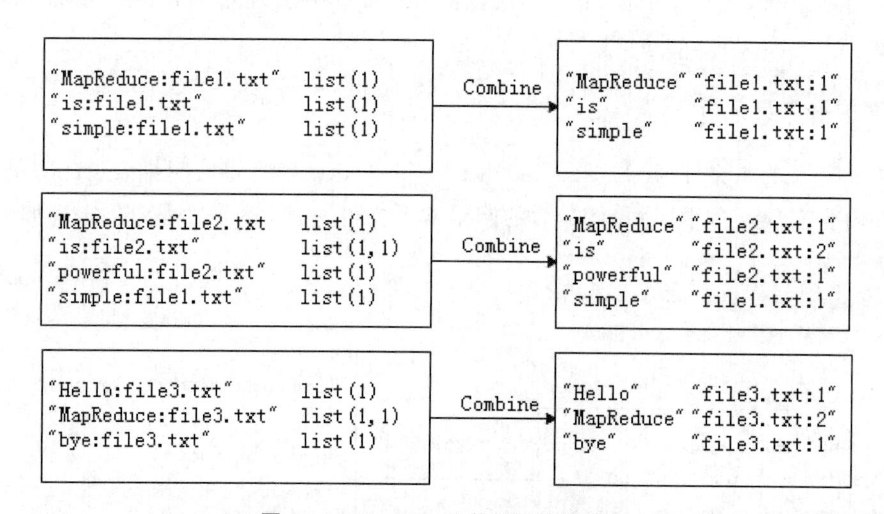

图 4-16 Combine 阶段数据转换过程

从图 4-16 可以看出,在 Reduce 阶段,根据前面的分析先完成每一个文档的词频统计,然后又对输入的＜key,value＞键值对进行了重新拆装,将单词作为 key,文档名称和词频组成一个 value(如"file1. txt:1")。这是因为,如果直接将词频统计后的输出数据(如"MapReduce:file1. txt 1")作为下一阶段 Reduce 过程的输入,那么在 Shuffle 过程时将面临一个问题:所有具有相同单词的记录应该交由同一个 Reducer 处理,但当前的 key 值无法保证这一点,所以对 key 值和 value 值进行重新拆装。这样做的好处是可以利用 MapReduce 框架默认的 HashPartitioner 类完成 Shuffle 过程,将相同单词的所有记录发送给同一个 Reducer 进行处理。

(3) 经过上述两个阶段的处理后,Reduce阶段只需将所有文件中相同key值的value值进行统计,并组合成倒排索引文件所需的格式即可,如图4-17所示。

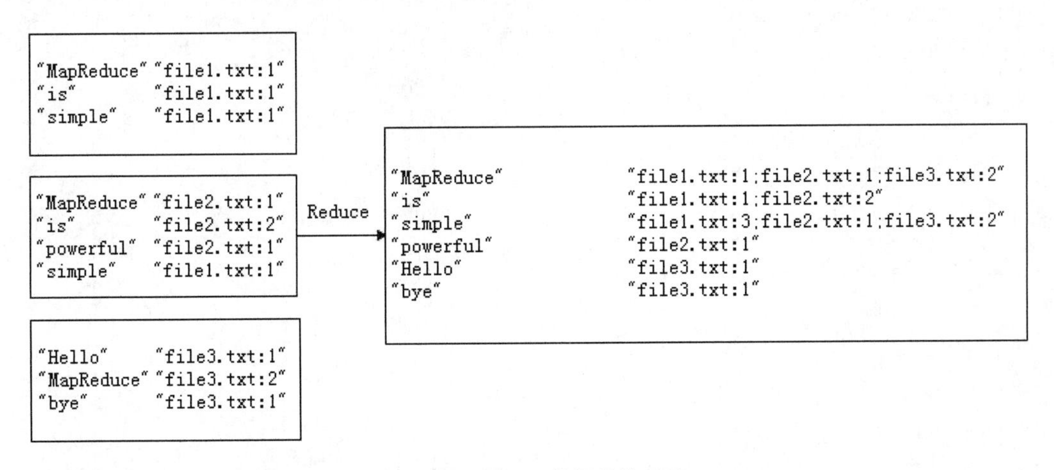

图4-17 Reduce数据转换思路

从图4-17可以看出,在Reduce阶段会根据所有文档中相同key进行统计,同时在处理过程中结合倒排索引文件的格式需求就可以生成对应的文件。

需要说明的是,创建倒排索引的最终目的是通过单词找到对应的文档,明确思路是MapReduce程序编写的重点,如果开发者在不了解入手阶段的Map数据格式如何设计时,不妨考虑从Reduce阶段输出的数据格式反向推导。

4.6.2 案例实现

在完成对倒排索引的相关介绍以及案例实现的具体分析后,接下来通过前面说明的案例分析步骤来实现具体的倒排索引,具体实现步骤如下。

1. Map阶段实现

首先,使用Eclipse开发工具打开之前创建的Maven项目HadoopDemo,并且新创建cn.itcast.mr.invertedIndex包,在该路径下编写自定义Mapper类InvertedIndexMapper,如文件4-7所示。

文件4-7 InvertedIndexMapper.java

```
1  import java.io.IOException;
2  import org.apache.commons.lang.StringUtils;
3  import org.apache.hadoop.io.LongWritable;
4  import org.apache.hadoop.io.Text;
5  import org.apache.hadoop.mapreduce.Mapper;
6  import org.apache.hadoop.mapreduce.lib.input.FileSplit;
7  public class InvertedIndexMapper extends Mapper<LongWritable, Text,
8                                      Text, Text>{
9    private static Text keyInfo=new Text();     //存储单词和文档名称
```

```
10     //存储词频,初始化为 1
11     private static final Text valueInfo=new Text("1");
12     @Override
13     protected void map(LongWritable key, Text value,Context context)
14                        throws IOException, InterruptedException {
15         String line=value.toString();
16         String[] fields=StringUtils.split(line, " ");
17         //得到这行数据所在的文件切片
18         FileSplit fileSplit= (FileSplit) context.getInputSplit();
19         //根据文件切片得到文件名
20         String fileName=fileSplit.getPath().getName();
21         for (String field : fields) {
22             //key 值由单词和文档名称组成,如"MapReduce:file1.txt"
23             keyInfo.set(field +":" +fileName);
24             context.write(keyInfo, valueInfo);
25         }
26     }
27 }
```

文件 4-7 代码的作用是,将文本中的单词按照空格进行切割,并以冒号拼接,"单词:文档名称"作为 key,单词次数作为 value,都以文本方式输出至 Combine 阶段。

2. Combine 阶段实现

接着,根据 Map 阶段的输出结果形式,在 cn. itcast. mr. InvertedIndex 包下,自定义实现 Combine 阶段的类 InvertedIndexCombiner,对每个文档的单词进行词频统计,如文件 4-8 所示。

文件 4-8 InvertedIndexCombiner

```
1  import java.io.IOException;
2  import org.apache.hadoop.io.Text;
3  import org.apache.hadoop.mapreduce.Reducer;
4  public class InvertedIndexCombiner extends Reducer<Text, Text,
5                                                    Text, Text>{
6    private static Text info=new Text();
7    //输入: <MapReduce:file3.txt {1,1,…}>
8    //输出: <MapReduce file3.txt:2>
9    @Override
10    protected void reduce(Text key, Iterable<Text>values,
11            Context context) throws IOException, InterruptedException {
12       int sum=0;              //统计词频
13       for (Text value : values) {
14           sum +=Integer.parseInt(value.toString());
15       }
16       int splitIndex=key.toString().indexOf(":");
17       //重新设置 value 值由文档名称和词频组成
18       info.set(key.toString().substring(splitIndex +1) +":" +sum);
19       //重新设置 key 值为单词
```

```
20          key.set(key.toString().substring(0, splitIndex));
21          context.write(key, info);
22      }
23 }
```

文件 4-8 代码的作用是，对 Map 阶段的单词次数聚合处理，并重新设置 key 值为单词，value 值由文档名称和词频组成。

3. Reduce 阶段实现

然后，根据 Combine 阶段的输出结果形式，同样在 cn. itcast. mr. InvertedIndex 包下，自定义 Reducer 类 InvertedIndexReducer，如文件 4-9 所示。

文件 4-9　InvertedIndexReducer. java

```
1  import java.io.IOException;
2  import org.apache.hadoop.io.Text;
3  import org.apache.hadoop.mapreduce.Reducer;
4  public class InvertedIndexReducer extends Reducer<Text, Text,
5                                  Text, Text>{
6      private static Text result=new Text();
7       //输入：<MapReduce file3.txt:2>
8       //输出：<MapReduce file1.txt:1;file2.txt:1;file3.txt:2;>
9          @Override
10         protected void reduce(Text key, Iterable<Text>values,
11                Context context) throws IOException, InterruptedException {
12         //生成文档列表
13         String fileList=new String();
14         for (Text value : values) {
15                 fileList +=value.toString() +";";
16         }
17         result.set(fileList);
18         context.write(key, result);
19     }
20 }
```

文件 4-9 代码的作用是，接收 Combine 阶段输出的数据，并最终案例倒排索引文件需求的样式，将单词作为 key，多个文档名称和词频连接作为 value，输出到目标目录。

4. Driver 程序主类实现

最后，编写 MapReduce 程序运行主类 InvertedIndexDriver，如文件 4-10 所示。

文件 4-10　InvertedIndexDriver. java

```
1  import java.io.IOException;
2  import org.apache.hadoop.conf.Configuration;
3  import org.apache.hadoop.fs.Path;
4  import org.apache.hadoop.io.Text;
5  import org.apache.hadoop.mapreduce.Job;
```

```
6  import org.apache.hadoop.mapreduce.lib.input.FileInputFormat;
7  import org.apache.hadoop.mapreduce.lib.output.FileOutputFormat;
8  public class InvertedIndexDriver {
9      public static void main(String[] args) throws IOException,
10             ClassNotFoundException, InterruptedException {
11         Configuration conf=new Configuration();
12         Job job=Job.getInstance(conf);
13         job.setJarByClass(InvertedIndexDriver.class);
14         job.setMapperClass(InvertedIndexMapper.class);
15         job.setCombinerClass(InvertedIndexCombiner.class);
16         job.setReducerClass(InvertedIndexReducer.class);
17         job.setOutputKeyClass(Text.class);
18         job.setOutputValueClass(Text.class);
19         FileInputFormat.setInputPaths(job,
20                                 new Path("D:\\InvertedIndex\\input"));
21         //指定处理完成之后的结果所保存的位置
22         FileOutputFormat.setOutputPath(job,
23                                 new Path("D:\\InvertedIndex\\output"));
24         //向 YARN 集群提交这个 job
25         boolean res=job.waitForCompletion(true);
26         System.exit(res ? 0 : 1);
27     }
28 }
```

文件4-10代码的作用是，设置MapReduce工作任务的相关参数，由于本次演示的数据量较小，为了方便、快速进行案例演示，本案例采用了本地运行模式，对指定的本地D:\\InvertedIndex\\input目录下的源文件(需要提前准备)实现倒排索引，并将结果输入到本地D:\\InvertedIndex\\output目录下，设置完毕后，运行程序即可。

5. 效果测试

为了保证MapReduce程序正常执行，需要先在本地D:\\InvertedIndex\\input目录下创建file1.txt、file2.txt和file3.txt，内容按照图4-14所示(即file1.txt输入“MapReduce is simple”，file2.txt输入“MapReduce is powerful is simple”，file3.txt输入“Hello MapReduce bye MapReduce”)。

接着，执行MapReduce程序的程序入口InvertedIndexDriver类，正常执行完成后，会在指定的D:\\InvertedIndex\\output下生成结果文件，如图4-18所示。

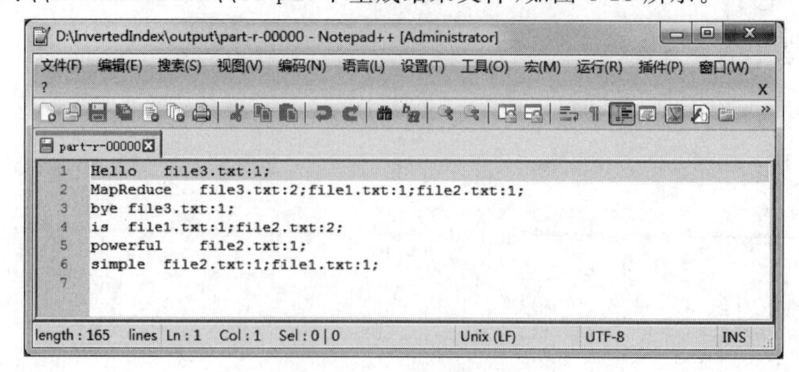

图4-18 加权倒排索引

至此,倒排索引的案例已实现,从图4-18可以清楚看出各个单词所对应的文档以及出现次数。

4.7 MapReduce经典案例——数据去重

4.7.1 案例分析

数据去重主要是为了掌握利用并行化思想来对数据进行有意义的筛选,数据去重指去除重复数据的操作。在大数据开发中,统计大数据集上的多种数据指标,这些复杂的任务数据都会涉及数据去重。

现假设有数据文件file1.txt和file2.txt,内容分别如文件4-11和文件4-12所示。

文件4-11　file1.txt

```
2018-3-1 a
2018-3-2 b
2018-3-3 c
2018-3-4 d
2018-3-5 a
2018-3-6 b
2018-3-7 c
2018-3-3 c
```

文件4-12　file2.txt

```
2018-3-1 b
2018-3-2 a
2018-3-3 b
2018-3-4 d
2018-3-5 a
2018-3-6 c
2018-3-7 d
2018-3-3 c
```

上述文件file1.txt本身包含重复数据,并且与file2.txt同样出现重复数据,现要求使用Hadoop大数据相关技术对这两个文件进行去重操作,并最终将结果汇总到一个文件中。

根据上面的案例需求,下面对该数据去重案例的实现进行分析,具体如下。

(1) 首先,可以编写MapReduce程序,在Map阶段采用Hadoop默认的作业输入方式(TextInputFormat)之后,将key设置为需要去重的数据,而输出的value都可以设置为空。

(2) 接着,在Reduce阶段,不需要考虑每一个key有多少个value,可以直接将输入的key复制为输出的key,而输出的value同样可以设置为空,这样就会使用MapReduce默认机制对key(也就是文件中的每行内容)自动去重。

4.7.2 案例实现

在完成对数据去重的相关介绍以及案例实现的具体分析后,接下来就通过前面说明的案例分析步骤来实现具体的数据去重，具体实现步骤如下。

1. Map 阶段实现

使用 Eclipse 开发工具打开之前创建的 Maven 项目 HadoopDemo，并且新创建 cn. itcast. mr. dedup 包，在该路径下编写自定义 Mapper 类 DedupMapper，如文件 4-13 所示。

文件 4-13 DedupMapper. java

```
1  import java.io.IOException;
2  import org.apache.hadoop.io.LongWritable;
3  import org.apache.hadoop.io.NullWritable;
4  import org.apache.hadoop.io.Text;
5  import org.apache.hadoop.mapreduce.Mapper;
6  public class DedupMapper extends Mapper<LongWritable,
7                                      Text, Text, NullWritable>{
8    private static Text field=new Text();
9    //<0,2018-3-1 a><11,2018-3-2 b>
10    @Override
11    protected void map(LongWritable key, Text value,
12            Context context) throws IOException, InterruptedException {
13        field=value;
14        //NullWritable.get()方法设置空值
15        context.write(field, NullWritable.get());
16    }
17 }
```

文件 4-13 中代码的作用是为了读取数据集文件将 TextInputFormat 默认组件解析的类似<0,2018-3-1 a>键值对修改为<2018-3-1 a,null>。

2. Reduce 阶段实现

根据 Map 阶段的输出结果形式，同样在 cn. itcast. mr. dedup 包下，自定义 Reducer 类 DedupReducer，如文件 4-14 所示。

文件 4-14 DedupReducer. java

```
1  import java.io.IOException;
2  import org.apache.hadoop.io.NullWritable;
3  import org.apache.hadoop.io.Text;
4  import org.apache.hadoop.mapreduce.Reducer;
5  public class DedupReducer extends Reducer<Text,
6                                    NullWritable, Text, NullWritable>{
7    //<2018-3-1 a,null><2018-3-2 b,null><2018-3-3 c,null>
8    @Override
9    protected void reduce(Text key, Iterable<NullWritable>values,
10            Context context) throws IOException, InterruptedException {
11        context.write(key, NullWritable.get());
12    }
13 }
```

文件 4-14 代码的作用仅仅是接受 Map 阶段传递来的数据，根据 Shuffle 工作原理，键值 key 相同的数据就会被合并，因此输出数据就不会出现重复数据了。

3. Driver 程序主类实现

编写 MapReduce 程序运行主类 DedupDriver，如文件 4-15 所示。

文件 4-15　DedupDriver. java

```
1  import java.io.IOException;
2  import org.apache.hadoop.conf.Configuration;
3  import org.apache.hadoop.fs.Path;
4  import org.apache.hadoop.io.NullWritable;
5  import org.apache.hadoop.io.Text;
6  import org.apache.hadoop.mapreduce.Job;
7  import org.apache.hadoop.mapreduce.lib.input.FileInputFormat;
8  import org.apache.hadoop.mapreduce.lib.output.FileOutputFormat;
9  public class DedupDriver {
10     public static void main(String[] args) throws IOException,
11                              ClassNotFoundException, InterruptedException {
12         Configuration conf=new Configuration();
13         Job job=Job.getInstance(conf);
14         job.setJarByClass(DedupDriver.class);
15         job.setMapperClass(DedupMapper.class);
16         job.setReducerClass(DedupReducer.class);
17         job.setOutputKeyClass(Text.class);
18         job.setOutputValueClass(NullWritable.class);
19         FileInputFormat.setInputPaths(job,
20                              new Path("D:\\Dedup\\input"));
21         //指定处理完成之后的结果所保存的位置
22         FileOutputFormat.setOutputPath(job,
23                              new Path("D:\\Dedup\\output"));
24         job.waitForCompletion(true);
25     }
26 }
```

文件 4-15 代码的作用是设置 MapReduce 工作任务的相关参数。由于本次演示的数据量较小，为了方便、快速地进行案例演示，本案例采用了本地运行模式，对指定的本地 D:\\Dedup\\input 目录下的源文件(需要提前准备)实现数据去重，并将结果输入到本地 D:\\Dedup\\output 目录下，设置完毕后，运行程序即可。

4. 效果测试

为了保证 MapReduce 程序正常执行，需要先在本地 D:\\Dedup\\input 目录下创建文件 4-11 和文件 4-12(file1. txt 和 file2. txt)。

接着，执行 MapReduce 程序的程序入口 DedupDriver 类，正常执行完成后，会在指定的 D:\\Dedup\\output 下生成结果文件，如图 4-19 所示。

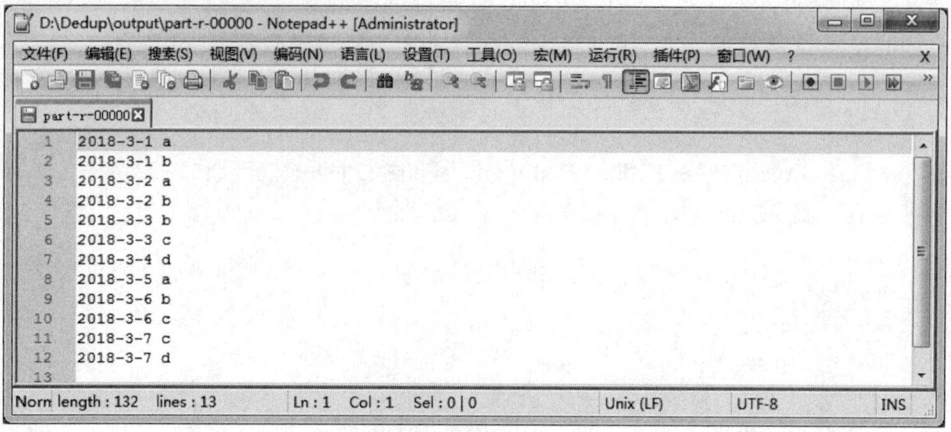

D:\Dedup\output\part-r-00000 - Notepad++ [Administrator]

```
2018-3-1 a
2018-3-1 b
2018-3-2 a
2018-3-2 b
2018-3-3 b
2018-3-3 c
2018-3-4 d
2018-3-5 a
2018-3-6 b
2018-3-6 c
2018-3-7 c
2018-3-7 d
```

图 4-19 数据去重

从图 4-19 可以看出，通过 Hadoop 的 MapReduce 程序完成了对数据的去重操作，达到了案例的需求。

4.8 MapReduce 经典案例——TopN

4.8.1 案例分析

TopN 分析法是指从研究对象中按照某一个指标进行倒序或正序排列，取其中所需的 N 个数据，并对这 N 个数据进行重点分析的方法。

现假设有数据文件 num.txt，内容如文件 4-16 所示。

文件 4-16 num.txt

```
10 3 8 7 6 5 1 2 9 4
11 12 17 14 15 20
19 18 13 16
```

现要求使用 MapReduce 技术提取上述文本中最大的 5 个数据，并将最终结果汇总到一个文件中。

下面，就根据上面的案例需求，来对该文件数据的 TopN 实现进行分析，具体如下。

(1) 要想提取文本中 5 个最大的数据，首先考虑到 MapReduce 分区只能设置 1 个，即 ReduceTask 个数一定只有一个。需要提取 TopN 是指的全局的前 N 条数据，那么不管中间有几个 Map 和 Reduce，最终只能有一个用来汇总数据。

(2) 在 Map 阶段，可以使用 TreeMap 数据结构保存 TopN 的数据，TreeMap 是一个有序的 key-value 集合，默认会根据其键的自然顺序进行排序，也可根据创建映射时提供的 Comparator 进行排序，其 firstKey()方法用于返回当前集合最小值的键。

另外，以往的 Mapper 都是处理一行数据之后就使用 context.write()方法输出，而目前需要所有数据把数据存放到 TreeMap 后再进行写入，所以可以把 context.write()方法放在 cleanup()里执行，cleanup()方法就是整个 MapTask 执行完毕后才执行的一个方法。

(3) 在 Reduce 阶段，将 Map 阶段输出数据进行汇总，选出其中的 TopN 数据，即可满足需求。这里需要注意的是，TreeMap 默认采取正序排列，需求是提取 5 个最大的数据，因此要重写 Comparator 类的排序方法进行倒序排序。

4.8.2 案例实现

在完成对 TopN 的相关介绍以及案例实现的具体分析后，接下来就通过前面说明的案例分析步骤来实现具体的 TopN 案例，具体实现步骤如下。

1. Map 阶段实现

使用 Eclipse 开发工具打开之前创建的 Maven 项目 HadoopDemo，并且新创建 cn.itcast.mr.topN 包，在该路径下编写自定义 Mapper 类 TopNMapper，如文件 4-17 所示。

文件 4-17 TopNMapper.java

```
1  import java.util.TreeMap;
2  import org.apache.hadoop.io.IntWritable;
3  import org.apache.hadoop.io.LongWritable;
4  import org.apache.hadoop.io.NullWritable;
5  import org.apache.hadoop.io.Text;
6  import org.apache.hadoop.mapreduce.Mapper;
7  public class TopNMapper extends Mapper<LongWritable, Text,
8                                             NullWritable, IntWritable>{
9      private TreeMap<Integer, String>repToRecordMap=
10                          new TreeMap<Integer, String>();
11     @Override
12     public void map(LongWritable key, Text value, Context context) {
13         String line=value.toString();
14         String[] nums=line.split(" ");
15         for (String num : nums) {
16             //读取每行数据写入 TreeMap,超过 5 个就会移除最小的数值
17             repToRecordMap.put(Integer.parseInt(num), " ");
18             if (repToRecordMap.size()>5) {
19                 repToRecordMap.remove(repToRecordMap.firstKey());
20             }
21         }
22     }
23     //重写 cleanup()方法,读取完所有文件行数据后,再输出到 Reduce 阶段
24     @Override
25     protected void cleanup(Context context) {
26         for (Integer i : repToRecordMap.keySet()) {
27             try {
28                 context.write(NullWritable.get(), new IntWritable(i));
29             } catch (Exception e) {
30                 e.printStackTrace();
31             }
32         }
33     }
34 }
```

文件4-17代码的作用是先将文件中的每行数据进行切割提取，并把数据保存到TreeMap中，判断TreeMap是否大于5，如果大于5就需要移除最小的数据。由于数据是逐行读取，如果这时就向外写数据，那么TreeMap就保存了每一行的最大5个数，因此需要在cleanup()方法里编写context.write()方法，这样保证了当前MapTask中TreeMap保存了当前文件最大的5条数据后，再输出到Reduce阶段。

2. Reduce阶段实现

根据Map阶段的输出结果形式，同样在cn.itcast.mr.topN包下，自定义Reducer类TopNReducer，如文件4-18所示。

文件4-18 TopNReducer.java

```
1  import java.io.IOException;
2  import java.util.Comparator;
3  import java.util.TreeMap;
4  import org.apache.hadoop.io.IntWritable;
5  import org.apache.hadoop.io.NullWritable;
6  import org.apache.hadoop.mapreduce.Reducer;
7  public class TopNReducer extends Reducer<NullWritable,
8                              IntWritable, NullWritable, IntWritable>{
9    //创建TreeMap,并实现自定义倒序排序规则
10    private TreeMap<Integer, String> repToRecordMap=new
11                 TreeMap<Integer, String>(new Comparator<Integer>() {
12        //int compare(object o1,object o2)返回一个基本类型的整型,谁大谁排后面
13        //返回负数表示：o1 小于 o2
14        //返回 0 表示：o1 和 o2 相等
15        //返回正数表示：o1 大于 o2
16        public int compare(Integer a, Integer b) {
17            return b-a;
18        }
19    });
20    public void reduce(NullWritable key,
21                      Iterable<IntWritable> values, Context context)
22            throws IOException, InterruptedException {
23        for (IntWritable value : values) {
24            repToRecordMap.put(value.get(), " ");
25            if (repToRecordMap.size()>5) {
26                repToRecordMap.remove(repToRecordMap.lastKey());
27            }
28        }
29        for (Integer i : repToRecordMap.keySet()) {
30            context.write(NullWritable.get(), new IntWritable(i));
31        }
32    }
33 }
```

文件4-18中的代码，首先编写TreeMap自定义排序规则，当需求取最大值时，只需要

在 compare()方法中返回正数即可满足倒序排列，在数据量比较大的情况下，reduce()方法依然是要满足时刻判断 TreeMap 中存放数据是前 5 个数，并最终遍历输出最大的 5 个数。

3. Driver 程序主类实现

编写 MapReduce 程序运行主类 TopNDriver，如文件 4-19 所示。

文件 4-19　TopNDriver. java

```
1  import org.apache.hadoop.conf.Configuration;
2  import org.apache.hadoop.fs.Path;
3  import org.apache.hadoop.io.IntWritable;
4  import org.apache.hadoop.io.NullWritable;
5  import org.apache.hadoop.mapreduce.Job;
6  import org.apache.hadoop.mapreduce.lib.input.FileInputFormat;
7  import org.apache.hadoop.mapreduce.lib.output.FileOutputFormat;
8  public class TopNDriver {
9      public static void main(String[] args) throws Exception {
10         Configuration conf=new Configuration();
11         Job job=Job.getInstance(conf);
12         job.setJarByClass(TopNDriver.class);
13         job.setMapperClass(TopNMapper.class);
14         job.setReducerClass(TopNReducer.class);
15         job.setNumReduceTasks(1);
16         //map 阶段输出的 key
17         job.setMapOutputKeyClass(NullWritable.class);
18         //map 阶段输出的 value
19         job.setMapOutputValueClass(IntWritable.class);
20         //reduce 阶段输出的 key
21         job.setOutputKeyClass(NullWritable.class);
22         //reduce 阶段输出的 value
23         job.setOutputValueClass(IntWritable.class);
24         FileInputFormat.setInputPaths(job,
25                             new Path("D:\\topN\\input"));
26         FileOutputFormat.setOutputPath(job,
27                             new Path("D:\\topN\\output"));
28         boolean res=job.waitForCompletion(true);
29         System.exit(res ? 0 : 1);
30     }
31 }
```

本案例的演示同样采用了本地运行模式，对指定的本地 D:\\topN\\input 目录下的源文件(需要提前准备)实现 TopN 分析，得到文件中最大的 5 个数，并将结果输入到本地 D:\\topN\\output 目录下，设置完毕后，运行程序即可。

4. 效果测试

为了保证 MapReduce 程序正常执行，需要先在本地 D:\\topN\\input 目录下创建文件 4-16(num. txt)。

接着，执行 MapReduce 程序的程序入口 TopNDriver 类，正常执行完成后，会在指定的

D:\\topN\\output 下生成结果文件,如图 4-20 所示。

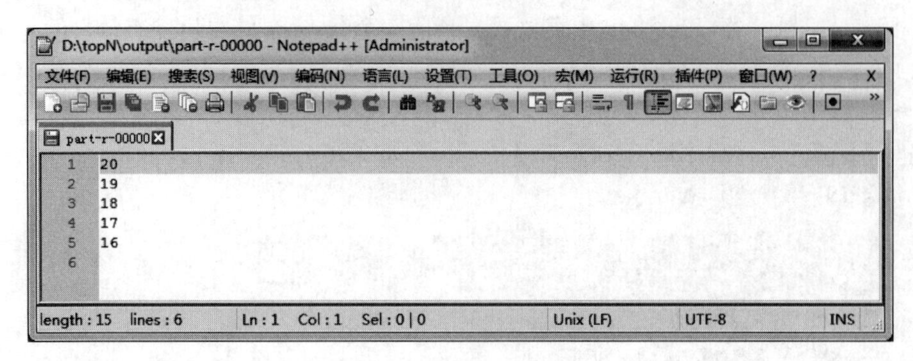

图 4-20 TopN

从图 4-20 可以看出,通过 Hadoop 的 MapReduce 程序提取出文件中 Top 5 个数据内容,达到了案例的需求。

4.9 本章小结

本章主要讲解了 MapReduce 程序的相关知识。首先介绍什么是 MapReduce 以及 MapReduce 的工作原理;接着,对 MapReduce 编程中涉及的相关组件进行了详细说明;最后通过几种常见的 MapReduce 经典案例,使读者更好地掌握其编程框架以及编程思想。通过本章的学习,初学者可以了解 MapReduce 计算框架的思想并且能够使用 MapReduce 解决实际问题。

4.10 课后习题

一、填空题

1. 在 MapReduce 中,________阶段负责将任务分解,________阶段将任务合并。
2. MapReduce 工作流程分为________、________、________、________和________。
3. Partitioner 组件目的是________。

二、判断题

1. Map 阶段处理数据时,是按照 key 的哈希值与 ReduceTask 数量取模进行分区的规则。 (　　)
2. 分区数量是 ReduceTask 的数量。 (　　)
3. 在 MapReduce 程序中,必须开发 Map 和 Reduce 相应的业务代码才能执行程序。 (　　)

三、选择题

1. MapReduce 适用于下列哪个选项?(　　)

A. 任意应用程序

B. 任意可以在 Windows Server 2008 上的应用程序

C. 可以串行处理的应用程序

D. 可以并行处理的应用程序

2. 下面关于 MapReduce 模型中 Map 函数与 Reduce 函数的描述正确的是?(　　)

A. 一个 Map 函数就是对一部分原始数据进行指定的操作

B. 一个 Map 操作就是对每个 Reduce 所产生的一部分中间结果进行合并操作

C. Map 与 Map 之间不是相互独立的

D. Reducee 与 Reduce 之间不是相互独立的

3. MapReduce 自定义排序规则需要重写下列哪项方法?(　　)

A. readFields()　　　　B. compareTo()

C. map()　　　　D. reduce()

四、简答题

1. 简述 HDFS Block 与 MapReduce split 之间的联系。

2. 简述 Shuffle 工作流程。

五、编程题

1. 现有数据文本文件 number. txt,内容如下所示,请编写 MapReduce 程序将该文本文件中重复的数据删除。

```
118569
118569
335816
123456
963807
963807
118555
118569
```

2. 现有一组数据,内容如下所示,请编写 MapReduce 程序提取出最大 10 个数,并倒序输出。

```
10 3 8 7 6 5 1 2 9 4
11 12 17 14 15 20
19 18 13 16
```

第5章 Zookeeper分布式协调服务

学习目标

- 了解 Zookeeper 的概念和特性。
- 理解 Zookeeper 数据模型。
- 掌握 Zookeeper 的 Watch 机制和选举机制。
- 掌握 Zookeeper 的集群部署。
- 掌握 Zookeeper 的 Shell 操作和 Java API 操作。
- 熟悉 Zookeeper 的应用场景。

构建分布式系统并不容易，然而，用户日常所使用的应用程序，如淘宝、支付宝等大多是基于分布式系统，分布式系统是建立在网络之上的软件系统，具有高度的内聚性和透明性，在短时间内依赖于分布式系统的现状依旧不会改变。

Apache Zookeeper 旨在减轻构建健壮的分布式系统的服务，它是基于分布式计算的核心概念而设计的，主要目的是给开发人员提供一套容易理解和开发的接口，从而简化分布式系统构建的服务。本章对 Zookeeper 的简介、Zookeeper 的数据模型、Zookeeper 的机制、Zookeeper 集群的部署、Zookeeper 的操作以及 Zookeeper 的典型应用场景进行详细讲解。

5.1 初识 Zookeeper

5.1.1 Zookeeper 简介

Zookeeper 起源于雅虎研究院的一个研究小组。当时研究人员发现，在雅虎内部很多大型系统基本都需要依赖一个类似的系统来进行分布式协调，但是这些系统往往都存在分布式单点问题。所谓单点问题，即在整个分布式系统中，如果某个独立功能的程序或角色只运行在某一台服务器上时，这个节点就被称为单点。一旦这台服务器宕机，整个分布式系统将无法正常运行，这种现象被称为单点故障。所以，雅虎的开发人员试图开发一个通用的无单点问题的分布式协调框架，以便让开发人员将精力集中在处理业务逻辑上。而 Zookeeper 正好是要用来进行分布式服务的协调。

Zookeeper 是一个分布式协调服务的开源框架，它是由 Google 的 Chubby 开源实现。Zookeeper 主要用来解决分布式集群中应用系统的一致性问题，例如如何避免同时操作同一数据造成脏读的问题等。

Zookeeper 本质上是一个分布式的小文件存储系统，提供基于类似文件系统的目录树方式的数据存储,并且可以对树中的节点进行有效管理。从而用来维护和监控存储的数据的状态变化。通过监控这些数据状态的变化,从而达到基于数据的集群管理。如统一命名服务、分布式配置管理、分布式消息队列、分布式锁、分布式协调等功能。

5.1.2 Zookeeper的特性

Zookeeper具有全局数据一致性、可靠性、顺序性、原子性以及实时性,可以说Zookeeper的其他特性都是为满足Zookeeper全局数据一致性这一特性。具体介绍如下:

1. 全局数据一致性

每个服务器都保存一份相同的数据副本,客户端连接到集群的任意节点上,看到的目录树都是一致的(也就是数据都是一致的),这也是Zookeeper最重要的特征。

2. 可靠性

如果消息(对目录结构的增删改查)被其中一台服务器接收,那么将被所有的服务器接收。

3. 顺序性

Zookeeper顺序性主要分为全局有序和偏序两种,其中全局有序是指如果在一台服务器上消息A在消息B前发布,则在所有服务器上消息A都将在消息B前被发布;偏序是指如果一个消息B在消息A后被同一个发送者发布,A必将排在B前面。无论全局有序还是偏序,其目的都是为了保证Zookeeper全局数据一致。

4. 数据更新原子性

一次数据更新操作要么成功(半数以上节点成功),要么失败,不存在中间状态。

5. 实时性

Zookeeper保证客户端将在一个时间间隔范围内获得服务器的更新信息,或者服务器失效的信息。

5.1.3 Zookeeper集群角色

Zookeeper对外提供一个类似于文件系统的层次化的数据存储服务,为了保证整个Zookeeper集群的容错性和高性能,每一个Zookeeper集群都是由多台服务器节点(Server)组成,这些节点通过复制保证各个服务器节点之间的数据一致。只要这些服务器节点过半数可用,那么整个Zookeeper集群就可用。下面我们来学习Zookeeper的集群架构,如图5-1所示。

从图5-1可以看出,Zookeeper集群是一个主从集群,它一般是由一个Leader(领导者)和多个Follower(跟随者)组成。此外,针对访问量比较大的Zookeeper集群,还可新增Observer(观察者)。Zookeeper集群中的三种角色各司其职,共同完成分布式协调服务。下面我们针对Zookeeper集群中的三种角色进行简单介绍。

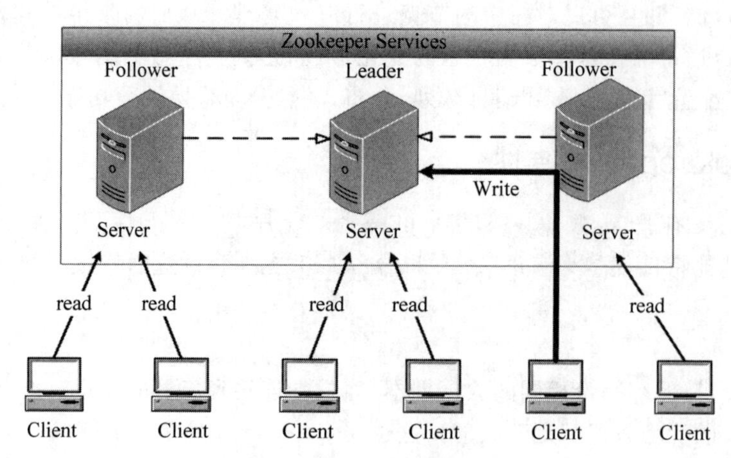

图 5-1 Zookeeper 集群架构图

1. Leader

它是 Zookeeper 集群工作的核心,也是事务性请求(写操作)的唯一调度和处理者,它保证集群事务处理的顺序性,同时负责进行投票的发起和决议,以及更新系统状态。

2. Follower

它负责处理客户端的非事务(读操作)请求,如果接收到客户端发来的事务性请求,则会转发给 Leader,让 Leader 进行处理,同时还负责在 Leader 选举过程中参与投票。

3. Observer

它负责观察 Zookeeper 集群的最新状态的变化,并且将这些状态进行同步。对于非事务性请求可以进行独立处理;对于事务性请求,则会转发给 Leader 服务器进行处理。它不会参与任何形式的投票,只提供非事务性的服务,通常用于在不影响集群事务处理能力的前提下,提升集群的非事务处理能力(提高集群读的能力,也降低了集群选主的复杂程度)。

5.2 数据模型

5.2.1 数据存储结构

Zookeeper 中数据存储的结构和标准文件系统非常类似,拥有一个层次的命名空间,也是使用斜杠(/)进行分隔,两者都是采用树状层次结构。不同的是,标准文件系统是由文件夹和文件来组成的树,而 Zookeeper 是由什么来组成的树呢?下面我们来看一下 Zookeeper 数据存储结构,如图 5-2 所示。

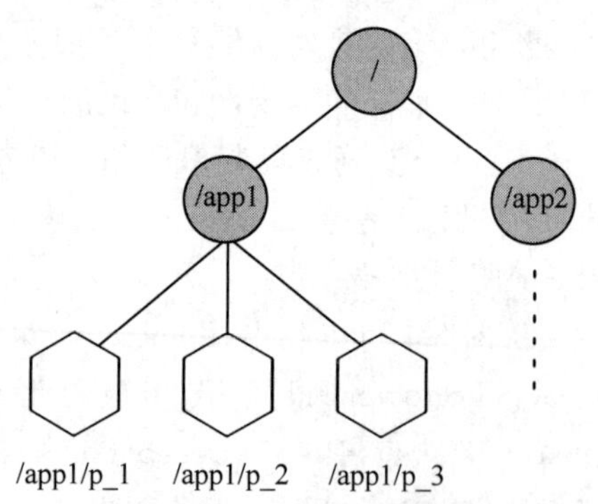

图 5-2 Zookeeper 数据模型

从图 5-2 可知,Zookeeper 是由节点组成的树,树中的每个节点被称为 Znode。每个节点都可以拥有子节点。每一个 Znode 默认能够存储 1MB 的数据，每个 Znode 都可以通过其路径唯一标识，如图 5-2 中第三层的第一个 Znode，它的路径是/app1/p_1。Zookeeper 数据模型中的每个 Znode 都是由 3 部分组成，分别是 stat（状态信息，描述该 Znode 的版本，权限信息等组成）、data（与该 Znode 关联的数据）和 children（该 Znode 下的子节点）。

5.2.2　Znode 的类型

在 5.2.1 节中，我们初步了解了什么是 Znode，下面，我们来介绍一下 Znode 的类型。节点的类型在创建时被指定，一旦创建就无法改变。Znode 有两种类型，分别是临时节点和永久节点。

临时节点，该生命周期依赖于创建它们的会话，一旦会话结束，临时节点将会被自动删除，当然也可以手动删除。虽然每个临时的 Znode 都会绑定到一个客户端，但它们对所有的客户端还是可见的。另外，需要注意的是临时节点不允许拥有子节点。

永久节点，该生命周期不依赖于会话，并且只有在客户端显示执行删除操作的时候，它们才能被删除。

由于 Znode 的序列化特性，在创建节点时，用户可以请求在该 Znode 的路径结尾添加一个不断增加的序列号，序列号对于此节点的父节点来说是唯一的，这样便会记录每个子节点创建的先后顺序。它的格式为“%010d”(10 位数字，没有数值的数位用 0 补充，如 0000000001)。当计数值大于 $2^{32}-1$ 时，计数器将会溢出。这样便会存在 4 种类型的目录节点，分别对应如下。

- PERSISTENT：永久节点；
- EPHEMERAL：临时节点；
- PERSISTENT_SEQUENTIAL：序列化永久节点；
- EPHEMERAL_SEQUENTIAL：序列化临时节点。

5.2.3　Znode 的属性

每个 Znode 都包含了一系列的属性，接下来详细讲解 Znode 的属性，如表 5-1 所示。

表 5-1　Zookeeper 节点属性

属性名称	属性描述
czxid	节点被创建的 Zxid 值
ctime	节点被创建的时间
mzxid	节点最后一次修改的 Zxid 值
mtime	节点最后一次的修改时间
pZxid	与该节点的子节点最后一次修改的 Zxid 值
cversion	子节点被修改的版本号
dataVersion	数据版本号
aclVersion	ACL 版本号

续表

属性名称	属性描述
ephemeralOwner	如果此节点为临时节点，那么该值代表这个节点拥有者的会话 ID；否则值为 0
dataLength	节点数据域长度
numChildren	节点拥有的子节点个数

表 5-1 介绍了 Znode 的属性，对于 Zookeeper 来说，Znode 状态改变的每一个操作都将使节点接收到唯一的 zxid(Zookeeper Transaction ID)格式的时间戳，并且这个时间戳是全局有序的，通常被称为事物 ID，通过 zxid，可以确定更新操作的先后顺序，例如，如果 zxid1 小于 zxid2，说明 zxid1 操作先于 zxid2 发生。

5.3 Zookeeper 的 Watch 机制

5.3.1 Watch 机制的简介

ZooKeeper 提供了分布式数据发布/订阅功能，一个典型的发布/订阅模型系统定义了一种一对多的订阅关系，能让多个订阅者同时监听某一个主题对象，当这个主题对象自身状态变化时，会通知所有订阅者，使他们能够做出相应的处理。

在 ZooKeeper 中，引入了 Watch 机制来实现这种分布式的通知功能。ZooKeeper 允许客户端向服务端注册一个 Watch 监听，当服务端的一些事件触发了这个 Watch，那么就会向指定客户端发送一个事件通知，来实现分布式的通知功能。

5.3.2 Watch 机制的特点

1. 一次性触发

当 Watch 的对象发生改变时，将会触发此对象上 Watch 所对应的事件，这种监听是一次性的，后续再次发生同样的事件，也不会再次触发。

2. 事件封装

Zookeeper 使用 WatchedEvent 对象来封装服务端事件并传递。该对象包含了每个事件的 3 个基本属性，即通知状态(keeperState)、事件类型(EventType)和节点路径(path)。

3. 异步发送

Watch 的通知事件是从服务端异步发送到客户端的。

4. 先注册再触发

Zookeeper 中的 Watch 机制，必须由客户端先去服务端注册监听，这样才会触发事件的监听，并通知给客户端。

5.3.3 Watch 机制的通知状态和事件类型

同一个事件类型在不同的连接状态中代表的含义有所不同，表 5-2 列举了常见的连接状态和事件类型。

表 5-2　Zookeeper 连接状态和事件类型

连接状态	状态含义	事件类型	事件含义
Disconnected	连接失败	NodeCreated	节点被创建
SyncConnected	连接成功	NodeDataChanged	节点数据变更
AuthFailed	认证失败	NodeChildrenChanged	子节点数据变更
Expired	会话过期	NodeDeleted	节点被删除

从表 5-2 可知，Zookeeper 常见的连接状态和事件类型分别有 4 种，具体含义如下。

当客户端断开连接，这时客户端和服务器的连接就是 Disconnected 状态，说明连接失败；当客户端和服务器的某一个节点建立连接，并完成一次 version、zxid 的同步，这时客户端和服务器的连接状态就是 SyncConnected，说明连接成功；当 Zookeeper 客户端连接认证失败，这时客户端和服务器的连接状态就是 AuthFailed，说明认证失败；当客户端发送 Request 请求，通知服务器其上一个发送心跳的时间，服务器收到这个请求后，通知客户端下一个发送心跳的时间是哪个时间点。当客户端时间戳达到最后一个发送心跳的时间，而没有收到服务器发来的新发送心跳的时间，即认为自己下线，这时客户端和服务器的连接状态就是 Expired 状态，说明会话过期。

当节点被创建时，NodeCreated 事件被触发；当节点的数据发生变更时，NodeDataChanged 事件被触发；当节点的直接子节点被创建、被删除、子节点数据发生变更时，NodeChildrenChanged 事件被触发；当节点被删除时，NodeDeleted 事件被触发。

5.4 Zookeeper 的选举机制

5.4.1 选举机制的简介

Zookeeper 为了保证各节点的协同工作，在工作时需要一个 Leader 角色，而 Zookeeper 默认采用 FastLeaderElection 算法，且投票数大于半数则胜出的机制，在介绍选举机制前，首先了解选举涉及的相关概念。

1. 服务器 ID

这是在配置集群时设置的 myid 参数文件，且参数分别表示为服务器 1、服务器 2 和服务器 3，编号越大在 FastLeaderElection 算法中的权重越大。

2. 选举状态

在选举过程中，Zookeeper 服务器有 4 种状态，它们分别为竞选状态(LOOKING)、随从状态(FOLLOWING，同步 leader 状态，参与投票)、观察状态(OBSERVING，同步 leader 状态，不参与投票)和领导者状态(LEADING)。

3. 数据ID

这是服务器中存放的最新数据版本号，该值越大说明数据越新，在选举过程中数据越新权重越大。

4. 逻辑时钟

通俗地讲，逻辑时钟被称为投票次数，同一轮投票过程中的逻辑时钟值是相同的，逻辑时钟起始值为0，每投完一次票，这个数据就会增加。然后，与接收到其他服务器返回的投票信息中的数值相比较，根据不同的值做出不同的判断。如果某台机器宕机，那么这台机器不会参与投票，因此逻辑时钟也会比其他的低。

5.4.2 选举机制的类型

Zookeeper选举机制有两种类型，分别为全新集群选举和非全新集群选举，下面分别对两种类型进行详细讲解。

1. 全新集群选举

全新集群选举是新搭建起来的，没有数据ID和逻辑时钟来影响集群的选举。假设，目前有5台服务器，它们的编号分别是1～5，按编号依次启动Zookeeper服务。下面来讲解全新集群选举的过程。

步骤1：服务器1启动，首先，会给自己投票；其次，发投票信息，由于其他机器还没有启动所以它无法接收到投票的反馈信息，因此服务器1的状态一直属于LOOKING状态。

步骤2：服务器2启动，首先，会给自己投票；其次，在集群中启动Zookeeper服务的机器发起投票对比，这时它会与服务器1交换结果，由于服务器2的编号大，所以服务器2胜出，此时服务器1会将票投给服务器2，但此时服务器2的投票数并没有大于集群半数(2＜5/2)，所以两个服务器的状态依然是LOOKING状态。

步骤3：服务器3启动，首先，会给自己投票；其次，与之前启动的服务器1和服务器2交换信息，由于服务器3的编号最大，所以服务器3胜出，那么服务器1和2会将票投给服务器3，此时投票数正好大于半数(3＞5/2)，所以服务器3成为领导者状态，服务器1和2成为追随者状态。

步骤4：服务器4启动，首先，给自己投票；其次，与之前启动的服务器1、2和3交换信息，尽管服务器4的编号大，但是服务器3已经胜出。所以服务器4只能成为追随者状态。

步骤5：服务器5启动，同服务器4一样，均成为追随者状态。

2. 非全新集群选举

对于正常运行的Zookeeper集群，一旦中途有服务器宕机，则需要重新选举时，选举的过程中就需要引入服务器ID、数据ID和逻辑时钟。这是由于Zookeeper集群已经运行过一段时间，那么服务器中就会存在运行的数据。下面来讲解非全新集群选举的过程。

步骤1：首先，统计逻辑时钟是否相同，逻辑时钟小，则说明途中可能存在宕机问题，因

此数据不完整,那么该选举结果被忽略,重新投票选举;

步骤 2:其次,统一逻辑时钟后,对比数据 ID 值,数据 ID 反应数据的新旧程度,因此数据 ID 大的胜出;

步骤 3:如果逻辑时钟和数据 ID 都相同的情况下,那么比较服务器 ID(编号),值大则胜出;

简单地讲,非全新集群选举时是优中选优,保证 Leader 是 Zookeeper 集群中数据最完整、最可靠的一台服务器。

5.5　Zookeeper 分布式集群部署

Zookeeper 分布式集群部署指的是 Zookeeper 分布式模式安装。Zookeeper 集群搭建通常是由 $2n+1$ 台服务器组成,这是为了保证 Leader 选举(基于 Paxos 算法的实现)能够通过半数以上服务器选举支持,因此,Zookeeper 集群的数量一般为奇数。

5.5.1　Zookeeper 安装包的下载安装

由于 Zookeeper 集群的运行需要 Java 环境支持,所以需要提前安装 JDK。本章讲解的是 Leader+Follower 模式的 Zookeeper 集群。这里我们选择 Zookeeper 的版本是 3.4.10。具体下载安装步骤如下。

1. 下载 Zookeeper 安装包

Zookeeper 的下载地址为 http://mirror.bit.edu.cn/apache/zookeeper/zookeeper-3.4.10/。

2. 上传 Zookeeper 安装包

将下载完毕的 Zookeeper 安装包上传至 Linux 系统的/export/software/目录下。

3. 解压 Zookeeper 安装包

首先,我们进入安装包目录,具体命令如下:

```
$ cd /export/software/
```

其次,解压安装包 zookeeper-3.4.10.tar.gz 至/export/servers/目录,具体命令如下:

```
$ tar -zxvf zookeeper-3.4.10.tar.gz -C /export/servers/
```

安装包解压完毕,也就是 Zookeeper 的安装结束。但是,并不意味着 Zookeeper 集群的部署已经结束,还需要对其进行配置和启动,若是启动成功,才算是 Zookeeper 集群部署成功。

5.5.2　Zookeeper 相关配置

在上一节中,已经把 Zookeeper 的安装包成功解压至/export/servers 目录下。接下来,开始配置 Zookeeper 集群。

1. 修改Zookeeper的配置文件

首先，进入Zookeeper解压目录下的conf目录，复制配置文件zoo_sample.cfg并重命名为zoo.cfg，具体命令如下：

```
$ cp zoo_sample.cfg zoo.cfg
```

其次，修改配置文件zoo.cfg，分别设置dataDir目录，配置服务器编号与主机名映射关系，设置与主机连接的心跳端口和选举端口，具体配置内容如下：

```
# The number of milliseconds of each tick
# 设置通信心跳数
tickTime=2000
# The number of ticks that the initial
# synchronization phase can take
# 设置初始通信时限
initLimit=10
# The number of ticks that can pass between
# sending a request and getting an acknowledgement
# 设置同步通信时限
syncLimit=5
# the directory where the snapshot is stored.
# do not use /tmp for storage, /tmp here is just
# example sakes.
# 设置数据文件目录+数据持久化路径/
dataDir=/export/data/zookeeper/zkdata
# the port at which the clients will connect
# 设置客户端连接的端口号
clientPort=2181
# the maximum number of client connections.
# increase this if you need to handle more clients
# maxClientCnxns=60
# Be sure to read the maintenance section of the
# administrator guide before turning on autopurge.
# http://zookeeper.apache.org/doc/current/zookeeperAdmin.html# sc_maintenance
# The number of snapshots to retain in dataDir
# autopurge.snapRetainCount=3
# Purge task interval in hours
# Set to "0" to disable auto purge feature
# autopurge.purgeInterval=1
# 配置Zookeeper集群的服务器编号以及对应的主机名、选举端口号和通信端口号(心跳端口号)
server.1=hadoop01:2888:3888
server.2=hadoop02:2888:3888
server.3=hadoop03:2888:3888
```

小提示：配置文件zoo.cfg中的参数server.1=hadoop01:2888:3888，其中，1表示服务器的编号；hadoop01表示这个服务器的IP地址；2888表示通信端口号，3888表示Leader选举端口号。

2. 创建 myid 文件

首先，根据配置文件 zoo. cfg 中设置的 dataDir 目录，创建 zkdata 文件夹，具体命令如下：

```
$ mkdir -p /export/data/zookeeper/zkdata
```

其次，在 zkdata 文件夹下创建 myid 文件，该文件里面的内容就是服务器编号（hadoop01 服务器对应编号 1，hadoop02 服务器对应编号 2，hadoop03 服务器对应编号 3），具体命令如下：

```
$ cd /export/data/zookeeper/zkdata
$ echo 1 >myid
```

3. 配置环境变量

Linux 系统目录/etc 下的文件 profile 里面的内容都是与 Linux 环境变量相关的。所以，一般配置环境变量都是在 profile 文件里面。执行命令 vi /etc/profile 对 profile 文件进行修改，添加 Zookeeper 的环境变量，具体命令如下：

```
export ZK_HOME=/export/servers/zookeeper-3.4.10
export PATH=$PATH:$JAVA_HOME/bin:$HADOOP_HOME/bin:$HADOOP_HOME/sbin:$ZK_HOME/bin
```

4. 分发 Zookeeper 相关文件至其他服务器

首先，将 Zookeeper 安装目录分发至 hadoop02 和 hadoop03 服务器上。具体命令如下：

```
$ scp -r /export/servers/zookeeper-3.4.10/hadoop02:/export/servers/
$ scp -r /export/servers/zookeeper-3.4.10/hadoop03:/export/servers/
```

其次，将 myid 文件分发至 hadoop02 和 hadoop03 服务器上，并且修改 myid 的文件内容，依次对应服务器号进行设置，分别为 2 和 3。具体命令如下：

```
$ scp -r /export/data/zookeeper/hadoop02:/export/data/
$ scp -r /export/data/zookeeper/hadoop03:/export/data/
```

最后，将 profile 文件也分发至 hadoop02 和 hadoop03 服务器上。具体命令如下：

```
$ scp /etc/profile hadoop02:/etc/profile
$ scp /etc/profile hadoop03:/etc/profile
```

5. 环境变量生效

分别在 hadoop01、hadoop02 和 hadoop03 服务器上刷新 profile 配置文件，使环境变量

生效。具体命令如下：

```
$ source /etc/profile
```

5.5.3 Zookeeper 服务的启动和关闭

截至目前，我们已经把 Zookeeper 集群部署完毕，接下来进行启动和关闭 Zookeeper 服务，若 Zookeeper 启动和关闭成功，则表示 Zookeeper 集群部署成功。否则，Zookeeper 集群部署失败。

1. 启动 Zookeeper 服务

首先，依次在 hadoop01、hadoop02 和 hadoop03 服务器上启动 Zookeeper 服务，具体命令如下：

```
$ zkServer.sh start
```

其次，执行相关命令查看该节点 Zookpeer 的角色，具体命令如下：

```
$ zkServer.sh status
```

执行完 zkServer. sh status 命令后，返回信息效果如图 5-3 所示。

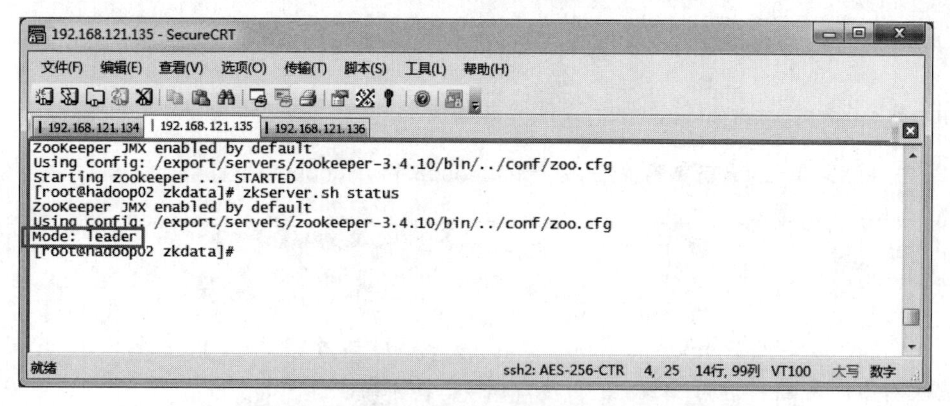

图 5-3 Zookeeper 启动后角色状态信息

从图 5-3 得知，hadoop02 服务器是 Zookeeper 集群中的 Leader 角色。至此，Zookeeper 的 Leader＋Follower 模式集群部署成功。

2. 关闭 Zookeeper 服务

若想关闭 Zookeeper 服务，依次在 hadoop01、hadoop02 和 hadoop03 机器上执行相关命令即可，具体命令如下：

```
$ zkServer.sh stop
```

执行完毕后，可以查看 Zookeeper 服务状态，返回信息效果如图 5-4 所示。

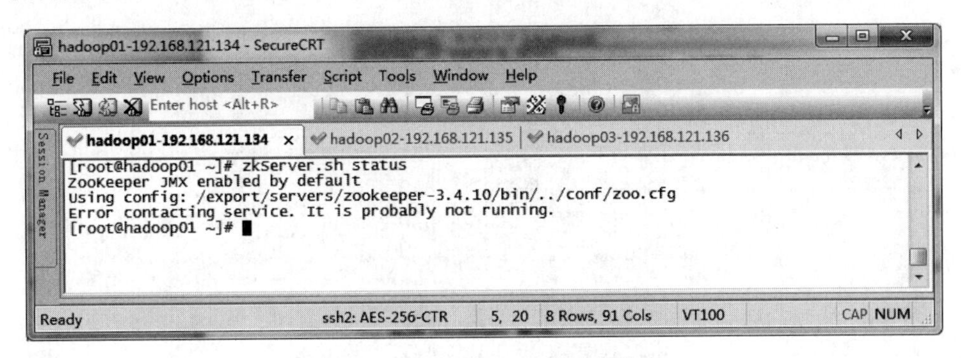

图 5-4　查询 Zookeeper 服务的状态

从图 5-4 得知，Zookeeper 服务没有启动，说明关闭服务成功。

5.6　Zookeeper 的 Shell 操作

5.6.1　Zookeeper Shell 介绍

Zookeeper 命令行工具类似于 Linux 的 Shell 环境，能够简单地实现对 Zookeeper 进行访问、数据创建、数据修改等一系列操作。Shell 操作 Zookeeper 的常见命令，如表 5-3 所示。

表 5-3　Shell 操作 Zookeeper 的常见命令

常用命令	命令描述
ls /	使用 ls 命令来查看 Zookeeper 中所包含的内容
ls2 /	查看当前节点数据并能看到更新次数等数据
create /zk “test”	在当前目录创建一个新的 Znode 节点 zk 以及与它关联的字符串
get /zk	获取 zk 所包含的信息
set /zk “zkbak”	对 zk 所关联的字符串进行设置
delete /zk	将节点 Znode 删除
rmr	将节点 Znode 递归删除
help	帮助命令

5.6.2　通过 Shell 命令操作 Zookeeper

上面已经详细介绍客户端操作 Zookeeper 的常见命令。本节，主要是通过 Shell 命令来操作 Zookeeper。首先，启动 Zookeeper 服务；其次，连接 Zookeeper 服务。具体命令如下：

```
$ zkServer.sh start
$ zkCli.sh -server localhost:2181
```

连接成功后，系统会输出 Zookeeper 集群的相关配置信息，并在屏幕输出“welcome to

Zookeeper!”等信息，如图 5-5 所示。

```
[root@hadoop01 ~]# zkCli.sh -server localhost:2181
Connecting to localhost:2181
2018-09-15 05:02:14,898 [myid:] - INFO  [main:Environment@100] - Client environment:zookeeper.version=3.4.10-39d3a4f269333c922ed3db283
be479f9deacaa0f, built on 03/23/2017 10:13 GMT
2018-09-15 05:02:14,901 [myid:] - INFO  [main:Environment@100] - Client environment:host.name=hadoop01
2018-09-15 05:02:14,901 [myid:] - INFO  [main:Environment@100] - Client environment:java.version=1.8.0_65
2018-09-15 05:02:14,902 [myid:] - INFO  [main:Environment@100] - Client environment:java.vendor=Oracle Corporation
2018-09-15 05:02:14,902 [myid:] - INFO  [main:Environment@100] - Client environment:java.home=/export/servers/jdk/jre
2018-09-15 05:02:14,902 [myid:] - INFO  [main:Environment@100] - Client environment:java.class.path=/export/servers/zookeeper-3.4.10/b
in/../build/classes:/export/servers/zookeeper-3.4.10/bin/../build/lib/*.jar:/export/servers/zookeeper-3.4.10/bin/../lib/slf4j-log4j12-
1.6.1.jar:/export/servers/zookeeper-3.4.10/bin/../lib/slf4j-api-1.6.1.jar:/export/servers/zookeeper-3.4.10/bin/../lib/netty-3.10.5.Fin
al.jar:/export/servers/zookeeper-3.4.10/bin/../lib/log4j-1.2.16.jar:/export/servers/zookeeper-3.4.10/bin/../lib/jline-0.9.94.jar:/expo
rt/servers/zookeeper-3.4.10/bin/../zookeeper-3.4.10.jar:/export/servers/zookeeper-3.4.10/bin/../src/java/lib/*.jar:/export/servers/zoo
keeper-3.4.10/bin/../conf:.:/export/servers/jdk/lib/dt.jar:/export/servers/jdk/lib/tools.jar
2018-09-15 05:02:14,902 [myid:] - INFO  [main:Environment@100] - Client environment:java.library.path=/usr/java/packages/lib/amd64:/us
r/lib64:/lib64:/lib:/usr/lib
2018-09-15 05:02:14,903 [myid:] - INFO  [main:Environment@100] - Client environment:java.io.tmpdir=/tmp
2018-09-15 05:02:14,903 [myid:] - INFO  [main:Environment@100] - Client environment:java.compiler=<NA>
2018-09-15 05:02:14,903 [myid:] - INFO  [main:Environment@100] - Client environment:os.name=Linux
2018-09-15 05:02:14,903 [myid:] - INFO  [main:Environment@100] - Client environment:os.arch=amd64
2018-09-15 05:02:14,903 [myid:] - INFO  [main:Environment@100] - Client environment:os.version=2.6.32-573.el6.x86_64
2018-09-15 05:02:14,903 [myid:] - INFO  [main:Environment@100] - Client environment:user.name=root
2018-09-15 05:02:14,903 [myid:] - INFO  [main:Environment@100] - Client environment:user.home=/root
2018-09-15 05:02:14,903 [myid:] - INFO  [main:Environment@100] - Client environment:user.dir=/root
2018-09-15 05:02:14,904 [myid:] - INFO  [main:ZooKeeper@438] - Initiating client connection, connectString=localhost:2181 sessionTimeo
ut=30000 watcher=org.apache.zookeeper.ZooKeeperMain$MyWatcher@42110406
Welcome to ZooKeeper!
2018-09-15 05:02:14,926 [myid:] - INFO  [main-SendThread(localhost:2181):ClientCnxn$SendThread@1032] - Opening socket connection to se
rver localhost/0:0:0:0:0:0:0:1:2181. Will not attempt to authenticate using SASL (unknown error)
JLine support is enabled
2018-09-15 05:02:14,997 [myid:] - INFO  [main-SendThread(localhost:2181):ClientCnxn$SendThread@876] - Socket connection established to
 localhost/0:0:0:0:0:0:0:1:2181, initiating session
2018-09-15 05:02:15,008 [myid:] - INFO  [main-SendThread(localhost:2181):ClientCnxn$SendThread@1299] - Session establishment complete
on server localhost/0:0:0:0:0:0:0:1:2181, sessionid = 0x165d8f7ddea000f, negotiated timeout = 30000

WATCHER::

WatchedEvent state:SyncConnected type:None path:null
[zk: localhost:2181(CONNECTED) 0]
```

图 5-5　Zookeeper 服务连接成功

从图 5-5 可知，已经成功连接到 Zookeeper 服务。接下来，通过 Shell 命令操作 Zookeeper。具体操作如下。

1. 显示所有操作命令

在客户端输入 help，屏幕会输出所有可用的 Shell 命令，如图 5-6 所示。

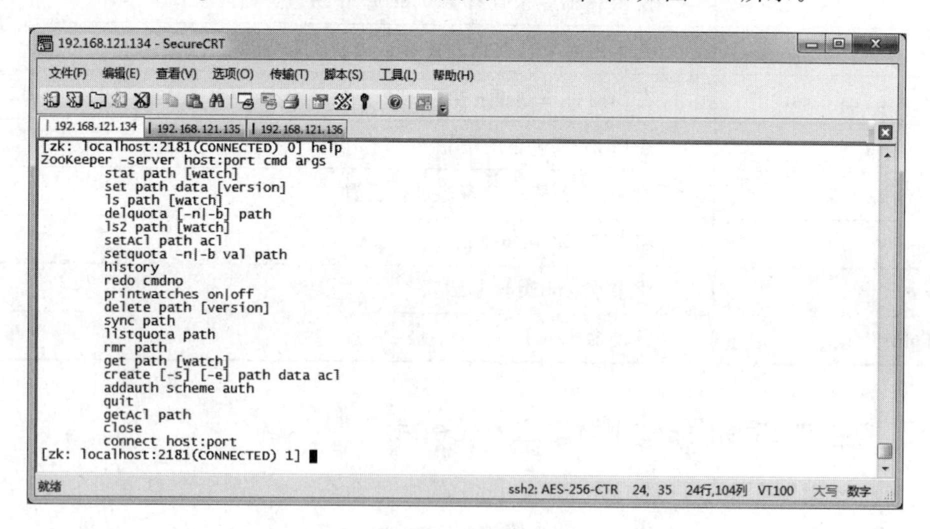

图 5-6　help 命令

2. 查看当前 Zookeeper 中所包含的内容

在客户端输入 ls /，屏幕会输出 Zookeeper 中所包含的内容，如图 5-7 所示。

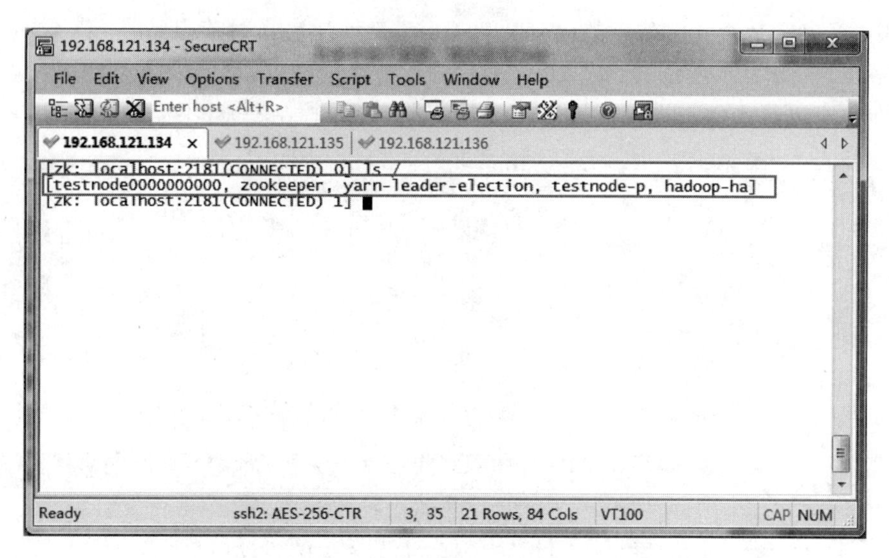

图 5-7　ls 命令

小提示：根目录下有一个自带的/zookeeper 子节点，它来保存 Zookeeper 的配额管理信息，不要轻易删除。

3. 查看当前节点数据

在客户端输入 ls2 /，屏幕会输出当前节点数据并且能看到更新次数等数据，如图 5-8 所示。

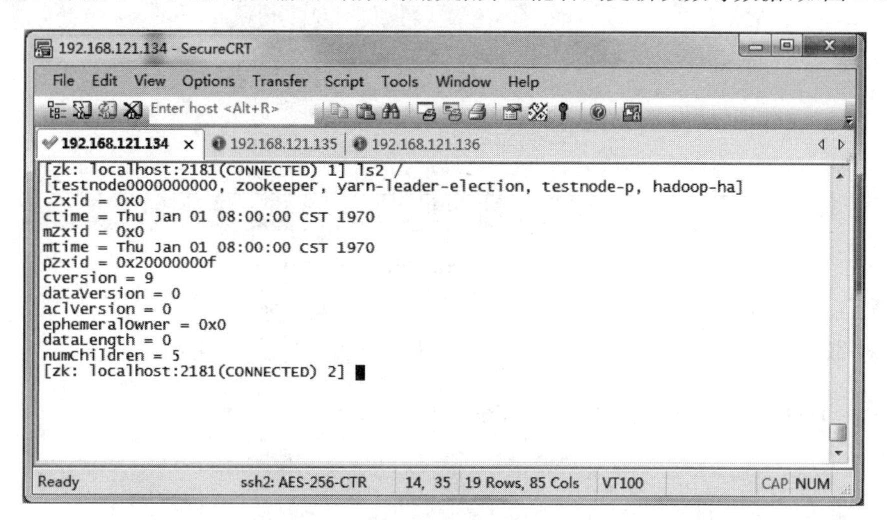

图 5-8　ls2 命令

4. 创建节点

在命令行输入创建节点的命令，具体命令格式如下：

```
$ create [-s] [-e] path data acl
```

其中，-s 表示是否开启节点的序列化特性，-e 表示开启临时节点特性，若不指定，则表示永久节点；path 表示创建的路径，data 表示创建节点的数据，这是因为 Znode 可以像目录一样存在也可以像文件一样保存数据；acl 用来进行权限控制（一般不需要了解）。

```
创建序列化永久节点：
$ create -s /testnode test
创建临时节点：
$ create -e /testnode-temp testtemp
创建永久节点：
$ create /testnode-p testp
```

接下来，以创建临时节点为例进行演示，屏幕输出的效果，如图 5-9 所示。

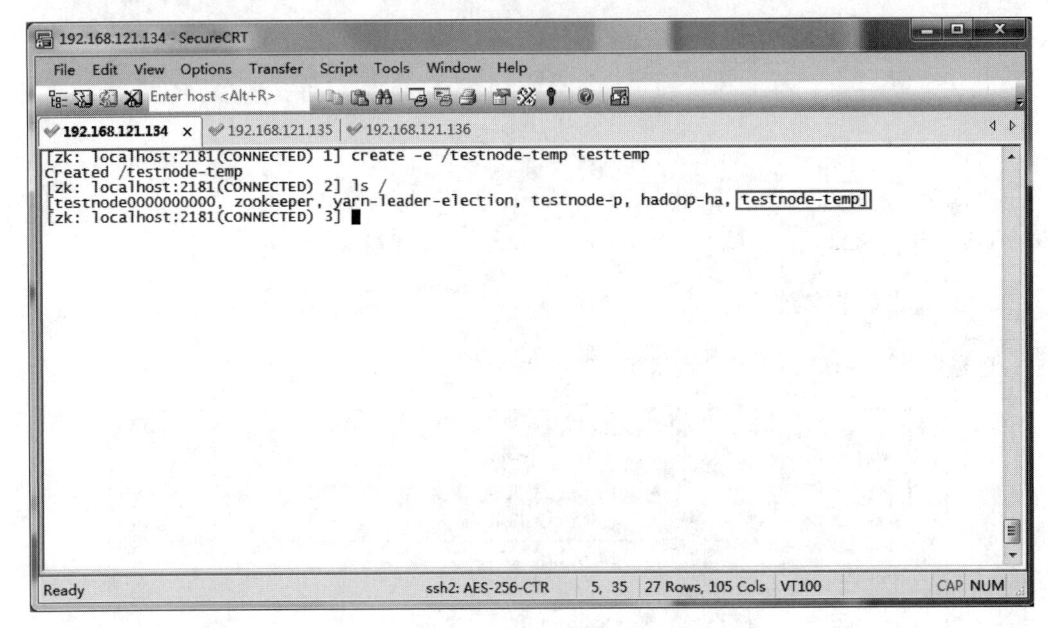

图 5-9　创建节点命令

5. 获取节点

在命令行输入获取节点的命令，具体命令格式如下：

```
$ ls path [watch]
$ get path [watch]
$ ls2 path [watch]
```

其中，ls 和 ls2 命令在前面已经进行演示，现在演示 get 命令。get 命令可以获取 Zookeeper 指定节点的数据内容和属性信息。屏幕输出的效果，如图 5-10 所示。

6. 修改节点

在命令行输入修改节点的命令，具体命令格式如下：

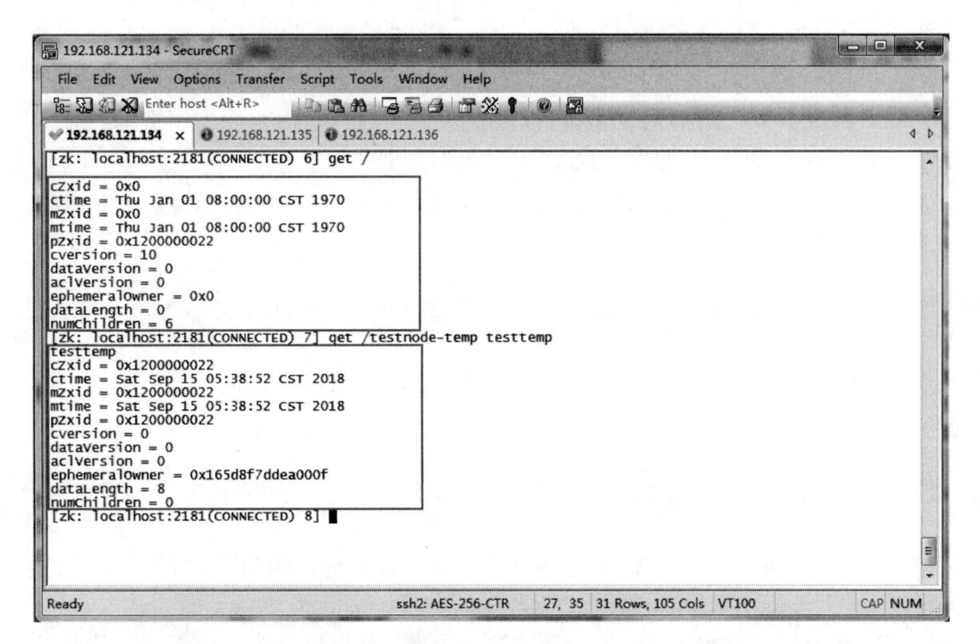

图 5-10　get 命令

```
$ set path data [version]
```

其中，data 就是要修改的新内容，version 表示数据版本。接下来，我们要对前面创建的临时节点 testnode-temp 进行修改操作。屏幕输出的效果，如图 5-11 所示。

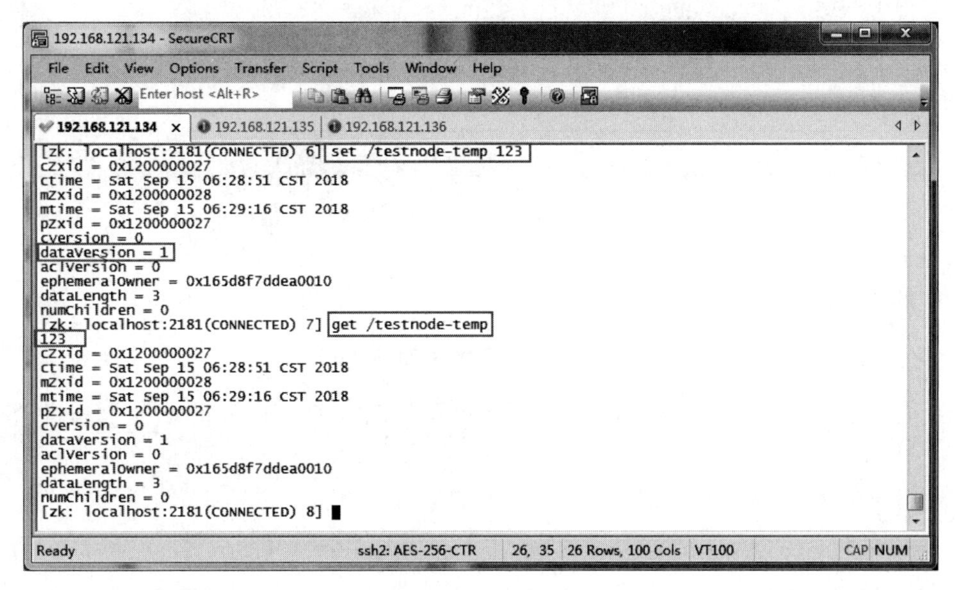

图 5-11　set 命令

从图 5-11 可知，通过修改节点命令，将 testnode-temp 节点上的 dataVersion 版本变为 1，并且再次查看节点信息，看到节点内容也变成 123。

7. 监听节点

监听节点也就是监听节点的变化，可以概括为3个过程。客户端向服务端注册Watch、服务端事件发生触发Watch、客户端回调Watch得到触发事件的情况。

首先，客户端向服务端注册Watch，在服务器hadoop01客户端的命令行输入命令，具体命令如下：

```
$ get /testnode-temp watch
```

其次，服务端发生事件触发Watch，在服务器hadoop02客户端的命令行输入命令，具体命令如下：

```
$ set /testnode-temp testwatch
```

最后，客户端回调Watch得到触发事件的情况。屏幕输出的效果，如图5-12所示。

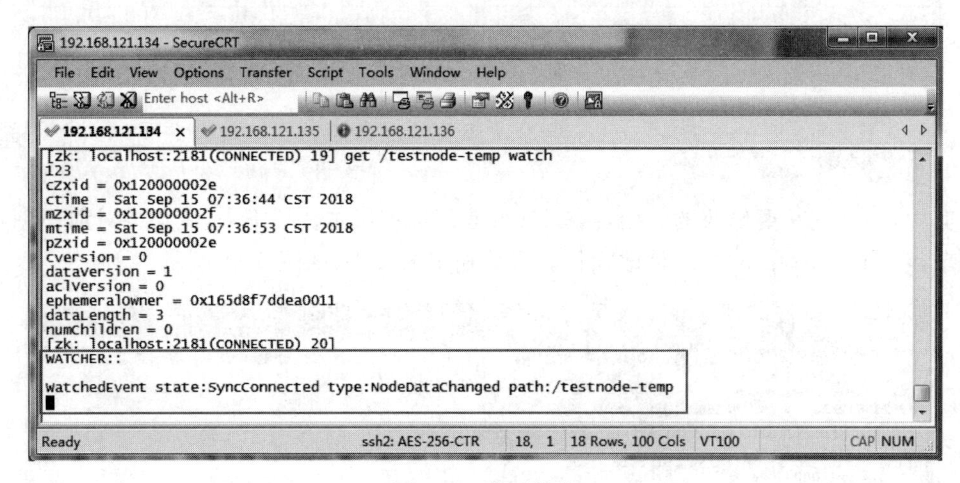

图5-12　监听节点

8. 删除节点

在命令行输入删除节点的命令，具体命令格式如下：

```
普通删除的命令
$ delete path [version]
递归删除的命令
$ rmr path [version]
```

其中，使用delete命令删除节点时，若要删除的节点存在子节点，就无法删除该节点，必须先删除子节点，才可删除父节点；使用rmr命令递归删除节点，不论该节点下是否存在子节点，可以直接删除。delete删除命令演示，对testnode-temp节点进行删除操作，屏幕输出的效果，如图5-13所示。rmr递归删除命令演示，对testnode-temp节点进行删除操作。屏幕输出的效果，如图5-14所示。

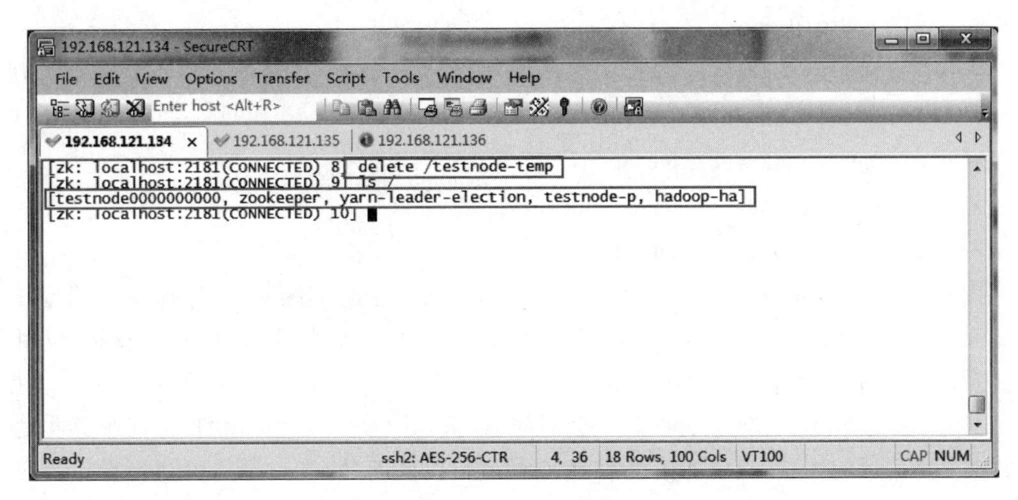

图 5-13　delete 命令

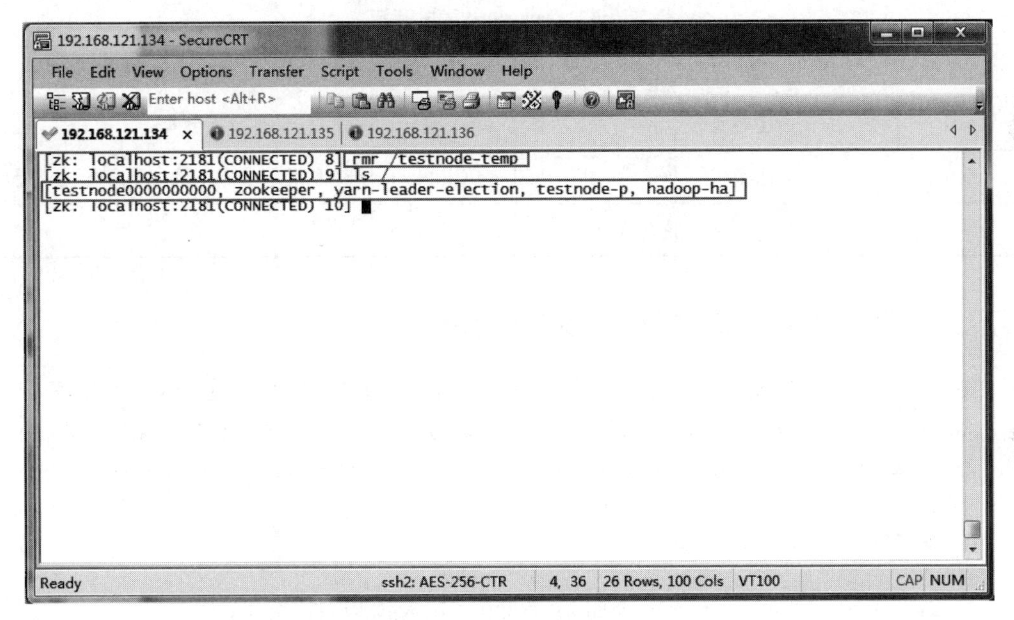

图 5-14　rmr 命令

从图 5-13 和图 5-14 可知，testnode-temp 节点已经被删除。

5.7　Zookeeper 的 Java API 操作

5.7.1　Zookeeper Java API 介绍

Zookeeper 提供了 Java API，可以在 Java 中调用 Zookeeper 进行操作。本节主要是利用 Zookeeper Java API 创建的 Zookeeper 对象创建连接会话。然而，由于 Zookeeper 对象创建会话时是异步操作，所以需要程序等待延迟关闭，并且在实现 watcher 接口的方法中收集连接会话后返回的信息。下面来学习 Zookeeper API。

Zookeeper API 共包含 5 个包，分别为

- org. apache. zookeeper；
- org. apache. zookeeper. data；
- org. apache. zookeeper. server；
- org. apache. zookeeper. server. quorum；
- org. apache. zookeeper. server. upgrade。

其中 org. apache. zookeeper 包含 Zookeeper 类，这也是编程时最常用的类文件。Zookeeper 类作为 Zookeeper 客户端库的主要类文件，如果要使用 Zookeeper 服务，应用程序就需要先创建一个 Zookeeper 实例对象，一旦客户端与 Zookeeper 服务建立了连接，Zookeeper 系统将会为此连接分配一个会话的 ID 值，并且客户端会周期性地向服务器发送心跳来保持会话的连接，只要连接正常，客户端就可以调用 Zookeeper API 进行操作。下面介绍 Zookeeper 类提供的常用方法，如表 5-4 所示。

表 5-4 Zookeeper 常用方法

方法名称	方法描述	方法名称	方法描述
create	创建节点	get/setData	获取/修改节点数据
delete	删除节点	getChildren	获取指定节点下的所有子节点列表
exists	判断节点是否存在		

5.7.2 通过 Java API 操作 Zookeeper

我们已经详细介绍 Zookeeper 的常用方法。本节主要是通过 Java API 来操作 Zookeeper。首先，启动 Zookeeper 服务；其次，连接 Zookeeper 服务；最后，操作 Zookeeper。(启动和连接 Zookeeper 服务的具体操作步骤，参见 5. 6. 2 节，在此节不作重述)

1. 添加依赖

首先，在 HadoopDemo 工程中添加 Zookeeper 相关依赖，代码如下：

```
<dependency>
    <groupId>org.apache.zookeeper</groupId>
    <artifactId>zookeeper</artifactId>
    <version>3.4.10</version>
</dependency>
```

2. 操作 Zookeeper

在项目 src 文件夹下创建 cn. itcast. zookeeper 包，在这里创建 ZookeeperTest. java 文件，我们通过创建节点、获取节点、修改节点、判断节点是否存在以及删除节点等方法来操作 Zookeeper。具体实现代码，如文件 5-1 所示。

文件 5-1　ZookeeperTest. java

```
1  import org.apache.zookeeper.CreateMode;
2  import org.apache.zookeeper.WatchedEvent;
3  import org.apache.zookeeper.Watcher;
4  import org.apache.zookeeper.ZooDefs.Ids;
5  import org.apache.zookeeper.ZooKeeper;
6  public class ZookeeperTest {
7      public static void main(String[] args) throws Exception {
8          //步骤一：创建 Zookeeper 客户端
9          //参数 1:zk 地址;参数 2:会话超时时间(与系统默认一致);参数 3:监视器
10         ZooKeeper zk=new ZooKeeper("hadoop01:2181,hadoop02:2181,\
11         hadoop03:2181", 30000, new Watcher() {
12             @Override
13             //监控所有被触发的事件(也就是在这里进行事件的处理)
14             public void process(WatchedEvent event) {
15                 System.out.println("事件类型为: " +event.getType());
16                 System.out.println("事件发生的路径: " +event.getPath());
17                 System.out.println("通知状态为: " +event.getState());
18             }
19         });
20         //步骤二：创建目录节点
21         //参数 1:要创建的节点的路径;参数 2:节点数据;参数 3:节点权限;参数 4:节点类型
22         zk.create("/testRootPath", "testRootData".getBytes(),\
23         Ids.OPEN_ACL_UNSAFE, CreateMode.PERSISTENT);
24         //步骤三：创建子目录节点
25         zk.create("/testRootPath/testChildPathOne",
26                 "testChildDataOne".getBytes(),
27                 Ids.OPEN_ACL_UNSAFE,
28                 CreateMode.PERSISTENT);
29         //步骤四：获取目录节点数据
30         //参数 1:存储节点数据的路径;
31         //参数 2:是否需要监控此节点(true/false)
32         //参数 3:stat 节点的统计信息(一般设置为 null)
33         System.out.println("testRootData 节点数据为: "+\
34         new String(zk.getData("/testRootPath", false, null)));
35         //步骤五：获取子目录节点数据
36         System.out.println(zk.getChildren("/testRootPath", true));
37         //步骤六：修改子目录节点数据,使得监听触发
38         //参数 1:存储子目录节点数据的路径
39         //参数 2:要修改的数据;
40         //参数 3:预期要匹配的版本(设置为-1,则可匹配任何节点的版本)
41         zk.setData("/testRootPath/testChildPathOne",\
42         "modifyChildDataOne".getBytes(), -1);
43         //步骤七:判断目录节点是否存在
44         System.out.println("目录节点状态: [" +\
45         zk.exists("/testRootPath", true) +"]");
46         //步骤八：删除子目录节点
47         zk.delete("/testRootPath/testChildPathOne", -1);
48         //步骤九：删除目录节点
```

```
49         zk.delete("/testRootPath", -1);
50         zk.close();
51     }
52 }
```

通过执行文件5-1的main方法,控制台打印输出的内容,如图5-15所示。

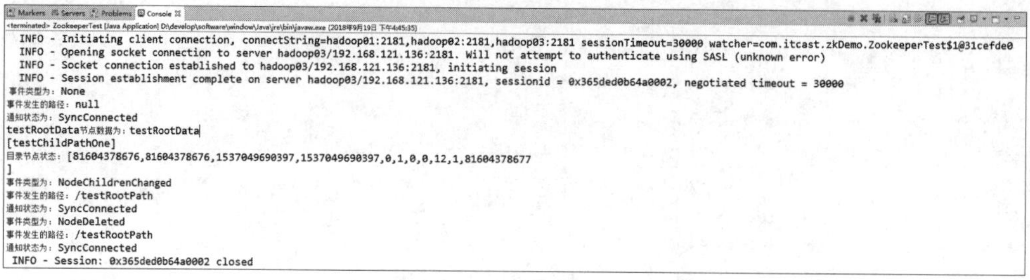

```
<terminated> ZookeeperTest [Java Application] D:\develop\software\window\Java\jre\bin\javaw.exe (2018年9月19日 下午4:45:35)
  INFO - Initiating client connection, connectString=hadoop01:2181,hadoop02:2181,hadoop03:2181 sessionTimeout=30000 watcher=com.itcast.zkDemo.ZookeeperTest$1@31cefde0
  INFO - Opening socket connection to server hadoop03/192.168.121.136:2181. Will not attempt to authenticate using SASL (unknown error)
  INFO - Socket connection established to hadoop03/192.168.121.136:2181, initiating session
  INFO - Session establishment complete on server hadoop03/192.168.121.136:2181, sessionid = 0x365ded0b64a0002, negotiated timeout = 30000
事件类型为: None
事件发生的路径: null
通知状态为: SyncConnected
testRootData节点数据为: testRootData
[testChildPathOne]
目录节点状态: [81604378676,81604378676,1537049690397,1537049690397,0,1,0,0,12,1,81604378677
]
事件类型为: NodeChildrenChanged
事件发生的路径: /testRootPath
通知状态为: SyncConnected
事件类型为: NodeDeleted
事件发生的路径: /testRootPath
通知状态为: SyncConnected
 INFO - Session: 0x365ded0b64a0002 closed
```

图5-15 Java API操作Zookeeper输出的内容

小提示:Watcher接口表示一个标准的事件处理器,它定义了事件通知的相关逻辑,它包含KeeperState和EventType两个枚举类,分别代表了通知状态和事件类型,同时定义了事件的回调方法process(WatchedEvent event),process()方法是Watcher接口中的一个回调方法,当Zookeeper向客户端发送一个Watcher事件通知时,客户端就会对相应的process方法进行回调,从而实现对事件的处理,因此这就是通过Java API操作Zookeeper的思想。

5.8 Zookeeper典型应用场景

5.8.1 数据发布与订阅

数据发布与订阅模型,即所谓的全局配置中心,就是发布者将需要全局统一管理的数据发布到Zookeeper节点上,供订阅者动态获取数据,实现配置信息的集中式管理和动态更新。例如全局的配置信息,服务式服务框架的服务地址列表等就非常适合使用。接下来,介绍一些数据发布与订阅的主要应用场景。

(1) 应用中用到的一些配置信息放到Zookeeper上进行集中管理。这类场景通常是这样:应用在启动时会主动来获取一次配置,同时,在节点上注册一个Watcher,这样一来,以后每次配置有更新的时候,都会实时通知到订阅的客户端,用来达到获取最新配置信息的目的。

(2) 分布式搜索服务中,索引的元信息和服务器集群机器的节点状态存放在Zookeeper的一些指定节点,供各个客户端订阅使用。

(3) 分布式日志收集系统中,这个系统的核心工作是收集分布在不同机器的日志。收集器通常是按照应用来分配收集任务单元,因此需要在Zookeeper上创建一个以应用名作为path的节点P,并将这个应用的所有机器IP,以子节点的形式注册到节点P上,这样一来当机器变动的时候,能够实时通知到收集器调整任务分配。

(4) 系统中有些信息需要动态获取,并且还会存在人工手动去修改这个信息的发问。通常是暴露出接口,例如JMX接口,来获取一些运行时的信息。

引入Zookeeper之后就不用自己实现一套方案了,只要将这些信息存放到指定的

Zookeeper 节点上即可。

小提示：在上面提到的应用场景中，有个默认前提是：数据量很小，但是数据更新可能会比较快的场景。

5.8.2　统一命名服务

命名服务也是分布式系统中比较常见的一类场景。在分布式系统中，通过使用命名服务，客户端应用能够根据指定名字来获取资源服务的地址，提供者等信息。被命名的实体通常可以是集群中的机器，提供的服务地址，进程对象等，这些都可以统称为名字(Name)。其中较为常见的就是一些分布式服务框架中的服务地址列表。通过调用 Zookeeper 提供的创建节点的 API，能够很容易创建一个全局唯一的 path，这个 path 就可以作为一个名称。接下来，介绍统一命名服务的主要应用场景。

阿里开源的分布式服务框架 Dubbo 中使用 Zookeeper 来作为其命名服务，维护全局的服务地址列表。在 Dubbo 实现中：服务提供者在启动的时候，向 Zookeeper 上的指定节点/dubbo/ $ {serviceName}/providers 目录下写入自己的 URL 地址，这个操作就完成了服务的发布。服务消费者启动的时候，订阅/dubbo/ $ {serviceName}/providers 目录下的提供者 URL 地址，并向/dubbo/ $ {serviceName}/consumers 目录下写入自己的 URL 地址。

小提示：

(1) 所有向 Zookeeper 上注册的地址都是临时节点，这样能够保证服务提供者和消费者能够自动感应资源的变化。

(2) Dubbo 还有针对服务粒度的监控，方法是订阅/dubbo/ $ {serviceName} 目录下所有提供者和消费者的信息。

5.8.3　分布式锁

分布式锁，主要得益于 Zookeeper 保证了数据的强一致性。锁服务可以分为两类，一个是保持独占，另一个是控制时序。所谓保持独占，就是将所有试图来获取这个锁的客户端，最终只有一个客户端可以成功获得这把锁，从而执行相应操作(通常的做法是把 Zookeeper 上的一个 Znode 看作是一把锁，通过创建临时节点的方式来实现)；控制时序则是所有试图来获取锁的客户端，最终都会被执行，只是存在了全局时序。它的实现方法和保持独占基本类似，这里/distribute_lock 预先存在，那么客户端在它下面创建临时序列化节点(这个可以通过节点的属性控制：CreateMode. EPHEMERAL_SEQUENTIAL 来指定)，并根据序列号大小进行时序性操作。接下来，介绍分布式锁的主要应用场景。

当所有客户端都去创建/distribute_lock 临时非序列化节点，那么最终成功创建的客户端也即拥有了这把锁，拥有了访问该数据的权限，当操作完毕后，断开与 Zookeeper 连接，那么该临时节点就会被删除，如果其他客户端需要操作这个文件，客户端只需监听这个目录是否存在即可。

5.9　本章小结

本章主要讲解 Zookeeper 分布式协调服务。首先，通过对 Zookeeper 中基本概念和特性的概述，让大家对 Zookeeper 分布式协调服务有基本的认识；其次，对 Zookeeper 的内部数据模型以及机制进行讲解，让大家明白Zookeeper内部运行原理；最后，通过Shell和Java API分别对Zookeeper的操作进行讲解，编写实际案例，让大家对本章的知识进行实践应用。通过本章的学习，大家可以使用Zookeeper简化分布式系统构建的服务。

5.10 课后习题

一、填空题

1. Zookeeper集群主要有________、________和________三种角色。
2. Znode有两种节点，分别是________和________。
3. Zookeeper引入________机制实现分布式的通知功能。

二、判断题

1. Zookeeper对节点的Watch监听通知是永久性的。 (　　)
2. Zookeeper集群宕机数超过集群数一半，则Zookeeper服务失效。 (　　)
3. Zookeeper可以作为文件存储系统，因此可以将大规模数据文件存在该系统中。 (　　)

三、选择题

1. Zookeeper启动时会最多监听几个端口？(　　)

   A. 1　　B. 2　　C. 3　　D. 4

2. 下列哪些操作可以设置一个监听器Watcher？(　　)

   A. getData　　B. getChildren　　C. exists　　D. setData

3. 下列关于zookeeper描述正确的是(　　)。

   A. 无论客户端连接的是哪个Zookeeper服务器，其看到的服务端数据模型都是一致的

   B. 从同一个客户端发起的事务请求，最终将会严格按照其发起顺序被应用到zookeeper中

   C. 在一个5个节点组成的Zookeeper集群中，如果同时有3台机器宕机，服务不受影响

   D. 如果客户端连接到Zookeeper集群中的那台机器突然宕机，客户端会自动切换连接到集群其他机器

四、简答题

1. 简述Watch机制的特点。
2. 简述Zookeeper集群选举机制。

五、编程题

利用Java API调用Zookeeper，实现创建节点、获取节点、修改节点、判断节点是否存在以及删除节点。

第6章 Hadoop 2.0新特性

学习目标

- 掌握 YARN 的体系结构和工作流程。
- 掌握 HDFS 的高可用架构。
- 会搭建 Hadoop 高可用集群。

在第 1 章介绍 Hadoop 版本时，介绍过在 Hadoop 最初诞生时，在架构设计和应用性能方面存在很多不尽如人意的地方，然而在后续发展过程中逐渐得到了改进和完善。相比 Hadoop 1.0 版本，Hadoop 2.0 的优化改良主要体现在两个方面：一方面是 Hadoop 自身核心组件架构设计的改进，另一方面是 Hadoop 集群性能的改进，通过这些优化和提升，Hadoop 可以支持更多的应用场景，带来更高的资源利用率。接下来，本章将针对 Hadoop 2.0 的一些新特性进行讲解。

6.1 Hadoop 2.0 改进与提升

为了大家更好地理解 Hadoop 2.0 的新特性，先来回顾一下第 1 章介绍的 Hadoop 1.0 架构和 Hadoop 2.0 的区别，具体如表 6-1 所示。

表 6-1 Hadoop 1.0 和 Hadoop 2.0 对比

组　件	Hadoop 1.0 的局限和不足	Hadoop 2.0 的改进
HDFS	NameNode 存在单点故障风险	HDFS 引入了高可用机制
MapReduce	JobTracker 存在单点故障风险，且内存扩展受限	引入了一个资源管理调度框架 YARN

表 6-1 列举了 Hadoop 2.0 的两个改进之处，在下面的内容中，将分别介绍 Hadoop 2.0 中的资源管理框架 YARN 和高可用机制，让大家对 Hadoop 2.0 有一个全新的认识。

6.2 YARN 资源管理框架

6.2.1 YARN 体系结构

YARN(Yet Another Resource Negotiator，另一种资源协调者)是一个通用的资源管理系统和调度平台，它的基本设计思想是将 MRv1(Hadoop 1.0 中的 MapReduce)中的

JobTracker拆分为两个独立的任务，这两个任务分别是全局的资源管理器ResourceManager和每个应用程序特有的ApplicationMaster。其中，ResourceManager负责整个系统的资源管理和分配，而ApplicationMaster负责单个应用程序的管理。接下来，我们通过一张图来描述YARN的体系结构，具体如图6-1所示。

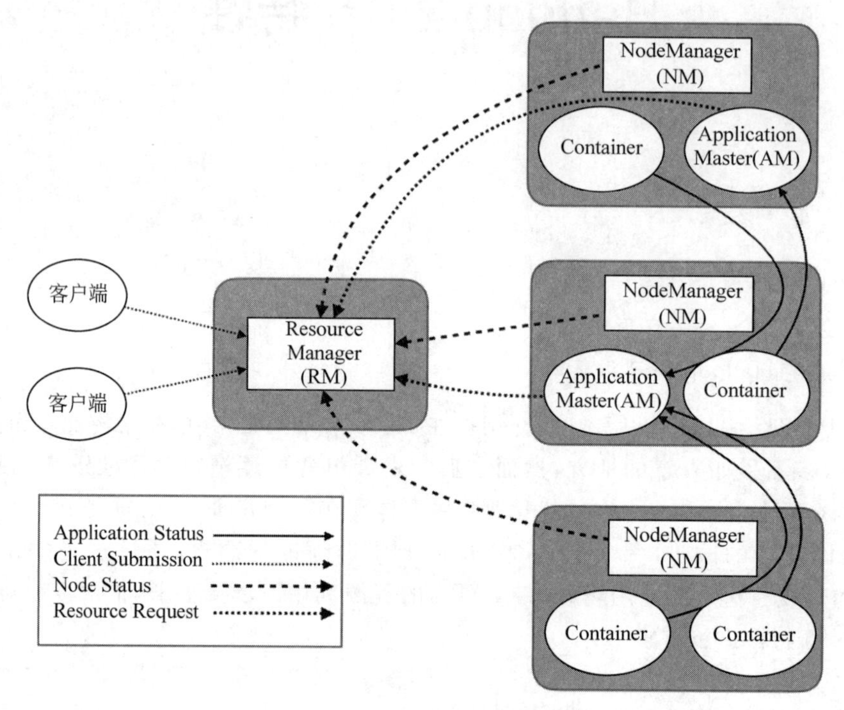

图6-1 YARN体系结构

在图6-1中，YARN体系结构的核心组件有3个，具体介绍如下：

1. ResourceManager

ResourceManager是一个全局的资源管理系统，它负责的是整个YARN集群资源的监控、分配和管理工作，具体工作如下：

(1) 负责处理客户端请求；

(2) 接收和监控NodeManager(NM)的资源情况；

(3) 启动和监控ApplicationMaster(AM)；

(4) 资源的分配和调度。

值得一提的是，在ResourceManager内部包含了两个组件，分别是调度器(Scheduler)和应用程序管理器(Application Manager)，其中调度器根据容量、队列等限制条件(如每个队列分配一定的资源，最多执行一定数量的作业等)，将系统中的资源分配给各个正在运行的应用程序。该调度器是一个“纯调度器”，它不再从事任何与具体应用程序相关的工作；而应用程序管理器负责管理整个系统中所有的应用程序，包括应用程序的提交、调度协调资源以启动ApplicationMaster、监控ApplicationMaster运行状态并在失败时重新启动。

2. NodeManager

NodeManager 是每个节点上的资源和任务管理器，一方面，它会定时地向 ResourceManager 汇报所在节点的资源使用情况；另一方面，它会接收并处理来自 ApplicationMaster 的启动停止容器(Container)的各种请求。

3. ApplicationMaster

用户提交的每个应用程序都包含一个 ApplicationMaster，它负责协调来自 ResourceManager 的资源，把获得的资源分配给内部的各个任务，从而实现“二次分配”。除此之外，ApplicationMaster 还会通过 NodeManager 监控容器的执行和资源使用情况，并在任务运行失败时重新为任务申请资源以重启任务。当前的 YARN 自带了两个 ApplicationMaster 的实现，一个是用于演示 ApplicationMaster 编写方法的实例程序 DistributedShell，它可以申请一定数目的 Container 以并行方式运行一个 Shell 命令或者 Shell 脚本；另一个则是运行 MapReduce 应用程序的 ApplicationMaster-MRAppMaster。

需要注意的是，ResourceManager 负责监控 ApplicationMaster，并在 ApplicationMaster 运行失败的时候重启，大大提高集群的拓展性。ResourceManager 不负责 ApplicationMaster 内部任务的容错，任务的容错由 ApplicationMaster 完成，总体来说，ApplicationMaster 的主要功能是资源的调度、监控与容错。

6.2.2 YARN 工作流程

掌握了 YARN 的体系结构后，接下来看一下 YARN 的工作流程，具体如图 6-2 所示。

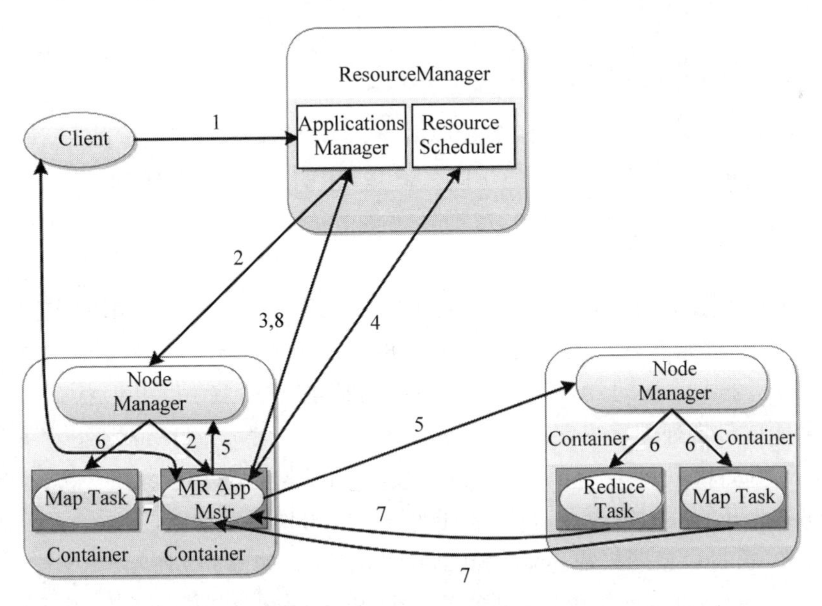

图 6-2　YARN 工作流程

下面针对图 6-2 展示的 YARN 的工作过程进行介绍，具体如下：

(1) 用户通过客户端 Client 向 YARN 提交应用程序 Application，提交的内容包含

Application的必备信息，如ApplicationMaster程序、启动ApplicationMaster的命令、用户程序等。

（2）YARN中的ResourceManager接收到客户端应用程序的请求后，ResourceManager中的调度器(Scheduler)会为应用程序分配一个容器，用于运行本次程序对应的ApplicationMaster。图6-2中的MR App Mstr表示的是MapReduce程序的ApplicationMaster。

（3）ApplicationMaster被创建后，首先向ResourceManager注册信息，这样用户可以通过ResourceManager查看应用程序的运行状态。接下来第(4)～(7)步是应用程序的具体执行步骤。

（4）ApplicationMaster采用轮询的方式通过RPC协议向ResourceManager申请资源。

（5）ResourceManager向提出申请的ApplicationMaster分配资源。一旦ApplicationMaster申请到资源后，便与对应的NodeManager通信，要求启动任务。

（6）NodeManager为任务设置好运行环境（包括环境变量、jar包、二进制程序等）后，将任务启动命令写到一个脚本中，并通过运行该脚本启动任务。

（7）各个任务通过某个RPC协议向ApplicationMaster汇报自己的状态和进度，让ApplicationMaster随时掌握各个任务的运行状态，从而可以在任务失败时重新启动任务。

（8）应用运行结束后，ApplicationMaster向ResourceManager注销自己，并关闭自己。如果ApplicationMaster因为发生故障导致任务失败，那么ResourceManager中的应用程序管理器会将其重新启动，直到所有任务执行完毕。

6.3 HDFS的高可用

6.3.1 HDFS的高可用架构

在HDFS中，NameNode是系统的核心节点，它存储了各类元数据信息，并负责管理文件系统的命名空间和客户端对文件的访问。但是，在Hadoop 1.0版本中，NameNode只有一个，一旦这个NameNode发生故障，就会导致整个Hadoop集群不可用，也就是发生了单点故障问题。

为了解决单点故障问题，Hadoop 2.0中的HDFS增加了对高可用的支持。在高可用的HDFS集群中，通常有两台或者两台以上的机器充当NameNode，在任意时间内，都要保证至少有一台机器处于活动(Active)状态，一台机器处于备用(Standby)状态。处于活动状态的NameNode负责处理客户端请求，而处于备用状态的NameNode则处于“随时待命”状态。一旦处于活动状态NameNode节点发生故障，那么处于备用状态的NameNode会立即接管它的任务并开始处理客户端请求，保证业务不会出现明显中断，不影响系统的正常对外服务。接下来，通过一张图来描述HDFS的高可用架构，如图6-3所示。

图6-3所示的高可用架构中，共包含了两个NameNode，其中一个处于活动状态，一个处于备用状态，活跃状态的NameNode将更新的数据写入共享存储系统中，备用状态的NameNode会一直监听共享存储系统，一旦发现有新的数据，就会立即从共享存储系统中将这些数据加载到自己内存中，从而保证与活跃状态的数据同步。

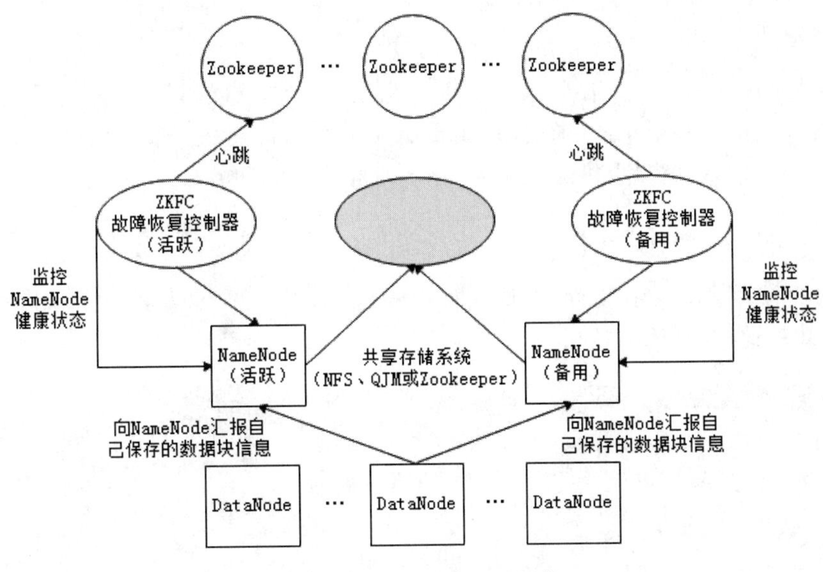

图 6-3　HDFS 的高可用架构

Zookeeper 是一种在 HDFS 高可用集群中集中提供自动故障转移功能的服务，它为每个 NameNode 都分配了一个故障恢复控制器（Zookeeper Failover Controller，ZKFC），该控制器用于监控 NameNode 的健康状态，并通过“心跳”方式定期和 Zookeeper 保持通信。一旦 NameNode 发生故障，Zookeeper 会通知备用状态的 NameNode 启动，使其成为活动状态去处理客户端请求，从而实现高可用。

6.3.2　搭建 Hadoop 高可用集群

掌握了 Hadoop 集群中的高可用架构后，接下来，教大家搭建一个 Hadoop 高可用集群，具体步骤如下：

1. 部署集群节点

规划整个集群由 3 台虚拟机组成，这 3 台虚拟机在高可用集群中的部署规划情况如表 6-2 所示。

表 6-2　集群节点分布

服务器	Name Node	Data Node	Resource Manager	Node Manager	Journal Node	Zookeeper	ZKFC
node-01	√	√	√	√	√	√	√
node-02	√	√		√	√	√	√
node-03		√		√	√	√	

表 6-2 所示的 3 个服务器组成了一个 Zookeeper 集群。其中，node-01 和 node-02 作为集群的 NameNode，需要运行 ZKFC 来监控 NameNode 的健康状态。

2. 环境准备

首先，搭建普通Hadoop集群(参考第2章完成即可)。需要注意的是，原有虚拟机系统主机名为hadoop01，建议初学者在搭建Hadoop HA集群时重新安装虚拟机，以此来巩固前面所学知识，并将3台虚拟主机名设置为node-01、node-02和node-03。

3. 配置Hadoop高可用集群

(1) 修改core-site.xml文件，在该文件中配置HDFS端口，指定Hadoop临时目录和Zookeeper集群地址，具体参数如下：

```
<configuration>
    <!--指定HDFS的nameservice为ns1 -->
    <property>
        <name>fs.defaultFS</name>
        <value>hdfs://ns1</value>
    </property>
    <!--指定Hadoop临时目录 -->
    <property>
        <name>hadoop.tmp.dir</name>
        <value>/export/servers/hadoop-2.7.4/tmp</value>
    </property>
    <!--指定Zookeeper地址 -->
    <property>
        <name>ha.zookeeper.quorum</name>
        <value>node-01:2181,node-02:2181,node-03:2181</value>
    </property>
</configuration>
```

(2) 修改hdfs-site.xml文件，配置两台NameNode端口地址和通信方式，并指定NameNode的元数据上的存放位置，开启NameNode失败自动切换以及配置sshfence(通过ssh远程登录到前一个Active NameNode并将其结束进程)，具体参数如下：

```
<configuration>
    <!--设置副本个数 -->
    <property>
        <name>dfs.replication</name>
        <value>2</value>
    </property>
    <!--设置namenode.name目录 -->
    <property>
        <name>dfs.namenode.name.dir</name>
        <value>file:/export/data/hadoop/name</value>
    </property>
    <!--设置namenode.data目录 -->
    <property>
        <name>dfs.datanode.data.dir</name>
        <value>file:/export/data/hadoop/data</value>
```

```
    </property>
    <!--开启 WebHDFS -->
    <property>
        <name>dfs.webhdfs.enabled</name>
        <value>true</value>
    <!--在 NN 和 DN 上开启 WebHDFS (REST API)功能,不是必须 -->
    </property>
    <!--指定 HDFS 的 nameservice 为 ns1,需要和 core-site.xml 中的保持一致 -->
    <property>
        <name>dfs.nameservices</name>
        <value>ns1</value>
    </property>
    <!--ns1 下面有两个 NameNode,分别是 nn1 和 nn2 -->
    <property>
        <name>dfs.ha.namenodes.ns1</name>
        <value>nn1,nn2</value>
    </property>
    <!--nn1 的 RPC 通信地址 -->
    <property>
        <name>dfs.namenode.rpc-address.ns1.nn1</name>
        <value>node-01:9000</value>
    </property>
    <!--nn1 的 http 通信地址 -->
    <property>
        <name>dfs.namenode.http-address.ns1.nn1</name>
        <value>node-01:50070</value>
    </property>
    <!--nn2 的 RPC 通信地址 -->
    <property>
        <name>dfs.namenode.rpc-address.ns1.nn2</name>
        <value>node-02:9000</value>
    </property>
    <!--nn2 的 http 通信地址 -->
    <property>
        <name>dfs.namenode.http-address.ns1.nn2</name>
        <value>node-02:50070</value>
    </property>
    <!--指定 NameNode 的元数据在 JournalNode 上的存放位置 -->
    <property>
        <name>dfs.namenode.shared.edits.dir</name>
        <value>
qjournal://node-01:8485;node-02:8485;node-03:8485/ns1
        </value>
    </property>
    <!--指定 JournalNode 在本地磁盘存放数据的位置 -->
    <property>
        <name>dfs.journalnode.edits.dir</name>
        <value>/export/data/hadoop/journaldata</value>
    </property>
    <!--开启 NameNode 失败自动切换 -->
```

```
    <property>
        <name>dfs.ha.automatic-failover.enabled</name>
        <value>true</value>
    </property>
    <!--配置失败自动切换实现方式 -->
    <property>
        <name>dfs.client.failover.proxy.provider.ns1</name>
        <value>
org.apache.hadoop.hdfs.server.namenode.ha.ConfiguredFailoverProxyProvider
        </value>
    </property>
    <!--配置隔离机制方法,多个机制用换行分割,即每个机制暂用一行-->
    <property>
        <name>dfs.ha.fencing.methods</name>
        <value>
            sshfence
            shell(/bin/true)
        </value>
    </property>
    <!--使用 sshfence 隔离机制时需要 ssh 免登录-->
    <property>
        <name>dfs.ha.fencing.ssh.private-key-files</name>
        <value>/root/.ssh/id_rsa</value>
    </property>
    <!--配置 sshfence 隔离机制超时时间 -->
    <property>
        <name>dfs.ha.fencing.ssh.connect-timeout</name>
        <value>30000</value>
    </property>
</configuration>
```

(3) 修改 mapred-site. xml 文件,配置 MapReduce 计算框架为 YARN 方式,具体参数如下:

```
<configuration>
    <!--指定 MapReduce 框架为 YARN 方式 -->
    <property>
        <name>mapreduce.framework.name</name>
        <value>yarn</value>
    </property>
</configuration>
```

(4) 修改 yarn-site. xml 文件,开启 ResourceManager 高可用,指定 ResourceManager 的端口名称地址,并配置 Zookeeper 集群地址,具体参数如下:

```
<configuration>
    <property>
        <name>yarn.nodemanager.resource.memory-mb</name>
        <value>2048</value>
```

```
    </property>
    <property>
        <name>yarn.scheduler.maximum-allocation-mb</name>
        <value>2048</value>
    </property>
    <property>
        <name>yarn.nodemanager.resource.cpu-vcores</name>
        <value>1</value>
    </property>
    <!--开启 ResourceManager 高可用 -->
    <property>
        <name>yarn.resourcemanager.ha.enabled</name>
        <value>true</value>
    </property>
    <!--指定 ResourceManager 的 cluster id -->
    <property>
        <name>yarn.resourcemanager.cluster-id</name>
        <value>yrc</value>
    </property>
    <!--指定 ResourceManager 的名字 -->
    <property>
        <name>yarn.resourcemanager.ha.rm-ids</name>
        <value>rm1,rm2</value>
    </property>
    <!--分别指定 ResourceManager 的地址 -->
    <property>
        <name>yarn.resourcemanager.hostname.rm1</name>
        <value>node-01</value>
    </property>
    <property>
        <name>yarn.resourcemanager.hostname.rm2</name>
        <value>node-02</value>
    </property>
    <!--指定 Zookeeper 集群地址 -->
    <property>
        <name>yarn.resourcemanager.zk-address</name>
        <value>node-01:2181,node-02:2181,node-03:2181</value>
    </property>
    <property>
        <name>yarn.nodemanager.aux-services</name>
        <value>mapreduce_shuffle</value>
    </property>
</configuration>
```

(5) 修改 slaves,配置集群主机名称,具体代码如下:

```
node-01
node-02
node-03
```

(6) 修改 hadoop-env.sh,配置 JDK 环境变量,具体代码如下:

```
export JAVA_HOME=/export/servers/jdk1.8.0_161
```

将配置好的文件分发传送给 node-02 和 node-03 机器中,读者可以根据需求自定义配置/etc/profile 的环境变量,分发后需要重新加载该文件。

4. 启动 Hadoop 高可用集群

(1) 启动集群各个节点的 Zookeeper 服务,命令如下:

```
$ cd /export/servers/zookeeper-3.4.10/bin
$ ./zkServer.sh start
```

(2) 启动集群各个节点监控 NameNode 的管理日志的 JournalNode,命令如下:

```
$ hadoop-daemon.sh start journalnode
```

(3) 在 node-01 节点格式化 NameNode,并将格式化后的目录复制到 node-02 中,具体命令如下:

```
$ hadoop namenode -format
$ scp -r /export/data/hadoop node-02:/export/data/
```

(4) 在 node-01 节点上格式化 ZKFC,命令如下:

```
$ hdfs zkfc -formatZK
```

(5) 在 node-01 节点上启动 HDFS,命令如下:

```
$ start-dfs.sh
```

(6) 在 node-01 节点上启动 YARN,命令如下:

```
$ start-yarn.sh
```

6.4　本章小结

本章主要讲解了 Hadoop 2.0 的新特性,包括 YARN 资源管理框架和 HDFS 的高可用。其中,YARN 作为资源管理框架,要搞清楚它的体系结构和工作流程;HDFS 的高可用性能够解决集群的单点故障问题,要掌握高可用架构的部署方式,并会独立参考文档搭建高可用的 Hadoop 集群。

6.5　课后习题

一、填空题

1. YARN 的核心组件包含________、________和________。
2. ResourceManager 内部包含了两个组件，分别是________和________。

二、判断题

1. ResourceManager 负责监控 ApplicationMaster，并在 ApplicationMaster 运行失败的时候重启它，因此 ResouceManager 负责 ApplicationMaster 内部任务的容错。（　）
2. NodeManager 是每个节点上的资源和任务管理器。（　）
3. Hadoop HA 是集群中启动两台或两台以上机器充当 NameNode，避免一台 NameNode 节点发生故障导致整个集群不可用的情况。（　）
4. Hadoop HA 是两台 NameNode 同时执行 NameNode 角色的工作。（　）
5. 在 Hadoop HA 中，Zookeeper 集群为每个 NameNode 都分配了一个故障恢复控制器，该控制器用于监控 NameNode 的健康状态。（　）

三、选择题

1. 下列选项中哪些是 Hadoop 2.x 版本独有的进程？（　）
   A. JobTracker　　B. TaskTracker
   C. NodeManager　　D. NameNode
2. 下列选项描述错误的是？（　）
   A. Hadoop HA 即集群中包含 Secondary NameNode 作为备份节点存在
   B. ResourceManager 负责的是整个 YARN 集群资源的监控、分配和管理工作
   C. NodeManager 负责定时地向 ResourceManager 汇报所在节点的资源使用情况以及接收并处理来自 ApplicationMaster 的启动停止容器的各种请求
   D. 初次启动 Hadoop HA 集群时，需要将格式化文件系统后的目录复制至另外一台 NameNode 节点上

四、简答题

1. 简述 YARN 集群的工作流程。
2. 简述 Hadoop HA 集群的启动步骤。

第 7 章 Hive数据仓库

学习目标

- 了解 Hive 的相关功能和特点。
- 熟悉 Hive 的简单安装和配置。
- 掌握 HiveQL 的相关操作。

如何在分布式环境下采用数据仓库技术从大量的数据中快速获取数据的有效价值？Hive 正是为了解决这种问题而应运而生。Hadoop 是一个实现了 MapReduce 模式开源的分布式并行计算框架，可以轻松处理大规模的数据量，MapReduce 程序虽然对于熟悉 Java 语言的工程师来说比较容易开发，但是对于其他语言使用者来说难度较大。为此 Facebook 开发团队想到设计一种使用 SQL 语言就能够对日志数据查询分析的工具，这样只需要懂 SQL 语言，就能够胜任大数据分析方面的工作，大大节省开发人员的学习成本，Hive 则诞生于此。

7.1 数据仓库简介

7.1.1 什么是数据仓库

数据仓库是一个面向主题的、集成的、随时间变化的，但信息本身相对稳定的数据集合，它用于支持企业或组织的决策分析处理，这里对数据仓库的定义，指出了数据仓库的 3 个特点：

(1) 数据仓库是面向主题的。

操作型数据库的数据组织是面向事务处理任务，而数据仓库中的数据是按照一定的主题域进行组织，这里说的“主题”是一个抽象的概念，它指的是用户使用数据仓库进行决策时关心的重点方面，一个主题通常与多个操作型信息系统相关。例如，商品的推荐系统就是基于数据仓库设计的，商品的信息就是数据仓库所面向的主题。

(2) 数据仓库是随时间变化的。

数据仓库是不同时间的数据集合，它所拥有的信息并不只是反映企业当前的运营状态，而是记录了从过去某一时间点到当前各个阶段的信息。可以这么说，数据仓库中的数据保存时限要能满足进行决策分析的需要(如过去的 5～10 年)，而且数据仓库中的数据都要标明该数据的历史时期。

(3) 数据仓库相对稳定。

数据仓库是不可更新的。因为数据仓库主要目的是为决策分析提供数据，所涉及的操作主要是数据的查询，一旦某个数据存入数据仓库以后，一般情况下将被长期保留，也就是数据仓库中一般有大量的查询操作，修改和删除操作很少，通常只需要定期的加载、刷新来更新数据。

多学一招：OLTP 和 OLAP

数据处理大致可以分为两类，分别是联机事务处理(OLTP)和联机分析处理(OLAP)，其中：

(1) OLTP 是传统关系数据库的主要应用，主要针对的是基本的日常事务处理，例如，银行转账。

(2) OLAP 是数据仓库系统的主要应用，支持复杂的分析操作，侧重决策支持，并且提供直观易懂的查询结果，例如，商品的推荐系统。

接下来，通过一张表来比较 OLTP 和 OLAP，具体如表 7-1 所示。

表 7-1　OLTP 和 OLAP 的对比

对比项目	OLTP	OLAP
用户	操作人员、底层管理人员	决策人员、高级管理人员
功能	日常操作处理	分析决策
DB 设计	基于 ER 模型，面向应用	星型/雪花型模型，面向主题
DB 规模	GB 至 TB	≥TB
数据	最新的、细节的、二维的、分立的	历史的、聚集的、多维的、集成的
存储规模	读/写数条(甚至数百条)记录	读上百万条(甚至上亿条)记录
操作频度	非常频繁(以秒计)	比较稀松(以小时甚至以周计)
工作单元	严格的事务	复杂的查询
用户数	数百个至数千万个	数个至数百个
度量	事务吞吐量	查询吞吐量、响应时间

7.1.2　数据仓库的结构

数据仓库的结构包含了 4 部分，分别是数据源、数据存储及管理、OLAP 服务器和前端工具。接下来，通过一张图来描述，具体如图 7-1 所示。

下面针对图 7-1 中的各个部分进行介绍。

1. 数据源

数据源是数据仓库的基础，即系统的数据来源，通常包含企业的各种内部信息和外部信息。内部信息，例如存在操作数据库中的各种业务数据和自动化系统中包含的各类文档数据；外部信息，例如各类法律法规，市场信息、竞争对手的信息以及外部统计数据和其他相关文档等。

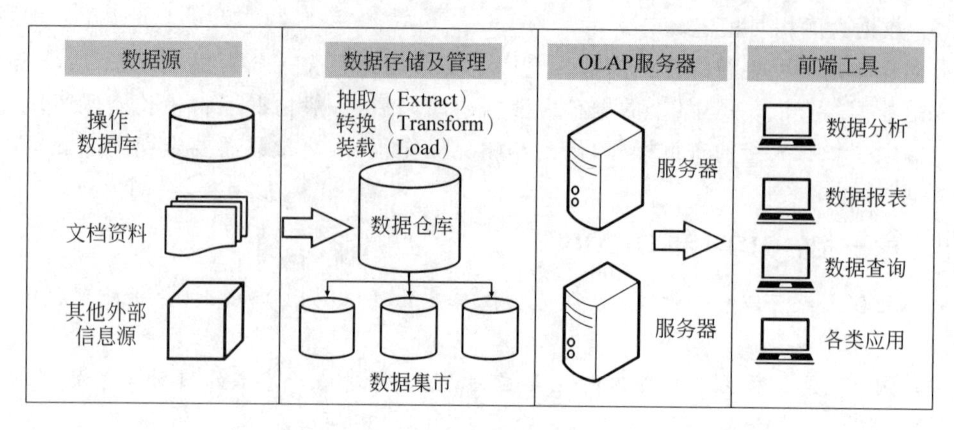

图 7-1　数据仓库的结构

2. 数据存储及管理

数据存储及管理是整个数据仓库的核心。数据仓库的组织管理方式决定了它有别于传统数据库，同时也决定了对外部数据的表现形式。针对系统现有的数据，进行抽取、清理并有效集成，按照主题进行组织。数据仓库按照数据的覆盖范围可以划分为企业级数据仓库和部门级数据仓库，也就是所谓的数据集市。数据集市可以理解为是一个小型的部门或者工作组级别的数据仓库。

3. OLAP 服务器

OLAP 服务器对需要分析的数据按照多维数据模型进行重组，以支持用户随时进行多角度、多层次的分析，并发现数据规律和趋势。

4. 前端工具

前端工具主要包含各种数据分析工具、报表工具、查询工具、数据挖掘工具以及各种基于数据仓库或数据集市开发的应用。

7.1.3　数据仓库的数据模型

在数据仓库建设中，一般会围绕着星状模型和雪花模型来设计数据模型。下面先来介绍这两种模型的概念。

1. 星状模型

在数据仓库建模中，星状模型是维度建模中的一种选择方式。星状模型是由一个事实表和一组维度表组合而成，并且以事实表为中心，所有的维度表直接与事实表相连。接下来，通过一张图来描述星状模型，如图 7-2 所示。

在图 7-2 中，所有的维度表都直接连接到事实表上，维度表的主键放置在事实表中，作为事实表与维度表连接的外键，因此，维度表和事实表是有关联的，然而，维度表与维度表并没有直接相连，因此，维度表之间是并没有关联的。

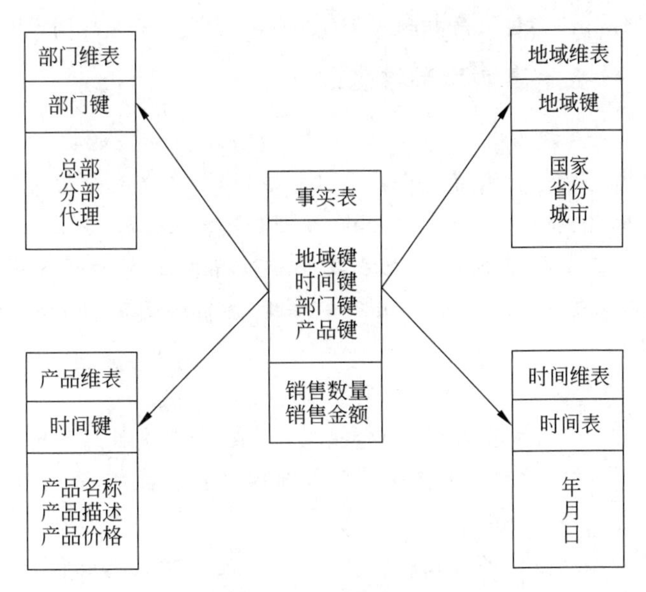

图 7-2 星状模型

2. 雪花模型

雪花模型也是维度建模中的另一种选择，它是对星状模型的扩展，雪花模型如图 7-3 所示。

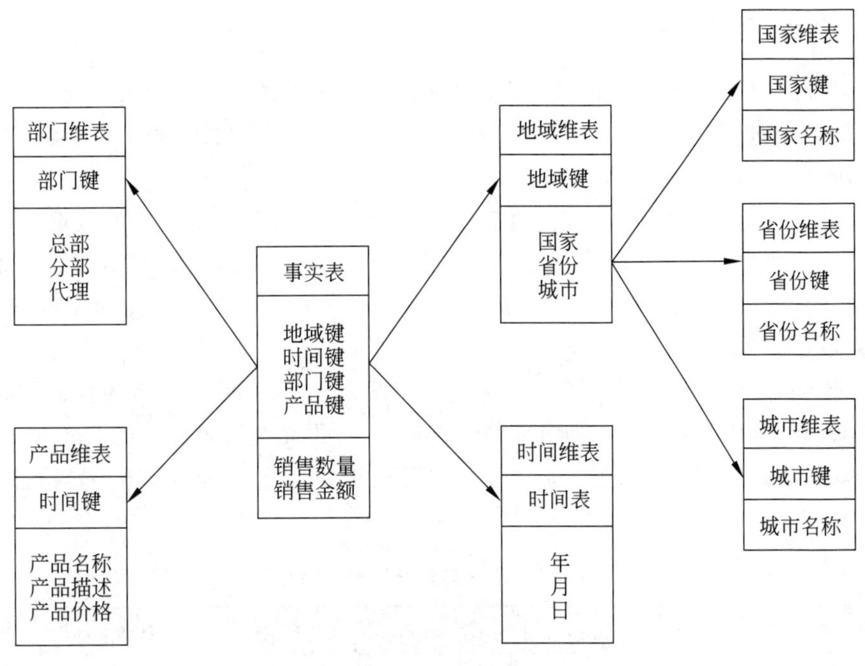

图 7-3 雪花模型

从图 7-3 中可以看出，雪花模型的维度表可以拥有其他的维度表，并且维度表与维度表之间是相互关联的。因此，雪花模型相比星状模型更规范一些。但是，由于雪花模型需要关联多层的维度表，因此，性能也比星状模型要低，所以一般不是很常用。

多学一招：什么是事实表和维度表

1. 事实表

每个数据仓库都包含一个或者多个事实数据表，事实表是对分析主题的度量，它包含了与各维度表相关联的外键，并通过连接(Join)方式与维度表关联。

事实表的度量通常是数值类型，且记录数会不断增加，表规模迅速增长。例如，现存在一张订单事实表，其字段Prod_id(商品id)可以关联商品维度表、TimeKey(订单时间)可以关联时间维度表等。

2. 维度表

维度表可以看作用户分析数据的窗口，维度表中包含事实数据表中事实记录的特性，有些特性提供描述性信息，有些特性指定如何汇总事实数据表数据，以便为分析者提供有用的信息。

维度表包含帮助汇总数据的特性的层次结构，维度是对数据进行分析时特有的一个角度，站在不同角度看待问题，会有不同的结果。例如，当分析产品销售情况时，可以选择按照商品类别、商品区域进行分析，此时就构成一个类别、区域的维度。维度表信息较为固定，且数据量小，维度表中的列字段可以将信息分为不同层次的结构级。

7.2 Hive简介

7.2.1 什么是Hive

Hive是建立在Hadoop文件系统上的数据仓库，它提供了一系列工具，能够对存储在HDFS中的数据进行数据提取、转换和加载(ETL)，这是一种可以存储、查询和分析存储在Hadoop中的大规模数据的工具。

Hive定义了简单的类SQL查询语言，称为HQL，它可以将结构化的数据文件映射为一张数据表，允许熟悉SQL的用户查询数据，也允许熟悉MapReduce的开发者开发自定义的mapper和reducer来处理复杂的分析工作，相对于Java代码编写的MapReduce来说，Hive的优势更加明显。

由于Hive采用了SQL的查询语言HQL，因此很容易将Hive理解为数据库。其实从结构上来看，Hive和数据库除了拥有类似的查询语言，再无类似之处。接下来，以传统数据库MySQL和Hive的对比为例，通过它们的对比来帮助大家理解Hive的特性，具体如表7-2所示。

表7-2 Hive与传统数据库对比

对 比 项	Hive	MySQL
查询语言	Hive QL	SQL
数据存储位置	HDFS	块设备、本地文件系统
数据格式	用户定义	系统决定

续表

对　比　项	Hive	MySQL
数据更新	不支持	支持
事务	不支持	支持
执行延迟	高	低
可扩展性	高	低
数据规模	大	小
多表插入	支持	不支持

7.2.2　Hive系统架构

Hive是底层封装了Hadoop的数据仓库处理工具，它运行在Hadoop基础上，其系统架构组成主要包含4个部分，分别是用户接口、跨语言服务、底层的驱动引擎以及元数据存储系统，具体如图7-4所示。

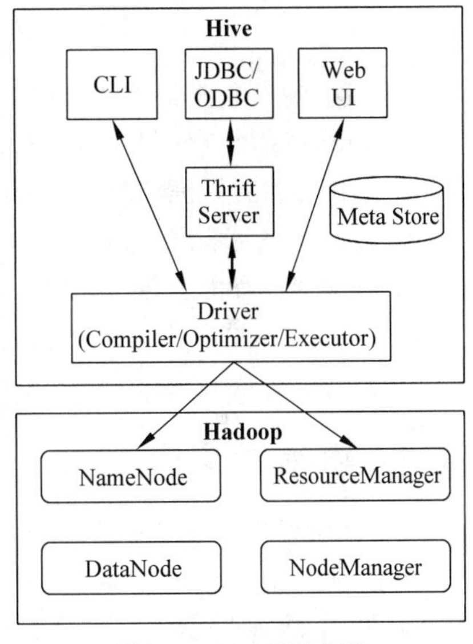

图7-4　Hive系统架构

下面针对Hive系统架构的组成部分进行讲解。

(1) 用户接口：主要分为3个，分别是CLI、JDBC/ODBC和WebUI。其中，CLI即Shell终端命令行，它是最常用的方式。JDBC/ODBC是Hive的Java实现，与使用传统数据库JDBC的方式类似，WebUI指的是通过浏览器访问Hive。

(2) 跨语言服务(Thrift Server)：Thrift是一个软件框架，可以用来进行可扩展且跨语言的服务。Hive集成了该服务，能让不同的编程语言调用Hive的接口。

(3) 底层的驱动引擎：主要包含编译器(Compiler)，优化器(Optimizer)和执行器(Executor)，它们用于完成HQL查询语句从词法分析、语法分析、编译、优化以及查询计划的生成，生成的查询计划存储在HDFS中，并在随后由MapReduce调用执行。

(4) 元数据存储系统(Metastore)：Hive中的元数据通常包含表名、列、分区及其相关属性，表数据所在目录的位置信息，Metastore默认存在自带的Derby数据库中。由于Derby数据库不适合多用户操作，并且数据存储目录不固定，不方便管理，因此，通常都将元数据存储在MySQL数据库。

7.2.3　Hive工作原理

Hive建立在Hadoop之上，那么它和Hadoop之间是如何工作的呢？接下来，通过一张图来描述，具体如图7-5所示。

接下来，针对图7-5中Hive和Hadoop之间的工作过程进行简单说明，具体如下：

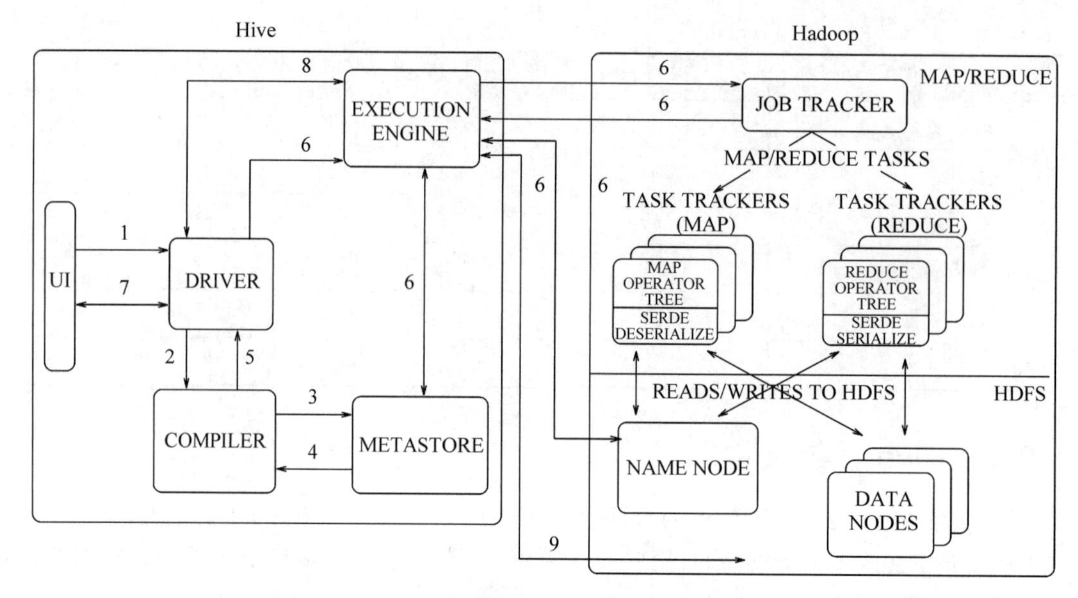

图 7-5　Hive 和 Hadoop 之间的工作原理

(1) UI 将执行的查询操作发送给 Driver 执行。

(2) Driver 借助查询编译器解析查询，检查语法和查询计划或查询需求。

(3) 编译器将元数据请求发送到 Metastore。

(4) 编译器将元数据作为对编译器的响应发送出去。

(5) 编译器检查需求并将计划重新发送给 Driver。至此，查询的解析和编译已经完成。

(6) Driver 将执行计划发送给执行引擎执行 Job 任务。

(7) 执行引擎从 DataNode 上获取结果集，并将结果发送给 UI 和 Driver。

7.2.4　Hive 数据模型

Hive 中所有的数据都存储在 HDFS 中，它包含数据库(Database)、表(Table)、分区表(Partition)和桶表(Bucket)4 种数据类型，其模型如图 7-6 所示。

下面针对 Hive 数据模型中的数据类型进行介绍。

(1) 数据库：相当于关系数据库中的命名空间(namespace)，它的作用是将用户和数据库的应用，隔离到不同的数据库或者模式中。

(2) 表：Hive 的表在逻辑上由存储的数据和描述表格数据形式的相关元数据组成。表存储的数据存放在分布式文件系统里，如 HDFS。Hive 中的表分为两种类型，一种叫作内部表，这种表的数据存储在 Hive 数据仓库中；一种叫作外部表，这种表的数据可以存放在 Hive 数据仓库外的分布式文件系统中，也可以存储在 Hive 数据仓库中。值得一提的是，Hive 数据仓库也就是 HDFS 中的一个目录，这个目录是 Hive 数据存储的默认路径，它可以在 Hive 的配置文件中配置，最终也会存放到元数据库中。

(3) 分区：分区的概念是根据“分区列”的值对表的数据进行粗略划分的机制，在 Hive 存储上的体现就是在表的主目录(Hive 的表实际显示就是一个文件夹)下的一个子目录，这个子目录的名字就是定义的分区列的名字。

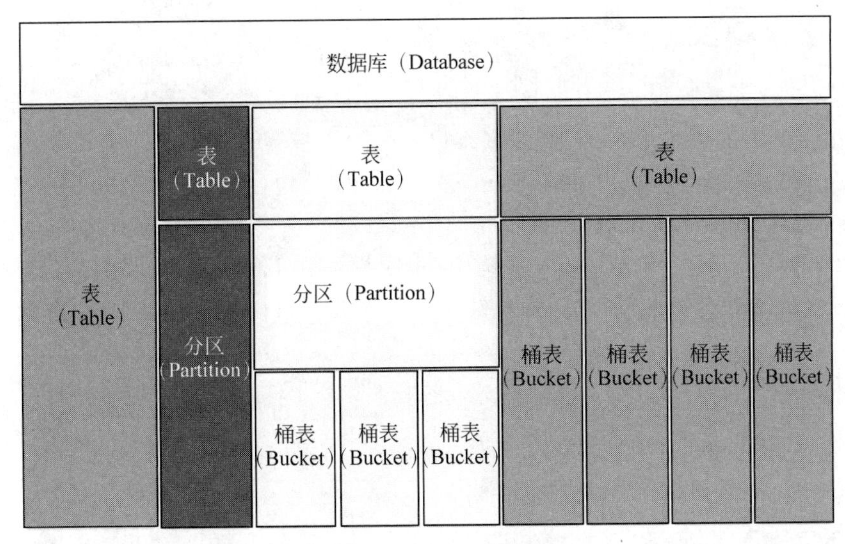

图 7-6　Hive 的数据模型

分区是为了加快数据查询速度设计的，例如，现在有个日志文件，文件中的每条记录都带有时间戳。如果根据时间来分区，那么同一天的数据将会被分到同一个分区中。这样的话，如果查询每一天或某几天的数据就会变得很高效，因为只需要扫描对应分区中的文件即可。

注意：分区列不是表里的某个字段，而是独立的列，根据这个列查询存储表中的数据文件。

(4) 桶表：简单来说，桶表就是把"大表"分成了"小表"。把表或者分区组织成桶表的目的主要是为了获得更高的查询效率，尤其是抽样查询更加便捷。桶表是 Hive 数据模型的最小单元，数据加载到桶表时，会对字段的值进行哈希取值，然后除以桶个数得到余数进行分桶，保证每个桶中都有数据，在物理上，每个桶表就是表或分区的一个文件。

7.3　Hive 的安装

7.3.1　Hive 安装模式简介

Hive 的安装模式分为 3 种，分别是嵌入模式、本地模式和远程模式。下面针对这 3 种模式进行介绍。

(1) 嵌入模式：使用内嵌的 Derby 数据库存储元数据，这种方式是 Hive 的默认安装方式，配置简单，但是一次只能连接一个客户端，适合用来测试，不适合生产环境。

(2) 本地模式：采用外部数据库存储元数据，该模式不需要单独开启 Metastore 服务，因为本地模式使用的是和 Hive 在同一个进程中的 Metastore 服务。

(3) 远程模式：与本地模式一样，远程模式也是采用外部数据库存储元数据。不同的是，远程模式需要单独开启 Metastore 服务，然后每个客户端都在配置文件中配置连接该 Metastore 服务。远程模式中，Metastore 服务和 Hive 运行在不同的进程中。

7.3.2 嵌入模式

嵌入模式下，元数据保存在Derby数据库中，且只允许一个会话连接，若尝试多个会话连接时会报错。下面讲解Hive安装之嵌入模式的配置步骤。

首先在Apache镜像网站下载Linux下的Hive安装包(本教材使用1.2.1版本)，下载地址：http://archive.apache.org/dist/hive/hive-1.2.1/。下载完毕后，将安装包apache-hive-1.2.1-bin.tar.gz上传至Linux系统中(本次操作在hadoop01节点上进行演示说明)的/export/software文件夹下，将压缩包解压至/export/servers文件夹下，命令如下：

```
$ tar -zxvf apache-hive-1.2.1-bin.tar.gz -C /export/servers/
```

嵌入模式下，无须对Hive配置文件进行修改，只需要启动Hive安装包下的bin目录下的Hive程序即可，具体指令如下所示：

```
$ bin/hive
```

执行上述指令后，就进入到Hive交互式界面，效果如图7-7所示。

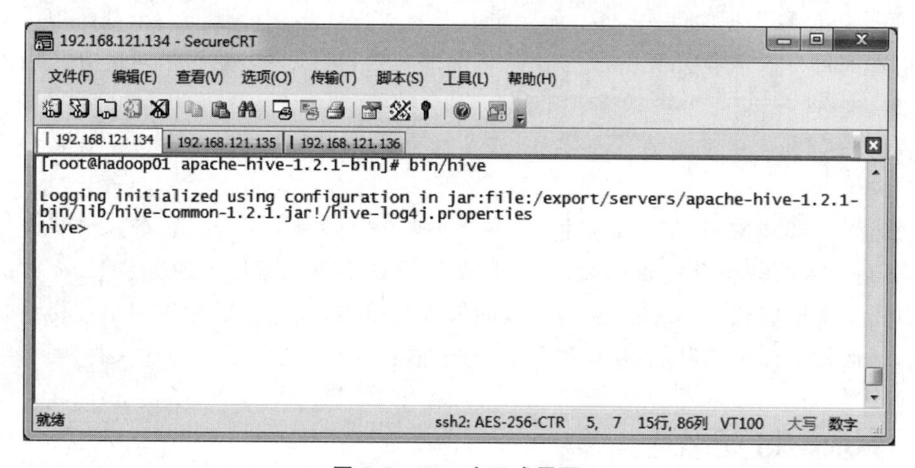

图7-7 Hive交互式界面

进入如图7-7所示的Hive交互式界面后，就可以输入查询数据仓库的指令进行相关操作，该指令与MySQL查询数据库命令一致。

例如，在Hive交互式界面输入show databases指令查看当前所有数据库列表，效果如图7-8所示。

从图7-8可以看出，使用与MySQL操作相同的show databases语句查询Hive当前所有数据库列表成功，并返回唯一一个default数据仓库，该default数据仓库是Hive自带的也是默认的存储仓库。

当退出Hive客户端时在当前路径下默认生成了derby.log文件，该文件是记录用户操作Hive的日志文件，由于嵌入模式元数据不会共享，那么在其他路径下打开Hive客户端会创建新的derby.log文件，因此上一客户端进行的任何操作当前用户均无法访问。

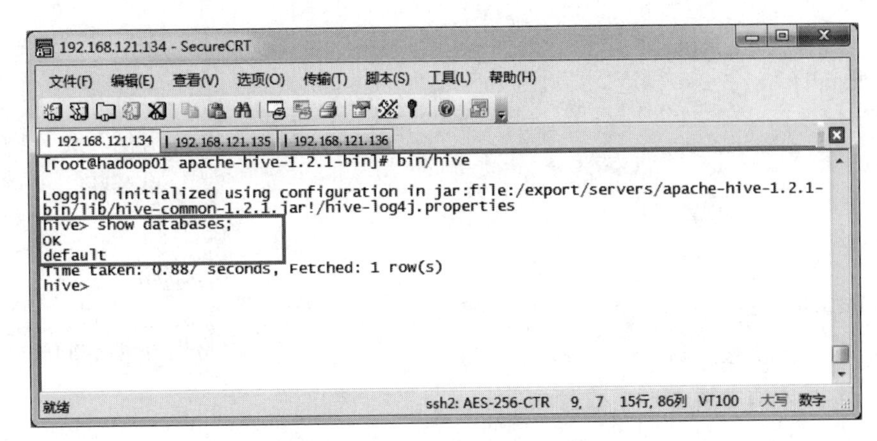

图 7-8　查询 Hive 数据仓库列表

7.3.3　本地模式和远程模式

本地模式和远程模式安装配置方式大致相同，本质上是将 Hive 默认的元数据存储介质由自带的 Derby 数据库替换为 MySQL 数据库，这样无论在任何目录下以任何方式启动 Hive，只要连接的是同一台 Hive 服务，那么所有节点访问的元数据信息是一致的，从而实现元数据的共享。下面就以本地模式为例，讲解安装过程。

本地模式的 Hive 安装主要包括两个步骤：首先安装 MySQL 服务，再安装 Hive。具体步骤如下：

1. 安装 MySQL 服务

MySQL 安装方式有许多种，可以直接解压安装包进行相关配置，也可以选择在线安装，本节选用在线安装 MySQL 方式。在线安装 MySQL 的具体指令和说明如下：

```
//下载安装 MySQL
$ yum install mysql mysql-server mysql-devel
//启动 MySQL 服务
$ /etc/init.d/mysqld start
//MySQL 连接并登录 MySQL 服务
$ mysql
```

上述指令中，首先通过 yum install 命令下载并安装 MySQL 程序，并且启动 MySQL 服务，然后就可以使用 MySQL 命令连接到 MySQL 客户端。需要注意的是，上述安装与启动 MySQL 程序仅限于在 Centos6 中使用。

接下来，进入 MySQL 客户端后，分别对 MySQL 数据库密码进行修改（可选），并设置允许远程登录权限，具体指令如下：

```
//修改登录 MySQL 用户名及密码
mysql>USE mysql;
mysql>UPDATE user SET Password=PASSWORD('123456') WHERE user='root';
//设置允许远程登录
```

```
mysql>GRANT ALL PRIVILEGES ON *.* TO 'root'@'% ' IDENTIFIED BY
'123456' WITH GRANT OPTION;
//强制写入
mysql>FLUSH PRIVILEGES;
```

2. Hive的配置

(1) 修改hive-env.sh配置文件,配置Hadoop环境变量。

进入Hive安装包下的conf文件夹,将hive-env.sh.template文件进行复制并重命名为hive-env.sh,具体指令如下:

```
$ cd /export/servers/apache-hive-1.2.1-bin/conf
$ cp hive-env.sh.template hive-env.sh
```

然后修改hive-env.sh配置文件,添加Hadoop环境变量,具体内容如下:

```
export HADOOP_HOME=/export/servers/hadoop-2.7.4
```

上述操作是设置Hadoop环境变量,作用是无论系统是否配置Hadoop环境变量,在Hive执行时,一定能够通过hive-env.sh配置文件去加载Hadoop环境变量,由于在部署Hadoop集群时已经配置了全局Hadoop环境变量,因此可以不设置该参数。

(2) 添加hive-site.xml配置文件,配置MySQL相关信息。

由于Hive安装包conf目录下,没有提供hive-site.xml文件,这里需要创建并编辑一个hive-site.xml配置文件,具体内容如下所示:

```
<configuration>
    <property>
        <name>javax.jdo.option.ConnectionURL</name>
        <value>jdbc:mysql://localhost:3306/hive?
                    createDatabaseIfNotExist=true</value>
        <description>Mysql连接协议</description>
    </property>
    <property>
        <name>javax.jdo.option.ConnectionDriverName</name>
        <value>com.mysql.jdbc.Driver</value>
        <description>JDBC连接驱动</description>
    </property>
    <property>
        <name>javax.jdo.option.ConnectionUserName</name>
        <value>root</value>
        <description>用户名</description>
    </property>
    <property>
        <name>javax.jdo.option.ConnectionPassword</name>
        <value>123456</value>
```

```
        <description>密码</description>
    </property>
</configuration>
```

完成配置后，Hive 就会把默认使用 Derby 数据库方式覆盖。这里需要注意的是，由于使用了 MySQL 数据库，那么就需要上传 MySQL 连接驱动的 jar 包到 Hive 安装包的 lib 文件夹下，本教材使用 mysql-connector-java-5.1.32.jar，使用 rz 命令上传即可。至此就完成了本地模式的安装。

小提示： 在启动 Hive 前需要执行 schematool -dbType mysql -initSchema 命令初始化 MySQL 数据库，在 MySQL 数据库中建立 Hive 元数据库。若服务器没有配置 Hive 的系统环境变量，则需要在 Hive 安装目录的 bin 目录中执行./schematool -dbType mysql -initSchema 命令初始化 MySQL 数据库。

7.4 Hive 的管理

7.4.1 CLI 方式

Hive CLI 是 Hive 的交互工具，下面演示几种 CLI 的使用。

1. 启动 Hive

直接输入＃＜HIVE_HOME＞/bin/hive 启动，具体如图 7-9 所示。

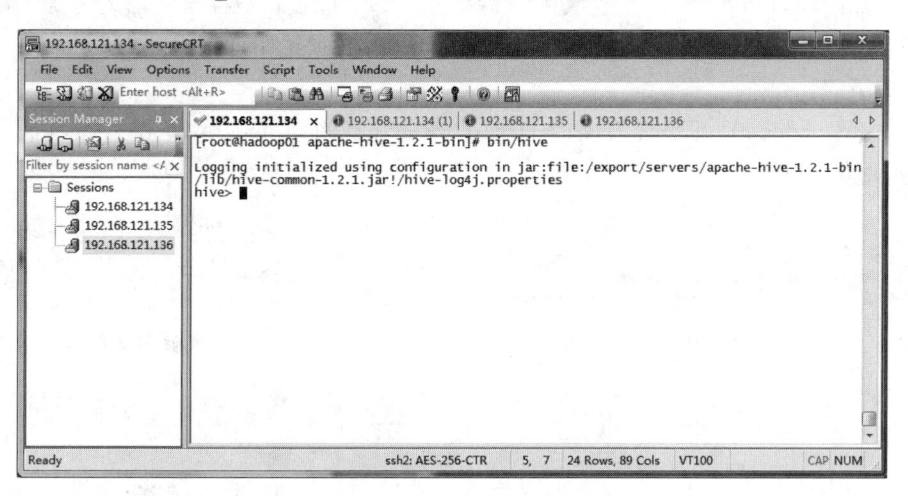

图 7-9　/bin/hive 启动方式

2. 退出 Hive

命令如下：

```
hive> exit;
hive> quit;
```

3. 查看数据仓库中的表

命令如下：

```
hive> show tables;
```

4. 查看数据仓库中的内置函数

命令如下：

```
hive> show functions;
```

5. 清屏

命令如下：

```
hive> !clear
```

7.4.2　远程服务

以JDBC或者ODBC程序登录到Hive中操作数据时，由于使用CLI连接方式不能进行多个节点的同时访问，而且会造成服务器阻塞，且出于对服务器安全性的考虑，Hive服务所部署的服务器通常用户是无法直接访问的，因此，必须选用远程服务启动模式。具体操作步骤如下。

首先，将hadoop01服务器安装的Hive程序分别复制到hadoop02和hadoop03服务器上，具体命令如下：

```
$ scp -r /export/servers/apache-hive-1.2.1-bin/ hadoop02:/export/servers/
$ scp -r /export/servers/apache-hive-1.2.1-bin/ hadoop03:/export/servers/
```

其次，在hadoop01服务器的Hive的安装包下启动Hiveserver2服务，具体命令如下：

```
$ bin/hiveserver2
```

执行完上述命令后，在hadoop01服务器上就已经启动了Hive服务，当前的命令行窗口没有任何反应，无法执行其他操作，如图7-10所示。

此时，可以使用SecureCRT软件的克隆会话功能(右击会话窗口，单击Clone Session选项)打开新的hadoop01会话窗口，使用Jps命令可以查看Hive服务启动情况，效果如图7-11所示。

在图7-11中，当前hadoop01机器上新增了一个RunJar进程，该进程即为Hive的服务进程。

再次，在hadoop02服务器的Hive安装包下，通过远程连接命令bin/beeline进行连接，

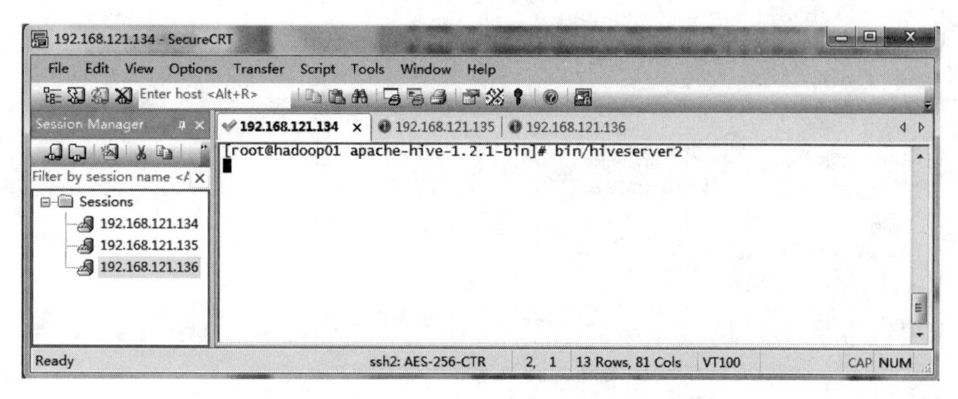

图 7-10　Hadoop01 服务器上启动 Hive 的效果图

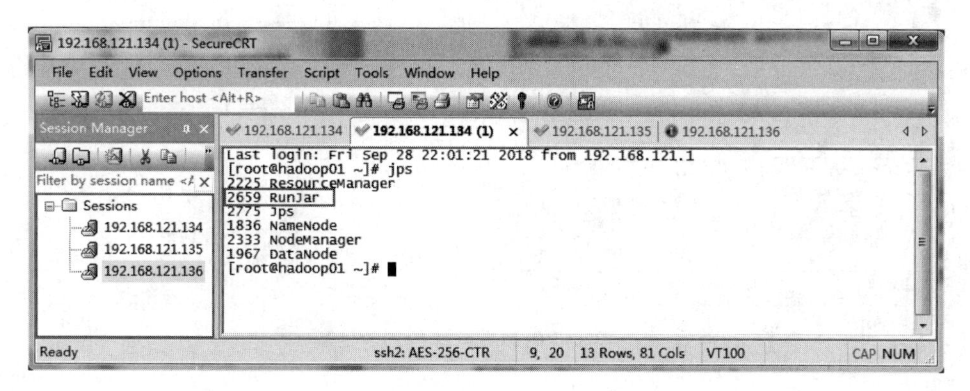

图 7-11　hadoop01 服务器 Hive 启动情况

并且输入连接协议，然后根据提示输入 Hive 服务器的用户名和密码，即可连接到 Hive 服务，具体指令如下：

```
//输入远程连接命令
$ bin/beeline
//输入远程连接协议，连接到指定 Hive 服务(hadoop01)的主机名和端口(默认 10000)
beeline>! connect jdbc:hive2://hadoop01:10000
//输入连接 Hive 服务器的用户名和密码
Enter username for jdbc:hive2://hadoop01:10000: root
Enter password for jdbc:hive2://hadoop01:10000: ******
```

在上述命令中，"!connect jdbc:hive2://hadoop01:10000"用于指定远程 Hive 连接协议。其中，hadoop01:10000 用来指定要远程连接的 Hive 服务地址，Hive 服务的默认端口号为 10000。执行上述指令后，效果如图 7-12 所示。

最后，在 hadoop02 服务器执行 show databases 命令，查看数据仓库的列表信息。效果如图 7-13 所示。

在图 7-13 中，执行 show databases 后，可以成功显示数据仓库的列表信息，说明远程连接 Hive 服务成功。

小提示：在连接 Hive 数据仓库进行相关操作时，会使用到数据库(如 MySQL)，还会依赖 MapReduce 进行数据处理，所以，在进行 Hive 连接前，必须保证 Hadoop 集群以及第三

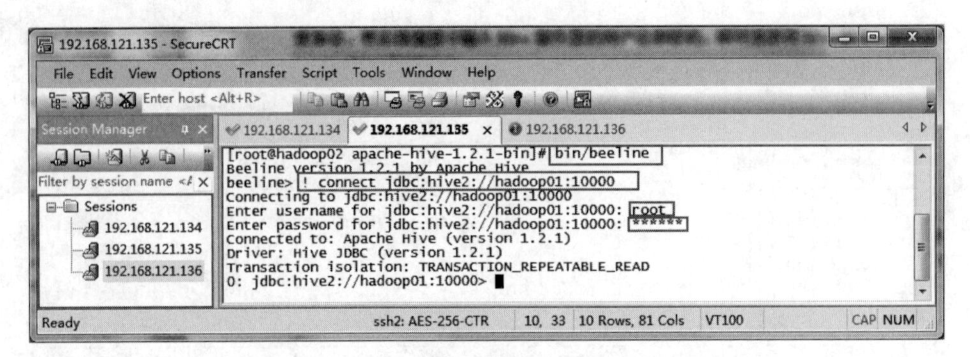

图 7-12 hadoop02 服务器连接远程 Hive 服务

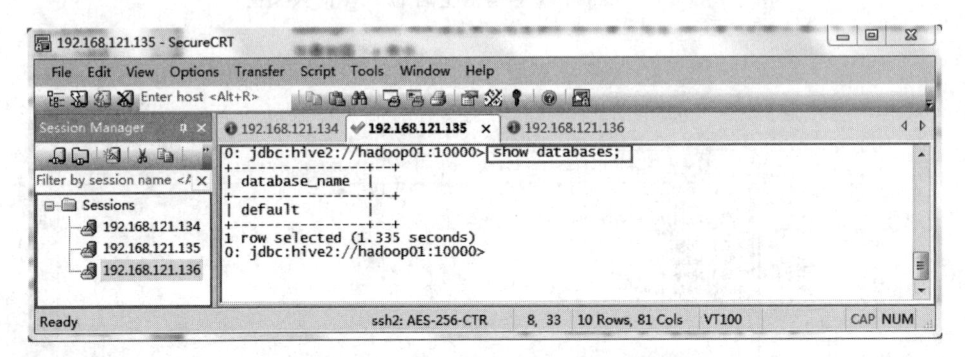

图 7-13 查看数据仓库的列表信息

方数据库 MySQL 已经启动，否则，在连接过程中会出现拒绝连接的错误提示。

7.5 Hive 内置数据类型

Hive 的内置数据类型可以分为两大类，分别是基础数据类型和复杂数据类型。接下来，我们通过两张表来列举，具体如表 7-3 和表 7-4 所示。

表 7-3 Hive 基本数据类型

数据类型	描述
TINYINT	1 字节有符号整数，$-128 \sim 127$
SMALLINT	2 字节有符号整数，$-32768 \sim 32767$
INT	4 字节有符号整数，$-2^{31} \sim 2^{31}-1$
BIGINT	8 字节有符号整数，$-2^{63} \sim 2^{63}-1$
FLOAT	4 字节单精度浮点数
DOUBLE	8 字节双精度浮点数
DOUBLE PRECISION	Double 的别名，从 Hive 2.2.0 开始提供
DECIMAL	任意精度的带符号小数
NUMERIC	同样是 DECIMAL，从 Hive 3.0 开始

续表

数据类型	描　　述
TIMESTAMP	精度到纳秒的时间戳
DATE	以年/月/日形式描述的日期
INTERVAL	表示时间间隔
STRING	字符串
VARCHAR	同 STRING，字符串长度不固定
CHAR	固定长度的字符串
BOOLEAN	用于存储真值(TRUE)和假值(FALSE)
BINARY	字节数组

表 7-4　Hive 复杂数据类型

数据类型	描　　述
ARRAY	一组有序字段，字段类型必须相同
MAP	一组无序键值对。键的类型必须是原子类型，值可以是任意类型，同一个映射的键的类型必须相同，值的类型也必须相同
STRUCT	一组命名的字段，字段的类型可以不同

表 7-3 罗列的 Hive 基本数据类型多数对应的是 Java 中的类型，其中：

(1) TINYINT、SMALLINT、INT 以及 BIGINT，分别等价于 Java 中的 byte、short、int 和 long 数据类型，它们分别表示的是 1 字节、2 字节、4 字节和 8 字节的有符号整数。

(2) FLOAT 和 DOUBLE 对应的是 Java 中的 float 和 double 类型，分别为 32 位和 64 位浮点数。

(3) STRING 用于存储文本，并且理论上最多可以存储 2GB 的字符数。

(4) BINARY 用于存储变长的二进制数据。

表 7-4 罗列的 Hive 的复杂数据类型中，ARRAY 和 MAP 这两种数据类型与 Java 中的同名数据类型类似，而 STRUCT 是一种记录类型，它封装了一个命令的字段集合。复杂数据类型允许任意层次的嵌套，其声明方式必须使用尖括号指明其中数据字段的类型，示例代码如下：

```
CREAT TABLE complex(
    col1 ARRAY<int>,
    col2 Map<INT,STRING>,
    col3 STRUCT<a:STRING,b:INT,c:DOUBLE>
)
```

7.6　Hive 数据模型操作

7.6.1　Hive 数据库操作

Hive 是一种数据库技术，可以定义数据库和数据表来分析结构化数据。下面，针对

Hive 数据库的相关操作进行介绍，具体如下：

(1) 创建数据库，语法如下：

```
CREATE DATABASE|SCHEMA [IF NOT EXISTS] database_name
```

在上述语法格式中，CREATE DATABASE 是固定的 HQL 语句，用于创建数据库，database_name 表示创建的数据库名称，这个名称是唯一的，其唯一性可以通过 If Not Exists 进行判断。DATABASE|SCHEMA 是用于限定创建数据库或数据库模式的。默认情况下，创建的数据库存储在/user/hive/warehouse/db_name. db/table_name/partition_name/路径下。下面创建一个名为 itcast 的数据库，并且通过使用 show databases 命令，显示数据仓库列表信息，会看到新建的数据库 itcast，效果如图 7-14 所示。

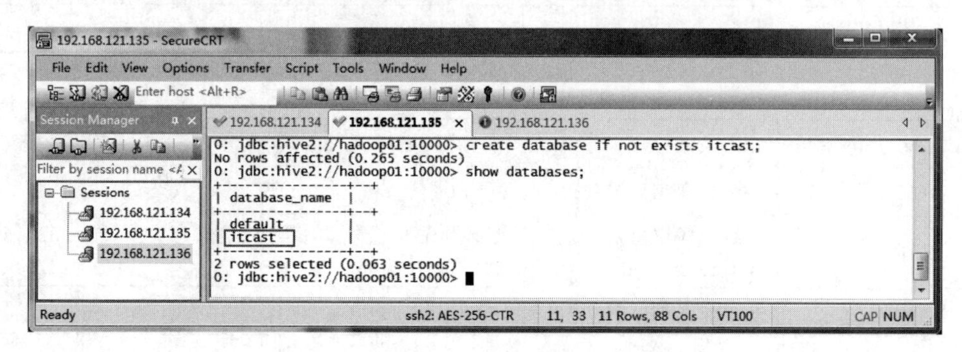

图 7-14 创建数据库

(2) 显示数据库，语法如下：

```
SHOW databases;
```

在上述语法格式中，SHOW databases 是固定的 HQL 语句，用于显示数据库。

(3) 查看数据库详情，语法如下：

```
DESC DATABASE|SCHEMA database_name
```

在上述语法格式中，DESC DATABASE database_name 是固定的 HQL 语句，用于查看数据库详情。下面来查看数据库 itcast 的详情，效果如图 7-15 所示。

(4) 切换数据库，语法如下：

```
USE database_name
```

在上述语法格式中，USE database_name 是固定的 HQL 语句，用于切换数据库。

(5) 修改数据库，语法如下：

```
ALTER (DATABASE|SCHEMA) database_name SET DBPROPERTIES
(property_name=property_value,...)
```

在上述语法格式中，ALTER database_name SET DBPROPERTIES 是固定的 HQL 语

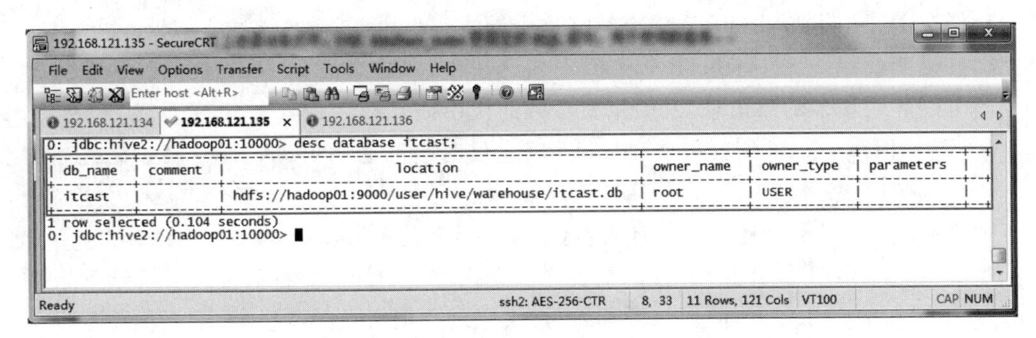

图7-15　查看数据库详情

句，用于修改数据库。

(6) 删除数据库，语法如下：

```
DROP (DATABASE|SCHEMA) [IF EXISTS] database_name [RESTRICT|CASCADE];
```

在上述语法格式中，DROP database_name是固定的HQL语句，用于删除数据库。

小提示：在删除数据库时，若数据库中有数据表，则必须先删除数据表，才能删除数据库。也可以使用drop database database_name cascade命令强制性删除，一般要慎用。

7.6.2　Hive内部表操作

在7.6.1节中，完成创建数据仓库后，使用命令use itcast切换到新创建的itcast数据仓库，接下来就可以在数据库中进行数据表的创建、修改等相关操作。其中Hive中创建表的基本语法格式如下所示：

① 创建表语法格式如下：

```
CREATE [TEMPORARY] [EXTERNAL] TABLE [IF NOT EXISTS] table_name
[(col_name data_type [COMMENT col_comment], …)]
[COMMENT table_comment]
[PARTITIONED BY (col_name data_type [COMMENT col_comment], …)]
[CLUSTERED BY (col_name, col_name, …)
[SORTED BY (col_name [ASC|DESC], …)] INTO num_buckets BUCKETS]
[ROW FORMAT row_format]
[STORED AS file_format]
[LOCATION hdfs_path]
```

② 复制表语法格式如下：

```
CREATE [TEMPORARY] [EXTERNAL] TABLE [IF NOT EXISTS] [db_name.]table_name
LIKE existing_table_or_view_name [LOCATION hdfs_path];
```

上述语法格式中，声明了两种创建Hive表的语法格式：第一种，用于创建自定义的Hive数据表；第二种，用于在已有表的基础上复制新的表，这种语法只会复制表的结构，不会复制表中的数据。另外，如果创建的表名已经存在，与创建数据仓库一样会抛出异常，用户可以使用IF NOT EXISTS选项来忽略这个异常。

需要说明的是,上述创建Hive数据表的语法中,[]中包含的内容为可选项,在创建表的同时可以声明很多约束信息,其中重要参数的说明如下:

- TEMPORARY:创建一个临时表,该表仅对当前会话可见。临时表数据将存储在用户的暂存目录中,并在会话结束时删除。
- EXTERNAL:创建一个外部表,这时就需要指定数据文件的实际路径(hdfs_path)。忽略EXTERNAL选项时,默认创建一个内部表,Hive会将数据文件移动到数据仓库所在的文件夹下,而创建外部表时,仅记录数据所在的路径,并不会移动数据文件的位置。
- PARTITIONED BY:创建带有分区的表,一个表可以拥有一个或者多个分区,每个分区以文件夹的形式单独存在于表文件夹的目录下,表和列名不区分大小写,分区是以字段的形式在表结构中存在,通过Describe table_name命令可以查看到字段存在,但是该字段不存放实际的数据内容,仅仅是分区的表示。
- CLUSTERED BY:对于每个表或者分区,可以进一步将若干个列放入一个桶中,分桶的目的:一是为了获得更高的查询效率,二是使取样更高效。
- SORTED BY:对列排序的选项,可以提高查询性能。
- ROW FORMAT:行格式是指一行中的字段存储格式,Hive默认采用'\001'作为分隔符(Linux系统下使用Vi编辑器输入Ctrl+V和Ctrl+A所组成的字符,记作^A),它通常不会出现在数据文件中,因此在加载数据时,需要选用合适的字符作为分隔符来映射字段,否则表中数据为NULL。在编写ROW FORMAT选项参数时,可以选用以下指定规则:

```
row_format
  : DELIMITED
        [FIELDS TERMINATED BY char [ESCAPED BY char]]
        [COLLECTION ITEMS TERMINATED BY char]
        [MAP KEYS TERMINATED BY char] [LINES TERMINATED BY char]
        [NULL DEFINED AS char]
  | SERDE serde_name
        [WITH SERDEPROPERTIES
            (property_name=property_value,
            property_name=property_value, …)
        ]
```

- STORED AS:指文件存储格式,默认指定Textfile格式,导入数据时会直接把数据文件复制到HDFS上不进行处理,数据不压缩,解析开销较大。在编写STORED AS选项参数时,可以选用以下指定规则:

```
file_format:
  : SEQUENCEFILE
  | TEXTFILE
  | RCFILE
  | ORC
```

```
    | PARQUET
    | AVRO
    | JSONFILE
    | INPUTFORMAT input_format_classname OUTPUTFORMAT
output_format_classname
```

- LOCATION：指需要映射为对应 Hive 数据仓库表的数据文件在 HDFS 上的实际路径。

在对创建 Hive 数据表的语法格式有所了解后，接下来，就通过几个示例来演示说明 Hive 数据表的具体创建方式。

(1) 针对基本类型建表。

首先，在 hadoop01 机器的/export/data 目录下创建 hivedata 目录，在该文件夹下创建 user.txt 文件，并添加如下数据内容：

```
1,allen,18
2,tom,23
3,jerry,28
```

针对 hivedata 目录准备的结构化文件 user.txt 先创建一个内部表 t_user，具体示例如下：

```
hive>create table t_user(id int,name string,age int)
    ROW FORMAT DELIMITED FIELDS TERMINATED BY ',';
```

上述建表语句中，根据结构化文件 user.txt 的具体内容及信息创建了具体有 id、name、age 字段的内部表 t_user，同时使用 ROW FORMAT 选项指定了映射文件的分隔符为“,”。创建成功后，通过 Web UI 打开 Hive 内部表所在 HDFS 路径（内部表默认/user/hive/warehouse/itcast.db/t_user）进行查看，如图 7-16 所示。

图 7-16 Hive 表所在位置

从图 7-16 可以看出，在对应的 itcast 数据库下创建了定义的 t_user 数据表，但是当前表文件夹内为空，这是因为执行上述指令，会将结构化文件移动到内部表所在文件夹下，通过远程连接访问 itcast 数据仓库下的 t_user 表信息，结果如图 7-17 所示。

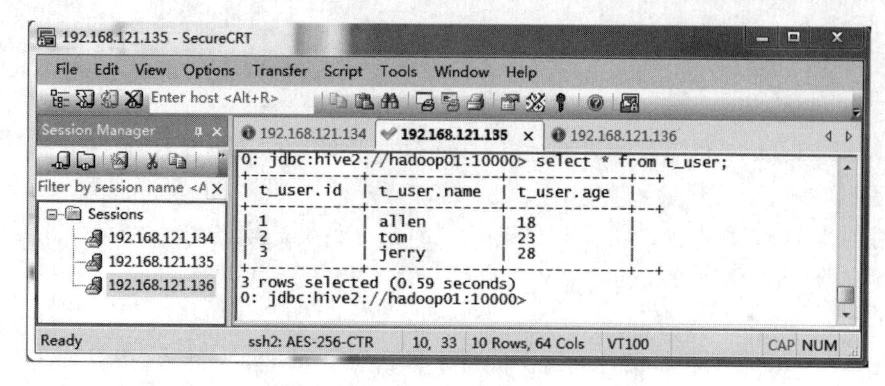

图 7-17　t_user 表信息

从图 7-17 可以看出，结构化数据与表映射成功。针对基本数据类型，非常容易选择分隔符字段。但是，当针对复杂数据类型时，就需要考虑其他分隔符字段选项。

(2) 针对复杂类型数据建表。

例如，现有结构化数据文件 student.txt，文件内容如下所示。

```
1,zhangsan,唱歌:非常喜欢-跳舞:喜欢-游泳:一般般
2,lisi,打游戏:非常喜欢-篮球:不喜欢
```

通过对 student.txt 文件内容分析得出，可以设计为 3 列字段，即编号、姓名、兴趣，其中编号可以为 int 类型，姓名可以为 string 类型，而兴趣列还需要进一步分隔为 Map 类型，因此在创建 student.txt 文件对应的内部表语句如下所示：

```
hive>create table t_student(id int,name string,hobby map<string,string>)
                row format delimited fields terminated by ','
                collection items terminated by '-'
                map keys terminated by ':';
```

上述建表语句中，通过对 student.txt 文件结构化文件的分析，先通过逗号“,”对多个字段 fields 进行分隔；接着，针对 hobby 字段列，通过横线“—”进行集合列分隔；最后，再针对每一个爱好，通过冒号“：”进行分隔，最终为“key：value”形式。执行上述建表语句后，就会在默认的/user/hive/warehouse/itcast.db 文件夹下生成一个 t_student 文件夹。此时，还必须将前面的结构化文件 student.txt 上传到该文件夹下进行映射，才能生成对应的内部表数据，上传完成后再次查询生成的 t_student 表信息，如图 7-18 所示。

通过上面的两个创建 Hive 表的案例可知，在创建 Hive 内部表时，必须注意以下两点：第一，建表语句必须根据结构化文件内容和需求，指定匹配的分隔符；第二，在创建 Hive 内部表时，执行建表语句后，还必须将结构化文件移动到对应的内部表文件夹下进行映射，才能够生成对应的数据。

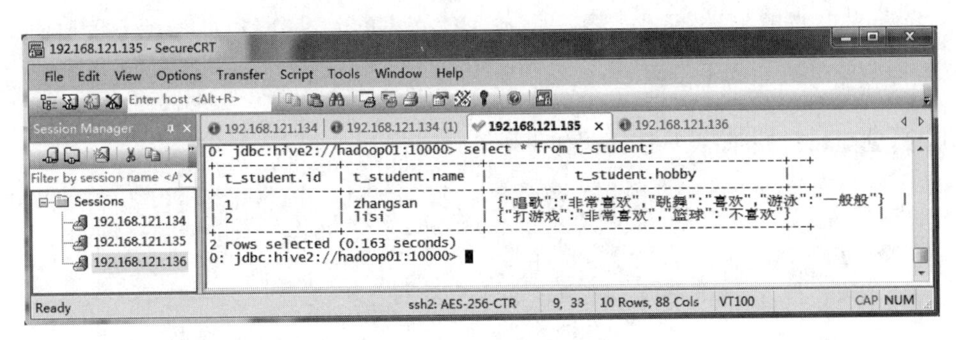

图 7-18　t_student 表信息

7.6.3　Hive 外部表操作

在7.6.2节中，讲解了内部表，即不添加关键字 External，内部表与结构化数据文件要想产生关系映射，那么数据文件就必须在指定的内部表文件夹下，当遇到大文件的情况时，移动数据文件非常耗时，这就需要创建外部表，因为它不需要移动结构化数据文件。下面通过一个小案例来对外部表进行讲解。

现有结构化数据文件 student.txt，且数据内容如文件7-1所示。

文件 7-1　student.txt

```
1  95001,李勇,男,20,CS
2  95002,刘晨,女,19,IS
3  95003,王敏,女,22,MA
4  95004,张立,男,19,IS
5  95005,刘刚,男,18,MA
6  95006,孙庆,男,23,CS
7  95007,易思玲,女,19,MA
8  95008,李娜,女,18,CS
9  95009,梦圆圆,女,18,MA
10 95010,孔小涛,男,19,CS
11 95011,包小柏,男,18,MA
12 95012,孙花,女,20,CS
13 95013,冯伟,男,21,CS
14 95014,王小丽,女,19,CS
15 95015,王君,男,18,MA
16 95016,钱国,男,21,MA
17 95017,王风娟,女,18,IS
18 95018,王一,女,19,IS
19 95019,邢小丽,女,19,IS
20 95020,赵钱,男,21,IS
21 95021,周二,男,17,MA
22 95022,郑明,男,20,MA
```

首先，我们将 student.txt 文件上传至 HDFS 上的/stu 路径下，用来模拟生产环境下的数据文件，具体命令如下所示：

```
$ hadoop fs -mkdir /stu
$ hadoop fs -put student.txt /stu
```

其次，创建一张外部表，具体语法如下所示：

```
hive> create external table student_ext(Sno int,Sname string,
Sex string,Sage int,Sdept string)
row format delimited fields terminated by ',' location '/stu';
```

在上述代码中，create external table 表示创建一个外部表的固定语法格式；location 则表示在 HDFS 上数据文件的路径。

再次，查看 itcast 数据库中的数据表，具体语法如下所示：

```
hive> show tables;
```

执行上述语句后，效果如图 7-19 所示。

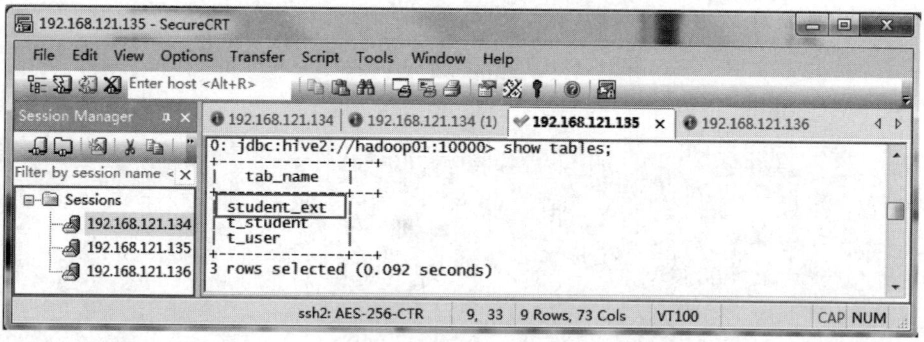

图 7-19 student_ext 表

在图 7-19 中，可以看到 student_ext 外部表已经创建成功。

最后，HQL 对数据表的内容的查看、增加、删除以及修改的语句均与 SQL 语句一致。下面以查看数据表内容为例进行演示，具体语法如下所示：

```
hive> select * from student_ext;
```

执行上述语句后，效果如图 7-20 所示。

在图 7-20 中，文件 student.txt 和数据表 student_ext 已经完成映射。通过 Web UI 打开 Hive 数据库的默认 HDFS 路径(/user/hive/warehouse/itcast.db)进行查看，路径下并没有发现创建 student_ext 文件夹。

小提示：Hive 创建内部表时，会将数据移动到数据库指向的路径；创建外部表时，仅记录数据所在的路径，不会对数据的位置做任何改变。在删除表的时候，内部表的元数据和数据会被一起删除，而外部表只删除元数据，不删除数据。

7.6.4 Hive 分区表操作

分区表是按照属性在文件夹层面给文件更好的管理，实际上就是对应一个 HDFS 上的

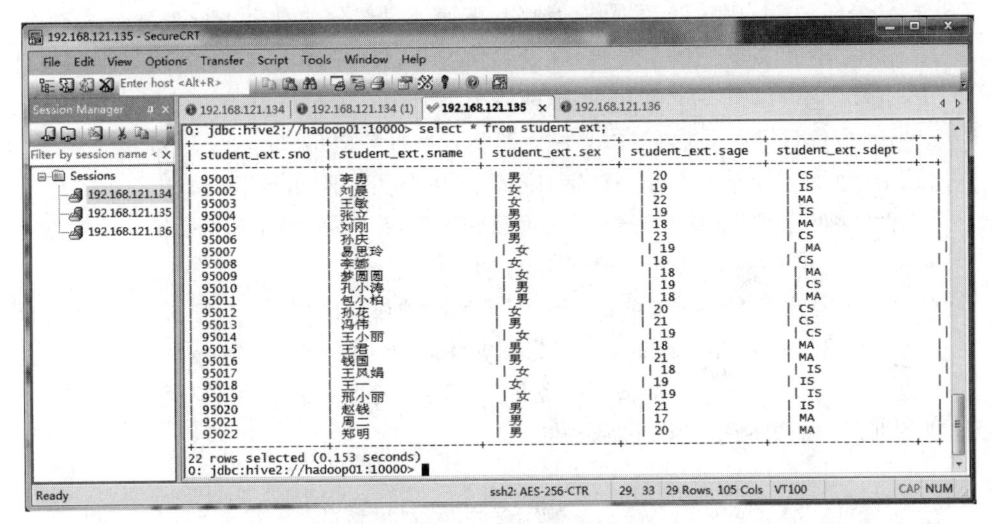

图 7-20　student_ext 表内容

独立文件夹，该文件夹下是该分区所有的数据文件。Hive 中的分区就是分目录，把一个大的数据集根据业务需要分割成小的数据集。在查询时通过 WHERE 子句中的表达式选择查询指定的分区，这样的查询效率会提高很多。Hive 分区表一共有两种，分别为普通分区和动态分区，下面分别进行介绍。

1. Hive 普通分区

创建分区表分为两种，一种是单分区，也就是说在表文件夹目录下只有一级文件夹目录。另外一种是多分区，表文件夹下出现多文件夹嵌套模式，现在只针对单分区进行详解，若想学习多分区可以参考官网的官方文档。

现有结构化数据文件 user_p. txt，文件中的数据内容如文件 7-2 所示。

文件 7-2　user_p. txt

```
1,allen
2,tom
3,jerry
```

首先，创建分区表。语法格式如下所示：

```
hive> create table t_user_p(id int, name string)
partitioned by (country string)
row format delimited fields terminated by ',';
```

其次，加载数据是将数据文件移动到与 Hive 表对应的位置，从本地(Linux)复制或移动到 HDFS 的操作。由于分区表在映射数据时不能使用 Hadoop 命令移动文件，需要使用 Load 命令，其语法格式如下所示：

```
LOAD DATA [LOCAL] INPATH 'filepath' [OVERWRITE]
INTO TABLE table_name [PARTITION (partcol1=val1, partcol2=val2 …)]
```

Load Data 是 HQL 固定的数据装载语句，下面针对部分关键字进行讲解。

- filepath：它可以引用一个文件(在这种情况下，Hive 将文件移动到表所对应的目录中)，或者它可以是一个目录(在这种情况下，Hive 将把该目录中的所有文件移动到表所对应的目录中)。它可以是相对路径、绝对路径以及完整的 URI。
- Local：如果指定了 Local 关键字，Load 命令将在本地文件系统(Hive 服务启动方)中查找文件路径，将其复制到对应的 HDFS 路径下；如果没有指定 Local 关键字，它将会从 HDFS 中移动数据文件至对应的表路径下。
- Overwrite：如果使用了 Overwrite 关键字，当加载数据时目标表或分区中的内容会被删除，然后再将 filepath 指向的文件或目录中的内容添加到表或分区中。简单地说就是覆盖表中已有数据；若不添加该关键字，则表示追加数据内容。

加载数据操作的语法格式如下所示：

```
hive> load data local inpath '/hivedata/user_p.txt' into table t_user_p
partition(country='USA');
```

从上述语句看出，load data 表示装载数据，inpath 表示数据文件所在的 HDFS 路径，partition(country='USA')为指定的分区，它需要与建表时设置的分区字段保持一致。执行完上述命令后，查看表内容的数据，效果如图 7-21 所示。

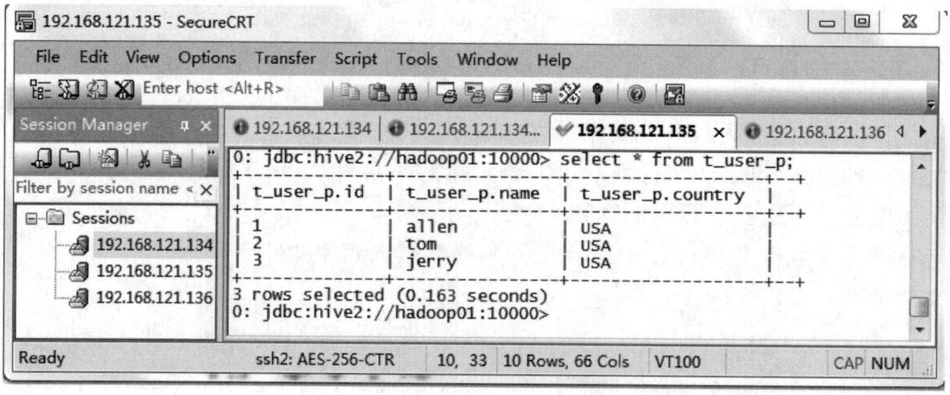

```
0: jdbc:hive2://hadoop01:10000> select * from t_user_p;
+--------------+----------------+-------------------+--+
| t_user_p.id  | t_user_p.name  | t_user_p.country  |
+--------------+----------------+-------------------+--+
| 1            | allen          | USA               |
| 2            | tom            | USA               |
| 3            | jerry          | USA               |
+--------------+----------------+-------------------+--+
3 rows selected (0.163 seconds)
0: jdbc:hive2://hadoop01:10000>
```

图 7-21 t_user_p 中的数据

从图 7-21 中可以看出，分区表与结构化数据完成映射。通过查看 HDFS 的 Web UI，可以看到 Hive 创建了以分区字段为名的文件夹，而该文件夹内存储的是结构化数据文件。效果如图 7-22 所示。

再次，新增分区。语法格式如下所示。

```
hive> ALTER TABLE table_name ADD PARTITION (country='China') location
'/user/hive/warehouse/itcast.db/t_user_p/country=China';
```

上述语句中，ALTER TABLE 是固定的 HQL 语句，用于新增数据表和修改数据表。执行上述语句，通过 HDFS 的 Web UI 可以看到新增的分区 country＝China。效果如图 7-23 所示。

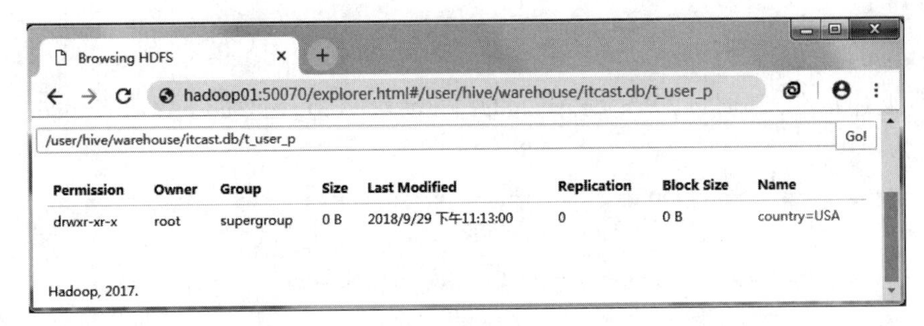

图 7-22　分区文件

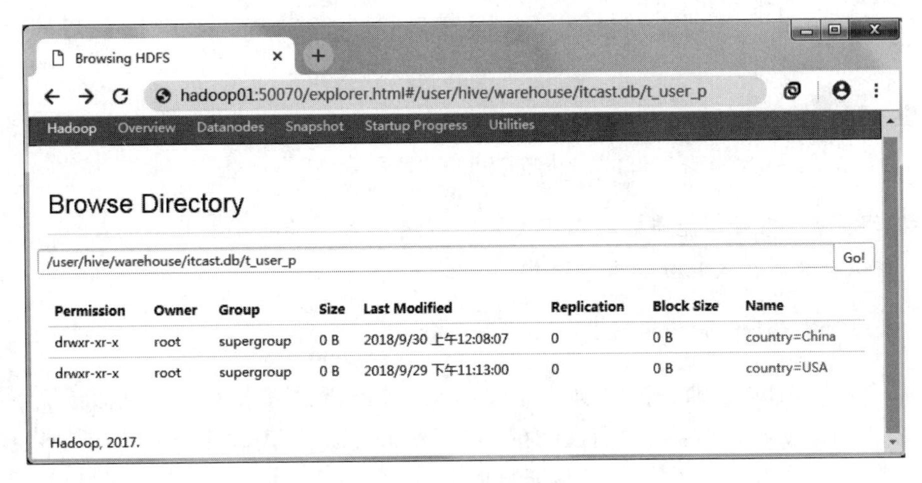

图 7-23　新增分区

接着,修改分区。语法格式如下所示。

```
hive>ALTER TABLE table_name PARTITION (country='China') RENAME TO PARTITION
(country='Japan');
```

执行上述语句,通过 HDFS 的 Web UI 可以看到修改后的分区 country=Japan。效果如图 7-24 所示。

Browsing HDFS

hadoop01:50070/explorer.html#/user/hive/warehouse/itcast.db/t_user_p

/user/hive/warehouse/itcast.db/t_user_p　Go!

Permission	Owner	Group	Size	Last Modified	Replication	Block Size	Name
drwxr-xr-x	root	supergroup	0 B	2018/9/30 上午12:32:01	0	0 B	country=Japan
drwxr-xr-x	root	supergroup	0 B	2018/9/29 下午11:13:00	0	0 B	country=USA

Hadoop, 2017.

图 7-24　修改分区

最后,删除分区。语法格式如下所示:

```
hive> ALTER TABLE table_name DROP IF EXISTS PARTITION (country='Japan');
```

执行上述语句，通过HDFS的Web UI已经看不到分区country=Japan。效果如图7-25所示。

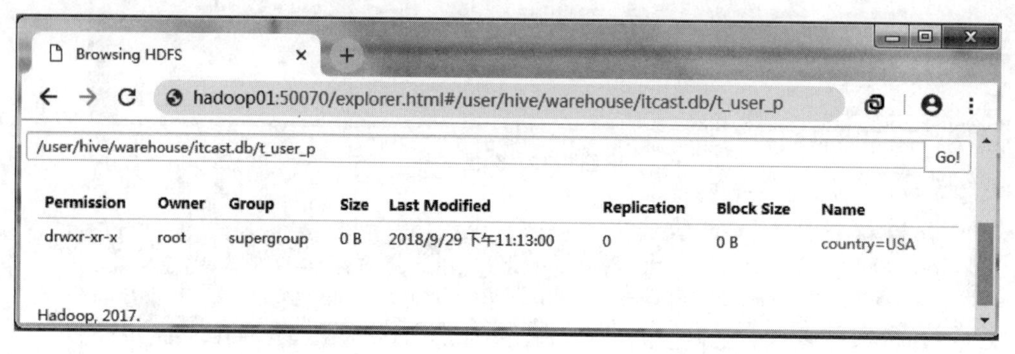

图7-25 删除分区

小提示：分区字段不能与已存在字段重复，且分区字段是一个虚拟的字段，它不存放任何数据，该数据来源于装载分区表时所指定的数据文件。

2. Hive动态分区

上面介绍了Hive普通分区的创建和Load命令加载数据的操作。在默认情况下，加载数据时需要手动设置分区字段，并且针对一个分区就要写一个插入语句。如果源数据量很大时(例如，现有许多日志文件，要求按照日期作为分区字段，在插入数据的时候无法手动添加分区)，就可以利用Hive提供的动态分区，可以简化插入数据时的繁琐操作，若想实现动态分区，则需要开启动态分区功能，具体命令如下所示：

```
hive> set hive.exec.dynamic.partition=true;
hive> set hive.exec.dynamic.partition.mode=nonstrict;
```

Hive默认是不支持动态分区的，因此hive.exec.dynamic.partition默认值为false，需要启动动态分区功能，可以将该参数设置为true；其中hive.exec.dynamic.partition.mode的默认值是strict，表示必须指定至少一个分区为静态分区，将此参数修改为nonstrict，表示允许所有的分区字段都可以使用动态分区。

在Hive中insert语句是用于动态插入数据的，它主要是结合select查询语句使用，且非常适用于动态分区插入数据，语法格式如下所示：

```
hive> insert overwrite table table_name
partition (partcol1[=val1], partcol2[=val2] …)
select_statement FROM from_statement
```

现有原始表的结构化数据文件dynamic_partition_table.txt，内容数据如文件7-3所示。

文件7-3 dynamic_partition_table.txt

```
2018-05-10,ip1
2018-05-10,ip2
2018-06-14,ip3
2018-06-14,ip4
2018-06-15,ip1
2018-06-15,ip2
```

现在通过一个案例演示动态分区的数据插入操作。将 dynamic_partition_table 中的数据按照时间(day),插入到目标表 d_p_t 的相应分区中。

首先,创建原始表。语法格式如下所示:

```
hive> create table dynamic_partition_table(day string,ip string)
row format delimited fields terminated by ",";
```

其次,加载数据文件至原始表,语法格式如下所示:

```
hive> load data local inpath
'/export/data/hivedata/dynamic_partition_table.txt'
into table dynamic_partition_table;
```

再次,创建目标表,语法格式如下所示:

```
hive> create table d_p_t(ip string)
partitioned by (month string,day string);
```

接着,动态插入,语法格式如下所示:

```
hive> insert overwrite table d_p_t partition (month,day)
select ip,substr(day,1,7) as month,day
from dynamic_partition_table;
```

最后,查看目标表中的分区数据,语法格式如下所示:

```
hive> show partitions d_p_t;
```

按照上述步骤,执行相应的语句后,最终的效果如图 7-26 所示。

小提示:动态分区不允许主分区采用动态列而副分区采用静态列,这样导致所有的主分区都创建副分区静态列所定义的分区。

7.6.5　Hive 桶表操作

为了将表进行更细粒度的范围划分,可以创建桶表。桶表,是根据某个属性字段把数据分成几个桶(这里设置为 4,默认值是 −1,可自定义),也就是在文件的层面上把数据分开。下面通过一个案例进行桶表相关操作的演示。

首先,先开启分桶功能,命令如下所示。

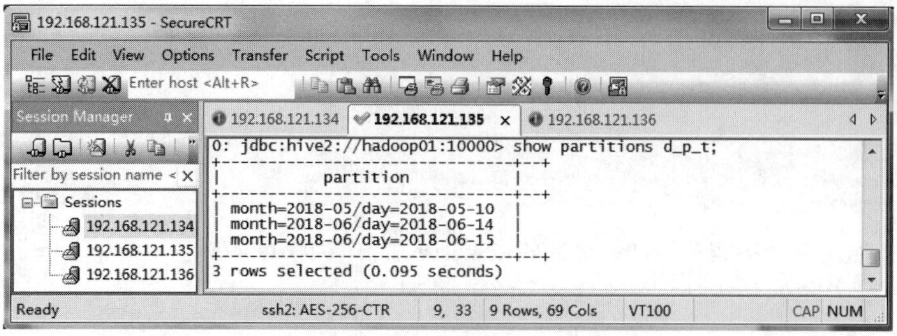

```
0: jdbc:hive2://hadoop01:10000> show partitions d_p_t;
+-------------------------------+--+
|          partition            |
+-------------------------------+--+
| month=2018-05/day=2018-05-10  |
| month=2018-06/day=2018-06-14  |
| month=2018-06/day=2018-06-15  |
+-------------------------------+--+
3 rows selected (0.095 seconds)
```

图 7-26　目标表的分区数据

```
hive> set hive.enforce.bucketing=true;
//由于 HQL 最终会转成 MR 程序，所以分桶数与 ReduceTask 数保持一致，
//从而产生相应的文件个数
hive> set mapreduce.job.reduces=4;
```

其次，创建桶表，语法格式如下所示：

```
hive> create table stu_buck(Sno int,Sname string,
Sex string,Sage int,Sdept string)
clustered by(Sno) into 4 buckets
row format delimited fields terminated by ',';
```

执行上述语句后，桶表 stu_buck 创建完成，并且以学生编号(Sno)分为 4 个桶，以“,”为分隔符的桶表。

再次，在 HDFS 的/stu/目录下已有结构化数据文件 student. txt，需要将 student. txt 文件复制到/hivedata 目录下。然后，加载数据到桶表中，由于分桶表加载数据时，不能使用 Load Data 方式导入数据(原因在于该 Load Data 本质上是对数据文件进行复制或移动到 Hive 表所对应的地址中)，因此在分桶表导入数据时需要创建临时的 student 表，该表与 stu_buck 表的字段必须一致，语法格式如下所示：

```
hive> create table student_tmp(Sno int,Sname string,
Sex string,Sage int,Sdept string)
row format delimited
fields terminated by ',';
```

接着，加载数据至 student 表，语法格式如下所示：

```
hive> load data local inpath '/hivedata/student.txt'
into table student_tmp;
```

最后，将数据导入 stu_buck 表，语法格式如下所示：

```
hive> insert overwrite table stu_buck
select * from student_tmp cluster by(Sno);
```

按照步骤，执行上述语句，然后查看桶表 stu_buck 中的数据，效果如图 7-27 所示。

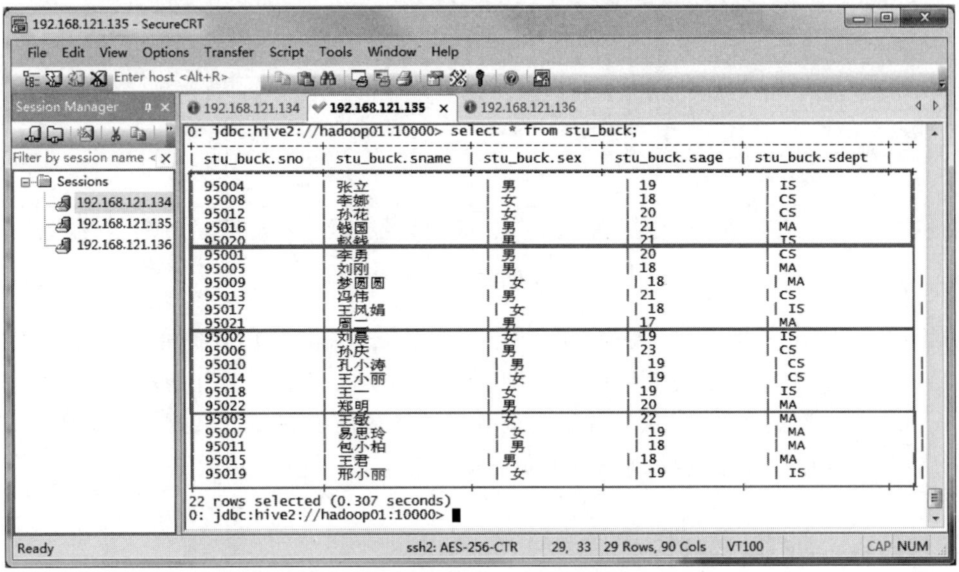

图 7-27 stu_buck 的数据

从图 7-27 可以看出，数据已经按照学生编号(Sno)分为 4 桶。可以通过 HDFS 的 Web UI 页面查看，效果如图 7-28 所示。

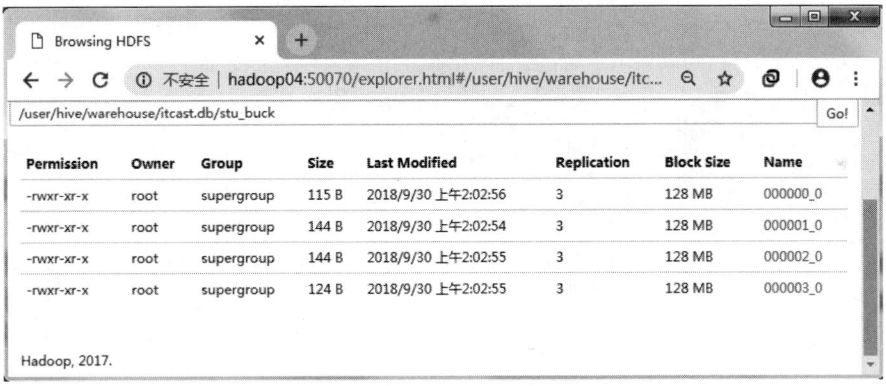

图 7-28 分桶文件结构

在图 7-28 中，数据文件已经被分为 4 个文件，针对每桶的数据可以使用 Hadoop 命令去查看数据内容，具体命令如下所示：

```
$ hadoop fs -cat /user/hive/warehouse/itcast.db/stu_buck/000000_0
```

执行上述命令，效果如图 7-29 所示。

在图 7-29 中，学生编号以分桶原理(分桶字段取 Hash 值与桶个数取模)，将数据归并到一个文件中。

总体来说，分桶表是把表所映射的结构化数据分得更细致，且分桶规则与 MapReduce 分区规则一致，Hive 采用对目标列值进行哈希运算，得到哈希值再与桶个数取模的方式决

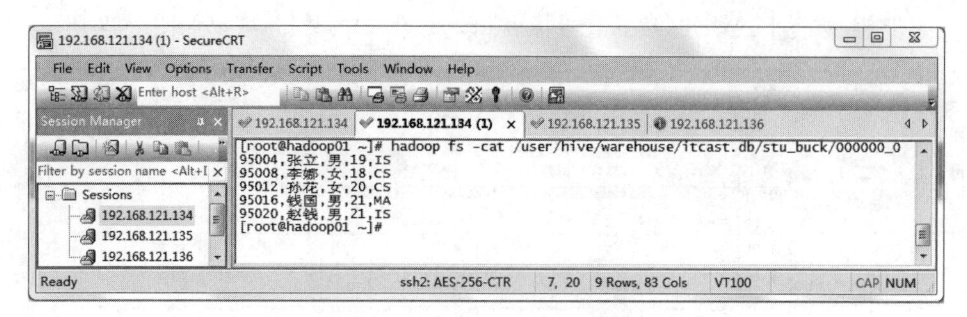

图 7-29　000000 文件中的数据

定数据的归并,从而看出 Hive 与 MapReduce 存在紧密联系。使用分桶可以提高查询效率,如执行 Join 操作时,两个表有相同的列字段,如果对这两张表都采取了分桶操作,那么就可以减少 Join 操作时的数据量,从而提高查询效率。它还能够在处理大规模数据集时,选择小部分数据集进行抽样运算,从而减少资源浪费。

7.7　Hive 数据操作

Hive 数据操作是负责对数据库对象运行数据访问工作的指令集,通俗地讲它的功能就是操作数据,其中包括向数据表加载文件、查询结果等。

在所有数据库系统中,查询语句是使用最频繁的,也是最复杂的,Hive 中的 Select 语句与 MySQL 语法基本一致,且支持 where、distinct、group by、order by、having、limit 以及子查询等,下面是一个标准的 Select 语句语法格式。

```
SELECT [ALL | DISTINCT] select_expr, select_expr, …
FROM table_reference
JOIN table_other ON expr
[WHERE where_condition]
[GROUP BY col_list [HAVING condition]]
[CLUSTER BY col_list | [DISTRIBUTE BY col_list] [SORT BY| ORDER BY col_list]]
[LIMIT number]
```

接下来针对上述语法格式中的关键字分别讲解。

- table_reference 可以是一张表,一个视图或者是一个子查询语句。
- where 关键字作为可选参数,用于指定查询条件。
- distinct 关键字用于剔除查询结果中重复的数据,如果没有定义则全部输出,默认为 all。
- group by 用于将查询结果按照指定字段进行分组。
- having 作为可选参数,与 group by 关键字连用,它是将分组后的结果进行过滤。
- distribute by 是根据指定字段分发到不同的 Reducer 进行处理,且分发算法采用哈希散列,类似 MapReduce 中的 partition 分区,通常结合 sort by 使用。
- sort by 是在数据进入 Reducer 前完成排序,因此不是全局排序,如果设置 mapred.reduce.tasks>1,则 sort by 只能保证每个 Reducer 的输出有序,不保证全局有序。
- cluster by 是一个分桶查询语句,根据指定的字段进行分桶,分桶数取决于设置

reduces 个数,并且分桶后,每桶数据都会进行排序;通俗地讲,如果 distribute 和 sort 的字段是同一个时,此时可以理解为 distribute by+sort by=cluster by。

- order by 用于将查询结果按照指定字段进行全局排序,因此输出文件只有一个,且只存在一个 Reducer,那么当数据量很大时,就需要较长的计算时间。

在 Hive 中,HQL 是不区分大小写的,但是关键字不能被缩写,也不能被分行,下面演示相关查询案例,首先准备数据 dept. txt 和 emp. txt,如文件 7-4 和文件 7-5 所示。

文件 7-4 emp. txt

```
7369    SMITH     CLERK       7902    1980-12-17    800.00              20
7499    ALLEN     SALESMAN    7698    1981-2-20     1600.00   300.00    30
7521    WARD      SALESMAN    7698    1981-2-22     1250.00   500.00    30
7566    JONES     MANAGER     7839    1981-4-2      2975.00             20
7654    MARTIN    SALESMAN    7698    1981-9-28     1250.00   1400.00   30
7698    BLAKE     MANAGER     7839    1981-5-1      2850.00             30
7782    CLARK     MANAGER     7839    1981-6-9      2450.00             10
7788    SCOTT     ANALYST     7566    1987-4-19     3000.00             20
7839    KING      PRESIDENT           1981-11-17    5000.00             10
7844    TURNER    SALESMAN    7698    1981-9-8      1500.00   0.00      30
7876    ADAMS     CLERK       7788    1987-5-23     1100.00             20
7900    JAMES     CLERK       7698    1981-12-3     950.00              30
7902    FORD      ANALYST     7566    1981-12-3     3000.00             20
7934    MILLER    CLERK       7782    1982-1-23     1300.00             10
```

文件 7-5 dept. txt

```
10    ACCOUNTING    1700
20    RESEARCH      1800
30    SALES         1900
40    OPERATIONS    1700
```

并根据两个结构化数据文件创建对应表结构,代码如下所示:

```
创建 emp 表
hive> create table emp(empno int,ename string,job string,mgr int,
hiredate string, sal double, comm double,deptno int)
row format delimited fields terminated by '\t';
创建 dept 表
hive> create table dept(deptno int,dname string,loc int)
row format delimited fields terminated by '\t';
```

创建表完成后,将数据文件移动到对应的表所在 HDFS 路径下,完成数据映射。

例 1 基本查询

```
(1) 全表查询:
hive> select * from emp;
(2) 选择特定字段查询:
hive> select deptno,dname from dept;
```

```
(3) 查询员工表总人数
hive> select count(*) cnt from emp;
(4) 查询员工表总工资额
hive> select sum(sal) sum_sal from emp;
(5) 查询 5 条员工表的信息
hive> select * from emp limit 5;
```

例 2 Where 条件查询

```
(1) 查询工资等于 5000 的所有员工
hive> select * from emp where sal=5000;
(2) 查询工资在 500 到 1000 的员工信息
hive> select * from emp where sal between 500 and 1000;
(3) 查询 comm 为空的所有员工信息
hive> select * from emp where comm is null;
(4) 查询工资是 1500 和 5000 的员工信息
hive> select * from emp where sal IN (1500, 5000);
```

例 3 Like 和 Rlike

RLike 子句是 Hive 中这个功能的一个扩展，可以通过 Java 的正则表达式来指定匹配条件。

```
(1) 查找工资以 2 开头的员工信息
hive> select * from emp where sal LIKE '2%';
(2) 查找工资的第二个数值为 2 的员工信息
hive> select * from emp where sal LIKE '_2%';
(3) 查找工资中含有 2 的员工信息
hive> select * from emp where sal RLIKE '[2]';
```

例 4 Group by 语句

Group by 语句通常会和聚合函数一起使用，按照一个或者多个列的结果进行分组，然后对每个组执行聚合操作。

```
(1) 计算 emp 表每个部门的平均工资
hive> select t.deptno,avg(t.sal) avg_sal
from emp t group by t.deptno;
(2) 计算 emp 表每个部门中每个岗位的最高工资
hive> select t.deptno,t.job,max(t.sal) max_sal
from emp t group by t.deptno, t.job;
```

例 5 Having 语句

Having 和 Where 语句虽然都是根据条件进行筛选过滤，但是它们之间有许多不同之处。

- Where 针对表中的列进行条件过滤，查询数据，Having 针对查询结果中的列进行条件过滤，筛选数据；
- Where 后面不能写分组函数，而 Having 后面可以使用分组函数；

• Having 只用于 Group by 分组统计语句。

```
(1) 求每个部门的平均工资
hive> select deptno, avg(sal) from emp group by deptno;
(2) 求每个部门的平均工资大于 2000 的部门
hive> select deptno, avg(sal) avg_sal
from emp group by deptno having avg_sal >2000;
```

例 6 Order by 语句

Order by 默认为升序(ASC),降序为(DESC)。

```
(1) 查询员工信息,按工资降序排列
hive> select * from emp order by sal desc;
(2) 按照部门和工资升序排序
hive> select ename, deptno, sal from emp order by deptno, sal;
```

例 7 Sort by 语句

```
(1) 设置 reduce 个数
hive> set mapreduce.job.reduces=3;
(2) 查看设置 reduce 个数
hive> set mapreduce.job.reduces;
(3) 根据部门编号降序查看员工信息
hive> select * from emp sort by empno desc;
(4) 将查询结果导入到文件中(按照部门编号降序排序)
hive> insert overwrite local directory '/root/sortby-result'
select * from emp sort by deptno desc;
```

例 8 Distribute by

Distribute by 通常与 Sort by 结合使用,但是要注意 Distribute by 语句要写在 Sort by 语句之前,对于 Distribute by 进行测试,一定要分配多个 Reduce 进行处理,否则无法看到 Distribute by 的效果。

```
先按照部门编号分区,再按照员工编号降序排序
hive> set mapreduce.job.reduces=3;
hive> insert overwrite local directory '/root/distribute-result'
select * from emp distribute by deptno sort by empno desc;
```

例 9 Cluster by

Cluster by 除了具有 Distribute by 的功能外还兼具 Sort by 的功能,但是排序只能是倒序排序,不能指定排序规则为 ASC 或者 DESC。

```
以下两种写法等价
hive> select * from emp cluster by deptno;
hive> select * from emp distribute by deptno sort by deptno;
```

例10 Join操作

在当前版本中，Hive只支持等值连接，因为非等值连接难以转化为MapReduce任务。

```
(1) 根据员工表和部门表中的部门编号相等，查询员工编号、员工名称和部门编号；
hive> select e.empno, e.ename, d.deptno, d.dname
from emp e join dept d on e.deptno=d.deptno;
(2) 左外连接：Join操作符左边表中符合条件的所有记录将会被返回。
hive> select e.empno, e.ename, d.deptno
from emp e left join dept d on e.deptno=d.deptno;
(3) 右外连接：Join操作符右边表中符合条件的所有记录将会被返回。
hive> select e.empno, e.ename, d.deptno
from emp e right join dept d on e.deptno=d.deptno;
```

满外连接：返回所有表中符合条件的所有记录，如果任一表的指定字段没有符合条件的值的话，那么就使用NULL值替代。

```
hive> select e.empno, e.ename, d.deptno
from emp e full join dept d on e.deptno=d.deptno;
```

在使用Join语句时，如果想限制输出结果，可以在Join语句后面添加Where语句，进行过滤。

```
hive> select e.empno, e.ename, d.deptno
from emp e full join dept d on e.deptno=d.deptno where d.deptno=20;
```

7.8 本章小结

本章讲解了Hive的相关知识，首先介绍了数据仓库概念，Hive作为数据仓库与传统数据虽然都是存储数据的工具，但是它们的使用有很大区别。通过介绍Hive的基本概念，读者需要了解Hive以及Hive架构和数据模型；通过介绍Hive的安装和管理，让读者熟悉Hive的安装步骤和管理；通过介绍Hive的数据操作，让读者掌握HiveQL的相关操作。作为初学者，学习Hive就必须要实际动手操作Hive，通过对案例练习是掌握Hive的关键。

7.9 课后习题

一、填空题

1. 数据仓库是面向________、________、________和时变的数据集合，用于支持管理决策。
2. Hive默认元数据存储在________数据库中。
3. Hive建表时设置分割字符命令________。
4. Hive查询语句select ceil(2.34)输出内容是________。
5. Hive创建桶表关键字________，且Hive默认分桶数量是________。

二、判断题

1. Hive使用length()函数可以求出输出的数量。 (　　)

2. 创建外部表的同时要加载数据文件,数据文件会移动到数据仓库指定的目录下。 (　　)

3. Hive是一款独立的数据仓库工具,因此在启动前无须启动任何服务。 (　　)

4. Hive默认不支持动态分区功能,需要手动设置动态分区参数开启功能。 (　　)

5. Hive分区字段不能与已存在字段重复,且分区字段是一个虚拟的字段,它不存放任何数据,该数据来源于装载分区表时所指定的数据文。 (　　)

三、选择题

1. Hive是建立在(　　)之上的一个数据仓库。

A. HDFS　　B. MapReduce　　C. Hadoop　　D. HBase

2. Hive查询语言和SQL的一个不同之处在于(　　)操作。

A. Group by　　B. Join　　C. Partition　　D. Union

3. Hive最重视的性能是可测量性、延展性、(　　)和对于输入格式的宽松匹配性。

A. 较低恢复性　　B. 容错性

C. 快速查询　　D. 可处理大量数据

4. 以下选项中,哪种类型间的转换是被Hive查询语言所支持的?(　　)

A. Double—Number　　B. BigInt—Double

C. Int—BigInt　　D. String—Double

5. 按粒度大小的顺序,Hive数据被分为数据库、数据表、(　　)和桶。

A. 元祖　　B. 栏　　C. 分区　　D. 行

四、简答题

1. 简述Hive的特点。

2. 简述Hive中内部表与外部表区别。

五、编程题

创建字段为id、name的用户表,并且以性别gender为分区字段的分区表。

第 8 章 Flume日志采集系统

学习目标

- 了解 Flume 的作用。
- 熟悉 Flume 的运行机制。
- 掌握 Flume 的安装部署。
- 熟悉 Flume 的可靠性保证。
- 熟悉案例——日志采集的编写。

在大数据学习、开发过程中，会产生各种各样的数据源信息，如网站流量日志分析系统产生的日志数据，这些数据的收集、监听、使用非常重要。针对类似业务需求，通常会使用 Apache 旗下的 Flume 日志采集系统完成相关数据采集工作。Apache Flume 是一个高可靠、高可用的分布式系统，用于高效地从许多不同的数据源收集、聚合大批量的日志数据，进行集中式存储。本章就对 Flume 系统框架进行讲解，让读者深入掌握 Flume 的使用和开发。

8.1 Flume 概述

8.1.1 Flume 简介

Flume 原是 Cloudera 公司提供的一个高可用的、高可靠的、分布式海量日志采集、聚合和传输系统，而后纳入到了 Apache 旗下，作为一个顶级开源项目。Apache Flume 不仅只限于日志数据的采集，由于 Flume 采集的数据源是可定制的，因此 Flume 还可用于传输大量事件数据，包括但不限于网络流量数据、社交媒体生成的数据、电子邮件消息以及几乎任何可能的数据源。

当前 Flume 分为两个版本：Flume 0.9x 版本，统称 Flume-og(original generation)和 Flume 1.x 版本，统称 Flume-ng(next generation)。由于早期的 Flume-og 存在设计不合理、代码臃肿、不易扩展等问题，因此在 Flume 纳入到 Apache 旗下后，开发人员对 Cloudera Flume 的代码进行了重构，同时对 Flume 功能进行了补充和加强，并重命名为 Apache Flume，于是就出现了 Flume-ng 与 Flume-og 两种截然不同的版本。而在实际开发中，多数使用目前比较流行的 Flume-ng 版本进行 Flume 开发，本书也会重点讲解 Flume-ng 版本的使用。

8.1.2 Flume 运行机制

Flume 的核心是把数据从数据源(如 Web Server)通过数据采集器(Source)收集过来，

再将收集的数据通过缓冲通道(Channel)汇集到指定的接收器(Sink)。这里可以参考官方的架构图,具体展示 Flume 的运行机制,如图 8-1 所示。

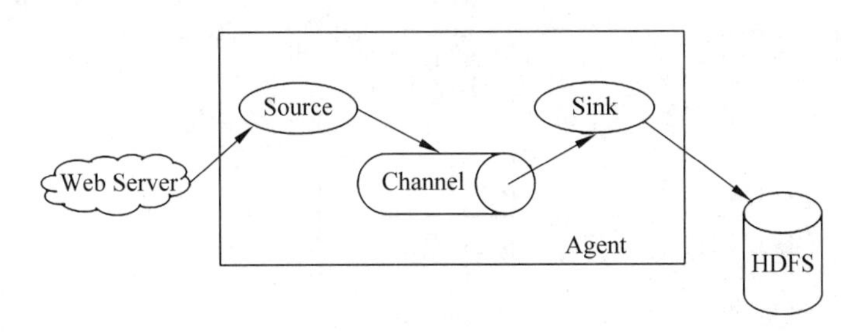

图 8-1 Flume 基本架构

从图 8-1 可以看出,Flume 基本架构中有一个 Agent(代理),它是 Flume 的核心角色,Flume Agent 是一个 JVM 进程,它承载着数据从外部源流向下一个目标的 3 个核心组件:Source、Channel 和 Sink。结合图 8-1,对这 3 个重要组件进行说明,具体如下。

- Source(数据采集器):用于源数据的采集(如图 8-1,从一个 Web 服务器采集源数据),然后将采集到的数据写入到 Channel 中并流向 Sink;
- Channel(缓冲通道):底层是一个缓冲队列,对 Source 中的数据进行缓存,将数据高效、准确地写入 Sink,待数据全部到达 Sink 后,Flume 就会删除该缓存通道中的数据;
- Sink(接收器):接收并汇集流向 Sink 的所有数据,根据需求,可以直接进行集中式存储(如图 8-1,采用 HDFS 进行存储),也可以继续作为数据源传入其他远程服务器或者 Source 中。

在整个数据传输的过程中,Flume 将流动的数据封装到一个 event(事件)中,它是 Flume 内部数据传输的基本单元。一个完整的 event 包含 headers 和 body,其中 headers 包含了一些标识信息,而 body 中就是 Flume 收集到的数据信息。

8.1.3 Flume 日志采集系统结构图

在 8.1.2 节中,已经介绍了 Flume 的核心角色是 Agent,通过 Agent 可以从其他服务中采集数据,并通过内部 event 流的形式传输到 Sink,并根据需求最终向下一个 Agent 传输或者进行集中式存储。

在实际开发中,Flume 需要采集数据的类型多种多样,同时还会进行不同的中间操作,所以根据具体需求,可以将 Flume 日志采集系统分为简单结构和复杂结构。

1. 简单结构

当需要采集数据的生产源比较单一、简单的时候,可以直接使用一个 Agent 来进行数据采集并最终存储,结构如 Flume 基本架构,见图 8-1。

2. 复杂结构

有时候需要采集数据的数据源分布在不同的服务器上,使用一个 Agent 进行数据采集不再适用,这时就可以根据业务需求部署多个 Agent 进行数据采集并最终存储,结构如

图 8-2 所示。

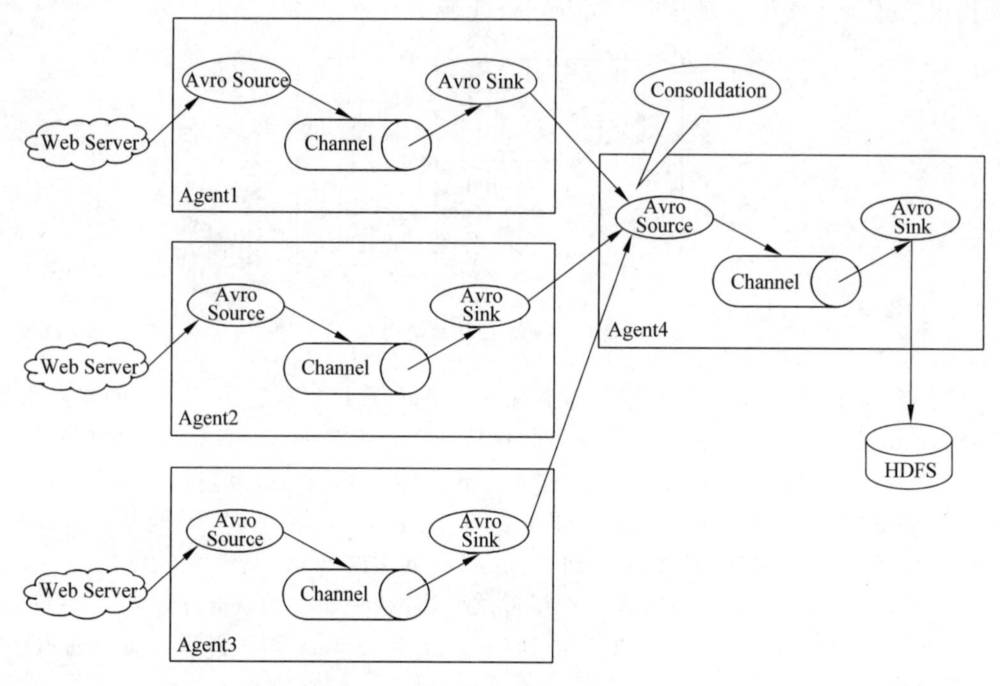

图 8-2　Flume 复杂结构——多 Agent

从图 8-2 可以看出，对每一个需要收集数据的 Web 服务端都搭建了一个 Agent 进行数据采集，接着再将这多个 Agent 中的数据作为下一个 Agent 的 Source 进行采集并最终集中存储到 HDFS 中。

除此之外，在开发中还有可能遇到从同一个服务端采集数据，然后通过多路复用流分别传输并存储到不同目的地的情况，结构如图 8-3 所示。

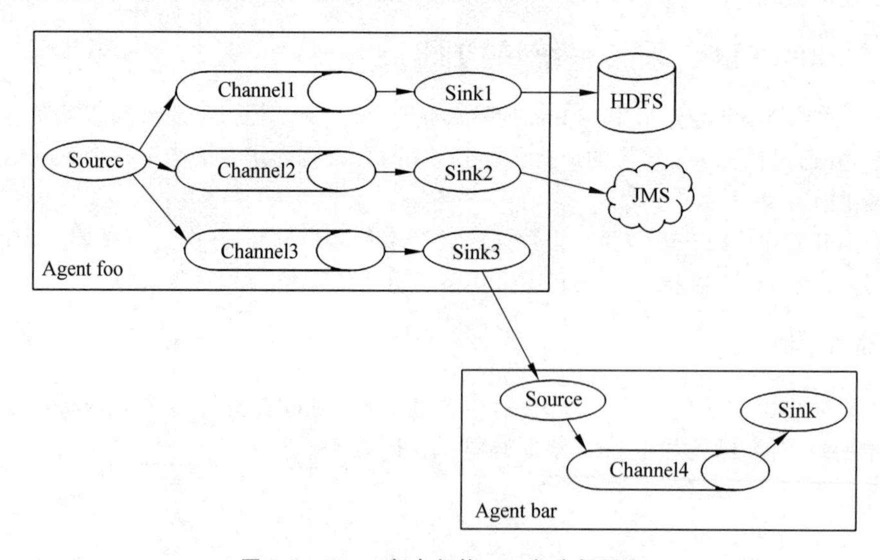

图 8-3　Flume 复杂架构——多路复用流

从图 8-3 可以看出，根据具体需求，将一个 Agent 采集的数据通过不同的 Channel 分别流向了不同的 Sink，然后再进行下一阶段的传输或存储(如图 8-3 所示，将多个 Sink 数据分别进行了 HDFS 集中式存储、作为 JMS 消息服务、作为另一个 Agent 的 Source)。

8.2　Flume 基本使用

通过前面的学习，已经对 Flume 的基本结构和内部运行机制有了初步的了解，接下来，本节对 Flume 的基本使用进行详细讲解。

8.2.1　Flume 系统要求

作为 Apache 旗下的一个顶级项目，想要使用 Flume 进行开发，必须满足一定的系统要求，这里以官方说明为准，具体要求如下。

- 安装 Java 1.8 或更高版本 Java 运行环境(针对本次使用的 Flume 1.8 版本)；
- 为 Source(数据采集器)、Channel(缓冲通道)和 Sink(接收器)的配置提供足够的内存空间；
- 为 Channel(缓冲通道)和 Sink(接收器)的配置提供足够的磁盘空间；
- 保证 Agent(代理)对要操作的目录有读写权限。

上述系统要求中，Java 运行环境的版本与将要安装使用的 Flume 版本是对应的，如果使用 Flume 1.6 版本，则要求使用 Java 1.6 及以上运行环境，由于本章后续将以编写时的最新版本 Flume 1.8.0 为准，所以要求安装 Java 1.8 及以上运行环境。

8.2.2　Flume 安装配置

在满足 8.2.1 所示的 Flume 系统要求后，就可以正式进行 Flume 的安装配置了，由于编写教材时，Flume 的最新稳定版本为 Flume 1.8.0，所以本教材就以 Flume 1.8.0 为例进行安装使用。接下来，分两部分分别介绍 Flume 的安装与配置。

1. Flume 安装

这里选择前面学习时创建的 hadoop01 虚拟机来进行 Flume 1.8.0 的安装。首先通过官网下载 Linux 系统下的 Flume 1.8.0 的安装包 apache-flume-1.8.0-bin.tar.gz(下载地址为 http://flume.apache.org/download.html)，然后上传到 hadoop01 虚拟机的/export/software 目录下，效果如图 8-4 所示。

接着，在 Flume 1.8.0 的安装包所在目录下进行解压，然后将解压后的 Flume 文件移动到/export/servers 目录下并进行重命名，具体指令如下。

```
$ tar zxvf apache-flume-1.8.0-bin.tar.gz
$ mv apache-flume-1.8.0-bin /export/servers/flume
```

执行完上述指令后，就完成了 Flume 1.8.0 的安装，进入 Flume 安装后的文件路径进行查看，效果如图 8-5 所示。

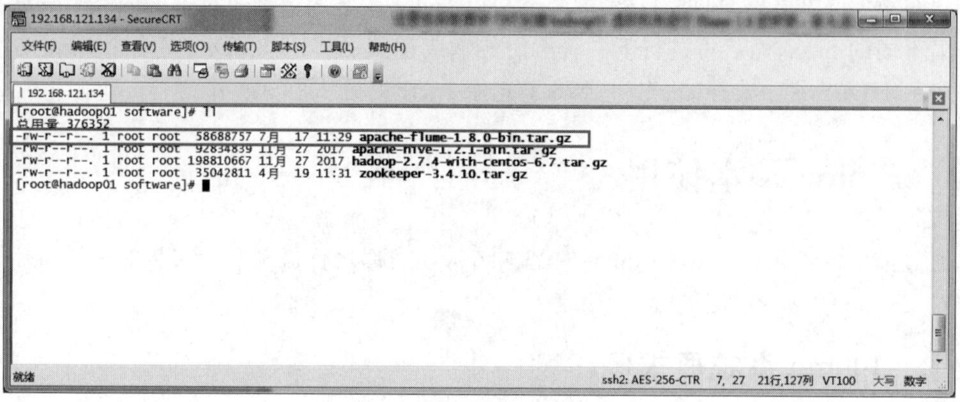

图 8-4 Flume 上传后的效果

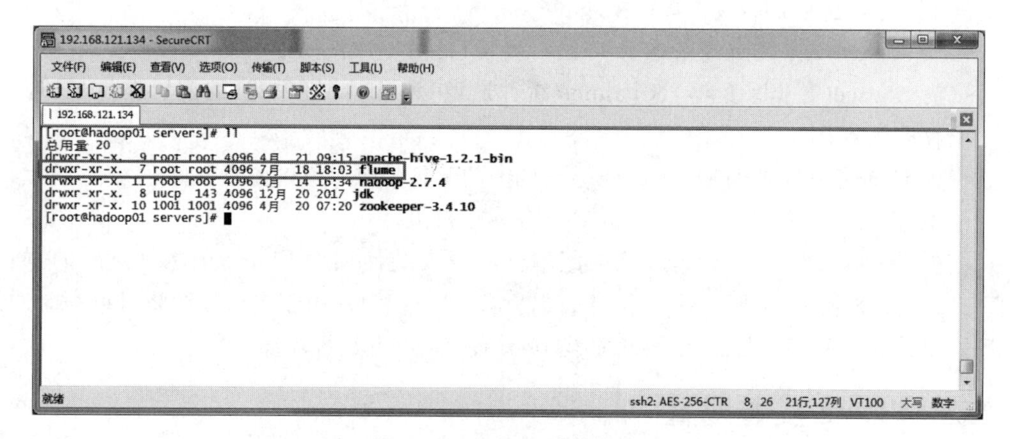

图 8-5 Flume 安装效果图

2. Flume 配置

(1) flume-env. sh 环境变量配置。

Flume 安装完成后，还需要进入 Flume 解压目录中 conf 目录下的 flume-env. sh 系统环境配置文件，在里面配置 Flume 所依赖的 JAVA_HOME。在 conf 目录中默认没有该文件，需要先通过“cp flume-env. sh. template flume-env. sh”指令将文件复制并重命名为“flume-env. sh”，接着打开 flume-env. sh 文件，并找到 JAVA_HOME 变量配置位置(默认被注释了)，进行如下修改(注意 JDK 路径)。

```
export JAVA_HOME=/export/servers/jdk
```

完成上述配置后，效果如图 8-6 所示。

配置完 flume-env. sh 文件中的 JAVA_HOME 变量后，直接保存退出即可。

(2) Flume 系统环境变量配置。

完成 flume-env. sh 环境变量配置后就可以正常使用 Flume 了，不过为了方便系统所有位置都能执行 Flume，接下来可以进行 Flume 系统环境变量的配置。

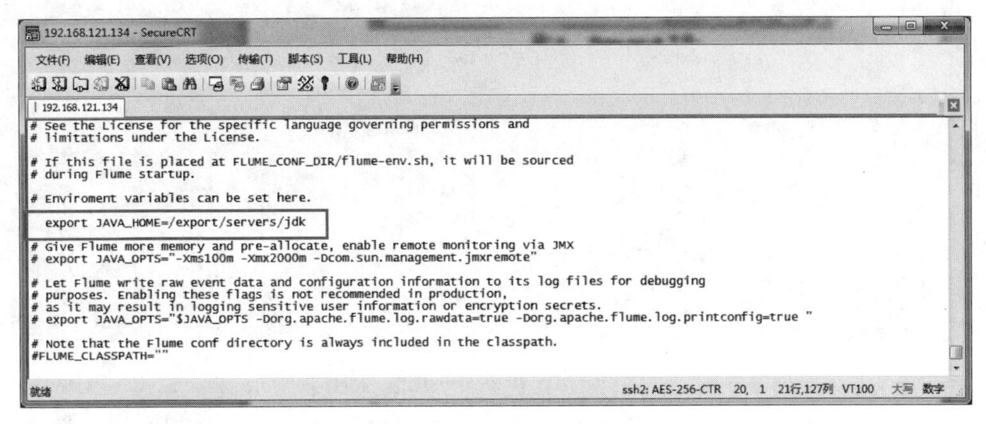

图 8-6　flume-env.sh 文件

使用“vi /etc/profile”指令进入到 profile 文件，在文件底部进一步添加如下内容类配置 Flume 系统环境变量。

```
export FLUME_HOME=/export/servers/flume
export PATH=$PATH:$FLUME_HOME/bin:
```

配置完成后直接保存退出，接着使用“source /etc/profile”指令刷新配置文件即可。

8.2.3　Flume 入门使用

完成 Flume 的安装和配置后，就可以使用 Flume 了，接下来通过一个简单的单 Agent 结构案例来演示 Flume 的入门使用，具体使用步骤如下。

1. 配置 Flume 采集方案

因为 Flume 要采集数据的类型和源头多种多样，并且根据开发需求还要进行不同类型的数据传输和汇总。为此，根据实际业务需求，Flume 专门设计了匹配不同数据类型和传输要求的 Flume Source、Flume Channel 和 Flume Sink。

为了正确地使用 Flume 对数据进行采集，就必须编写适合开发者需求的 Flume 采集方案，接下来就编写一个采集 netcat(用于 TCP/UDP 连接和监听的 Linux 工具，主要用于网络传输及调试领域)源数据的采集方案，如文件 8-1 所示。

文件 8-1　netcat-logger.conf

```
1  # 示例配置方案：单节点 Flume 配置
2  # 定义 Agent 中各个组件名称，
3  # 其中该 Agent 名为 a1,sources 名为 r1,sinks 名为 k1,channels 名为 c1
4  a1.sources=r1
5  a1.sinks=k1
6  a1.channels=c1
7  # 描述并配置 sources 组件(数据源类型、采集数据源的应用地址)
8  a1.sources.r1.type=netcat
9  a1.sources.r1.bind=localhost
```

```
10 a1.sources.r1.port=44444
11 # 描述并配置 sinks 组件(采集后的数据流出的类型)
12 a1.sinks.k1.type=logger
13 # 描述并配置 channels(缓存类型、内存缓存大小和事务缓存大小)
14 a1.channels.c1.type=memory
15 a1.channels.c1.capacity=1000
16 a1.channels.c1.transactionCapacity=100
17 # 将 source 和 sink 通过同一个 channel 连接绑定
18 a1.sources.r1.channels=c1
19 a1.sinks.k1.channel=c1
```

接下来，先对文件8-1编写的采集方案进行说明，具体如下所示。

(1) 采集方案的名称可以自定义，但为了方便管理和使用，通常会根据数据源类型和收集的结果类型进行命名。如 netcat-logger.conf 表示采集 netcat 类型数据源并最终作为 logger 日志信息收集。

(2) 采集方案文件的位置可以自定义存放，在使用的时候会要求指定配置方案的具体位置，为了方便统一管理，通常会将采集方案统一存放。如本案例中，会将所有自定义的采集方案文件保存在/export/servers/flume/conf 目录下。

(3) 采集方案中的 sources、channels、sinks 是在具体编写时根据业务需求进行配置的，不能随意定义。Flume 支持采集的数据类型可以通过查看官网进行详细了解(地址 http://flume.apache.org/FlumeUserGuide.html)，同时针对不同的 sources type、channels type 和 sinks type 需要编写不同的配置属性。

注意：配置采集方案中，在编写 Source、Sink 与 Channel 关联绑定时特别容易出错，如文件8-1中所示的 a1.sources.r1.channels = c1 和 a1.sinks.k1.channel = c1，sources 的 channels 比 sinks 的 channel 多了一个 s。这是因为，在一个 Agent 中，同一个 Source 可以有多个 Channel，所以配置时使用 channels(channel 的复数形式)；而同一个 Sink 只能为一个 Channel 服务，所以配置时必须使用 Channel。

2. 使用指定采集方案启动 Flume

在 Flume 解压包的 bin 目录下有一个 flume-ng 文件，通过该文件就可以启动 Flume。因为前面在系统中配置了 FLUME_HOME 系统环境变量，所以可以在任意目录下启动 Flume，具体指令如下(假设在 Flume 解压包路径下启动)。

```
$ flume-ng agent --conf conf/ --conf-file conf/netcat-logger.conf \
--name a1 -Dflume.root.logger=INFO,console
```

执行上述指令后，就会使用前面编写的采集方案 netcat-logger.conf 来启动 Flume，该 Flume 系统会根据采集方案的配置监听当前主机 localhost 下 44444 端口发送的 netcat 类型源数据，并将信息收集接收到类型为 logger 的 Sink 中。

接下来，对上述指令中的各部分内容进行说明，具体如下所示。

(1) flume-ng agent：表示使用 flume-ng 启动一个 agent；

(2) --conf conf/：--conf 选项指定了 Flume 自带的配置文件路径，可用-c 简写格式；

(3) --conf-file conf/netcat-logger. conf：--conf-file 选项指定了开发者编写的采集方案,可用-f 简写格式,需要注意配置文件所在路径,建议读者使用绝对路径指定采集方案,否则将提示文件不存在的错误;

(4) --name a1：表示启动的 agent 名称为 a1,该名称 a1 必须与采集方案中 agent 的名称保持一致;

(5) -Dflume. root. logger＝INFO,console：表示将采集处理后的信息通过 logger 日志的信息输出到控制台进行展示。

执行上述指令启动 Flume 系统后,查看效果如图 8-7 所示。

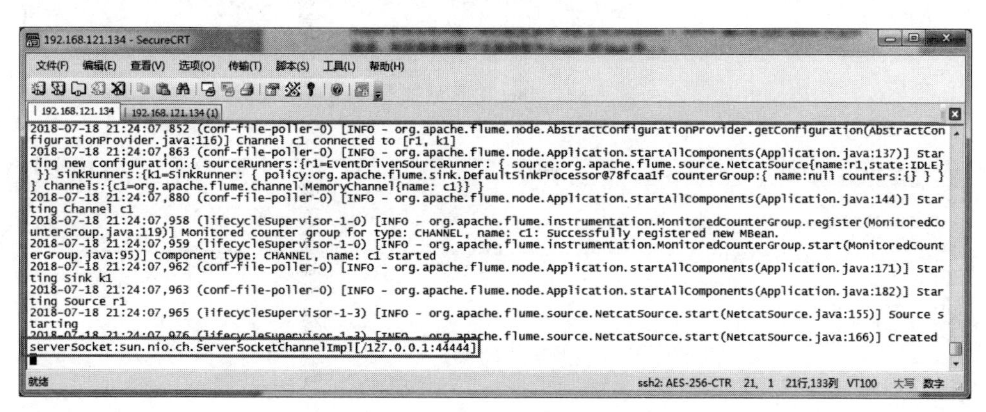

图 8-7 Flume 启动效果图

从图 8-7 可以看出,Flume 正式启动成功,并且光标处于闪烁状态,在持续监听来自 127.0.0.1：44444 应用产生的 netcat 类型数据。

3. Flume 采集数据测试

为了验证并查看 Flume 采集数据的效果,可以在本机 44444 端口模拟生成 netcat 数据。首先,打开或者克隆一个终端会话框,在这个新的会话框中输入以下指令。

```
$ telnet localhost 44444
```

上述指令的作用就是使用 telnet 工具连接到本机 44444 端口,用来持续发送信息作为 Flume 将要采集的源数据。注意,如果使用上述指令后出现"-bash：telnet：command not found"的错误提示,则需要先在当前虚拟机上使用"yum -y install telnet"安装 telnet 工具。

执行 telnet localhost 44444 指令后,效果如图 8-8 所示。

从图 8-8 可以看出,telnet 工具正式启动成功,并且光标处于闪烁状态,等待用户在该端口输入数据信息。

在图 8-8 所示的 telnet 工具测试界面,随意输入数据信息,如 hello flume 并按下 Enter 键,查看效果如图 8-9 所示。

与此同时,查看之前启动 Flume 的终端会话框,效果如图 8-10 所示。

从图 8-10 可以看出,Flume 已经准确监听并采集到了监听应用发送的 telnet 数据,并根据启动时的指示输出到了控制台上进行展示。

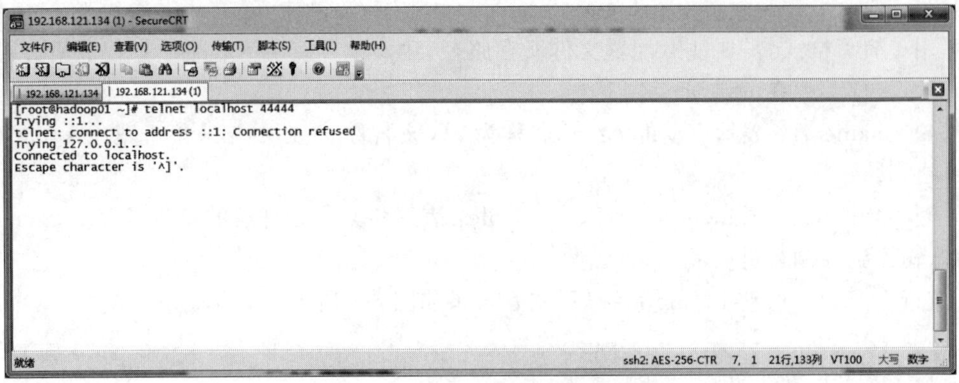

```
[root@hadoop01 ~]# telnet localhost 44444
Trying ::1...
telnet: connect to address ::1: Connection refused
Trying 127.0.0.1...
Connected to localhost.
Escape character is '^]'.
```

图 8-8　telnet 工具测试界面

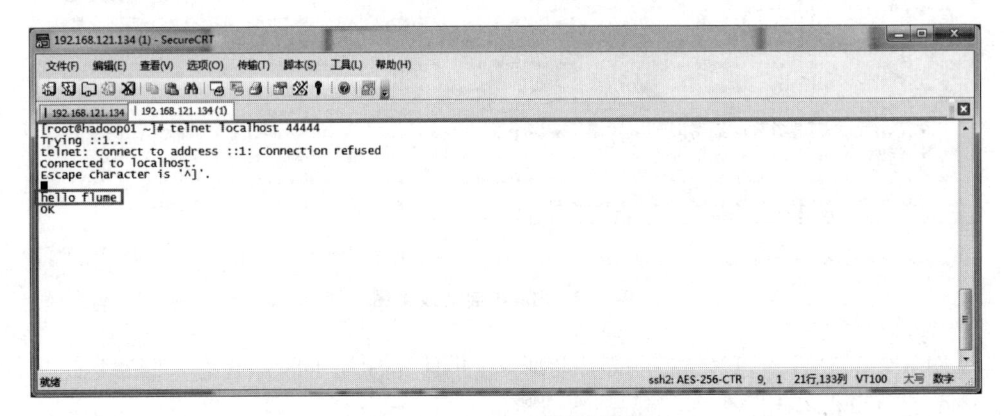

图 8-9　telnet 工具测试界面

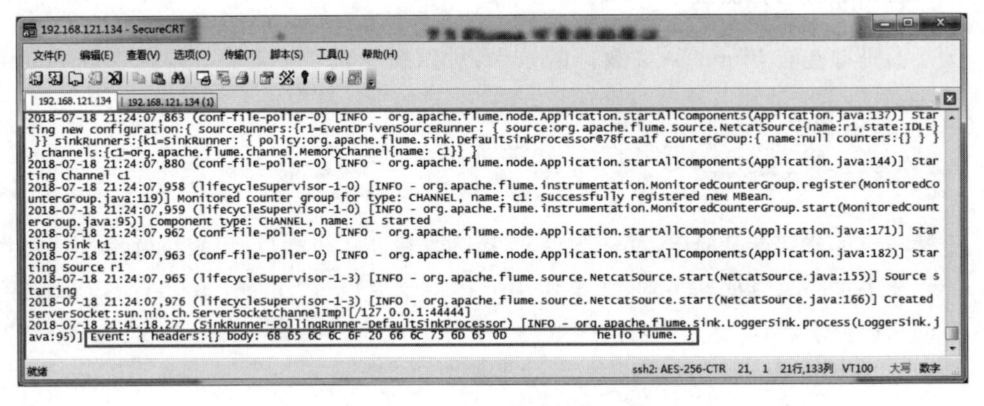

图 8-10　Flume 采集数据效果图

小提示：上述案例中，Flume会将telnet工具产生的每一行信息作为一个event进行封装，并进行采集和处理。如果telnet测试界面输入的一行信息超过16字节，在Flume接收的时候会被截取，这是因为org.apache.flume.event包下的EventHelper类中的源代码对event中body数据长度进行了限制，默认为16字节。这种情况下，就需要额外修改配置文件、源代码或者采用其他方式来进行数据长度的配置了。

8.3 Flume 采集方案配置说明

在 8.2.3 节 Flume 入门使用中，对案例中编写的采集方案进行了说明，在 Flume 日志采集系统中，采集方案是开发者需要编写的核心部分，而在采集方案中需要根据不同需求来分别针对 Source、Channel 和 Sink 进行配置。所以，接下来就针对 Flume 采集方案的配置内容进行详细讲解。

8.3.1 Flume Sources

在编写 Flume 采集方案时，首先必须明确的是采集的数据源类型、出处；接着，根据这些信息与 Flume 已提供支持的 Flume Sources 进行匹配，选择对应的数据采集器类型（即 sources.type）；然后，再根据选择的数据采集器类型，配置必要和非必要的数据采集器属性。

在 Flume 1.8.0 中，Flume 提供并支持的 Flume Sources 有很多，如表 8-1 所示。

表 8-1 Flume Sources 种类

Avro Source	Thrift Source	Exec Source
JMS Source	Spooling Directory Source	Twitter 1% firehose Source
Kafka Source	NetCat TCP Source	NetCat UDP Source
Sequence Generator Source	Syslog TCP Source	Multiport Syslog TCP Source
Syslog UDP Source	HTTP Source	Stress Source
Avro Legacy Source	Thrift Legacy Source	Custom Source
Scribe Source	Taildir Source	

上述表 8-1 就是 Flume 1.8.0 官网文档展示的 Flume 提供支持的 Flume Sources，接下来，就对其中一些常用的 Flume Sources 进行讲解说明。

1. Avro Source

监听 Avro 端口并从外部 Avro 客户端流中接收 event 数据，当与另一个 Flume Agent 上的 Avro Sink 配对时，它可以创建分层集合拓扑，利用 Avro Source 可以实现多级流动、扇出流、扇入流等效果。

Avro Source 提供的常用配置属性，如表 8-2 所示（加粗部分为必须属性）。

表 8-2 Avro Source 常用属性

属性名称	默认值	说明
channels	—	
type	—	组件类型名必须是 avro
bind	—	要监听的主机名或 IP 地址
port	—	要监听的服务端口

续表

属性名称	默认值	说明
threads	—	要生成的工作线程的最大数目
ssl	false	将此设置为true以启用SSL加密，则还必须指定keystore和keystore-password
keystore	—	SSL所必需的通往Java密钥存储路径
keystore-password	—	SSL所必需的Java密钥存储的密码

使用Avro Source采集器配置一个名称为a1的Agent示例如下。

```
a1.sources=r1
a1.channels=c1
a1.sources.r1.type=avro
a1.sources.r1.channels=c1
a1.sources.r1.bind=0.0.0.0
a1.sources.r1.port=4141
```

2. Spooling Directory Source

Spooling Directory Source允许对指定磁盘上的文件目录进行监控来提取数据，它将查看文件的指定目录的新增文件，并将文件中的数据读取出来。

Spooling Directory Source提供的常用配置属性，如表8-3所示(加粗部分为必须属性)。

表8-3 Spooling Directory Source常用属性

属性名称	默认值	说明
channels	—	
type	—	组件类型名必须是spooldir
spoolDir	—	从中读取文件的目录
fileSuffix	.COMPLETED	附加到完全摄取的文件后缀
deletePolicy	never	何时删除已完成的文件：never或immediate
fileHeader	false	是否添加存储绝对路径文件名的标头
includePattern	^.*$	正则表达式，指定要包含的文件
ignorePattern	^$	正则表达式，指定要忽略的文件

使用Spooling Directory Source采集器配置一个名称为a1的Agent示例如下。

```
a1.channels=ch-1
a1.sources=src-1
a1.sources.src-1.type=spooldir
```

```
a1.sources.src-1.channels=ch-1
a1.sources.src-1.spoolDir=/var/log/apache/flumeSpool
a1.sources.src-1.fileHeader=true
```

3. Taildir Source

Taildir Source 用于观察指定的文件，几乎可以实时监测到添加到每个文件的新行。如果文件正在写入新行，则此采集器将重试采集它们以等待写入完成。

Taildir Source 提供的常用配置属性，如表 8-4 所示(加粗部分为必须属性)。

表 8-4　Taildir Source 常用属性

属性名称	默认值	说明
channels	—	
type	—	组件类型名必须是 TAILDIR
filegroups	—	以空格分隔的文件组列表。每个文件组都指定了要监测的一系列文件
filegroups. <filegroupName>	—	文件组的绝对路径。正则表达式(而不是文件系统模式)只能用于文件名
idleTimeout	120000	关闭非活动文件的时间(ms)。如果关闭的文件附加了新行，则此源将自动重新打开它
writePosInterval	3000	写入位置文件上每个文件的最后位置的间隔时间(ms)
batchSize	100	一次读取和发送到通道的最大行数。使用默认值通常效果较好
backoffSleepIncrement	1000	当最后一次尝试未找到任何新数据时，每次重新尝试轮询新数据之间的最大时间延迟
fileHeader	false	是否添加存储绝对路径文件名的标头
fileHeaderKey	file	将绝对路径文件名附加到 event header 时使用的 header 关键字

使用 Taildir Source 采集器配置一个名称为 a1 的 Agent 示例如下。

```
a1.sources=r1
a1.channels=c1
a1.sources.r1.type=TAILDIR
a1.sources.r1.channels=c1
a1.sources.r1.positionFile=/var/log/flume/taildir_position.json
a1.sources.r1.filegroups=f1 f2
a1.sources.r1.filegroups.f1=/var/log/test1/example.log
a1.sources.r1.headers.f1.headerKey1=value1
a1.sources.r1.filegroups.f2=/var/log/test2/.*log.*
a1.sources.r1.headers.f2.headerKey1=value2
a1.sources.r1.headers.f2.headerKey2=value2-2
a1.sources.r1.fileHeader=true
```

4. HTTP Source

HTTP Source 可以通过 HTTP POST 和 GET 请求方式接收 event 数据，GET 通常只能用于测试使用。HTTP 请求会被实现了 HTTPSourceHandler 接口的 handler（处理器）可插拔插件转成 Flume events，这个 handler 接收 HttpServletRequest，返回 Flume events 列表。一个 HTTP 请求处理的所有事件都在一个事务中提交给通道，从而允许在诸如 file channel 之类的 channel 上提高效率。如果 handler 抛出异常，source 会返回 400；如果 channel 满了或者 source 不能再向 channel 追加 event，source 会返回 503。

在一个 POST 请求发送的所有的 events 都被认为是一个批次，会在一个事务中插入 channel。HTTP Source 提供的常用配置属性，如表 8-5 所示（加粗部分为必须属性）。

表 8-5 HTTP Source 常用属性

属性名称	默认值	说明
channels	—	
type		组件类型名必须是 http
port	—	采集源要绑定的端口
bind	0.0.0.0	要监听绑定的主机名或 IP 地址
handler	org.apache.flume.source.http.JSONHandler	handler 类的全路径名
handler.*	—	配置 handler 的参数

使用 HTTP Source 采集器配置一个名称为 a1 的 Agent 示例如下。

```
a1.sources=r1
a1.channels=c1
a1.sources.r1.type=http
a1.sources.r1.port=5140
a1.sources.r1.channels=c1
a1.sources.r1.handler=org.example.rest.RestHandler
a1.sources.r1.handler.nickname=random props
```

本节列举了 Flume 1.8.0 版本支持的 Flume Sources，并对其中常用的 Sources 进行了说明，读者还可以参考官网 http://flume.apache.org/FlumeUserGuide.html#flume-sources 学习其他 Flume Sources 的详细说明和配置。

8.3.2 Flume Channels

Channels 通道是 event 在 Agent 上暂存的存储库，Source 向 Channel 中添加 event，Sink 在读取完数据后再删除它。在配置 Channels 时，需要明确的是将要传输的 sources 数据源类型；接着，根据这些信息并结合开发中的实际需求，选择 Flume 已提供支持的 Flume Channels；然后，再根据选择的 Channel 类型，配置必要和非必要的 Channel 属性。

在 Flume 1.8.0 中，Flume 提供并支持的 Flume Channels 有很多，如表 8-6 所示。

表 8-6　Flume Channels 种类

Memory Channel	JDBC Channel	Kafka Channel
File Channel	Spillable Memory Channel	Pseudo Transaction Channel
Custom Channel		

表 8-6 就是 Flume 1.8.0 官网文档展示的 Flume 提供支持的 Flume Channels，接下来，就对其中一些常用的 Flume Channels 进行讲解说明。

1. Memory Channel

Memory Channel 会将 event 存储在具有可配置最大尺寸的内存队列中，它非常适用于需要更高吞吐量的流量，但是在 Agent 发生故障时会丢失部分阶段数据。

Memory Channel 提供的常用配置属性，如表 8-7 所示（加粗部分为必须属性）。

表 8-7　Memory Channel 常用属性

属性名称	默认值	说明
type	—	组件类型名必须是 memory
capacity	100	存储在 Channel 中的最大 event 数
transactionCapacity	100	Channel 将从 Source 接收或向 Sink 传递的每一个事务中的最大 event 数
keep-alive	3	添加或删除 event 的超时时间(s)
byteCapacityBufferPercentage	20	定义 byteCapacity 与 Channel 中所有 event 的估计总大小之间的缓冲区百分比，以计算 header 中的数据（见下文）
byteCapacity	（见说明）	允许此 Channel 中所有 event 的最大内存字节数总和。该统计仅计算 Event body，这也是提供 byteCapacityBufferPercentage 配置参数的原因。默认计算值，等于 JVM 可用的最大内存的 80%（即命令行传递的-Xmx 值的 80%）

使用 Memory Channel 通道配置一个名称为 a1 的 Agent 示例如下。

```
a1.channels=c1
a1.channels.c1.type=memory
a1.channels.c1.capacity=10000
a1.channels.c1.transactionCapacity=10000
a1.channels.c1.byteCapacityBufferPercentage=20
a1.channels.c1.byteCapacity=800000
```

2. File Channel

File Channel 是 Flume 的持久通道，它将所有 event 写入磁盘，因此不会丢失进程或机器关机、崩溃时的数据。File Channel 通过在一次事务中提交多个 event 来提高吞吐量，做到了只要事务被提交,那么数据就不会有丢失。

File Channel 提供的常用配置属性,如表 8-8 所示(加粗部分为必须属性)。

表 8-8 File Channel 常用属性

属性名称	默认值	说明
type	—	组件类型名必须是 file
checkpointDir	~/.flume/file-channel/checkpoint	检测点文件所存储的目录
useDualCheckpoints	false	备份检测点如果设置为 true,backupCheckpointDir 必须设置
backupCheckpointDir	—	备份检查点目录。此目录不能与数据目录或检查点目录相同
dataDirs	~/.flume/file-channel/data	数据存储所在的目录设置
transactionCapacity	10000	事务容量的最大值设置
checkpointInterval	30000	检测点之间的时间值设置(ms)
maxFileSize	2146435071	一个单一日志的最大值设置(以字节为单位)
capacity	1000000	Channel 的最大容量

使用 File Channel 通道配置一个名称为 a1 的 Agent 示例如下。

```
a1.channels=c1
a1.channels.c1.type=file
a1.channels.c1.checkpointDir=/mnt/flume/checkpoint
a1.channels.c1.dataDirs=/mnt/flume/data
```

本节列举了 Flume 1.8.0 版本支持的 Flume Channels,并对其中常用的 Channels 进行了说明,读者还可以参考官网 http://flume.apache.org/FlumeUserGuide.html#flume-channels 学习其他 Flume Channels 的详细说明和配置。

8.3.3 Flume Sinks

Flume Sources 采集到的数据通过 Channels 就会流向 Sink 中,此时的 Sink 类似一个集结的递进中心,它需要根据后续需求进行配置,从而最终选择是将数据直接进行集中式存储(例如,直接存储到 HDFS 中),还是继续作为其他 Agent 的 Source 进行传输。

在配置 Sinks 时,需要明确的就是将要传输的数据目的地、结果类型;接着,根据这些实际需求信息,选择 Flume 已提供支持的 Flume Sinks;然后,再根据选择的 Sinks 类型,配置必要和非必要的 Sinks 属性。

在 Flume 1.8.0 中,Flume 提供并支持的 Flume Sinks 有很多,如表 8-9 所示。

表 8-9 Flume Sinks 种类

HDFS Sink	Hive Sink	Logger Sink
Avro Sink	Thrift Sink	IRC Sink

续表

File Roll Sink	Null Sink	HBaseSink
AsyncHBase Sink	MorphlineSolr Sink	ElasticSearch Sink
Kite Dataset Sink	Kafka Sink	HTTP Sink
Custom Sink		

表 8-9 就是 Flume 1.8.0 官网文档展示的 Flume 提供支持的 Flume Sinks，接下来，就对其中一些常用的 Flume Sinks 进行讲解说明。

1. HDFS Sink

HDFS Sink 将 event 写入 Hadoop 分布式文件系统(HDFS)，它目前支持创建文本和序列文件，以及两种类型的压缩文件。

HDFS Sink 可以基于经过的时间或数据大小或 event 数量来周期性地滚动文件(关闭当前文件并创建新文件)，同时，它还通过属性(如 event 发生的时间戳或机器)来对数据进行分桶/分区。HDFS 目录路径可能包含将由 HDFS 接收器替换的格式化转义序列，以生成用于存储 event 的目录/文件名，使用 HDFS Sink 时需要安装 Hadoop，以便 Flume 可以使用 Hadoop jar 与 HDFS 集群进行通信。

HDFS Sink 提供的常用配置属性，如表 8-10 所示(加粗部分为必须属性)。

表 8-10　HDFS Sink 常用属性

属性名称	默认值	说明
channel	—	
type	—	组件类型名必须是 hdfs
hdfs.path	—	HDFS 目录路径(如 hdfs://namenode/flume/webdata/)
hdfs.filePrefix	FlumeData	为在 hdfs 目录中由 Flume 创建的文件指定前缀
hdfs.round	false	是否应将时间戳向下舍入(如果为 true，则影响除%t 之外的所有基于时间的转义序列)
hdfs.roundValue	1	舍入到此最高倍数(在使用 hdfs.roundUnit 配置的单位中)，小于当前时间
hdfs.roundUnit	second	舍入值的单位(秒、分钟或小时)
hdfs.rollInterval	30	滚动当前文件之前等待的秒数(0=根据时间间隔从不滚动)
hdfs.rollSize	1024	触发滚动的文件大小，以字节为单位(0：永不基于文件大小滚动)
hdfs.rollCount	10	在滚动之前写入文件的事件数(0=从不基于事件数滚动)
hdfs.batchSize	100	在将文件刷新到 HDFS 之前写入文件的 event 数
hdfs.useLocalTimeStamp	false	替换转义序列时，请使用本地时间(而不是 event header 中的时间戳)

使用 HDFS Sink 配置一个名称为 a1 的 Agent 示例如下。

```
a1.channels=c1
a1.sinks=k1
a1.sinks.k1.type=hdfs
a1.sinks.k1.channel=c1
a1.sinks.k1.hdfs.path=/flume/events/%y-%m-%d/%H%M/%S
a1.sinks.k1.hdfs.filePrefix=events-
a1.sinks.k1.hdfs.round=true
a1.sinks.k1.hdfs.roundValue=10
a1.sinks.k1.hdfs.roundUnit=minute
```

2. Logger Sink

Logger Sink 用于记录 INFO 级别 event，它通常用于调试。Logger Sink 接收器的不同之处是它不需要在“记录原始数据”部分中说明额外的配置。

Logger Sink 提供的常用配置属性，如表 8-11 所示(加粗部分为必须属性)。

表 8-11 Logger Sink 常用属性

属性名称	默认值	说明
channel	—	
type	—	组件类型名必须是 logger
maxBytesToLog	16	要记录的 event body 的最大字节数

使用 Logger Sink 配置一个名称为 a1 的 Agent 示例如下。

```
a1.channels=c1
a1.sinks=k1
a1.sinks.k1.type=logger
a1.sinks.k1.channel=c1
```

3. Avro Sink

Avro Sink 形成了 Flume 的分层收集支持的一半，发送到此接收器的 Flume event 将转换为 Avro event 并发送到配置的主机名/端口对上，event 将从配置的 Channel 中批量获取配置的批处理大小。

Avro Sink 提供的常用配置属性，如表 8-12 所示(加粗部分为必须属性)。

表 8-12 Avro Sink 常用属性

属性名称	默认值	说明
channel	—	
type	—	组件类型名必须是 avro
hostname	—	要监听的主机名或 IP 地址

续表

属性名称	默认值	说明
port	—	要监听的服务端口
batch-size	100	要一起批量发送的 event 数
connect-timeout	20000	允许第一次(握手)请求的时间量(ms)
request-timeout	20000	在第一个之后允许请求的时间量(ms)

使用 Avro Sink 配置一个名称为 a1 的 Agent 示例如下。

```
a1.channels=c1
a1.sinks=k1
a1.sinks.k1.type=avro
a1.sinks.k1.channel=c1
a1.sinks.k1.hostname=10.10.10.10
a1.sinks.k1.port=4545
```

本节列举了 Flume 1.8.0 版本支持的 Flume Sinks,并对其中常用的 Sinks 进行了说明,读者还可以参考官网 http://flume.apache.org/FlumeUserGuide.html#flume-sinks 学习其他 Flume Sinks 的详细说明和配置。

8.4　Flume 的可靠性保证

在前面讲解的 Flume 入门使用中,配置的采集方案是通过唯一一个 Sink 作为接收器来接收后续需要的数据,但有时候会出现当前 Sink 故障或者数据收集请求量较大的情况,这时候单一的 Sink 配置可能就无法保证 Flume 开发的可靠性。为此,Flume 提供了 Flume Sink Processors(Flume Sink 处理器)来解决上述问题。

Sink 处理器允许开发者定义一个 Sink groups(接收器组),将多个 Sink 分组到一个实体中,这样 Sink 处理器就可以通过组内的多个 Sink 为服务提供负载均衡功能,或者是在某个 Sink 出现短暂故障的时候实现从一个 Sink 到另一个 Sink 的故障转移。

8.4.1　负载均衡

负载均衡接收器处理器(Load balancing sink processor)提供了在多个 Sink 上进行负载均衡流量的功能,它维护了一个活跃的 Sink 索引列表,必须在其上分配负载。Load balancing sink processor 支持使用 round_robin(轮询)和 random(随机)选择机制进行流量分配,其默认选择机制为 round_robin,但可以通过配置进行覆盖,还支持继承 AbstractSinkSelector 的自定义类来自定义选择机制。

在使用时,选择器(selector)会根据配置的选择机制挑选下一个可用的 Sink 并进行调用。对于 round_robin 和 random 两种选择机制,如果所选 Sink 无法收集 event,则处理器会通过其配置的选择机制选择下一个可用 Sink。这种实现方案不会将失败的 Sink 列入黑名单,而是继续乐观地尝试每个可用的 Sink。如果所有 Sink 都调用失败,则选择器将故障传播到接收器运行器(sink runner)。

如果启用了backoff属性,则Sink处理器会将失败的Sink列入黑名单。当超时结束时,如果Sink仍然没有响应,则超时会呈指数级增加,以避免在无响应的Sink上长时间等待时卡住。在禁用backoff功能的情况下,在round_robin机制下,所有失败的Sink将被传递到Sink队列中的下一个Sink后,因此不再均衡。

Load balancing sink processor提供的配置属性,如表8-13所示(加粗部分为必须属性)。

表8-13　Load balancing sink processor属性说明

属性名称	默认值	说明
sinks	—	以空格分隔的参与sink组的sink列表
processor. type	default	组件类型名必须是load_balance
processor. backoff	false	设置失败的sink进入黑名单
processor. selector	round_robin	选择机制。必须是round_robin、random或是继承自AbstractSinkSelector的自定义选择机制类全路径名
processor. selector. maxTimeOut	30000	失败sink放置在黑名单的超时时间,失败sink在指定时间后仍无法启用,则超时时间呈指数增加

从表8-13可以看出,processor. type属性的默认值为default,这是因为Sink处理器的processor. type提供了3种处理机制:default(默认值)、failover和load_balance。其中,default表示配置单独一个sink(如8.2.3节中的入门使用),配置和使用非常简单,同时也不强制要求使用sink group进行封装;另外的failover和load_balance就分别代表故障转移和负载均衡情况下的配置属性。

使用Load balancing sink processor配置一个名称为a1的Agent示例如下。

```
a1.sinkgroups=g1
a1.sinkgroups.g1.sinks=k1 k2
a1.sinkgroups.g1.processor.type=load_balance
a1.sinkgroups.g1.processor.backoff=true
a1.sinkgroups.g1.processor.selector=random
```

讲解完Load balancing sink processor的运行机制和配置后,结合官方图示,展示这种情况下的Flume结构图,如图8-11所示。

接下来,使用前面已学的Load balancing sink processor的相关知识,并结合图8-11所示结构图,通过一个案例来演示Load balancing sink processor的基本配置和使用(由于电脑内存配置等原因,此案例只演示两个sink分支的使用)。

1. 搭建并配置Flume机器

打开前面学习过程中配置的hadoop01、hadoop02和hadoop03三台虚拟机作为本次案例运行的机器。先将在hadoop01机器上的Flume和profile配置文件使用scp命令安装到hadoop02和hadoop03机器上,具体指令如下。

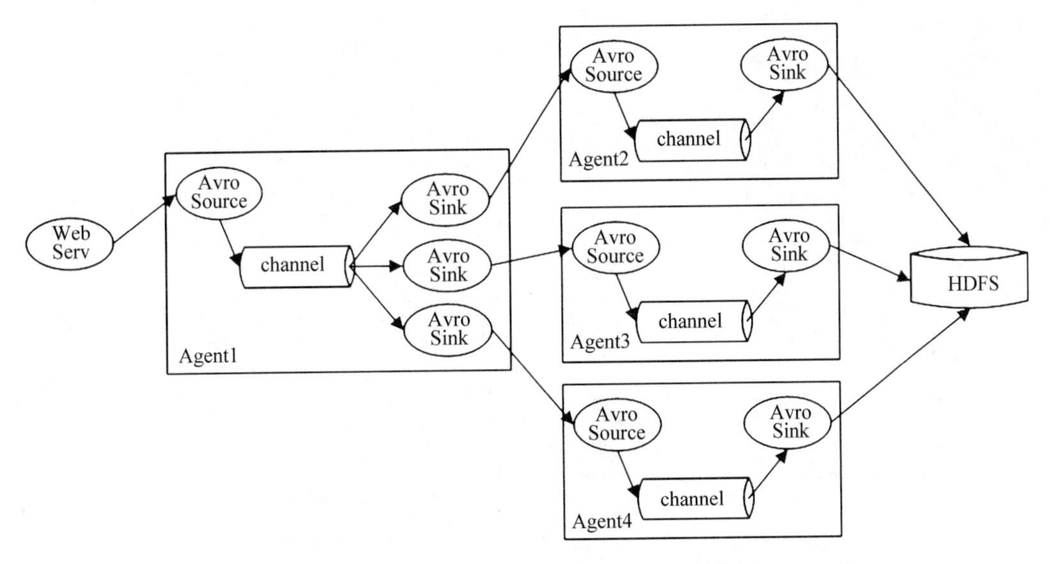

图 8-11　Load balancing sink processor 结构图

```
$ scp -r /export/servers/flume hadoop02:/export/servers/
$ scp -r /export/servers/flume hadoop03:/export/servers/
$ scp /etc/profile hadoop02:/etc/profile
$ scp /etc/profile hadoop03:/etc/profile
```

执行完上述指令后，还需要在 hadoop02 和 hadoop03 机器上执行"source /etc/profile"指令，立即刷新配置。

2. 配置 Flume 采集方案

(1) 在 hadoop01 上配置图 8-12 所示的第一级采集配置，在/export/servers/flume/conf 目录下编写采集方案 exec-avro.conf，如文件 8-2 所示。

文件 8-2　exec-avro.conf

```
1    # 配置 Load balancing sink processor 一级采集方案
2    a1.sources=r1
3    # 用空格分隔配置了两个 Sink
4    a1.sinks=k1 k2
5    a1.channels=c1
6    # 描述并配置 sources 组件(数据源类型、采集数据源的应用地址)
7    a1.sources.r1.channels=c1
8    a1.sources.r1.type=exec
9    a1.sources.r1.command=tail -F /root/logs/123.log
10   # 描述并配置 channels
11   a1.channels.c1.type=memory
12   a1.channels.c1.capacity=1000
13   a1.channels.c1.transactionCapacity=100
14   # 设置 sink1,由 hadoop02 上的 Agent 进行采集
15   a1.sinks.k1.channel=c1
```

```
16  a1.sinks.k1.type=avro
17  a1.sinks.k1.hostname=hadoop02
18  a1.sinks.k1.port=52020
19  # 设置 sink2,由 hadoop03 上的 Agent 进行采集
20  a1.sinks.k2.channel=c1
21  a1.sinks.k2.type=avro
22  a1.sinks.k2.hostname=hadoop03
23  a1.sinks.k2.port=52020
24  # 配置 Sink 组及处理器策略
25  a1.sinkgroups=g1
26  a1.sinkgroups.g1.sinks=k1 k2
27  a1.sinkgroups.g1.processor.type=load_balance
28  a1.sinkgroups.g1.processor.backoff=true
29  a1.sinkgroups.g1.processor.selector=random
30  a1.sinkgroups.g1.processor.maxTimeOut=10000
```

在文件8-2中，设置了一个名为a1的Agent，在该Agent内部设置了source. type=exec和source. command= tail -F /root/logs/123. log用来监控收集一个123. log文件的变化；然后通过sink. type为avro的sink1和sink2的Sink组，使用load_balance处理机制将sink1传送给hadoop02机器52020端口，将sink2传送给hadoop03机器52020端口进入下一阶段Agent的收集处理。

(2) 在hadoop02和hadoop03机器上针对图8-12所示的一级采集配置的两个Sink配置第二级Agent的采集方案，分别在hadoop02和hadoop03的/export/servers/flume/conf目录下编写各自的采集方案avro-logger. conf，如文件8-3和文件8-4所示。

文件8-3 avro-logger. conf

```
1   # 配置 Load balancing sink processor 二级采集方案的一个 Sink 分支
2   a1.sources=r1
3   a1.sinks=k1
4   a1.channels=c1
5   # 描述并配置 sources 组件(数据源类型、采集数据源的应用地址)
6   a1.sources.r1.type=avro
7   a1.sources.r1.bind=hadoop02
8   a1.sources.r1.port=52020
9   # 描述并配置 sinks 组件(采集后的数据流出的类型)
10  a1.sinks.k1.type=logger
11  # 描述并配置 channels
12  a1.channels.c1.type=memory
13  a1.channels.c1.capacity=1000
14  a1.channels.c1.transactionCapacity=100
15  # 将 Source 和 Sink 通过同一个 Channel 连接绑定
16  a1.sources.r1.channels=c1
17  a1.sinks.k1.channel=c1
```

文件8-4 avro-logger. conf

```
1   # 配置 Load balancing sink processor 二级采集方案的一个 sink 分支
2   a1.sources=r1
```

```
3   a1.sinks=k1
4   a1.channels=c1
5   # 描述并配置 sources 组件(数据源类型、采集数据源的应用地址)
6   a1.sources.r1.type=avro
7   a1.sources.r1.bind=hadoop03
8   a1.sources.r1.port=52020
9   # 描述并配置 sinks 组件(采集后的数据流出的类型)
10  a1.sinks.k1.type=logger
11  # 描述并配置 channels
12  a1.channels.c1.type=memory
13  a1.channels.c1.capacity=1000
14  a1.channels.c1.transactionCapacity=100
15  # 将 Source 和 Sink 通过同一个 Channel 连接绑定
16  a1.sources.r1.channels=c1
17  a1.sinks.k1.channel=c1
```

在文件 8-3 和文件 8-4 中,两个采集方案内容的唯一区别就是 source. bind 的不同,hadoop02 机器的 source. bind=hadoop02,而 hadoop03 机器的 source. bind=hadoop03。在上述两个文件中,均设置了一个名为 a1 的 Agent,在该 Agent 内部设置了 source. type=avro、source. bind = hadoop02/hadoop03 以及 source. port = 52020,特意用来对接在 hadoop01 中前一个 Agent 收集后到 Sink 的数据类型和配置传输的目标;最后,又设置了二级采集方案的 sink. type=logger,将二次收集的数据作为日志收集打印。

3. 启动 Flume 系统

有多级 Agent 传输收集数据时,需要先从最后级的 Flume 机器上启动 Flume。先分别进入 hadoop02 和 hadoop03 机器中 Flume 的解压目录,然后分别启动各自的 Flume,具体指令如下。

```
$ flume-ng agent --conf conf/ --conf-file conf/avro-logger.conf \
  --name a1 -Dflume.root.logger=INFO,console
```

在 hadoop02 和 hadoop03 机器上分别执行上述指令并启动 Flume 后,再在 hadoop01 机器的 Flume 的解压目录下启动 Flume,具体指令如下。

```
$ flume-ng agent --conf conf/ --conf-file conf/exec-avro.conf \
  --name a1 -Dflume.root.logger=INFO,console
```

在 hadoop02、hadoop03 和 hadoop01 执行完启动 Flume 的指令后,效果分别如图 8-12、图 8-13 和图 8-14 所示。

4. Flume 系统负载均衡测试

在数据顶级采集节点 hadoop01 上,重新打开或者克隆一个终端,执行如下指令。

```
$ while true; do echo "access access ..." >>/root/logs/123.log; \
  sleep 1;done
```

```
192.168.121.135 - SecureCRT
文件(F) 编辑(E) 查看(V) 选项(O) 传输(T) 脚本(S) 工具(L) 帮助(H)
192.168.121.134 | 192.168.121.135 | 192.168.121.136
nk: k1, type: logger
2018-07-20 22:32:45,600 (conf-file-poller-0) [INFO - org.apache.flume.node.AbstractConfigurationProvider.getConfiguration(AbstractConfigurationProvider.java:116)] Channel c1 connected to [r1, k1]
2018-07-20 22:32:45,615 (conf-file-poller-0) [INFO - org.apache.flume.node.Application.startAllComponents(Application.java:137)] Starting new configuration:{ sourceRunners:{r1=EventDrivenSourceRunner: { source:Avro source r1: { bindAddress: hadoop02, port: 52020 } }} sinkRunners:{k1=SinkRunner: { policy:org.apache.flume.sink.DefaultSinkProcessor@71ae0be8 counterGroup:{ name:null counters:{} } }} channels:{c1=org.apache.flume.channel.MemoryChannel{name: c1}} }
2018-07-20 22:32:45,634 (conf-file-poller-0) [INFO - org.apache.flume.node.Application.startAllComponents(Application.java:144)] Starting Channel c1
2018-07-20 22:32:45,718 (lifecycleSupervisor-1-0) [INFO - org.apache.flume.instrumentation.MonitoredCounterGroup.register(MonitoredCounterGroup.java:119)] Monitored counter group for type: CHANNEL, name: c1: Successfully registered new MBean.
2018-07-20 22:32:45,718 (lifecycleSupervisor-1-0) [INFO - org.apache.flume.instrumentation.MonitoredCounterGroup.start(MonitoredCounterGroup.java:95)] Component type: CHANNEL, name: c1 started
2018-07-20 22:32:45,723 (conf-file-poller-0) [INFO - org.apache.flume.node.Application.startAllComponents(Application.java:171)] Starting Sink k1
2018-07-20 22:32:45,724 (conf-file-poller-0) [INFO - org.apache.flume.node.Application.startAllComponents(Application.java:182)] Starting Source r1
2018-07-20 22:32:45,726 (lifecycleSupervisor-1-3) [INFO - org.apache.flume.source.AvroSource.start(AvroSource.java:234)] Starting Avro source r1: { bindAddress: hadoop02, port: 52020 }...
2018-07-20 22:32:46,192 (lifecycleSupervisor-1-3) [INFO - org.apache.flume.instrumentation.MonitoredCounterGroup.register(MonitoredCounterGroup.java:119)] Monitored counter group for type: SOURCE, name: r1: Successfully registered new MBean.
2018-07-20 22:32:46,193 (lifecycleSupervisor-1-3) [INFO - org.apache.flume.instrumentation.MonitoredCounterGroup.start(MonitoredCounterGroup.java:95)] Component type: SOURCE, name: r1 started
2018-07-20 22:32:46,200 (lifecycleSupervisor-1-3) [INFO - org.apache.flume.source.AvroSource.start(AvroSource.java:260)] Avro source r1 started.
2018-07-20 22:41:23,782 (New I/O server boss #3) [INFO - org.apache.avro.ipc.NettyServer$NettyServerAvroHandler.handleUpstream(NettyServer.java:171)] [id: 0x868bf393, /192.168.121.134:33396 => /192.168.121.135:52020] OPEN
2018-07-20 22:41:23,783 (New I/O worker #1) [INFO - org.apache.avro.ipc.NettyServer$NettyServerAvroHandler.handleUpstream(NettyServer.java:171)] [id: 0x868bf393, /192.168.121.134:33396 => /192.168.121.135:52020] BOUND: /192.168.121.135:52020
2018-07-20 22:41:23,783 (New I/O worker #1) [INFO - org.apache.avro.ipc.NettyServer$NettyServerAvroHandler.handleUpstream(NettyServer.java:171)] [id: 0x868bf393, /192.168.121.134:33396 => /192.168.121.135:52020] CONNECTED: /192.168.121.134:33396
就绪    ssh2: AES-256-CTR 28, 1 28行,153列 VT100 大写 数字
```

图 8-12 hadoop02 效果图

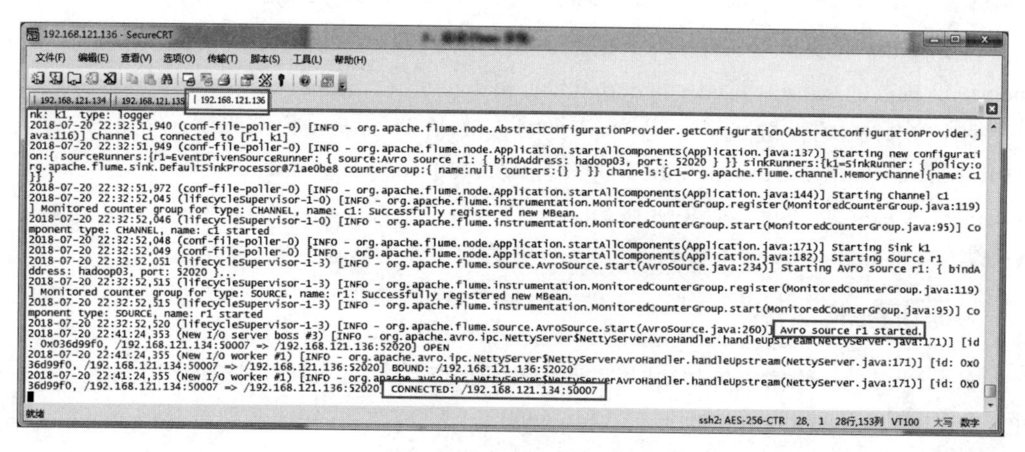

图 8-13 hadoop03 效果图

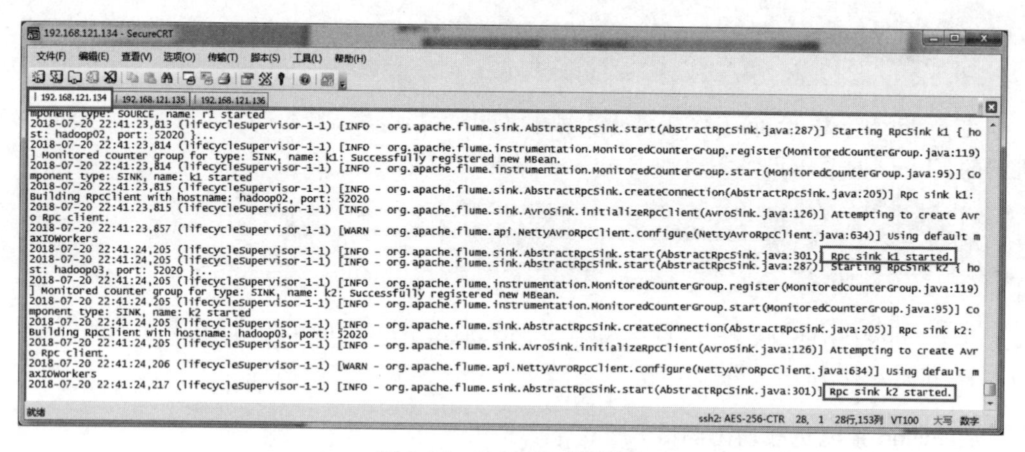

图 8-14 hadoop01 效果图

上述指令会每隔 1s 向 123.log 文件中追加内容，从而引起文件的变更，来让 Flume 采集方案生效。注意，如果/root/logs 目录不存在的话，需要提前创建。

执行完上述指令后，再次查看 hadoop02 和 hadoop03 中启动 Flume 的终端窗口，会发

现两台机器上的 Flume 系统几乎是轮流采集并打印出收集得到的数据信息，效果如图 8-15 所示。

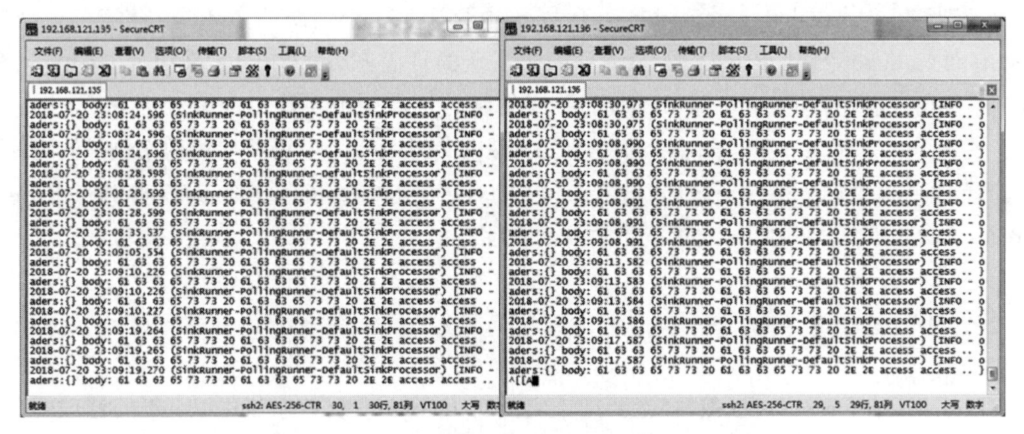

图 8-15　hadoop02 和 hadoop03 负载均衡效果图

8.4.2　故障转移

故障转移接收器处理器(Failover Sink Processor)维护一个具有优先级的 sink 列表，保证在处理 event 只要有一个可用的 sink 即可。

故障转移机制的工作原理是将故障的 sink 降级到故障池中，在池中为它们分配一个冷却期，在重试之前冷却时间会增加，当 sink 成功发送 event 后，它将恢复到活跃池中。sink 具有与之相关的优先级，数值越大，优先级越高。如果在发送 event 时 sink 发生故障，则会尝试下一个具有最高优先级的 sink 来继续发送 event。如果未指定优先级，则根据配置文件中指定 sink 的顺序确定优先级。

Failover Sink Processor 提供的配置属性，如表 8-14 所示(加粗部分为必须属性)。

表 8-14　Failover Sink Processor 属性说明

属 性 名 称	默 认 值	说　　明
sinks	—	以空格分隔的参与 sink 组的 sink 列表
processor. type	default	组件类型名必须是 failover
processor. priority. <sinkName>	—	设置 sink 的优先级取值
processor. maxpenalty	30000	失败 sink 的最大退避时间

使用 Failover Sink Processor 配置一个名称为 a1 的 Agent 示例如下。

```
a1.sinkgroups=g1
a1.sinkgroups.g1.sinks=k1 k2
a1.sinkgroups.g1.processor.type=failover
a1.sinkgroups.g1.processor.priority.k1=5
a1.sinkgroups.g1.processor.priority.k2=10
a1.sinkgroups.g1.processor.maxpenalty=10000
```

从前面 Failover Sink Processor 的相关讲解和配置示例可以看出，Failover Sink Processor 与 Load balancing sink processor 的 Flume 结构图基本一样。而这两种处理器的主要区别在于，Load balancing sink processor 中会让每一个活跃的 sink 轮流/随机地处理 event；而 Failover Sink Processor 只允许一个活跃的且优先级高的 sink 来处理 event，只有在当前 sink 故障后才会向下继续选择另一个活跃的且优先级高的 sink 来处理 event。

关于 Failover Sink Processor 的使用案例可以参考 8.4.1 中负载均衡的案例进行配置，在配置过程中只需要注意修改 processor. type = failover，同时参考 Failover Sink Processor 的属性设置即可，这里就不再演示说明了。

8.5 Flume 拦截器

Flume Interceptors(拦截器)主要用于实现对 Flume 系统数据流中 event 的修改操作。在使用 Flume 拦截器时，只需要参考官方配置属性在采集方案中选择性地配置即可，当涉及配置多个拦截器时，拦截器名称中间需要用空格分隔，并且拦截器的配置顺序就是拦截顺序。

在 Flume 1.8.0 版本中，Flume 提供并支持的 Flume 拦截器有很多，并且它们都是 org. apache. flume. interceptor. Interceptor 接口的实现类，如表 8-15 所示。

表 8-15 Flume Interceptors

Timestamp Interceptor	Host Interceptor	Static Interceptor
Remove Header Interceptor	UUID Interceptor	Morphline Interceptor
Search and Replace Interceptor	Regex Filtering Interceptor	Regex Extractor Interceptor

表 8-15 就是 Flume 1.8.0 官网文档展示的 Flume 提供支持的 Flume 拦截器，接下来，就选取常用的 Flume 拦截器进行讲解说明。

1. Timestamp Interceptor

Timestamp Interceptor(时间戳拦截器)会将流程执行的时间插入到 event 的 header 头部。此拦截器插入带有 timestamp 键(或由 header 属性指定键名)的标头，其值为对应时间戳。如果配置中已存在时间戳时，此拦截器可以保留现有的时间戳。

Timestamp Interceptor 提供的常用配置属性，如表 8-16 所示(加粗部分为必须属性)。

表 8-16 Timestamp Interceptor 属性说明

属性名称	默认值	说明
type	—	组件类型名必须是 timestamp
header	timestamp	用于放置生成的时间戳的标头的名称
preserveExisting	false	如果时间戳已存在，是否应保留，true 或 false

为名称为 a1 的 Agent 中配置 Timestamp Interceptor 的示例如下。

```
a1.sources=r1
a1.channels=c1
a1.sources.r1.channels=c1
a1.sources.r1.type=seq
a1.sources.r1.interceptors=i1
a1.sources.r1.interceptors.i1.type=timestamp
```

2. Static Interceptor

Static Interceptor(静态拦截器)允许用户将具有静态值的静态头附加到所有 event。当前实现不支持一次指定多个 header 头,但是用户可以定义多个 Static Interceptor 来为每一个拦截器都追加一个 header。

Static Interceptor 提供的常用配置属性,如表 8-17 所示(加粗部分为必须属性)。

表 8-17　Static Interceptor 属性说明

属性名称	默认值	说明
type	—	组件类型名必须是 static
preserveExisting	true	如果配置的 header 已存在,是否应保留
key	key	应创建的 header 的名称
value	value	应创建的 header 对应的静态值

为名称是 a1 的 Agent 中配置 Static Interceptor 的示例如下。

```
a1.sources=r1
a1.channels=c1
a1.sources.r1.channels=c1
a1.sources.r1.type=seq
a1.sources.r1.interceptors=i1
a1.sources.r1.interceptors.i1.type=static
a1.sources.r1.interceptors.i1.key=datacenter
a1.sources.r1.interceptors.i1.value=BEI_JING
```

3. Search and Replace Interceptor

Search and Replace Interceptor(查询和替换拦截器)基于 Java 正则表达式提供了简单的用于字符串的搜索和替换功能,同时还具有进行回溯/群组捕捉功能。此拦截器的使用与 Java Matcher. replaceAll()方法具有相同的规则。

Search and Replace Interceptor 提供的常用配置属性,如表 8-18 所示(加粗部分为必须属性)。

表 8-18 Search and Replace Interceptor 属性说明

属性名称	默认值	说明
type	—	组件类型名必须是 search_replace
searchPattern	—	要查询或替换的模式
replaceString	—	替换的字符串
charset	UTF-8	event body 的字符集,默认为 UTF-8

为名称为 a1 的 Agent 中配置 Search and Replace Interceptor 的示例如下。

```
a1.sources=r1
a1.channels=c1
a1.sources.r1.channels=c1
a1.sources.r1.type=seq
a1.sources.avroSrc.interceptors=i1
a1.sources.avroSrc.interceptors.i1.type=search_replace
# 删除 event body 中的前导字母数字字符
a1.sources.avroSrc.interceptors.i1.searchPattern=^[A-Za-z0-9_]+
a1.sources.avroSrc.interceptors.i1.replaceString=
```

本节列举了 Flume 1.8.0 版本支持的 Flume Interceptors,并对其中常用的几种 Flume Interceptors 进行了解释说明,读者还可以参考官网文档 http://flume.apache.org/FlumeUserGuide.html#flume-interceptors 学习其他所有的 Flume Interceptors 的详细说明和配置。

小提示:本节主要针对 Flume 官方提供的内置拦截器进行了讲解说明,在实际开发中,这些拦截器也许还不能满足 Flume 系统的开发需求,这时开发人员还可以通过实现 org.apache.flume.interceptor.Interceptor 接口来自定义 Flume 拦截器,在该自定义拦截器中定义相关属性和拦截方法,同时在采集方案中进行引入配置即可。关于 Flume 自定义拦截器的具体说明和使用,有兴趣的读者可以自行查询相关资料,本书就不做详细讲解了。

8.6 案例——日志采集

通过前面的学习,相信读者对 Flume 的使用已经有了一定的了解,本节就通过一个模拟日志采集的案例来演示 Flume 的基本使用。

8.6.1 案例分析

假设有一个生产场景,两台服务器 A、B 在实时产生日志数据,日志类型主要为 access.log、nginx.log 和 web.log。现需要将 A、B 两台服务器产生的日志数据 access.log、nginx.log 和 web.log 采集汇总到 C 服务器上,并统一收集上传到 HDFS 上保存,而在 HDFS 中保存日志数据的文件必须按照以下要求进行归类统计(20180723 表示收集日志数据的当前日期):

- /source/logs/access/20180723/**

- /source/logs/nginx/20180723/**
- /source/logs/web/20180723/**

通过前面介绍的需求说明，并结合之前已学的 Flume 的相关知识，可以对该案例进行分析并得到如下结果。

（1）从“将 A、B 两台服务器的日志数据采集到 C 服务器，并上传到 HDFS 上保存”这样的需求可知，该案例可以使用 Flume 和 Hadoop 技术相结合来实现。在 A、B 两台机器上使用 Flume 收集日志数据，然后汇总到另一台安装 Flume 系统的 C 机器上，并最终结合 Hadoop 集群，将日志数据上传到 HDFS 上。

（2）从“在 HDFS 中日志文件按照指定格式归类统计”这样的需求可知，单纯按照传统的 Flume 数据采集汇总后无法得知日志数据类型，所以这里可以借助于 Flume 提供的拦截器对收集的文件进行标记，这样在后续数据接收上传的时候就可以根据标记进行文件类型的区分了。

接下来，就通过前面的案例分析使用一张日志数据采集流程图，来展示本次日志采集案例的实现流程，如图 8-16 所示。

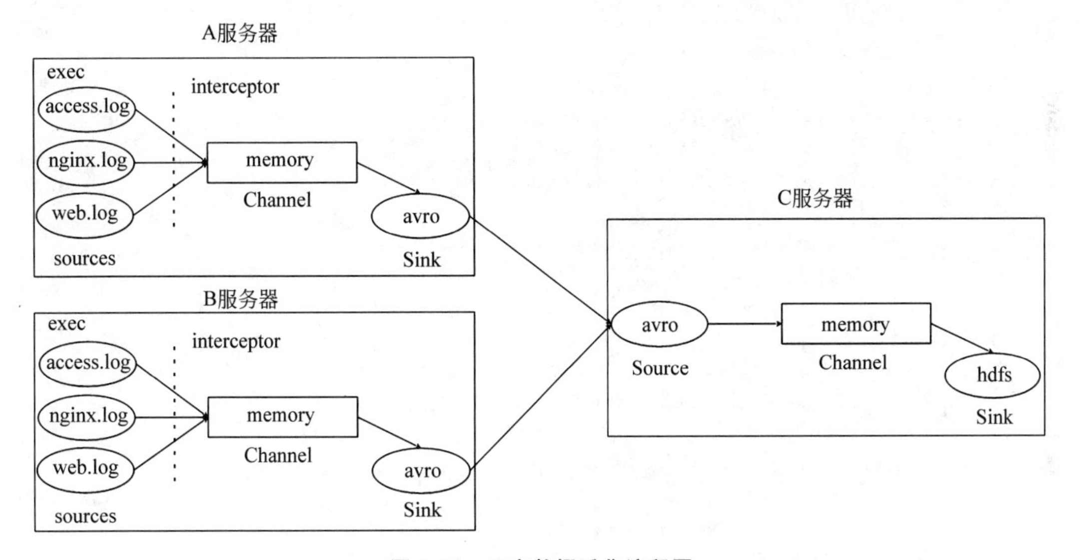

图 8-16　日志数据采集流程图

8.6.2　案例实现

在完成对日志采集案例的分析后，接下来就通过图 8-16 所示的日志采集流程图来实现具体的案例，案例具体实现步骤如下。

1. 服务系统搭建与配置

根据案例需求要启动 3 台服务器，并且同时搭建 Flume 系统和 Hadoop 集群，此次演示就仍以前面学习过程中搭建的 hadoop01、hadoop02 和 hadoop03 虚拟机作为本次案例实现的主机。

其中，在 hadoop01、hadoop02 和 hadoop03 这 3 台机器上已经安装过 Flume 系统和 Hadoop 集群了，此处就不再演示说明了。另外，根据流程图，此案例将 hadoop02 和

hadoop03分别作为A服务器和B服务器进行第一阶段的日志数据采集，将hadoop01作为C服务器进行日志数据的汇总并上传至HDFS。

2. **配置采集方案**

(1) 在hadoop02和hadoop03各自机器的/export/servers/flume/conf目录下编写同样的日志采集方案exec-avro_logCollection.conf，如文件8-5所示。

文件8-5 exec-avro_logCollection.conf

```
1  # 配置Agent组件
2  # 用3个Source采集不同的日志类型数据
3  a1.sources=r1 r2 r3
4  a1.sinks=k1
5  a1.channels=c1
6  # 描述并配置第一个sources组件(包括自带的静态拦截器)
7  a1.sources.r1.type=exec
8  a1.sources.r1.command=tail -F /root/logs/access.log
9  a1.sources.r1.interceptors=i1
10 a1.sources.r1.interceptors.i1.type=static
11 a1.sources.r1.interceptors.i1.key=type
12 a1.sources.r1.interceptors.i1.value=access
13 # 描述并配置第二个sources组件(包括自带的静态拦截器)
14 a1.sources.r2.type=exec
15 a1.sources.r2.command=tail -F /root/logs/nginx.log
16 a1.sources.r2.interceptors=i2
17 a1.sources.r2.interceptors.i2.type=static
18 a1.sources.r2.interceptors.i2.key=type
19 a1.sources.r2.interceptors.i2.value=nginx
20 # 描述并配置第三个sources组件(包括自带的静态拦截器)
21 a1.sources.r3.type=exec
22 a1.sources.r3.command=tail -F /root/logs/web.log
23 a1.sources.r3.interceptors=i3
24 a1.sources.r3.interceptors.i3.type=static
25 a1.sources.r3.interceptors.i3.key=type
26 a1.sources.r3.interceptors.i3.value=web
27 # 描述并配置Channel
28 a1.channels.c1.type=memory
29 a1.channels.c1.capacity=2000000
30 a1.channels.c1.transactionCapacity=100000
31 # 描述并配置Sink
32 a1.sinks.k1.type=avro
33 a1.sinks.k1.hostname=hadoop01
34 a1.sinks.k1.port=41414
35 # 将Source、Sink与Channel进行关联绑定
36 a1.sources.r1.channels=c1
37 a1.sources.r2.channels=c1
38 a1.sources.r3.channels=c1
39 a1.sinks.k1.channel=c1
```

在文件8-5中，设置了一个名为a1的Agent，在该Agent内部设置了3个Source来采

集不同类型的日志数据；然后针对这 3 个 Source 进行分别配置，在配置 Source 时，通过 source. command = tail -F /root/logs/xxx. log 用来监控收集某个日志文件的变化，同时还配置了 Flume 静态拦截器，用来向 event header 中添加静态值 xxx(日志文件类型，如 type：web)；最后，将收集到的数据以 avro sink 形式传输给 hadoop01 机器的 41414 端口应用，让下一阶段 Agent 的再次收集处理。

(2) 在 hadoop01 机器的/export/servers/flume/conf 目录下编写第二级日志采集方案 avro-hdfs_logCollection. conf，如文件 8-6 所示。

文件 8-6　avro-hdfs_logCollection. conf

```
1   # 配置 Agent 组件
2   a1.sources=r1
3   a1.sinks=k1
4   a1.channels=c1
5   # 描述并配置 sources 组件
6   a1.sources.r1.type=avro
7   a1.sources.r1.bind=hadoop01
8   a1.sources.r1.port=41414
9   # 描述并配置时间拦截器,用于后续%Y%m%d 获取时间
10  a1.sources.r1.interceptors=i1
11  a1.sources.r1.interceptors.i1.type=timestamp
12  # 描述并配置 Channel
13  a1.channels.c1.type=memory
14  a1.channels.c1.capacity=20000
15  a1.channels.c1.transactionCapacity=10000
16  # 描述并配置 Sink
17  a1.sinks.k1.type=hdfs
18  a1.sinks.k1.hdfs.path=hdfs://hadoop01:9000/source/logs/%{type}/%Y%m%d
19  a1.sinks.k1.hdfs.filePrefix=events
20  a1.sinks.k1.hdfs.fileType=DataStream
21  a1.sinks.k1.hdfs.writeFormat=Text
22  # 生成的文件不按条数生成
23  a1.sinks.k1.hdfs.rollCount=0
24  # 生成的文件不按时间生成
25  a1.sinks.k1.hdfs.rollInterval=0
26  # 生成的文件按大小生成
27  a1.sinks.k1.hdfs.rollSize=10485760
28  # 批量写入 HDFS 的个数
29  a1.sinks.k1.hdfs.batchSize=20
30  # Flume 操作 HDFS 的线程数(包括新建、写入等)
31  a1.sinks.k1.hdfs.threadsPoolSize=10
32  # 操作 HDFS 的超时时间
33  a1.sinks.k1.hdfs.callTimeout=30000
34  # 将 Source、Sink 与 Channel 进行关联绑定
35  a1.sources.r1.channels=c1
36  a1.sinks.k1.channel=c1
```

在文件 8-6 中，为名为 a1 的 Agent 配置了一个 HDFS sink 用于将采集数据上传到 HDFS 中。其中，“hdfs. path＝hdfs：//hadoop01：9000/source/logs/％{type}/％Y％m％d”

用于指定采集数据的上传路径，%{type}可以用于获取之前使用拦截器在 event header 中设置的 value 值，%Y%m%d 用于获取系统当前日期，为了保证%Y%m%d 可以正常获取日期，在该 Agent 中配置了 Timestamp 拦截器。关于文件中 HDFS sink 的其他相关配置，读者可以查看注释说明，也可以查阅官方文档说明。

小提示：在编写 Flume 日志采集方案时，要根据实际开发需求选择合适的 channel 类型，并配置合理的内存、事务等容量大小，然后不断地进行测试调优，否则在启动 Flume 进行日志采集时会感觉效率低下，甚至是会出现系统内存异常等问题。

3. 启动日志采集系统

（1）在 Hadoop 集群主节点 hadoop01 机器上启动 Hadoop 集群。可以通过执行 start-dfs.sh 和 start-yarn.sh 指令来分别启动 HDFS 和 YARN，然后使用 jps 指令在每一台集群节点上查看 Hadoop 集群启动效果。

（2）先在配置有 Flume 的 hadoop01 机器上启动 Flume 系统，然后再在 hadoop02 和 hadoop03 机器上分别启动 Flume 系统。

进入 hadoop01 的 Flume 解压目录下执行如下指令：

```
$ flume-ng agent -c conf/ -f conf/avro-hdfs_logCollection.conf \
  --name a1 -Dflume.root.logger=INFO,console
```

再进入 hadoop02 和 hadoop03 的 Flume 解压目录下分别执行如下指令：

```
$ flume-ng agent -c conf/ -f conf/exec-avro_logCollection.conf \
  --name a1 -Dflume.root.logger=INFO,console
```

在 hadoop01、hadoop02 和 hadoop03 机器上分别启动 Flume 系统后，查看 hadoop01 界面启动 Flume 效果，如图 8-17 所示。

从图 8-17 可以看出，hadoop01 机器上的 Flume 已经启动并且连接到了 hadoop02 和 hadoop03 机器上的 Flume 系统。

（3）为了演示日志采集案例的实验效果，在 hadoop02 和 hadoop03 机器上分别克隆/新建 3 个会话窗口，并且在打开的 3 个窗口中分别执行如下指令，用来生产日志数据。

```
$ while true; do echo "access access ..." >>/root/logs/access.log ; \
  sleep 1;done
$ while true; do echo "nginx nginx ..." >>/root/logs/nginx.log ; \
  sleep 1;done
$ while true; do echo "web web ..." >>/root/logs/web.log ; \
  sleep 1;done
```

在执行上述指令时，如果 logs 目录不存在，则需要提前创建。在 3 个窗口中分别执行上述指令后，会不断循环产生数据，为了后续更好的查看效果，执行一会后就可以直接关停上述 3 个指令。

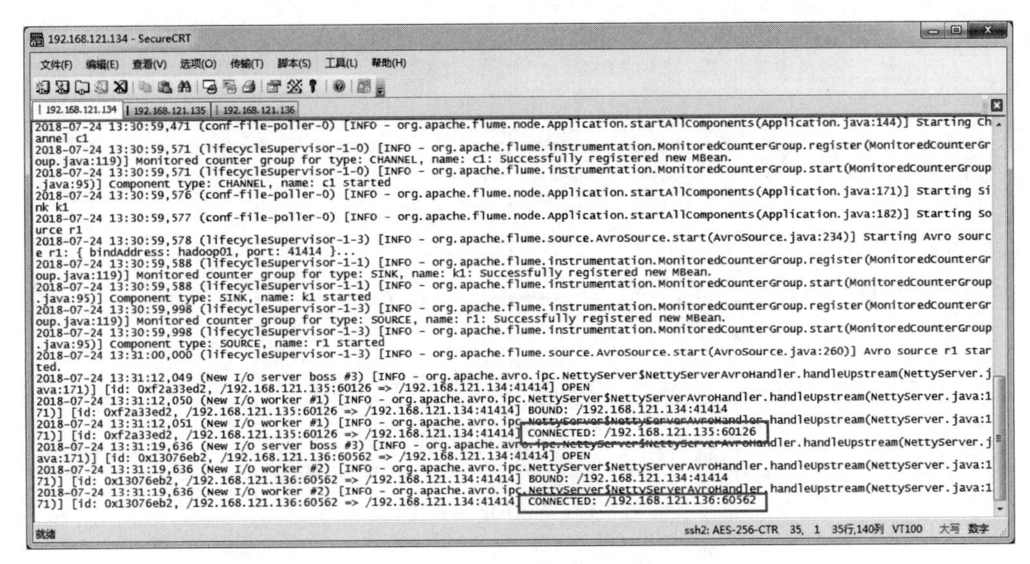

图 8-17 Flume 系统启动效果图

4. 日志采集系统测试

(1) 在执行完上一步的 while 循环不断模拟生成日志数据后，可以再次查看 hadoop01 机器会话窗口信息，如图 8-18 所示。

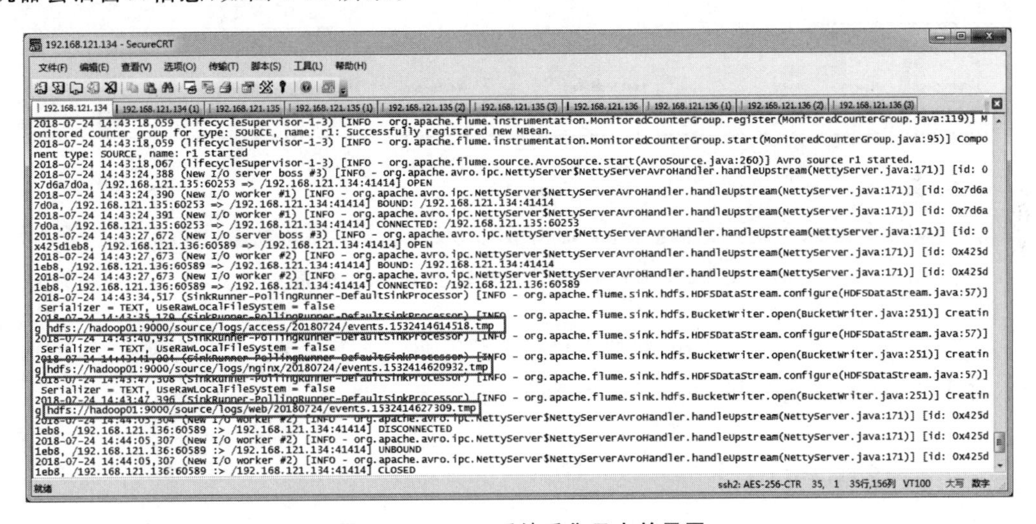

图 8-18 Flume 系统采集日志效果图

从图 8-18 可以看出，hadoop01 机器上的 Flume 系统已经正确汇总了来自 hadoop02 和 hadoop03 机器上采集的数据并上传到了 HDSF 上。

(2) 通过浏览器输入地址 http://hadoop01:50070(集群 IP/主机名+端口)进入到 Hadoop 集群 UI，效果如图 8-19 所示。

从图 8-19 可以看出，Hadoop 集群下已经新添加了一个 Source 目录。单击进入 Source 目录内部文件存储结构，效果如图 8-20 所示(以 access.log 文件为例进行展示)。

Permission	Owner	Group	Size	Last Modified	Replication	Block Size	Name
drwxr-xr-x	root	supergroup	0 B	2018/4/17 上午6:13:45	0	0 B	a2
drwxr-xr-x	root	supergroup	0 B	2018/4/17 下午8:59:42	0	0 B	data
-rw-r--r--	root	supergroup	5 B	2018/4/17 上午3:44:26	3	128 MB	hdfs-java
drwxr-xr-x	root	supergroup	0 B	2018/4/22 下午12:41:58	0	0 B	hivedata
drwxr-xr-x	root	supergroup	0 B	2018/4/17 下午5:22:34	0	0 B	input
-rw-r--r--	root	supergroup	7.83 KB	2018/4/18 上午1:33:00	3	128 MB	install.log
drwxr-xr-x	root	supergroup	0 B	2018/4/20 上午1:16:42	0	0 B	outputdir
drwxr-xr-x	root	supergroup	0 B	2018/7/24 下午2:43:37	0	0 B	source
drwxr-xr-x	root	supergroup	0 B	2018/4/22 下午4:29:01	0	0 B	stu

图 8-19　Hadoop 集群 UI

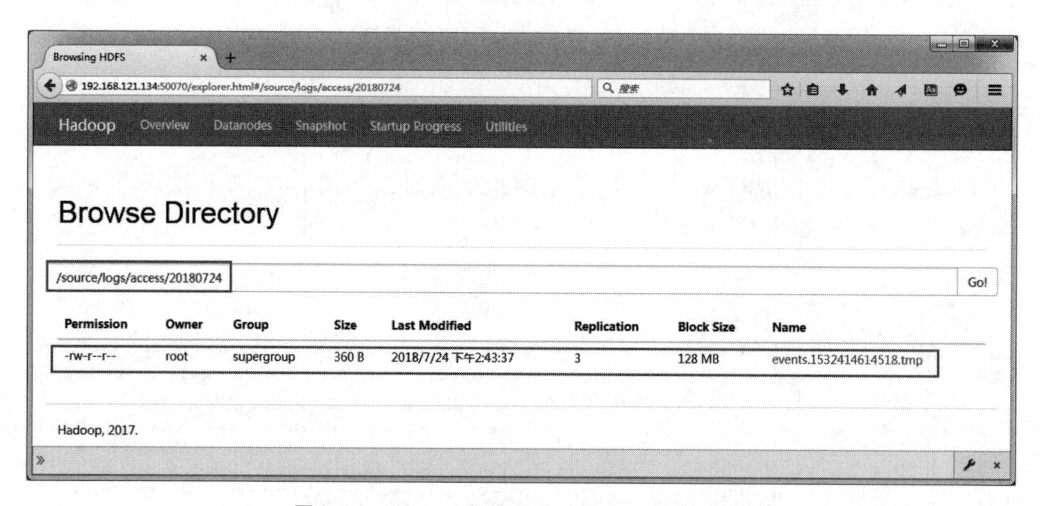

图 8-20　Hadoop 集群采集日志数据存储效果

从图 8-20 可以看出，Hadoop 集群下已经按照案例需求正确保存了日志文件。此时，还可以将保存的文件进行下载，查看采集的具体数据内容。

8.7　本章小结

本章详细讲解了 Hadoop 生态圈中的 Flume(日志采集系统)的基本知识。首先讲解了 Flume 的概念、运行机制和结构图；然后，通过一个入门案例讲解了 Flume 的安装配置和基本使用，并对 Flume 入门案例中涉及的采集方案进行了详细讲解；接着，对 Flume 提供的可靠性保证——负载均衡和故障转移分别进行了演示说明；最后，通过一个具体的日志采集案例演示了 Flume 配合 Hadoop 集群的基本使用。通过本章的学习，读者可以对 Flume 有一定的认识，能够掌握 Flume 的基本配置和使用，并能够使用 Flume 进行基本的实际开发。

8.8 课后习题

一、填空题

1. Flume分为两个版本，分别是________和________。

2. Flume的核心是把数据从数据源通过________收集过来，再将收集的数据通过________汇集到指定的________。

3. Flume采用三层架构，分别为________、________和________，每一层均可以水平扩展。

4. Flume的负载均衡接收器处理器支持使用________和________机制进行流量分配，其默认选择机制为________。

二、判断题

1. Flume Agent是一个JVM进程，它承载着数据从外部源流向下一个目标的三个核心组件是Source、Channel和Sink。 ( )

2. Taildir Source用于观察指定的文件，可以实时监测到添加到每个文件的新行，如果文件正在写入新行，则此采集器将重试采集它们以等待写入完成。 ( )

3. Flume采集方案的名称、位置以及sources、channels、sinks参数配置信息可以任意定义。 ( )

4. 在整个数据传输的过程中，Flume将流动的数据封装到一个event(事件)中，它是Flume内部数据传输的基本单元。 ( )

三、选择题

下面说法错误的是(多选)( )。

A. 在一个Agent中，同一个Source可以有多个Channel

B. 在一个Agent中，同一个Sink可以有多个Channel

C. 在一个Agent中，同一个Source只能有1个Channel

D. 在一个Agent中，同一个Sink只能有1个Channel

四、简答题

简述Flume的工作原理。

第 9 章 工作流管理器(Azkaban)

学习目标

- 了解 Azkaban 的结构。
- 掌握 Azkaban 的部署。
- 熟悉 Azkaban 的基本使用。

无论是在业务开发还是在大数据开发中,工作流管理都是必不可少的,在初期可以使用 Linux 自带的 crontab 工具来定时调度任务,但是当业务规模变大并且需要可视化监控任务执行的时候,crontab 显然已经满足不了需求。为此,针对这种多任务、可视化调度的调度管理需求,Apache 以及其他组织提供了一系列工作流管理器。本章对这些涉及大数据开发过程中的工作流管理器进行介绍,并选取其中常用的 Azkaban 进行详细讲解,让读者深入理解 Azkaban 的基本使用。

9.1 工作流管理器概述

9.1.1 工作流调度系统背景

一个完整的数据分析系统(业务系统)通常都是由大量任务单元组成,如 Shell 脚本程序、Java 程序、MapReduce 程序和 Hive 脚本等。各任务单元之间存在时间先后及依赖关系,为了将这复杂的执行计划组织起来,需要一个工作流调度系统来调度执行。在没有工作流管理器之前,可以使用 Linux 自带的 crontab 工具来定时调度任务,但是它存在如下几个问题。

(1) 大量的 crontab 任务需要管理;

(2) 任务没有按时执行,各种原因失败,需要重试;

(3) 多服务器环境下,crontab 分散在很多集群上,查看日志就很费时间。

正是由于上述需求以及 crontab 的功能不足,为了更好地管理和组织这样复杂的执行任务,就需要工作流管理器来对任务进行调度执行。

9.1.2 常用工作流管理器介绍

针对这种多任务、可视化调度的调度需求,Apache 以及其他组织提供了一系列工作流管理器,包括 Oozie、Azkaban、Zeus、Dagobah、Luigi、Pinball 和 Airflow 等。

接下来,就选取其中常用的、知名的工作流管理器进行简单介绍。

1. Oozie

Oozie是Apache旗下的用于管理Hadoop任务的工作流/协调系统。Oozie工作流中拥有多个Action,如Hadoop Map/Reduce job和Hadoop Pig job等,所有的Action以有向无环图(Direct Acyclic Graph,DAG)的模式部署运行。

Oozie工作流管理器的优点是与Hadoop生态圈紧密结合,提供了诸多配置和功能,可以很好地实现Hadoop工作任务管理;缺点是Oozie通过大量的XML文件来定义DAG依赖,导致了Oozie的功能和配置过于复杂,维护成本较高,且不易二次开发。

2. Azkaban

Azkaban是由LinkedIn公司开源的一个批量工作流任务调度器,用于在一个工作流内以一个特定的顺序运行一组工作和流程。Azkaban定义了一种KV文件格式来建立任务之间的依赖关系,并提供一个易于使用的UI维护和跟踪工作流。

Azkaban也属于Hadoop生态圈,它是通过较为简单的properties文件来定义DAG依赖的,同时Azkaban支持可插拔的扩展插件,方便扩展,如支持pid、hive等。

Azkaban工作流管理器的特点是所有的任务资源文件都需要打成一个zip包上传。当资源文件较大的时候不是太方便,当然也可以进行扩展,如存放在HDFS上,任务实际运行的时候才拉到本地。

3. Zeus

Zeus是Alibaba开源的一个完整的Hadoop的作业平台,用于从Hadoop任务的调试运行到生产任务的周期调度管理。

Zeus支持任务执行的整个生命周期。从功能上来说,包括支持:

(1) Hadoop MapReduce任务的调试运行;

(2) Hive任务的调试运行;

(3) Shell任务的运行;

(4) Hive元数据的可视化查询与数据预览;

(5) Hadoop任务的自动调度;

(6) 完整的文档管理。

需要说明的是Zeus是针对Hadoop集群任务定制的,通用性不强。Zeus在Github上线时受到青睐,但是由于长期缺乏维护更新,时隔两年,依然仅支持Hadoop 1.x版本,后期的Zeus版本也不再开源了。

9.2 Azkaban概述

通过前面的学习,已经对工作流管理器产生的背景以及常用工作流管理器有了一定的了解。相对于Apache Oozie工作流管理器,Azkaban的功能可能不是那么完善,但是Azkaban的使用和配置相对简单,且易于二次开发,所以对于工作调度功能要求不是很高的开发者来说,使用Azkaban工作流管理器显然更加合适,接下来本节就对Azkaban进行更详细的讲解。

9.2.1 Azkaban特点

Azkaban是LinkedIn公司创建的批处理工作流作业调度程序，用于运行Hadoop作业。Azkaban通过作业依赖性解决业务调度顺序，并提供易于使用的UI来维护和跟踪工作流程，其主要特点如下。

(1) 兼容任何版本的Hadoop；

(2) 易于使用的Web UI；

(3) 简单的Web和HTTP工作流上传；

(4) 支持工作流定时调度；

(5) 支持模块化和可插入；

(6) 支持身份验证和授权；

(7) 支持用户操作跟踪；

(8) 提供有关失败和成功的电子邮件提醒；

(9) 提供SLA警报和自动查杀功能。

上面介绍了Azkaban的主要特点，在后续学习和实际开发中，读者就会体验到这些功能特色，这里就不再详细说明了。

9.2.2 Azkaban组成结构

Azkaban工作流管理器由3个核心部分组成，具体如下。

(1) Relational Database(关系数据库MySQL)；

(2) Azkaban Web Server(Web服务器)；

(3) Azkaban Executor Server(执行服务器)。

这3个核心部分的关联关系如图9-1所示。

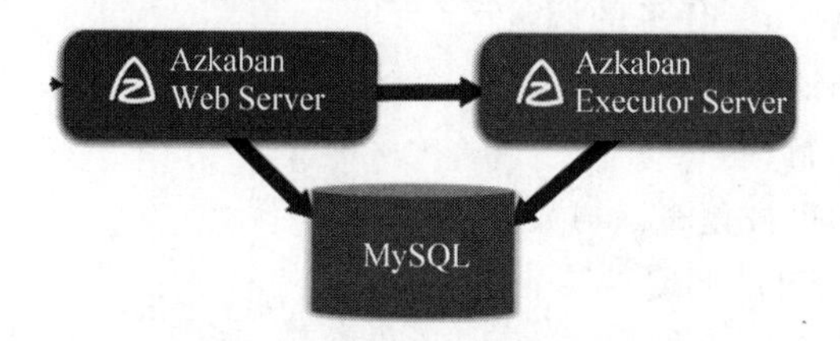

图9-1 Azkaban核心部分关系图

接下来，就分别对Azkaban工作流管理器中的3个核心部分进行说明。

1. Relational Database(MySQL)

Azkaban通常使用MySQL关系数据库进行数据存储，Azkaban Web Server和Azkaban Executor Server都会访问该关系数据库。

2. Azkaban Web Server

Azkaban Web Server是所有Azkaban的主要管理者，它用于处理项目管理、身份验证、调度程序和执行监视，同时还可以用作UI。

3．Azkaban Executor Server

Azkaban Executor Server 主要用于处理工作流和 jobs 作业任务的实际执行。在最初的 Azkaban 版本中，Azkaban Web Server 和 Azkaban Executor Server 是自动部署在同一服务器中的，后来由于功能需求和扩展，将 Executor 分成了自己独立的服务器。

9.2.3　Azkaban 部署模式

作为 Hadoop 生态圈的一部分，随着大数据开发的普及以及工作流管理器的需求，Azkaban 也受到了越来越多开发者的使用，因此 Azkaban 版本也在持续更新、改进中。在本书的编写过程中，Azkaban 已经更新到了 3. x 版本，最新的为 Azkaban 3. 50. 0，本书也将使用最新的 Azkaban 3. 50. 0 来讲解 Azkaban 安装和使用。

在 3. x 版本中，Azkaban 提供 3 种部署模式：轻量级的 solo server mode(独立服务器模式)、重量级的 two server mode(双服务器模式)和 distributed multiple-executor mode(分布式多执行器模式)。接下来，针对这 3 种部署模式进行简要说明，具体如下。

1．solo server mode

在独立服务器模式下，使用的数据库是内嵌的 H2，并且 Web Server(Web 服务器)和 Executor Server(执行服务器)都在同一进程中运行。如果只想尝试一下 Azkaban 的使用，或者是很小规模的测试使用，这种部署模式还是可行的。

2．two server mode

双服务器模式适用于比较复杂的生产环境，它的数据库会由具有主从设置的 MySQL 实例提供支持。其中，Web 服务器和执行服务器应在不同的进程中运行，以便升级和维护过程中不影响用户。

3．distributed multiple-executor mode

分布式多执行器模式适用于特别复杂的生产环境，它的数据库同样应该由具有主从设置的 MySQL 实例支持。理想情况下，Web 服务器和执行服务器应在不同的主机中运行，以便升级和维护不影响用户。这种分布式多主机设置的模式为 Azkaban 带来了强大且可扩展的性能。

上面对 Azkaban 3. x 版本中提供的 3 种部署模式进行了介绍，在实际开发中，更多接触使用、使用部署也较为方便的则是第二种部署模式——two server mode，所以在接下来的章节中，将对该种部署模式进行详细讲解，其他模式的部署方式可以参考官网文档，具体地址为 https://azkaban. github. io/azkaban/docs/latest/。

小提示：在 9.2.3 节讲解 Azkaban 部署模式时，提到了不同模式下使用的数据库，分别有 H2 和 MySQL。需要说明的是，H2 是 Azkaban 内嵌的数据库，推荐在 solo server mode 下使用；而 MySQL 是 Azkaban 到目前为止支持的唯一外部数据库，也更推荐在 two server mode 和 distributed multiple-executor mode 下使用。关于其他类型的数据库，最新的官网声明中已经说明还在持续探讨和研发中，以后的版本中预计将会支持更多的数据库。

9.3 Azkaban部署

通过前面的学习，已经对Azkaban有了一定的认识，并且知道了Azkaban的部署模式。接下来，本节就使用双服务器模式针对Azkaban的安装部署进行详细的讲解。

9.3.1 Azkaban资源准备

不同于其他软件，Azkaban官方并没有提供Linux系统的编译安装包，这个完全需要读者自己根据需求在官网选择指定版本的Azkaban源文件，然后进行编译打包。所以，在进行Azkaban安装配置之前，必须根据需要选择指定的版本进行下载并编译。

需要说明的是，Azkaban编译构建需要使用Gradle工具(Linux下运行Gradle包装器指令gradlew时会自动下载)，并且Azkaban 3.x需要Java 8或更高版本。

接下来，就选取最新版本的Azkaban 3.50.0，在之前搭建的hadoop01机器上(因为该机器属于Linux系统，并且前面学习过程中已经安装过JDK 1.8，满足Azkaban 3.x的编译需求)来演示如何进行Azkaban资源准备工作。

1. 下载Azkaban源文件

Azkaban最新源文件地址为https://github.com/azkaban/azkaban，读者可以使用Git工具拉取或者直接下载zip压缩包。同样，也可以通过Azkaban提供的最近所有版本源文件地址https://github.com/azkaban/azkaban/releases来获取指定版本的源文件压缩包。

这里，选择打开https://github.com/azkaban/azkaban/releases进行源文件压缩包下载，效果如图9-2所示。

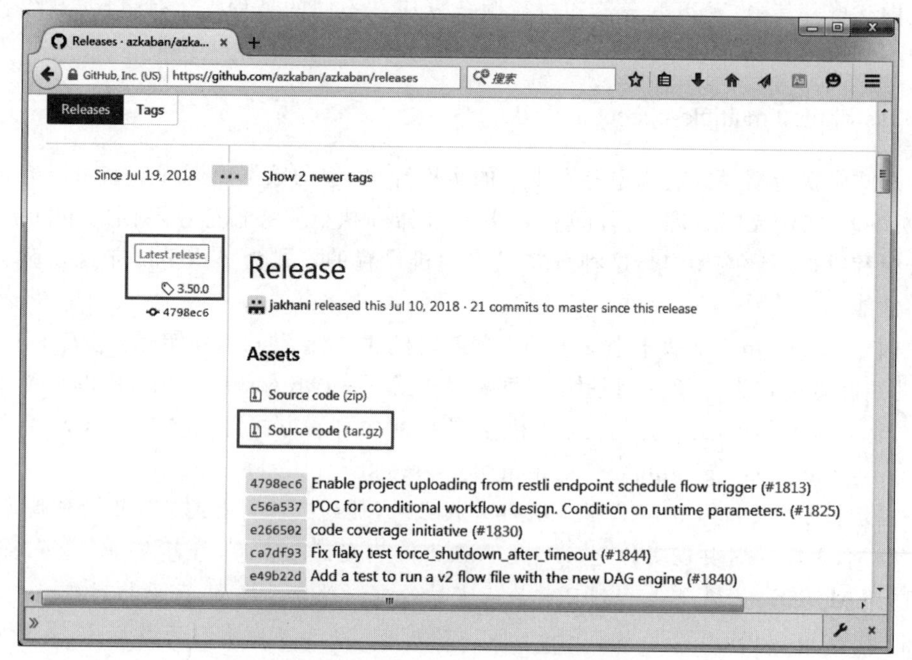

图9-2 Azkaban 3.50.0源文件下载

从图 9-2 可以看出,Azkaban 的最新版本为 3.50.0,后续学习过程中也将使用该版本进行演示说明。接着,可以选择下载 Linux 系统下的源代码的 tar.gz 压缩包。下载成功后,将会得到一个 azkaban-3.50.0.tar.gz 文件。

2. Azkaban 源文件编译

将下载后的 Azkaban 源文件压缩包 azkaban-3.50.0.tar.gz 上传到 hadoop01 机器上的/export/software 目录下,然后对该源文件进行解压,具体指令如下。

```
$ tar -zxvf azkaban-3.50.0.tar.gz
```

执行上述指令后,进入解压后的 azkaban-3.50.0 文件夹目录,接着直接使用如下指令对 Azkaban 源文件进行编译(注意,编译过程中可能需要 Git 工具下载相关文件,CentOS 上可以使用 yum -y install git 指令安装 Git)。

```
$ ./gradlew build -x test
```

上述指令会跳过 Azkaban 源文件的测试类部分进行自动编译构建(使用./gradlew build 指令会对整个源文件全部进行编译),整个过程需要联网,如果网络不好会非常耗时,连接中断时需要多次重试。

执行上述指令进行编译,经过一段时间后必须看到 BUILD SUCCESSFUL 信息才可确定 Azkaban 源文件编译成功,效果如图 9-3 所示。

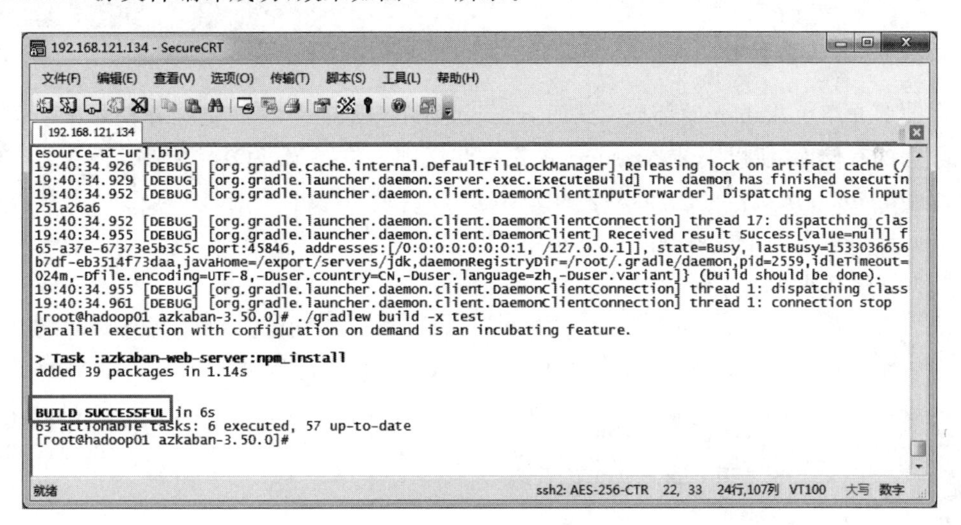

图 9-3　Azkaban 编译效果

3. Azkaban 安装包获取

Azkaban 源文件编译成功后,会在解压目录下各自 azkaban-*/build/distributions 目录下生成基于 Windows 和 Linux 的安装包文件。这里以 azkaban-exec-server 执行器项目为例进行演示查看,在 Azkaban 解压目录下,进入 azkaban-exec-server/build/distributions

目录查看，效果如图 9-4 所示。

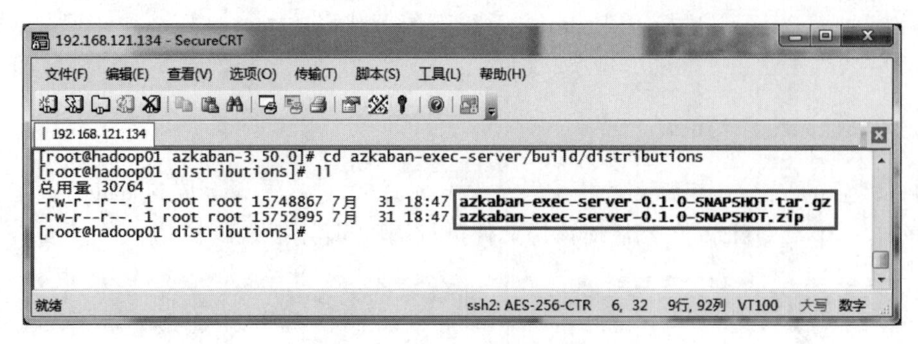

图 9-4 Azkaban 编译安装包

在后续 Azkaban 安装配置过程中，只需要解压包下 azkaban-db、azkaban-exec-server、azkaban-web-server 和 azkaban-solo-server 文件内的安装包即可。

注意，Azkaban 源文件的编译过程需要较好的网络环境，并且较为耗时，所以本教材资源中会提供已经编译好的 Azkaban 3.50.0 版本的安装包文件。

9.3.2 Azkaban 安装配置

在准备好 Azkaban 安装包后，就可以正式进行 Azkaban 的安装配置了。接下来，为了后续安装后的 Azkaban 方便调用 Hive，本节仍在当前 hadoop01 机器上针对 Azkaban 的安装配置进行详细的讲解，具体步骤如下。

1. MySQL 安装配置

在前面介绍 Azkaban 的部署模式时，已经讲解了双服务器模式更推荐使用 MySQL 作为元数据的存储库，所以安装 Azkaban 的第一步必须安装好 MySQL 数据库，而在之前的学习过程中 hadoop01 机器上已经安装过 MySQL 数据库了(没有安装 MySQL 的自行查阅进行安装)，所以剩下的工作就是配置 Azkaban。

(1) 创建 Azkaban 数据库及用户。

先在 hadoop01 机器上通过“mysql -u root -p”指令连接到已安装的 MySQL 数据库，然后创建一个存储 Azkaban 相关数据的数据库 azkaban，具体指令如下。

```
$ mysql -uroot -p
mysql>CREATE DATABASE azkaban;
```

创建 azkaban 数据库成功后，还可以为该数据库专门创建和分配具有执行权限的新用户，这里就不做演示说明了，后续将一直使用 root 用户进行操作。

另外，由于在默认配置下，MySQL 会根据配置文件限制接收数据包的大小，则可以通过配置属性 max_allowed_packet，将允许数据包大小设置为更高的值，如 1024MB。这里以 Linux 系统为例，在 hadoop01 机器上，克隆一个会话窗口，编辑/etc/my.cnf 文件，在该文件中添加 max_allowed_packet 属性来设置大小，效果如图 9-5 所示。

执行上述配置后，必须使用“sudo /sbin/service mysqld restart”指令重启 MySQL

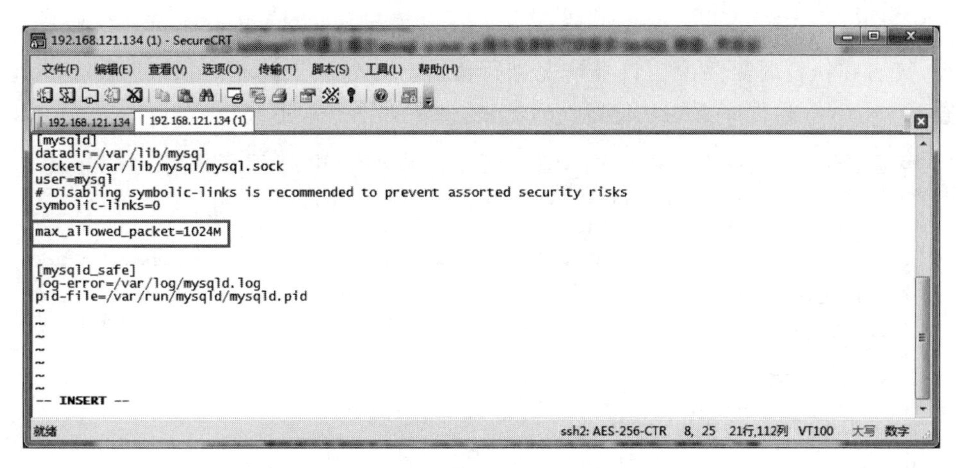

图 9-5　MySQL 数据库允许数据包大小设置

服务。

(2) Azkaban 数据库表初始化。

完成上述 MySQL 的安装配置以后,接下来,就需要使用前面编译生成的 db 脚本文件对 azkaban 数据库表进行初始化。

先对 9.3.1 节编译生成的 azkaban-db-0.1.0-SNAPSHOT.tar.gz 文件进行解压(所有编译的压缩文件均在源文件解压包下的 azkaban-*/build/distributions 目录中);然后进入解压后的目录,在该解压目录下有一个 create-all-sql-*.sql 的脚本执行文件,通过该文件可以对所有的 sql 脚本文件进行 azkaban 数据库初始化,其具体效果如图 9-6 所示。

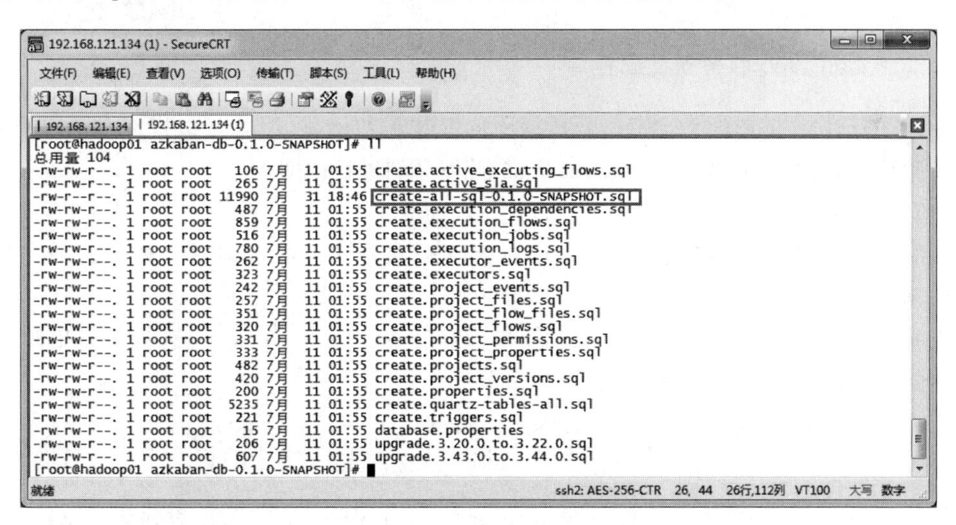

图 9-6　azkaban 数据库初始化脚本文件

接着,进入之前创建的 azkaban 数据库,使用 source 命令导入 create-all-sql-*.sql 数据库初始化脚本文件,具体指令如下。

```
mysql> source /export/software/azkaban-3.50.0/azkaban-db/build/distributions/
azkaban-db-0.1.0-SNAPSHOT/create-all-sql-0.1.0-SNAPSHOT.sql
```

上述指令中，source后是要导入执行的create-all-sql-＊.sql数据库初始化脚本文件绝对路径，读者在执行时需要根据自身情况进行修改。执行完上述指令后，使用show tables指令查看azkaban数据库下初始化成功后的表，效果如图9-7所示。

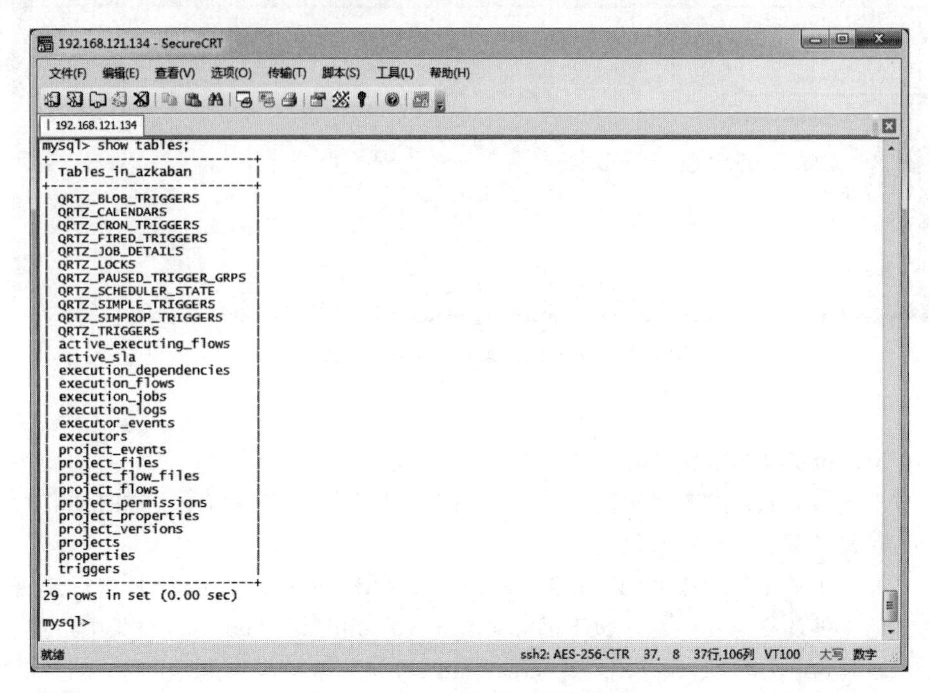

图9-7 azkaban数据库初始化表

2. Azkaban Web服务安装配置

完成Azkaban依赖的MySQL元数据库的安装和初始化后，就可以进入双服务器模式的安装阶段了，这里先以安装Azkaban Web服务为例进行说明。

(1) SSL创建。

Azkaban使用SSL套接字连接器，这意味着必须要先提供密钥库。接下来，就演示创建SSL密钥库的步骤。

先在hadoop01机器上的某个目录下(如/export/software目录下)执行如下指令，生成SSL密钥库。

```
$ keytool -keystore keystore -alias jetty -genkey -keyalg RSA
```

执行上述指令后，会要求输入“keystore password(密钥口令)”，这里输入123456；接下来，按Enter键，还会要求输入姓名、组织、国家等，用户可自定义填写或不填写内容；然后在“is correct? (是否正确)”的地方输入Y，效果如图9-8所示。

从图9-8可以看出，前面要求输入了keystore的口令，接下来还要求输入jetty的口令，这里同样输入123456。

执行完上述所有操作后，就会在当前目录下(/export/software)生成一个keystore密钥文件。

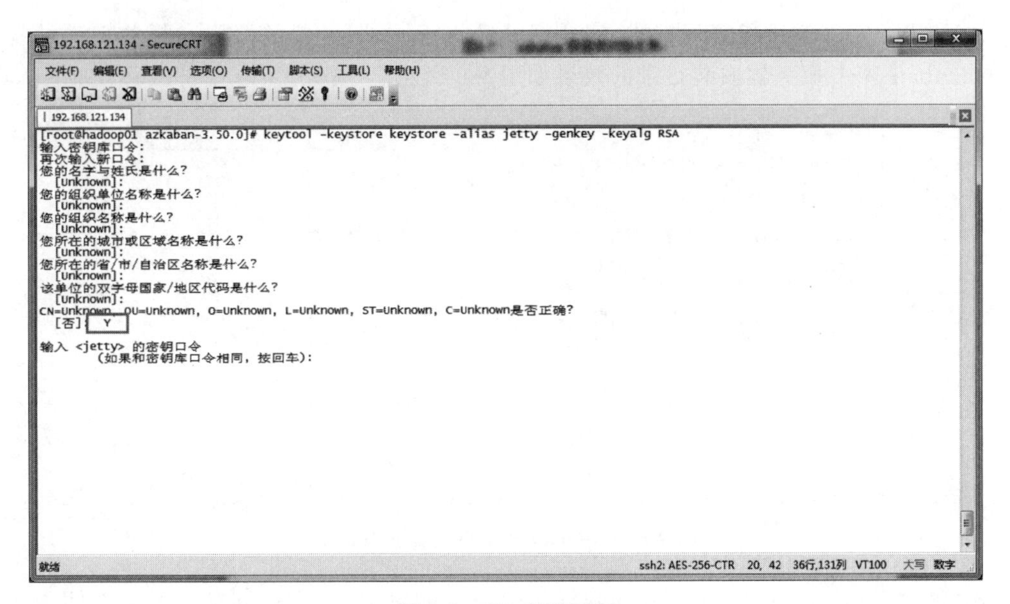

图 9-8　SSL 创建过程

(2) Azkaban Web 服务器安装配置。

将前面章节编译好的 Web 服务安装包进行解压到/export/servers/azkaban 目录下(如果不存在,需要提前创建),具体指令如下(在安装包所在目录执行)。

```
$ tar -zxvf azkaban-web-server-0.1.0-SNAPSHOT.tar.gz \
  -C /export/servers/azkaban
```

执行上述指令解压 web-server 后,只会在/export/servers/azkaban/azkaban-* 目录下产生 bin、lib 和 web 3 个文件,而实际情况下,Azkaban 服务需要多个文件,具体如表 9-1 所示。

表 9-1　Azkaba 服务所需文件

文 件 名	说　明
bin	启动 Azkaban jetty 服务器的脚本
conf	Azkaban 服务器的配置
lib	Azkaban 依赖的 jar 包
extlib	添加到 extlib 的其他 jar 将添加到 Azkaban 的类路径中
plugins	可以安装插件的目录
web	Azkaban Web 服务器的 Web(css,javascript,image)文件

从表 9-1 可以看出,Azkaban Web 服务器安装目录下还缺少 conf、extlib 和 plugins 3 个文件(Azkaban 官方提供的有些版本存在这些文件),其中 conf 和 plugins 这两个文件可以从编译的 azkaban-solo-server 文件包下进行解压复制,而 extlib 是一个空文件夹,可自行创建。

按照上述需求描述和实现方式，完成 Azkaban Web 服务器的解压和相关文件的复制后，Azkaban Web 服务器安装目录的效果如图 9-9 所示。

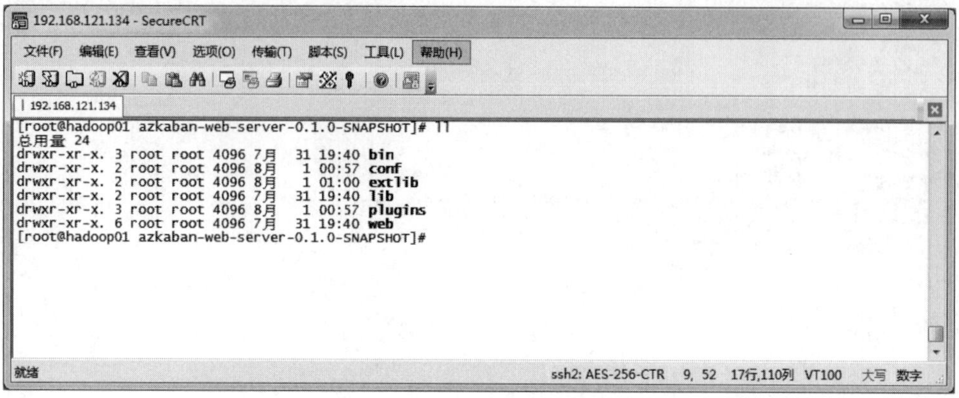

```
[root@hadoop01 azkaban-web-server-0.1.0-SNAPSHOT]# ll
总用量 24
drwxr-xr-x. 3 root root 4096 7月  31 19:40 bin
drwxr-xr-x. 2 root root 4096 8月   1 00:57 conf
drwxr-xr-x. 2 root root 4096 8月   1 01:00 extlib
drwxr-xr-x. 2 root root 4096 7月  31 19:40 lib
drwxr-xr-x. 3 root root 4096 8月   1 00:57 plugins
drwxr-xr-x. 6 root root 4096 7月  31 19:40 web
[root@hadoop01 azkaban-web-server-0.1.0-SNAPSHOT]#
```

图 9-9　Azkaban Web 服务器安装目录

接着，打开 conf 目录下的 azkaban. properties 配置文件，主要针对该模板文件中的时区、MySQL 和 jetty 进行修改，修改后的示例如文件 9-1 所示。

文件 9-1　azkaban. properties

```
1  # Azkaban Personalization Settings
2  azkaban.name=Test
3  azkaban.label=My Local Azkaban
4  azkaban.color=# FF3601
5  azkaban.default.servlet.path=/index
6  web.resource.dir=web/
7  # 将默认时区修改为亚洲/上海
8  default.timezone.id=Asia/Shanghai
9  # Azkaban UserManager class
10 user.manager.class=azkaban.user.XmlUserManager
11 user.manager.xml.file=conf/azkaban-users.xml
12 # Loader for projects
13 executor.global.properties=conf/global.properties
14 azkaban.project.dir=projects
15 # 对数据库类型和配置进行修改编辑
16 database.type=mysql
17 mysql.port=3306
18 mysql.host=localhost
19 mysql.database=azkaban
20 mysql.user=root
21 mysql.password=123456
22 mysql.numconnections=100
23 # Velocity dev mode
24 velocity.dev.mode=false
25 # Azkaban Jetty server properties
26 # 对 jetty 服务配置进行修改编辑
27 jetty.use.ssl=true
28 jetty.maxThreads=25
```

```
29 jetty.port=8081
30 jetty.ssl.port=8443
31 jetty.keystore=keystore
32 jetty.password=123456
33 jetty.keypassword=123456
34 jetty.truststore=keystore
35 jetty.trustpassword=123456
36 # Azkaban Executor settings
37 executor.port=12321
38 # mail settings
39 mail.sender=
40 mail.host=
41 # User facing web server configurations used to construct the user
42 # facing server URLs. They are useful when there is a reverse proxy
43 # between Azkaban web servers and users.
44 # enduser ->myazkabanhost:443 ->proxy ->localhost:8081
45 # when this parameters set then these parameters are used to generate
46 # email links.
47 # if these parameters are not set then jetty.hostname,
48 # and jetty.port(if ssl configured jetty.ssl.port) are used.
49 # azkaban.webserver.external_hostname=myazkabanhost.com
50 # azkaban.webserver.external_ssl_port=443
51 # azkaban.webserver.external_port=8081
52 job.failure.email=
53 job.success.email=
54 lockdown.create.projects=false
55 cache.directory=cache
56 # JMX stats
57 jetty.connector.stats=true
58 executor.connector.stats=true
59 # Azkaban plugin settings
60 azkaban.jobtype.plugin.dir=plugins/jobtypes
```

在文件9-1中，通过文件加粗部分可以看出，主要针对Azkaban Web服务器的时区、MySQL和jetty服务进行了修改配置。其中，default. timezone. id=Asia/Shanghai要求默认时区设置成亚洲/上海；MySQL配置中，database. type=mysql要求数据库类型为mysql(默认为H2)，还根据实际情况配置了数据库地址、名称、用户名、密码等信息；jetty配置中，jetty. use. ssl=true表示启用了SSL连接，同时根据实际SSL安装情况配置了jetty相关的端口号、密码等信息。另外，在配置上述文件属性值时，后缀不能有任何多余空格和字符，否则服务启动失败。

需要注意的是，为了保证Azkaban Web服务器配置文件azkaban. properties能够找到前面生成的keystore，还需要将生成的keystore密钥文件移动到当前解压后的Azkaban Web服务根目录下(即/export/servers/azkaban/azkaban-web-server-0. 1. 0-SNAPSHOT目录下)。

完成Azkaban Web服务器核心文件azkaban. properties的配置后，还可以打开conf目录下的azkaban-users. xml用户配置文件，为Azkaban Web服务器添加或修改管理用户，具体如文件 9-2 所示。

文件 9-2 azkaban-users. xml

```
1 <azkaban-users>
2   <user groups="azkaban" password="azkaban"
3                                   roles="admin" username="azkaban"/>
4   <user password="metrics" roles="metrics" username="metrics"/>
5   <user password="admin" roles="metrics,admin" username="admin"/>
6   <role name="admin" permissions="ADMIN"/>
7   <role name="metrics" permissions="METRICS"/>
8 </azkaban-users>
```

在文件 9-2 中，默认为 Azkaban Web 服务器配置了一些具有权限的用户，此处，文件中加粗部分表示自定义添加了一个用户名和密码均为 admin 的用户，并为该用户设置了“metrics，admin”所有权限，后续将会使用该用户进行登录和管理 Azkaban 服务。

最后，在启动 Azkaban Web 服务和 Azkaban Executor 服务的时候，都依赖 conf 目录下的 log4j. properties 日志文件用于日志输出，所以还需要在这两个服务的 conf 目录下编写配置 log4j. properties 日志文件，具体内容如文件 9-3 所示。

文件 9-3 log4j. properties

```
1   log4j.rootLogger=INFO, Console
2   log4j.logger.azkaban=INFO, server
3   log4j.appender.server=org.apache.log4j.RollingFileAppender
4   log4j.appender.server.layout=org.apache.log4j.PatternLayout
5   log4j.appender.server.File=logs/azkaban-server.log
6   log4j.appender.server.layout.ConversionPattern=\
7                   %d{yyyy/MM/dd HH:mm:ss.SSS Z} %p [%c{1}] [Azkaban] %m%n
8   log4j.appender.server.MaxFileSize=102400MB
9   log4j.appender.server.MaxBackupIndex=2
10  log4j.appender.Console=org.apache.log4j.ConsoleAppender
11  log4j.appender.Console.layout=org.apache.log4j.PatternLayout
12  log4j.appender.Console.layout.ConversionPattern=\
13                  %d{yyyy/MM/dd HH:mm:ss.SSS Z} %p [%c{1}] [Azkaban] %m%n
```

在文件 9-3 中，通过 log4j. appender. server. File=logs/azkaban-server. log 将服务启动日志文件的存放路径配置在了对应服务解压目录下的 logs 下的 azkaban-server. log 文件中（服务启动后会自动创建目录文件）。

注意： 使用 Azkaban 不同版本进行编译后生成的文件下，并没有统一类似 bin、web、lib、conf、extlib 和 plugins 文件夹，这个需要根据不同版本实际情况进行添加，并对 conf 目录下文件进行配置。关于 Azkaban 更多配置说明，读者还可以参考官网文档说明，具体地址 https://azkaban.github.io/azkaban/docs/latest/#configuration。

3. Azkaban Executor 服务安装配置

Azkaban Web 服务器的安装配置后，还需要对 Azkaban Executor 服务器进行安装配置，其整个安装配置过程与 Azkaban Web 服务器的安装配置类似，具体步骤如下。

先将前面编译好的 Executor 服务安装包进行解压到/export/servers/azkaban 目录下（如果不存在，需要提前创建），具体指令如下（在安装包所在目录执行）。

```
$ tar -zxvf azkaban-exec-server-0.1.0-SNAPSHOT.tar.gz \
  -C /export/servers/azkaban
```

执行上述指令解压 exec-server 后，在/export/servers/azkaban/azkaban-* 目录下产生了 bin 和 lib 两个文件，同 Web 服务安装包一样，还缺少了 conf、extlib 和 plugins 3 个文件（exec 执行器服务不需要 web 文件夹），这里只需要从前面已配置好的 Azkaban Web 服务器的安装文件下进行复制即可。

按照上述需求描述和实现方式，完成 Azkaban Executor 服务器的解压和相关文件的复制后，Azkaban Executor 服务器安装目录的效果如图 9-10 所示。

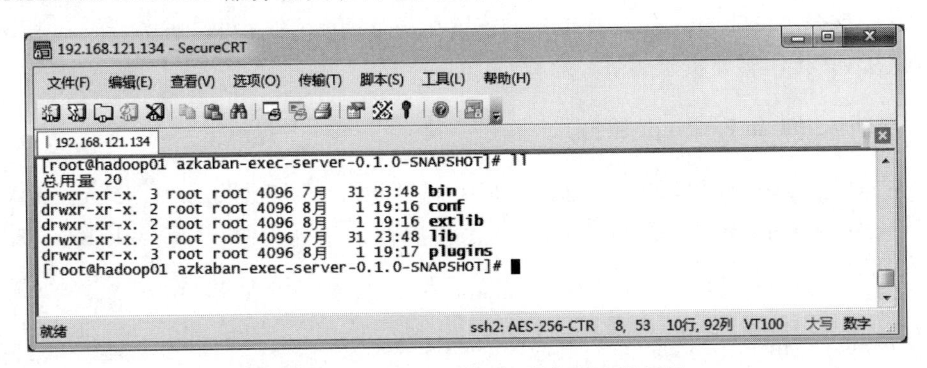

图 9-10　Azkaban Executor 服务器安装目录

因为这里的 conf、extlib 和 plugins 3 个文件夹是从前面配置的 Azkaban Web 服务下复制过来的，所以 Azkaban Executor 服务器所依赖的服务配置（如 azkaban. properties 下的时区、MySQL 连接配置，azkaban-users. xml 下的管理员配置以及 log4j. properties 日志文件配置）也多数都已经配置完成了，基本上可以不用再额外进行其他改动。

此处 Azkaban Executor 服务下可以进行改进的就是当前服务的 conf 目录下的 azkaban. properties 文件，先将不需要的 jetty 服务配置移除，同时在该文件中对 Executor 进行编辑设置，主要修改内容如下。

```
# Azkaban Executor settings
# 设置最大线程数
executor.maxThreads=50
# 设置 Executor 端口
executor.port=12321
# 设置流动线程数
executor.flow.threads=30
```

至此，整个 Azkaban 工作流管理器的安装配置就已经完成了。需要说明的是，由于版本的不同，Azkaban 的配置方式和结果可能略有不同，但必须要根据使用的 Azkaban 版本为准，并且在后续部署后能够正确启动访问。

小提示：在 Azkaban 3. X 版本进行安装配置过程中，当安装配置好 Azkaban Web 服务和 Azkaban Executor 服务后，还可以根据需要安装配置 Azkaban 插件。Azkaban 插件的设计是旨在使 Azkaban 的非核心功能插件化，这样既可以保证不同环境下可以选择性地安装和升级不同的功能，同时也可以使 Azkaban 很容易扩展到不同的系统。到目前为止，Azkaban 已允许使用许多不同的插件。例如，在 Web 服务器端，有 viewer plugins、trigger plugins、user manager plugin 和 alerter plugins；而在 Executor 服务端，有 JobType Plugins。

由于在实际开发中 Azkaban 插件使用并不多，所以本教材就不对插件配置进行讲解了，有兴趣的读者可以查看官网地址 https://azkaban.github.io/azkaban/docs/latest/#plugin-setup 进行学习。

9.3.3 Azkaban 启动测试

在完成整个 Azkaban 工作流管理器的安装配置后，接下来就可以对 Azkaban 服务进行启动测试了，其具体实现步骤如下。

1. 启动 Azkaban Executor 服务

首先进入 Azkaban Executor 服务所在解压包目录下（/export/servers/azkaban/azkaban-exec-server-0.1.0-SNAPSHOT），然后执行以下指令来启动 Azkaban Executor 服务。

```
$ bin/start-exec.sh
```

执行上述指令启动 Azkaban Executor 服务后，终端窗口没有任何响应，此时可以通过 ll 指令查看当前目录下的文件内容，如图 9-11 所示。

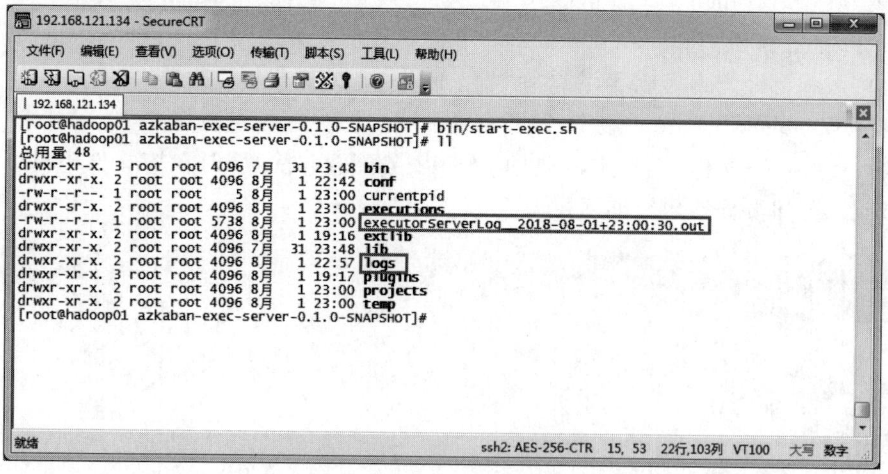

图 9-11 Azkaban Executor 服务器安装目录

从图 9-11 可以看出，与开始安装成功的 Azkaban Executor 服务目录对比，启动一次后的目录下已经增加了多个文件，其中最主要的是 executorServerLog__ *.out 日志文件和 logs 目录下的日志文件，通过这两个日志文件都可以查看 Azkaban Executor 服务器的启动情况。

关于 executorServerLog__ *.out 日志文件和 logs 目录下的日志文件的主要区别是，Azkaban Executor 服务每启动一次(不论成功与否)，都会新生成一个带有日期的 executorServerLog__ *.out 日志文件来记录当前启动过程的日志信息，并且这个日志文件是 Azkaban 内部自带生成的；而 Azkaban Executor 服务不论启动多少次(不论成功与否)，都只会在 logs 目录下生成一个日志文件，然后每新启动一次服务都会将之前的日志文件清除再重新写入新的日志信息，并且这个日志文件路径和名称是由开发者配置的 log4j.properties 决定的。

接着，就通过查看 logs 目录下生成的日志文件来查看 Azkaban Executor 服务的启动情况，效果如图 9-12 所示。

```
2018/08/01 23:17:50.014 +0800 INFO [ExecJettyServerModule] [Azkaban] Jetty connector name: 0.0.0.0:12321, (if) new header buffer size: 4096
2018/08/01 23:17:50.063 +0800 INFO [JmxJobMBeanManager] [Azkaban] Initializing azkaban.execapp.jmx.JmxJobMBeanManager
2018/08/01 23:17:50.063 +0800 INFO [AzkabanExecutorServer] [Azkaban] Job callback enabled? true
2018/08/01 23:17:50.069 +0800 INFO [JobCallbackManager] [Azkaban] Initializing
2018/08/01 23:17:50.071 +0800 INFO [JobCallbackRequestMaker] [Azkaban] responseWaitTimeoutMS: 5000
2018/08/01 23:17:50.072 +0800 INFO [JobCallbackRequestMaker] [Azkaban] Global request configuration [expectContinueEnabled=false, proxy=null, localAddress=null, cookieSpec=null, redirectsEnabled=true, relativeRedirectsAllowed=true, maxRedirects=50, circularRedirectsAllowed=false, authenticationEnabled=true, targetPreferredAuthSchemes=null, proxyPreferredAuthSchemes=null, connectionRequestTimeout=3000, connectTimeout=3000, socketTimeout=3000, contentCompressionEnabled=true]
2018/08/01 23:17:50.548 +0800 INFO [JobCallbackRequestMaker] [Azkaban] Jobcall thread pool size: 10
2018/08/01 23:17:50.550 +0800 INFO [JobCallbackRequestMaker] [Azkaban] Initialization for azkaban.execapp.event.JobCallbackRequestMaker is completed
2018/08/01 23:17:50.551 +0800 INFO [JobCallbackManager] [Azkaban] Initialization completed azkaban.execapp.event.JobCallbackManager
2018/08/01 23:17:50.551 +0800 INFO [JobCallbackManager] [Azkaban] azkabanHostName hadoop01
2018/08/01 23:17:50.551 +0800 INFO [AzkabanExecutorServer] [Azkaban] Registering MBeans...
2018/08/01 23:17:50.571 +0800 INFO [AzkabanExecutorServer] [Azkaban] Bean azkaban.jmx.JmxJettyServer registered.
2018/08/01 23:17:50.577 +0800 INFO [AzkabanExecutorServer] [Azkaban] Bean azkaban.execapp.jmx.JmxFlowRunnerManager registered.
2018/08/01 23:17:50.580 +0800 INFO [AzkabanExecutorServer] [Azkaban] Bean azkaban.execapp.jmx.JmxJobMBeanManager registered.
2018/08/01 23:17:50.581 +0800 INFO [AzkabanExecutorServer] [Azkaban] Bean azkaban.execapp.jmx.JmxJobCallback registered.
2018/08/01 23:17:50.581 +0800 INFO [AzkabanExecutorServer] [Azkaban] No value for property: jmx.attribute.processor.class was found
2018/08/01 23:17:51.015 +0800 INFO [AzkabanExecutorServer] [Azkaban] Started Executor Server on hadoop01:12321
2018/08/01 23:17:51.037 +0800 INFO [AzkabanExecutorServer] [Azkaban] Setting timezone to Asia/Shanghai
```

图 9-12　Azkaban Executor 服务启动日志

从图 9-12 可以看出，Azkaban Executor 服务已经启动成功，日志显示 Executor 服务启动在 hadoop01 机器的 12321 端口，这与配置文件相对应。

如果在启动过程中出现错误，读者就可以通过日志信息进行查看，对错误信息进行修改，然后重新启动服务进行测试。当需要关闭 Executor 服务时，可以执行如下指令。

```
$ bin/shutdown-exec.sh
```

2. 启动 Azkaban Web 服务

在确保 Azkaban Executor 服务启动成功的前提下，然后进入 Azkaban Web 服务所在解压包目录下(/export/servers/azkaban/azkaban-web-server-0.1.0-SNAPSHOT)，然后执行以下指令来启动 Azkaban Web 服务。

```
$ bin/start-web.sh
```

执行上述指令启动 Azkaban Web 服务后，终端窗口没有任何响应，此时可以通过 ll 指令查看当前目录下的文件内容，会发现 Web 服务目录下同样添加了许多文件，包括两个重要的日志文件(webServerLog_ *.out 日志文件和 logs 目录下的日志文件)。

接着，就通过查看 logs 目录下生成的日志文件来查看 Azkaban Web 服务的启动情况，效果如图 9-13 所示。

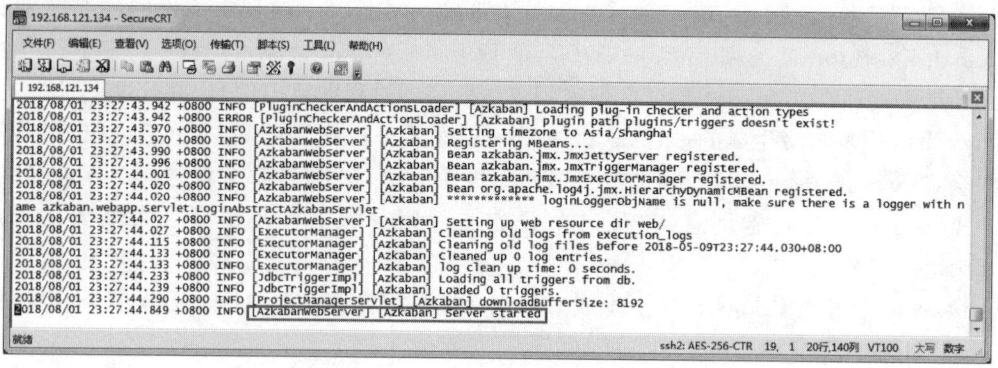
192.168.121.134 - SecureCRT
文件(F) 编辑(E) 查看(V) 选项(O) 传输(T) 脚本(S) 工具(L) 帮助(H)
192.168.121.134
2018/08/01 23:27:43.942 +0800 INFO [PluginCheckerAndActionsLoader] [Azkaban] Loading plug-in checker and action types
2018/08/01 23:27:43.942 +0800 ERROR [PluginCheckerAndActionsLoader] [Azkaban] plugin path plugins/triggers doesn't exist!
2018/08/01 23:27:43.970 +0800 INFO [AzkabanWebServer] [Azkaban] Setting timezone to Asia/Shanghai
2018/08/01 23:27:43.970 +0800 INFO [AzkabanWebServer] [Azkaban] Registering MBeans...
2018/08/01 23:27:43.990 +0800 INFO [AzkabanWebServer] [Azkaban] Bean azkaban.jmx.JmxJettyServer registered.
2018/08/01 23:27:43.996 +0800 INFO [AzkabanWebServer] [Azkaban] Bean azkaban.jmx.JmxTriggerManager registered.
2018/08/01 23:27:44.001 +0800 INFO [AzkabanWebServer] [Azkaban] Bean azkaban.jmx.JmxExecutorManager registered.
2018/08/01 23:27:44.020 +0800 INFO [AzkabanWebServer] [Azkaban] Bean org.apache.log4j.jmx.HierarchyDynamicMBean registered.
2018/08/01 23:27:44.020 +0800 INFO [AzkabanWebServer] [Azkaban] ************* loginLoggerObjName is null, make sure there is a logger with name azkaban.webapp.servlet.LoginAbstractAzkabanServlet
2018/08/01 23:27:44.027 +0800 INFO [AzkabanWebServer] [Azkaban] Setting up web resource dir web/
2018/08/01 23:27:44.027 +0800 INFO [ExecutorManager] [Azkaban] Cleaning old logs from execution_logs
2018/08/01 23:27:44.115 +0800 INFO [ExecutorManager] [Azkaban] Cleaning old log files before 2018-05-09T23:27:44.030+08:00
2018/08/01 23:27:44.133 +0800 INFO [ExecutorManager] [Azkaban] Cleaned up 0 log entries.
2018/08/01 23:27:44.133 +0800 INFO [ExecutorManager] [Azkaban] log clean up time: 0 seconds.
2018/08/01 23:27:44.233 +0800 INFO [JdbcTriggerImpl] [Azkaban] Loading all triggers from db.
2018/08/01 23:27:44.239 +0800 INFO [JdbcTriggerImpl] [Azkaban] Loaded 0 triggers.
2018/08/01 23:27:44.290 +0800 INFO [ProjectManagerServlet] [Azkaban] downloadBufferSize: 8192
2018/08/01 23:27:44.849 +0800 INFO [AzkabanWebServer] [Azkaban] Server started
就绪
ssh2: AES-256-CTR 19, 1 20行,140列 VT100 大写 数字

图 9-13 Azkaban Web 服务启动日志

从图 9-13 可以看出，Azkaban Web 服务已经启动成功，而启动的端口号则需要根据 Web 服务下是否开启 SSL 访问及相关端口号来决定。

同样，如果在启动过程中出现错误，读者就可以通过日志信息进行查看，对错误信息进行修改，然后停止服务再次启动服务进行测试。关闭 Web 服务的指令如下。

```
$ bin/shutdown-web.sh
```

当 Azkaban Executor 和 Azkaban Web 服务都启动成功后，还可以在终端窗口通过 jps 指令查看对应的服务进程来判断服务是否正常启动。

3. 访问 Azkaban UI

当 Azkaban Executor 和 Azkaban Web 服务都启动成功后，接下来就通过 UI 访问 Azkaban 服务，来查看 Azkaban 工作流管理器的 UI 效果，同时进一步验证 Azkaban 的安装启动情况。

需要注意的是，如果在配置 Azkaban Web 下的 azkaban. properties 时，没有启用 SSL（即 jetty. use. ssl=false），则可以通过地址 http://hadoop01:8081 来访问 Azkaban 服务。这里的 IP 地址就是 Azkaban 服务启动的地址，而 8081 就是 azkaban. properties 中默认指定配置的 jetty. port=8081。而在前面的安装配置过程中，已经启用了 SSL，所以此次访问地址为 https://hadoop01:8443，其中 8443 是 azkaban. properties 中指定配置的 jetty. ssl. port=8443。

此次，以 Firefox 火狐浏览器为例，首次输入并访问 https://192. 168. 121. 134:8443 查看，效果如图 9-14 所示。

从图 9-14 可以看出，首次访问 https 地址时会出现警告，需要添加例外。选择"我已充分了解可能的风险"选项，并单击"添加例外"按钮，为此次访问地址添加例外即可。

添加例外地址后就会跳转到 Azkaban 的 UI 登录界面，效果如图 9-15 所示。

在图 9-15 所示的登录界面中，输入 azkaban-users. xml 用户配置文件下的用户名和密码即可成功登录，这里选择使用 admin 进行登录，登录成功后效果如图 9-16 所示。

至此，Azkaban 工作流管理器的安装配置和启动测试的讲解都已经完成了，在后续的小节中，将会通过案例来演示 Azkaban 工作流管理器的具体使用。

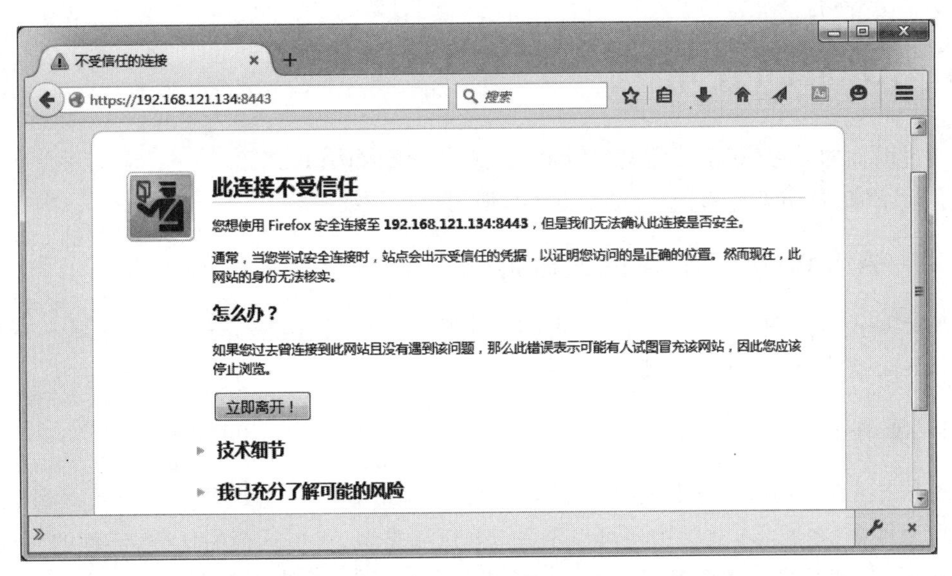

图 9-14　Azkaban UI

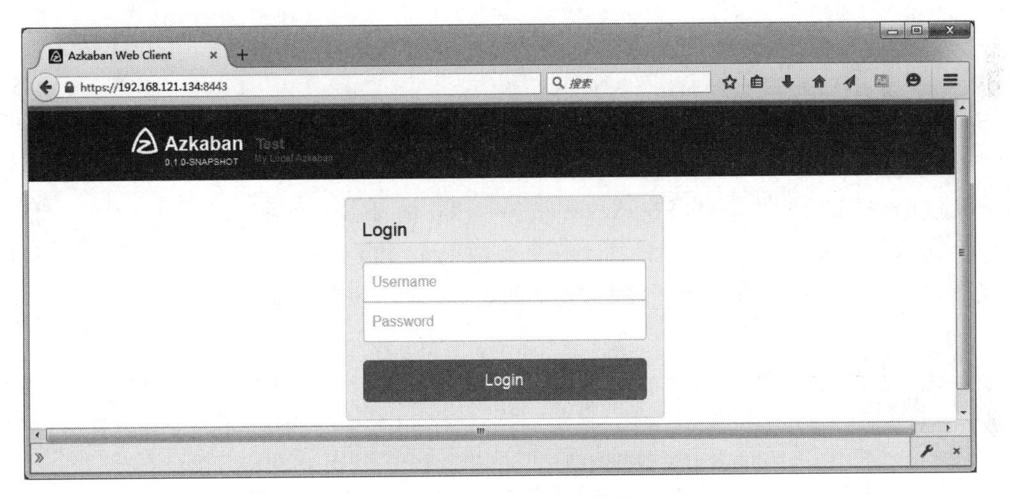

图 9-15　Azkaban UI 登录界面

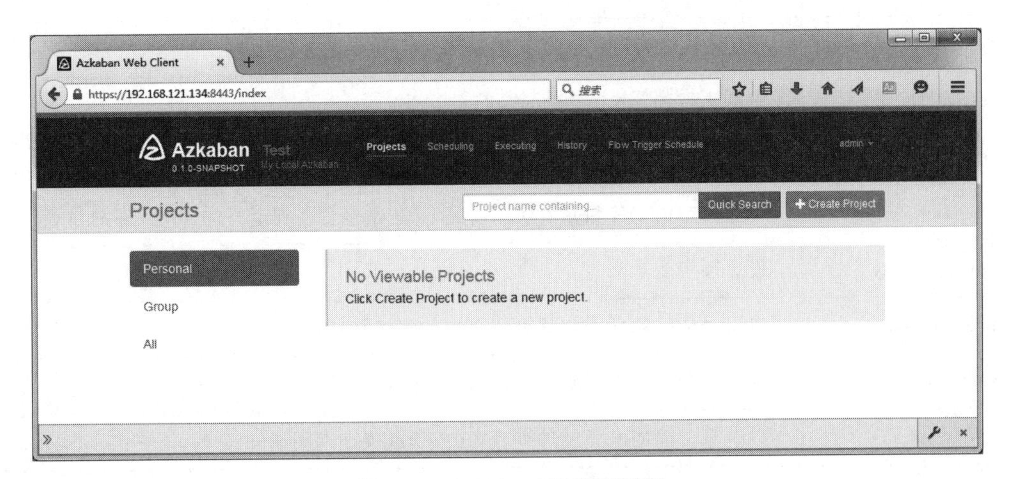

图 9-16　Azkaban UI 首页界面

9.4 Azkaban 使用

通过前面的学习，相信读者对 Azkaban 有了一定的认识，并且已经完成了 Azkaban 的部署。接下来，本节就针对 Azkaban 的基本使用进行详细讲解。

9.4.1 Azkaban 工作流相关概念

Azkaban 本质是一个工作流管理器，用于对 jobs 工作任务的调度管理。在使用 Azkaban 时会涉及一些常用的概念，本节就对这些常用概念进行解释说明。

1. job 任务

Azkaban 是对 job 进行调度管理的，而每一个 job 任务都是编写在一个后缀名为.job 的文本文件中，在该 job 文件中还可以定义 job 任务类型、将要运行的任务、依赖的其他 job 以及 job 运行需要的相关参数。单个 job 任务定义的示例，具体如下所示。

```
# foo.job
type=command
command=echo "Hello World"
```

在上述示例中，job 的 type 类型为 command，而 command 命令参数后指定输出 Hello World 信息，输出的相关信息可在 Azkaban Web UI 的日志中查看。

上述示例演示了 job 最常用的两个任务参数 type 和 command，而在 job 文件中还可以定义其他许多的指令参数和运行属性，分别如表 9-2 和表 9-3 所示。

表 9-2 job 文件常用参数

参数名	说明
type	job 执行的任务类型
command	表示要执行的 shell 指令
dependencies	用于 job 之间建立依赖关系，被依赖的 job 先执行
retries	将为失败的 job 自动尝试重启的次数
retry. backoff	每次尝试重启之间的毫秒时间
working. dir	覆盖执行的工作目录。默认情况下，这是包含正在运行的 job 文件的目录
env. property	设置环境变量
failure. emails	以逗号分隔的电子邮件列表，以便在失败时通知
success. emails	以逗号分隔的电子邮件列表，以便在成功时通知
notify. emails	以逗号分隔的电子邮件列表，在成功或失败期间通知

表 9-3 job 文件运行属性

属性名	说明
azkaban. job. attempt	作业的尝试编号。从0开始,每次重试都会递增
azkaban. job. id	job 名称
azkaban. flow. flowid	执行 job 的工作流名称
azkaban. flow. execid	分配给正在运行的流的执行标识
azkaban. flow. projectid	分配给执行项目的标识
azkaban. flow. projectversion	项目上传版本
azkaban. flow. uuid	分配给流程执行的唯一标识符
azkaban. flow. start. timestamp	自纪元开始时间以来的毫秒数
azkaban. flow. start. year	工作流开始执行的年份
azkaban. flow. start. month	工作流开始执行的月份
azkaban. flow. start. day	工作流开始执行的当月的某一天
azkaban. flow. start. hour	工作流开始执行的一天的某个小时
azkaban. flow. start. minute	工作流开始执行的分钟
azkaban. flow. start. second	工作流开始执行的秒数
azkaban. flow. start. milliseconds	工作流开始执行的毫秒数
azkaban. flow. start. timezone	工作流开始执行的时区设置

需要注意的是,对于 emails 邮件属性,Azkaban 将会从整个工作流中的最后一个 job 配置中检索此属性,而配置在工作流中其他 job 的所有邮件属性都将被忽略。

表 9-2 和表 9-3 列举了 Azkaban 支持的 job 参数和运行属性,在实际开发中可以选择性地使用来编写 job 任务文件。

2. 工作流

工作流是指具有依赖关系的一组 jobs 任务,被依赖的 job 任务会先执行,想要建立 job 之间的依赖关系需要使用 dependencies 参数,具体示例如下所示。

foo. job 任务文件:

```
1 # foo.job
2 type=command
3 command=echo foo
```

bar. job 任务文件:

```
1 # bar.job
2 type=command
3 dependencies=foo
4 command=echo bar
```

上述示例定义了foo.job和bar.job两个任务文件，在bar.job中定义了dependencies=foo表示bar.job依赖于foo.job，所以foo.job会先执行。需要注意的是，可以在dependencies后面通过逗号分隔来依赖多个job，同时要避免循环依赖。

工作流会为每一个没有被依赖的job任务创建一个工作流名称，这个工作流名称和没有被依赖的job任务同名。如上述示例中，bar.job依赖于foo.job，而bar.job没有被依赖，所以该过程就会创建一个名为bar的工作流。

3. 嵌入流

工作流还可以穿插到其他流的某个节点上作为嵌入流。要创建嵌入流，只需创建一个job文件，其中设置type=flow和flow.name为被嵌入流的名称即可，具体示例如下。

```
# baz.job
type=flow
flow.name=bar
```

上述示例定义一个baz.job，在该job文件中通过type = flow和flow.name=bar设置嵌入了一个bar工作流，从而形参了一个嵌入流。需要说明的是，一个工作流可以在.job文件通过参数设置，实现多次嵌入使用。

9.4.2 案例演示——依赖任务调度管理

本案例主要使用Azkaban来演示具有依赖关系的任务调度管理。在演示之前，一定要确保Azkaban服务已经开启，案例具体实现步骤如下。

1. 创建job文件

先创建两个具有依赖关系的job任务文件foo.job和bar.job，如文件9-4和文件9-5所示。

文件9-4 foo.job

```
# foo.job
type=command
command=echo foo
```

文件9-5 bar.job

```
# bar.job
type=command
dependencies=foo
command=echo bar
```

接着，将此次案例任务的所有job文件和相关文件(此案例中只有foo.job和bar.job两个任务文件)打包成ZIP压缩包文件，并以工作流的名称bar进行命名。

注意，Azkaban UI目前只支持ZIP格式的压缩文件上传，所以一定要将执行的任务一起打包成ZIP格式；另外压缩包的名称可以自行定义，通常会定义为工作流的名称。

2. Azkaban 项目创建

先打开 Azkaban UI 的首页面,单击页面右上角绿色按钮 Create Project,会出现一个弹出窗口,要求输入此次管理项目的 Name 和 Description(描述),如图 9-17 所示。

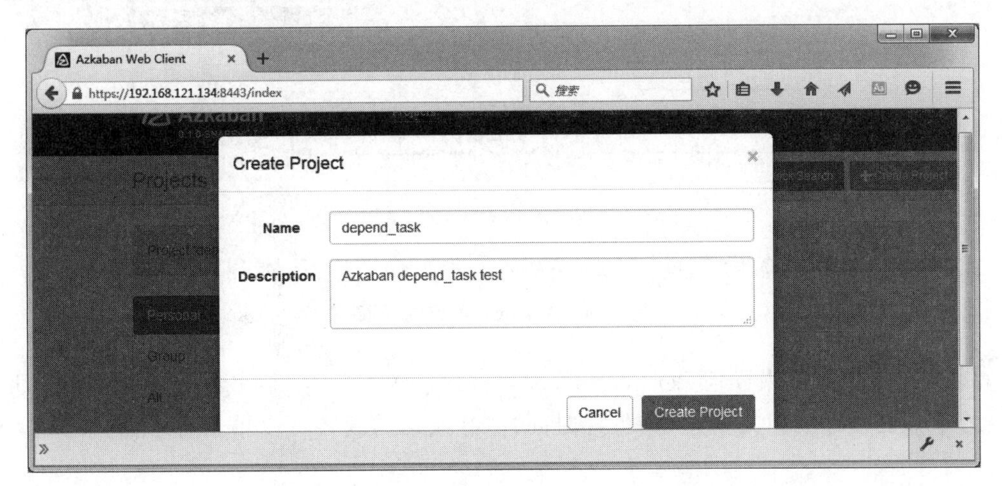

图 9-17　Azkaban 项目创建

在图 9-17 所示的窗口中,可以为此项目自定义名称(如 depend_task)和描述。需要注意的是,创建 Azkaban 项目时,项目名称必须唯一,并且项目名称和描述不能为空,也不支持中文。

接着,单击窗口右下角的 Create Project 按钮即可创建成功。在创建项目成功的界面,单击 Upload 按钮,效果如图 9-18 所示。

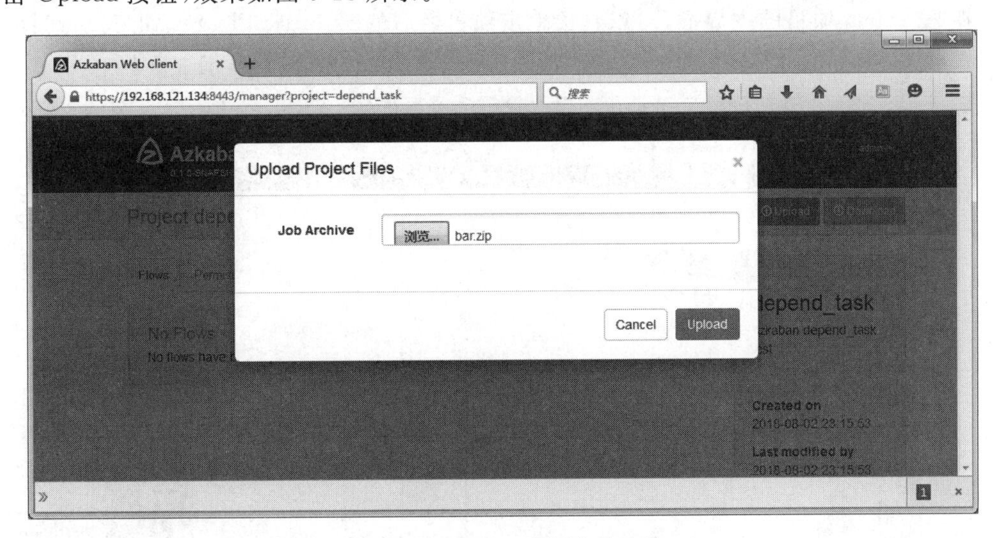

图 9-18　Azkaban 项目文件上传

从图 9-18 可以看出,在弹出的对话框中要求上传所需执行任务的 ZIP 文件,选择前面创建的 bar.zip 文件进行上传,然后单击 Upload 按钮,效果如图 9-19 所示。

从图 9-19 可以看出,该界面就是 Azkaban 项目的主界面,这里可以查看该项目的工作

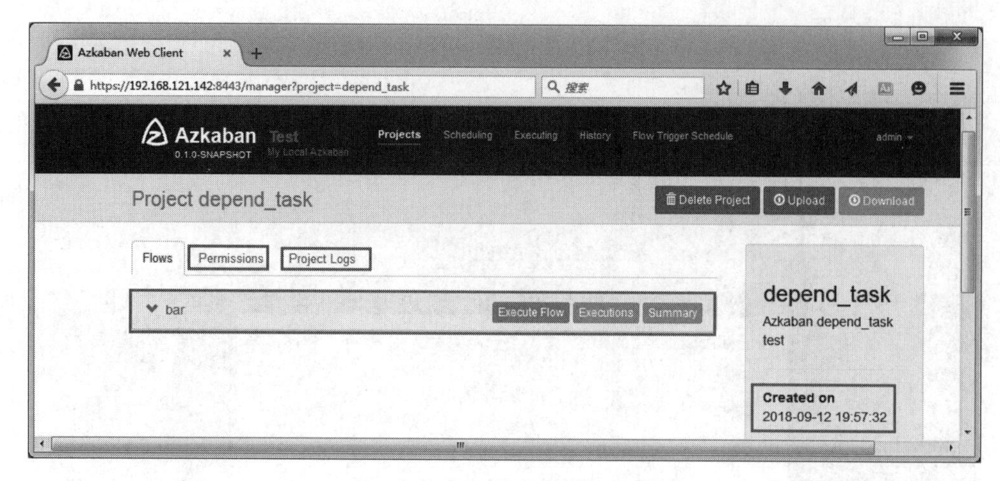

图 9-19 Azkaban 项目主界面

流详情 Flows、管理权限详情 Permissions 和项目日志信息 Project Logs，同时还可以在页面右侧查看项目创建的相关信息(如创建时间)。有兴趣的读者可以单击各个面板的相关按钮，进行查看。

这里需要说明的是，该 Azkaban UI 的时间是与启动该 Web 服务的 Linux 系统时间保持一致的，而 Linux 系统时间通常比较紊乱，与系统当前时间不一致，所以为了避免后续设置定时任务并及时查看演示效果，建议将 Linux 虚拟机时间设置与系统当前时间保持一致，然后再启动服务。

3. Azkaban 项目执行

在 Azkaban 项目的主界面，可以直接单击项目名后的 Execute Flow 按钮来执行当前项目。当单击 Execute Flow 按钮后，会出现一个弹出窗口，如图 9-20 所示。

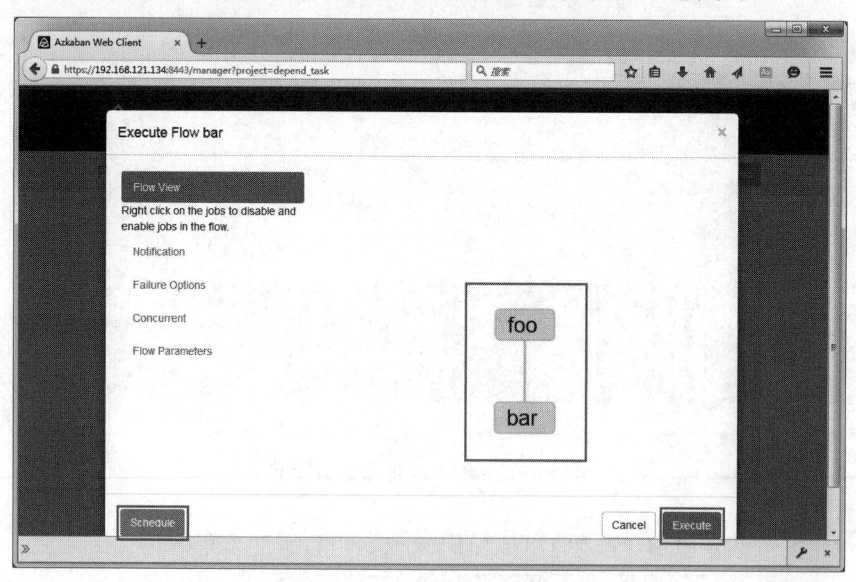

图 9-20 Azkaban 项目执行界面

从图 9-20 可以看出,上传的 bar.zip 任务流程图显示了 job 文件的执行流程(先执行 foo.job 再执行 bar.job),同时在弹窗下方有两个重要的按钮: Schedule 和 Execute。其中 Schedule 按钮用于进行任务定时执行的设置,而 Execute 按钮用于任务的立即执行。接下来,就对这两种任务调度方式进行分别讲解。

(1) 使用 Schedule 设置定时任务。

这里先来演示使用 Schedule 设置定时任务,单击图 9-20 中所示的 Schedule 按钮,会打开一个定时任务设置界面 Schedule Flow Options,如图 9-21 所示。

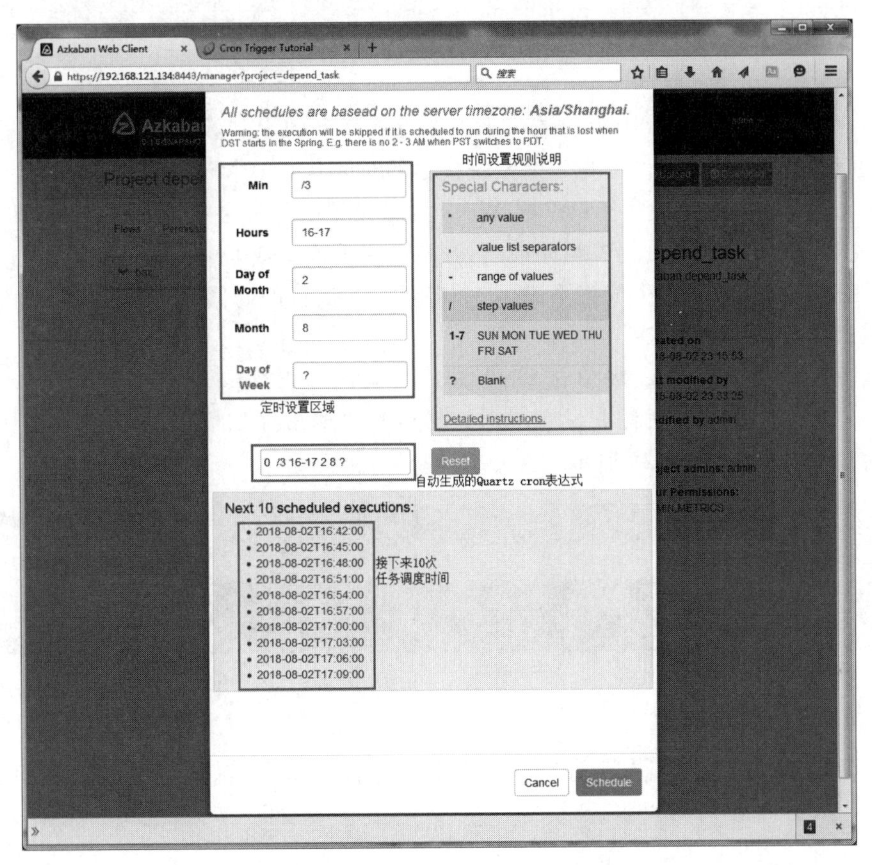

图 9-21　Azkaban 项目定时设置界面

从图 9-21 可以看出,Azkaban 项目定时设置界面,主要分为 4 个区域:定时设置区域、时间设置规则说明区域、Quartz cron 表达式生成区域和接下来 10 次任务调度时间区域。

在该页面中,需要开发者在定时设置区域中编写任务调度规则,如 Min、Hours、Day of Month、Month 和 Day of Week,在对话框右侧有对应的规则说明,如表 9-4 所示。

表 9-4　Azkaban 项目定时设置规则说明

时间取值	说　明
*	* 表示任意值
,	逗号可以分隔多个时间点,如 20,40

续表

时间取值	说　明
—	— 用来设定时间区域，如 16—17
/	/ 表示相隔时间
图 9-21 中的可取值	该数值会随着时间设置选中区域不同而不同，从而限定可选值。例如鼠标在 Day of Week 框，则显示可取值 1～7；而当鼠标在 Month 框，则显示可取值1～12
?	表示为空。Quart 时间表达式不支持同时指定 day-of-week 和 day-of-month，所以其中一个必须为"?"

接下来，就按照图 9-21 所示的数值来设置此次任务的定制规则(为了快速查看演示效果，读者在设定时间时可以设置为当前系统接近的时间)，其中 Min 为/3，Hours 为 16～17，Day of Month 为 2，Month 为 8，Day of Week 为?，设置的任务会在 8 月 2 日 16 和 17 点每隔 3 分钟执行一次。定制时间规则完成后，会自动在下面生成 Quartz cron 表达式"0 /3 16-17 2 8 ?"，同时会在最下方生成接下来 10 个将要定时执行的时间点(通过这个时间点可以核查定时规则是否满足需求)。

设置好定时规则后，直接单击设置框右下角的 Schedule 按钮，会出现一个 Flow Scheduled 提示框，表示定时任务设置成功。然后直接单击提示框的 Continue 按钮就会跳转到定时任务界面，如图 9-22 所示。

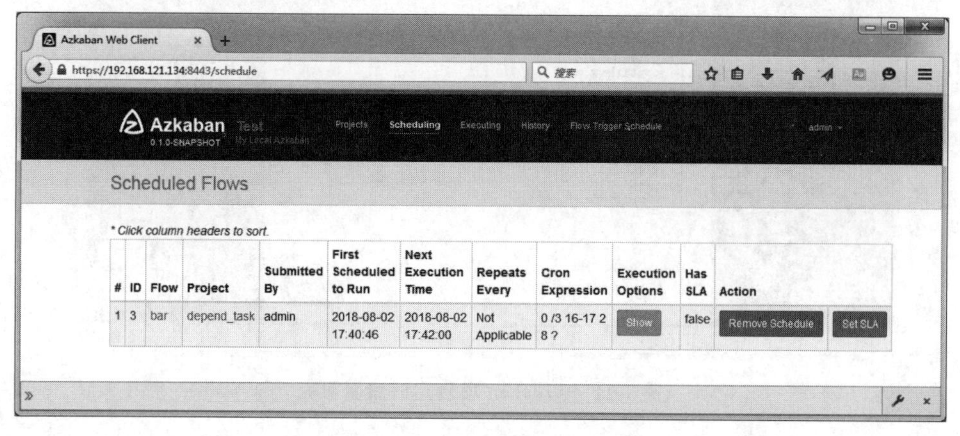

图 9-22　Azkaban 定时任务界面

从图 9-22 可以看出，设置的此次定时任务的执行信息。接着，单击页面顶部的 Executing 面板按钮，就会查看到"Currently Running(正在执行)"和"Recently Finished(最近执行完毕)"的任务信息，效果如图 9-23 所示(由于此次演示的任务非常简单，执行过程很快，所以 Currently Running 面板可能没有任何信息展示)。

从图 9-23 可以看出，设置的此次定时任务已经成功执行了两次，并且展示了执行过程的相关信息。接着，可以选择其中一个"Execution Id(执行 ID)"单击进入查看任务详情，效果如图 9-24 所示。

从图 9-24 可以看出，在该界面可以通过面板按钮，如 Job List 和 Flow Log 等查看当前

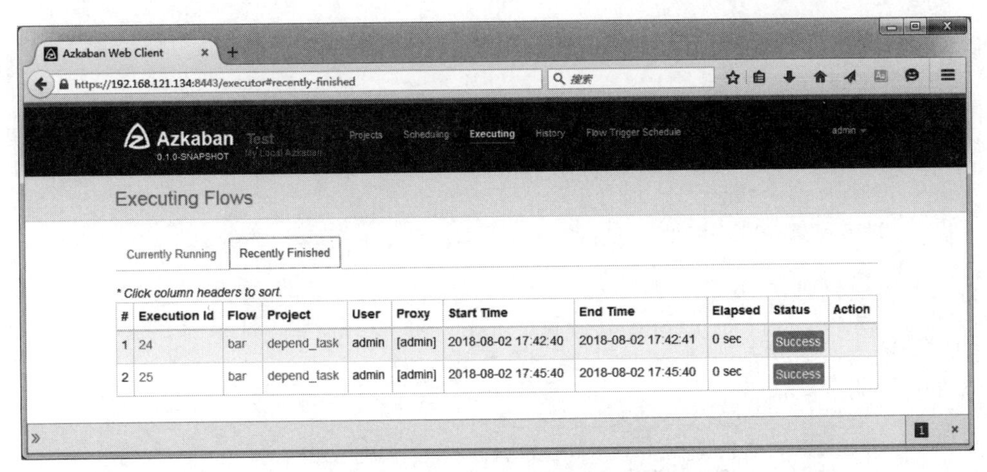

图 9-23 Azkaban 定时任务监控界面

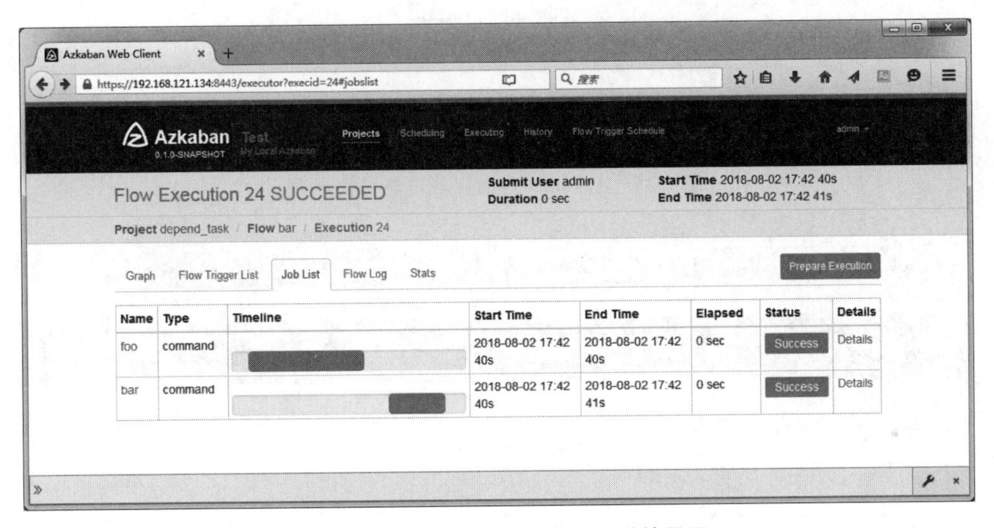

图 9-24 Azkaban 定时任务执行详情界面

执行任务的几乎所有详情,读者在演示时可以自行查看。

此次定时任务是执行 command=echo foo 和 command=echo bar 两条指令,可以单击图 9-24 所示的 command 后的 Details 链接,在跳转的 Job Logs 界面即可查看任务执行结果,效果如图 9-25 所示。

(2) 使用 Execute 立即执行任务。

这里来演示 Azkaban 项目任务的立即执行,在 Azkaban UI 选择之前创建的 depend_task 项目,单击 Execute Flow 按钮后再次打开如图 9-20 中所示的 Execute Flow bar 界面。在该界面直接单击右下角的 Execute 按钮,选择立即执行任务,会弹出一个 Flow submitted 提示框,表示工作流提交成功。然后直接单击提示框的 Continue 按钮就会跳转到任务执行详情界面,如图 9-26 所示。

从图 9-26 可以看出,创建的 Azkaban 项目使用 Execute 立即执行成功。在该界面,也可以查看执行后的任务的详细信息。

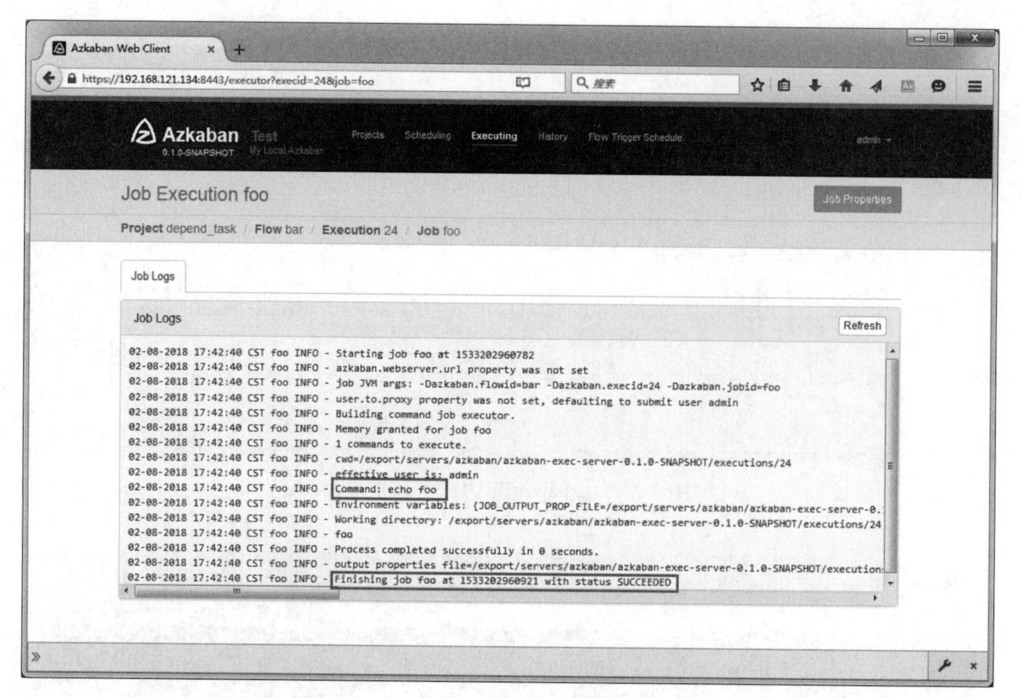

图 9-25 Azkaban定时任务日志详情界面

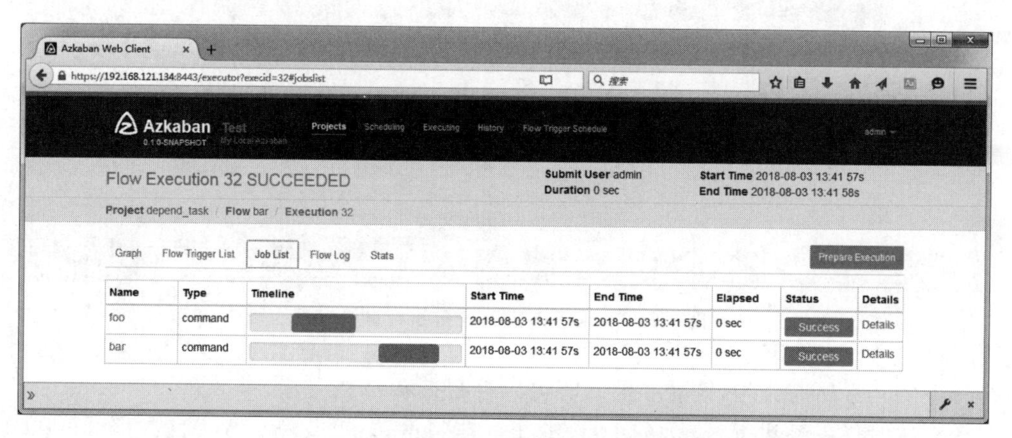

图 9-26 Azkaban任务立即执行详情界面

9.4.3 案例演示——MapReduce任务调度管理

本案例主要使用Azkaban来演示MapReduce执行wordcount任务的调度管理。在演示之前，除了确保Azkaban服务已经开启外，还需要开启部署在hadoop01、hadoop02和hadoop03上的Hadoop集群，案例具体实现步骤如下。

1. 创建job文件

此次MapReduce任务调度将会通过一个wordcount案例来进行演示，先创建一个名称为wordcount_mr.job的任务文件，如文件9-6所示。

文件 9-6　wordcount_mr.job

```
# mr.job
type=command
command=hadoop jar hadoop-mapreduce-examples-2.7.4.jar wordcount \
  hdfs://hadoop01:9000/wordcount/input/wctest.txt \
  hdfs://hadoop01:9000/wordcount/input/mrjobresult
```

从文件 9-6 可以看出，wordcount_mr.job 将会使用集群自带的样例 mapreduce-examples jar 包来对 HDFS 上/wordcount/input 目录下的 wctest.txt(该文件在第 4 章学习 MapReduce 时已经上传到了 HDFS 的该目录下，如果没有，则需要提前上传)进行 wordcount 统计，并将统计结果存放在了/wordcount/input 目录下的 mrjobresult 目录中。

另外，该案例还需要 hadoop-mapreduce-examples-2.7.4.jar 样例包，所以还需要在 job 文件同级目录下提供该 jar 包(实际开发中，则需要将开发者自定义的 MapReduce 程序打成 jar 包放在 job 文件同级目录下)。接着，将此次案例任务的所有 job 文件和该 jar 包打包成 ZIP 压缩包文件，并以工作流的名称 wordcount_mr 进行命名。

2. MapReduce 任务调度演示

接着，就可以参考 9.4.2 节中的案例说明来完成该 wordcount 案例的调度演示了，这里将会选择立即执行任务来演示效果。

在参考前面案例的实现步骤下，完成此次 wordcount 案例项目的创建后，单击项目工作流后的 Execute Flow 按钮并选中 Execute 按钮来立即执行项目，效果如图 9-27 所示。

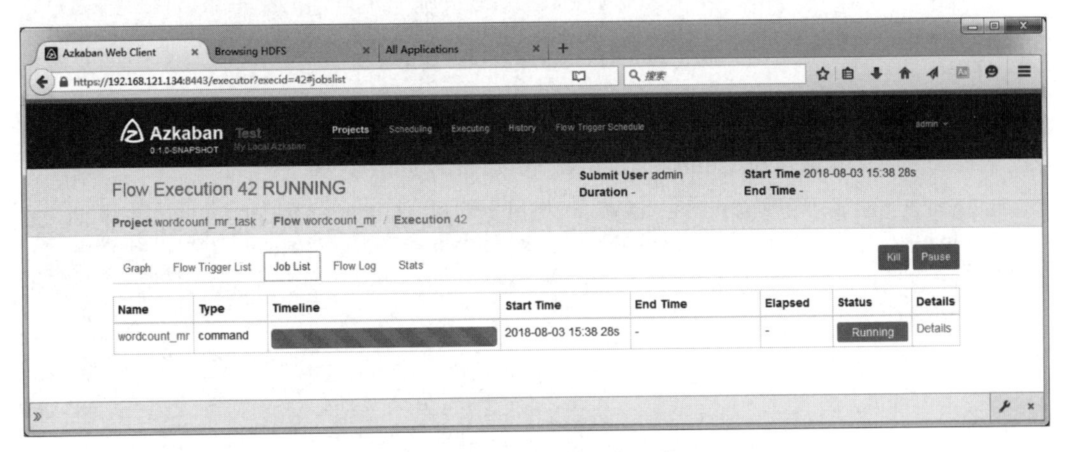

图 9-27　Azkaban 项目执行界面

从图 9-27 可以看出，调度管理的 wordcount 任务正在执行过程中，此时立刻在 YARN 集群管理界面查看执行情况，效果如图 9-28 所示。

从图 9-28 可以看出，该案例需要执行 MapReduce 程序进行 wordcount 计算，所以会有执行详情，并且提示正在运行中。

稍等片刻，再次刷新查看 YARN 界面和 Azkaban 项目执行界面，会发现任务最终的执行结果，Azkaban 界面效果如图 9-29 所示。

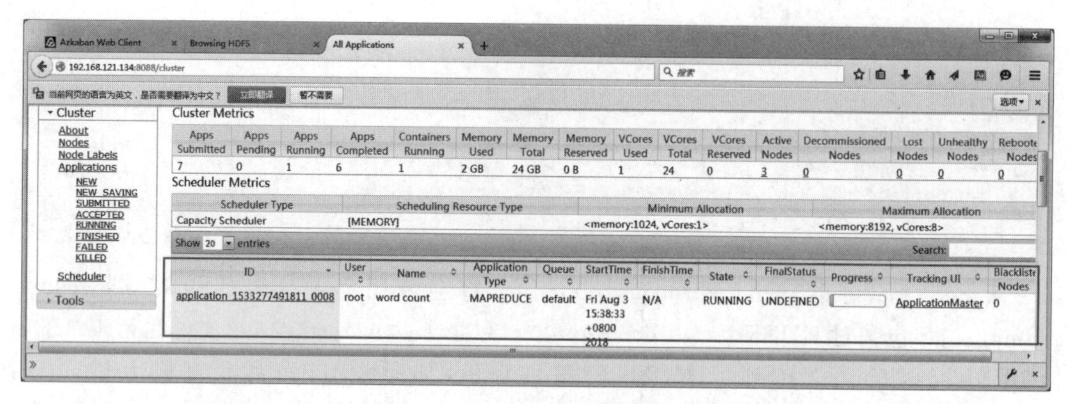

图 9-28 YARN 界面任务执行详情

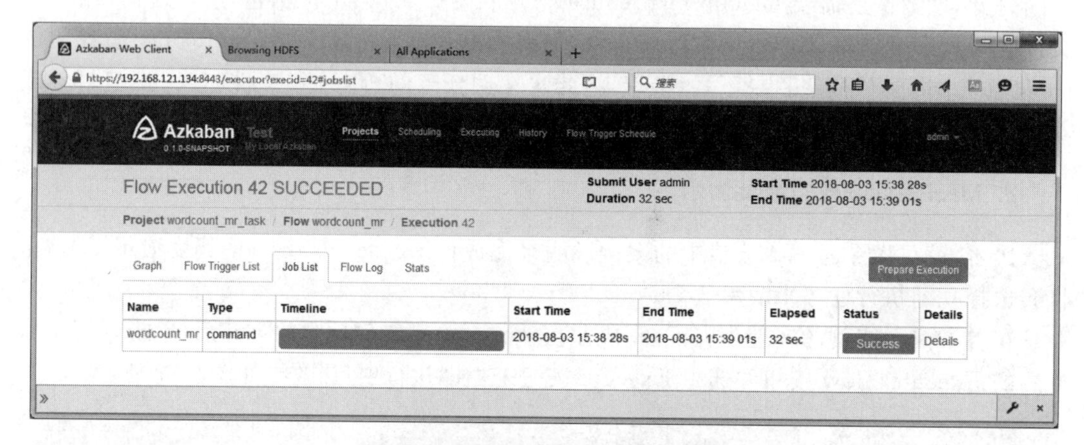

图 9-29 Azkaban 项目执行结果界面

从图 9-29 可以看出,此次 Azkaban 管理调度的 wordcount 任务执行成功。接着,可以通过 HDFS 的 UI 查看 wordcount 执行结果,效果如图 9-30 所示。

Browse Directory

/wordcount/input/mrjobresult

Permission	Owner	Group	Size	Last Modified	Replication	Block Size	Name
-rw-r--r--	root	supergroup	0 B	2018/8/3 下午3:38:58	3	128 MB	_SUCCESS
-rw-r--r--	root	supergroup	54 B	2018/8/3 下午3:38:58	3	128 MB	part-r-00000

图 9-30 HDFS 的 Web 界面

从图 9-30 可以看出,按照 job 程序的指示在/wordcount/input 目录下生成了 mrjobresult 目录,并在该目录下生成了 wordcount 计算结果,下载并打开此结果文件就可以查看具体的统计详情。

9.4.4 案例演示——HIVE脚本任务调度管理

本案例主要使用Azkaban来演示HIVE脚本任务的调度管理。在演示之前,需要确保Azkaban服务已经开启外,开启部署在hadoop01、hadoop02和hadoop03上的Hadoop集群,同时必须保证Hive安装配置完成,案例具体实现步骤如下。

1. 创建job文件

先创建一个名称为hive.job的任务文件,如文件9-7所示。

文件9-7 hive.job

```
# hivef.job
type=command
command=/export/servers/apache-hive-1.2.1-bin/bin/hive -f 'test.sql'
```

从文件9-7可以看出,hive.job中将会执行一个hive指令,该指令通过-f参数来执行一个test.sql脚本文件。

接着,创建hive.job任务文件需要的test.sql文件,如文件9-8所示。

文件9-8 test.sql

```
use default;
drop table aztest;
create table aztest(id int,name string) row format
            delimited fields terminated by ',';
load data inpath '/aztest/hiveinput' into table aztest;
insert overwrite directory '/aztest/hiveoutput'
            select count(1) from aztest;
```

上述test.sql文件中,使用Hive默认的default数据库创建了一个aztest表;然后,加载HDFS上的/aztest/hiveinput目录下的所有文件到aztest表中;接着,查询出aztest表中的数据条数,写入到HDFS上的/aztest/hiveoutput目录下的文件。

为了实现上述test.sql程序的执行,这里需要预先创建一个aztest.txt文件(创建位置自行定义,此处定义在hadoop01机器的/export/data/hivedata目录下),并上传到HDFS上的/aztest/hiveinput目录下。其中,aztest.txt文件内容,如文件9-9所示。

文件9-9 aztest.txt

```
1,allen
2,tom
3,jerry
```

然后,在HDFS先创建文件存放目录/aztest/hiveinput,再在hadoop01机器上将aztest.txt文件上传到该目录,具体指令如下。

```
$ hadoop fs -mkdir -p /aztest/hiveinput
$ hadoop fs -put aztest.txt /aztest/hiveinput
```

完成此次案例的准备工作之后，将此次案例任务的 hive.job 文件和 test.sql 打包成 ZIP 压缩包文件，并以工作流的名称 hive 进行命名。

2. HIVE 脚本任务调度演示

接着，就可以参考 9.4.2 节中的案例说明来完成该 HIVE 脚本任务案例的调度演示了，这里同样会选择立即执行任务来演示效果。

在参考前面案例的实现步骤完成此次 HIVE 脚本任务案例项目的创建后，单击项目工作流后的 Execute Flow 按钮并选中 Execute 按钮来立即执行项目，效果如图 9-31 所示。

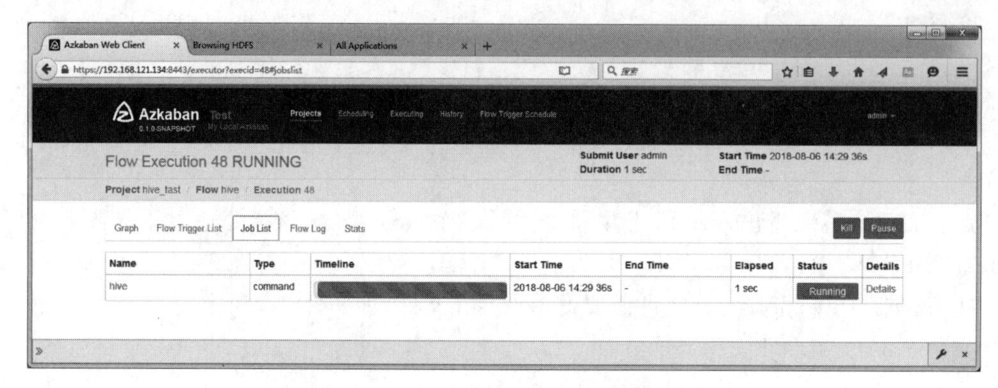

图 9-31　Azkaban 项目执行界面

从图 9-31 可以看出，调度管理的 HIVE 脚本任务正在执行过程中。在该过程中，可以参考 9.4.3 节的案例，查看 YARN 集群管理界面任务执行情况。在稍等片刻后，再次刷新查看 YARN 界面和 Azkaban 项目执行界面，会发现任务最终的执行结果。其中，Azkaban 界面效果如图 9-32 所示。

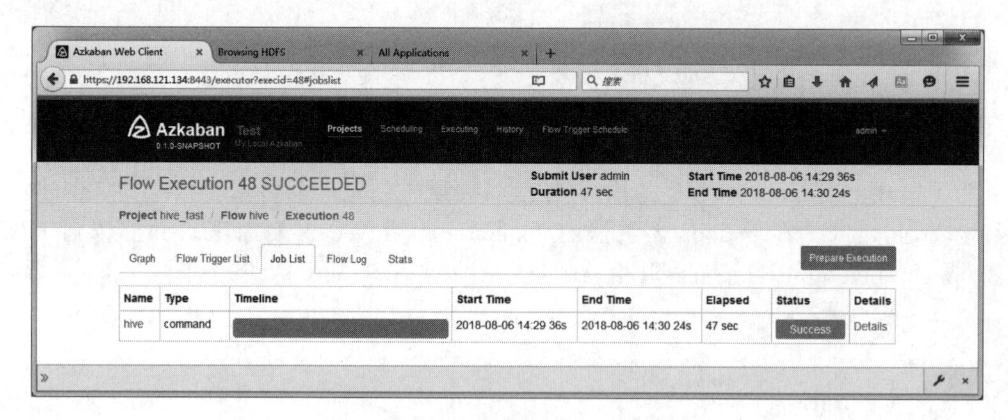

图 9-32　Azkaban 项目执行结果界面

从图 9-32 可以看出，此次 Azkaban 管理调度的 HIVE 脚本任务执行成功。接着，可以通过 HDFS 的 UI 查看 HIVE 脚本任务执行结果，效果如图 9-33 所示。

从图 9-33 可以看出，按照 job 程序的指示在 HDFS 中生成了/aztest/hiveoutput 目录，并在该目录下生成了任务执行结果，下载并打开此结果文件就可以查看具体的执行结果。

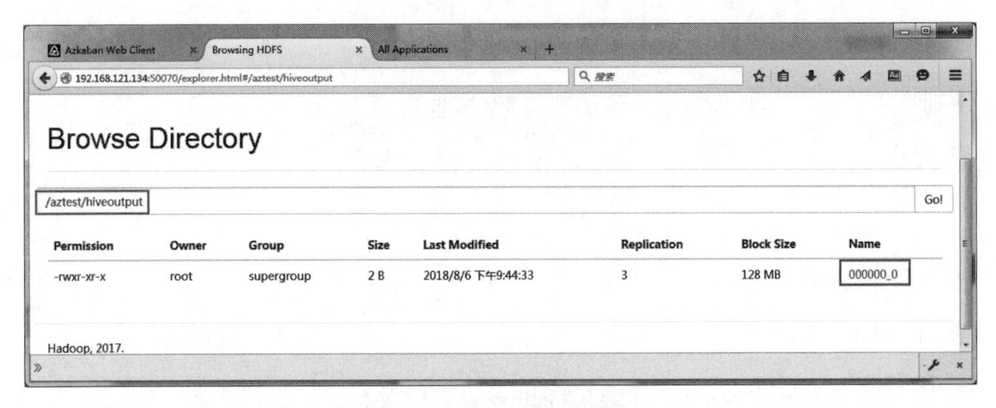

图 9-33 HDFS 的 Web 界面

9.5 本章小结

本章详细讲解了 Hadoop 生态圈中的 Azkaban(工作流管理器)的基本知识。首先介绍了工作流管理器的使用需求,并对比较常用的 Azkaban 工作流管理器特点、结构和部署进行讲解;接着,重点讲解了 Azkaban 双服务模式的部署、测试;最后,通过 3 个基本案例讲解了 Azkaban 工作流管理器的具体使用。通过本章的学习,读者可以对 Azkaban 有一定的认识,能够掌握 Azkaban 的部署和使用,并能够使用 Azkaban 进行任务调度管理。

9.6 课后习题

一、填空题

1. Azkaban 是由 Linkedin 公司开源的一个________,用于在一个工作流内以一个特定的顺序运行一组工作和流程。

2. Azkaban 定义了一种________格式来建立任务之间的依赖关系,并提供一个易于使用的________维护和跟踪工作流。

3. Azkaban 工作流管理器的特点是所有的任务资源文件都需要________上传。

4. Azkaban 工作流管理器由 3 个核心部分组成,具体分别是________、________和________。

5. Azkaban 提供 3 种部署模式:轻量级的________、重量级的________和________。

二、判断题

1. Azkaban 可以通过查看 executorServerLog__*.out 日志文件和 logs 目录下的日志文件查看 Azkaban Executor 服务器的启动情况。 ( )

2. Azkaban 是对 job 进行调度管理的,而每一个 job 任务都是编写在一个文本文件中,且对文本文件没有限制。 ( )

3. Azkaban 要建立 job 之间的依赖关系需要使用 command 参数。 ( )

三、选择题

下列选项中(　　)是配置job的必要参数(多选)。

A. type

B. dependencies

C. command

D. flow. name

四、简答题

1. 简述Azkaban中的project、job和flow元素的关系。
2. 简述Azkaban的组成部分,以及各个部分的功能。

第 10 章

Sqoop数据迁移

学习目标

- 了解 Sqoop 基本概念。
- 掌握 Sqoop 安装配置。
- 熟悉 Sqoop 常用的相关指令。
- 掌握使用 Sqoop 进行导入导出。

在实际开发中，有时候需要将 HDFS 或 Hive 上的数据导出到传统数据库中（如 MySQL、Oracle 等），或者将传统数据库中的数据导入到 HDFS 或 Hive 上，如果通过人工手动进行数据迁移的话，就会显得非常麻烦。为此，可以使用 Apache 提供的 Sqoop 工具进行数据迁移，本章就对 Sqoop 工具的安装和使用进行详细讲解。

10.1 Sqoop 概述

10.1.1 Sqoop 简介

Sqoop 是 Apache 旗下的一款开源工具，该项目开始于 2009 年，最早是作为 Hadoop 的一个第三方模块存在，后来为了让使用者能够快速部署，也为了让开发人员能够更快速地迭代开发，在 2013 年，独立成为 Apache 的一个顶级开源项目。

Sqoop 主要用于在 Hadoop 和关系数据库或大型机器之间传输数据，可以使用 Sqoop 工具将数据从关系数据库管理系统导入（import）到 Hadoop 分布式文件系统中，或者将 Hadoop 中的数据转换导出（export）到关系数据库管理系统，其功能如图 10-1 所示。

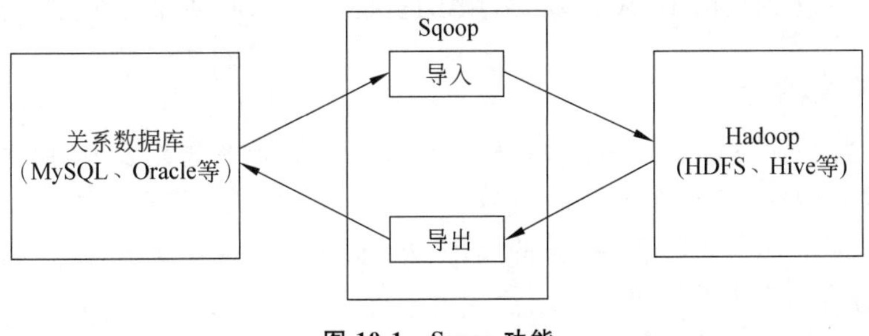

图 10-1　Sqoop 功能

目前 Sqoop 主要分为 Sqoop 1 和 Sqoop 2 两个版本，其中，版本号为 1.4.x 属于 Sqoop

1，而版本号为 1.99.x 的属于 Sqoop 2。这两个版本开发时的定位方向不同，体系结构具有很大的差异，因此它们之间互不兼容。

Sqoop 1 功能结构简单，部署方便，提供命令行操作方式，主要适用于系统服务管理人员进行简单的数据迁移操作；Sqoop 2 功能完善、操作简便，同时支持多种访问模式（命令行操作、Web 访问和 Rest API），引入角色安全机制增加安全性等多种优点，但是结构复杂，配置部署更加烦琐。由于本书只用到 Sqoop 解决数据迁移问题，因此使用 Sqoop 1 就可以完成基本的需求。

10.1.2 Sqoop 原理

Sqoop 是传统关系数据库服务器与 Hadoop 间进行数据同步的工具，其底层利用 MapReduce 并行计算模型以批处理方式加快了数据传输速度，并且具有较好的容错性功能，工作流程如图 10-2 所示。

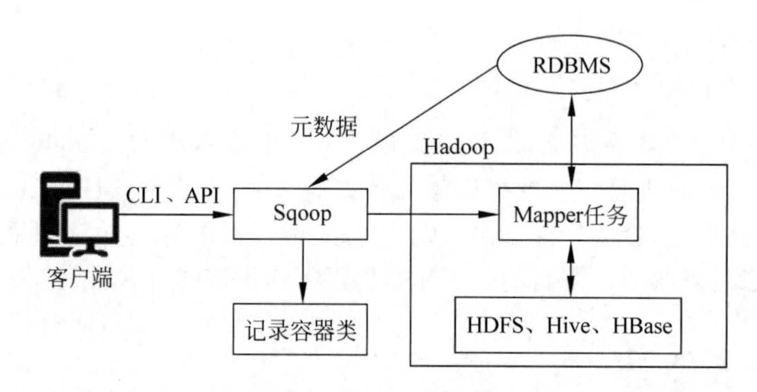

图 10-2 Sqoop 工作流程

从图 10-2 可以看出，通过客户端 CLI(命令行界面)方式或 Java API 方式调用 Sqoop 工具，Sqoop 可以将指令转换为对应的 MapReduce 作业（通常只涉及 Map 任务，每个 Map 任务从数据库中读取一片数据，这样多个 Map 任务实现并发地复制，可以快速地将整个数据复制到 HDFS 上），然后将关系数据库和 Hadoop 中的数据进行相互转换，从而完成数据的迁移。

可以说，Sqoop 是关系数据库与 Hadoop 之间的数据桥梁，这个桥梁的重要组件是 Sqoop 连接器，它用于实现与各种关系数据库的连接，从而实现数据的导入和导出操作。Sqoop 连接器能够支持大多数常用的关系数据库，如 MySQL、Oracle、DB2 和 SQL Server 等，同时它还有一个通用的 JDBC 连接器，用于连接支持 JDBC 协议的数据库。

1. 导入原理

在导入数据之前，Sqoop 使用 JDBC 检查导入的数据表，检索出表中的所有列以及列的 SQL 数据类型，并将这些 SQL 类型映射为 Java 数据类型，在转换后的 MapReduce 应用中使用这些对应的 Java 类型来保存字段的值，Sqoop 的代码生成器使用这些信息来创建对应表的类，用于保存从表中抽取的记录。

2. 导出原理

在导出数据之前，Sqoop 会根据数据库连接字符串来选择一个导出方法，对于大部分系统来说，Sqoop 会选择 JDBC。Sqoop 会根据目标表的定义生成一个 Java 类，这个生成的类能够从文本中解析出记录数据，并能够向表中插入类型合适的值，然后启动一个 MapReduce 作业，从 HDFS 中读取源数据文件，使用生成的类解析出记录，并且执行选定的导出方法。

10.2　Sqoop 安装配置

Sqoop 的安装配置非常简单，前提是部署 Sqoop 工具的机器需要具备 Java 和 Hadoop 的运行环境。接下来，本书将采用编写时最新稳定版本 Sqoop-1.4.6 来讲解 Sqoop 的安装配置，下载地址为 http://archive.apache.org/dist/sqoop/1.4.6/。

1. Sqoop 安装

首先将下载好的安装包上传至 hadoop01 主节点的/export/software 目录中，并解压至/export/servers 路径下，然后对解压包进行重命名，具体指令如下。

```
$ tar -zxvf sqoop-1.4.6.bin__hadoop-2.0.4-alpha.tar.gz -C /export/servers/
$ mv sqoop-1.4.6.bin__hadoop-2.0.4-alpha/ sqoop-1.4.6
```

执行完上述 Sqoop 的下载解压后，就完成了 Sqoop 的安装。

2. Sqoop 配置

(1) 先进入 Sqoop 解压包目录中的 conf 文件夹目录下，将 sqoop-env-template.sh 文件复制并重命名为 sqoop-env.sh，对该文件中的如下内容进行修改。

```
export HADOOP_COMMON_HOME=/export/servers/hadoop-2.7.4
export HADOOP_MAPRED_HOME=/export/servers/hadoop-2.7.4
export HIVE_HOME=/export/servers/apache-hive-1.2.1-bin
```

在 sqoop-env.sh 配置文件中，需要配置的是 Sqoop 运行时必备环境的安装目录，Sqoop 运行在 Hadoop 之上，因此必须指定 Hadoop 环境。另外，在配置文件中还要根据需要自定义配置 HBase、Hive 和 Zookeeper 等环境变量(如本章后续将会使用到 Hive，所以必须配置 Hive 的环境变量，而其他无关环境变量如果未配置，使用过程中可能会出现警告提示，但不影响其他操作)。

小提示： 需要说明的是，本书讲解的 Hadoop 是 Apache 社区版本，Hadoop 重要的组件都是安装在一个安装包中，所以上述配置文件中配置的 HADOOP_COMMON_HOME 与 HADOOP_MAPRED_HOME 指定的 Hadoop 安装目录一致。如果使用第三方的 Hadoop，这些组件都是可选择配置的，那么这两个路径可能会有所不同。

(2) 为了后续方便 Sqoop 的使用和管理，可以配置 Sqoop 系统环境变量。使用“vi /etc/profile”指令进入到 profile 文件，在文件底部进一步添加如下内容类配置 Sqoop 系统环境变量。

```
export SQOOP_HOME=/export/servers/sqoop-1.4.6
export PATH=$PATH:$SQOOP_HOME/bin
```

配置完成后直接保存退出，接着执行“source /etc/profile”指令刷新配置文件即可。

(3) 当完成前面 Sqoop 的相关配置后，还需要根据所操作的关系数据库添加对应的 JDBC 驱动包，用于数据库连接。本书将针对 MySQL 数据库进行数据迁移操作，所以需要将 mysql-connector-java-5.1.32.jar(版本可以自行选择)包上传至 Sqoop 解压包目录的 lib 文件夹下。

3. Sqoop 效果测试

执行完上述 Sqoop 的安装配置操作后，就可以执行 Sqoop 相关指令来验证 Sqoop 的执行效果了，具体指令如下(此次在 Sqoop 的解压包下执行，同时注意数据库密码)。

```
$ sqoop list-databases \
  -connect jdbc:mysql://localhost:3306/ \
  --username root --password 123456
```

上述指令中，sqoop list-databases 用于输出连接的本地 MySQL 数据库中的所有数据库名，如果正确返回指定地址的 MySQL 数据库信息，那么说明 Sqoop 配置完毕。

执行上述指令后，终端效果如图 10-3 所示。

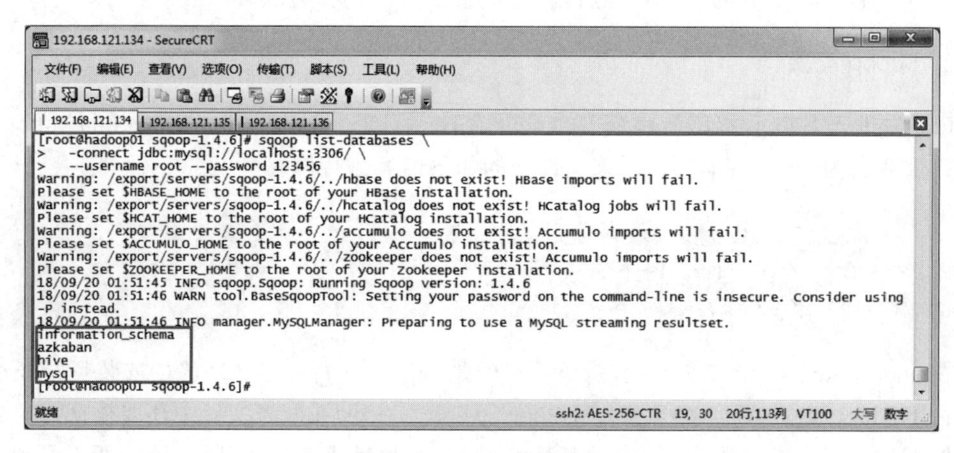

图 10-3 Sqoop 验证效果

从图 10-3 可以看出，执行完上述指令后，通过 Sqoop 成功查询出连接的 MySQL 数据库中的所有数据库名，这就说明 Sqoop 的安装配置正确。

10.3 Sqoop 指令介绍

Sqoop 工具操作简单，它提供了一系列的工具指令，用来进行数据的导入、导出操作等。使用 Sqoop 解压包中 bin 目录下的 sqoop help 指令可以查看 Sqoop 支持的所有工具指令，具体效果如图 10-4 所示。

图 10-4 返回结果即为 Sqoop 支持的所有工具指令，并且对应有英文解释说明。其中，包含了常用的导入(import)、导出(export)、显示所有数据库名称(list-databases)和显示所有表(list-tables)等。

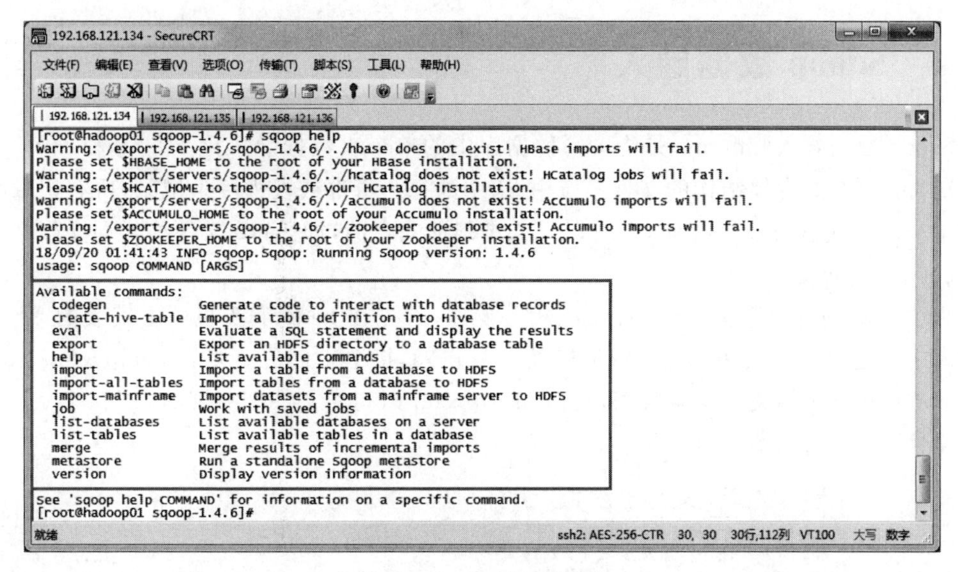

图 10-4　Sqoop 工具指令

在执行上述 Sqoop 相关指令时，还需要指定各种指令参数，可以使用 sqoop help command 指令来进行查看。如查看数据导入 import 指令使用方式，可以使用 sqoop help import 指令进行查看，效果如图 10-5 所示(指令参数较多，只展示部分截图)。

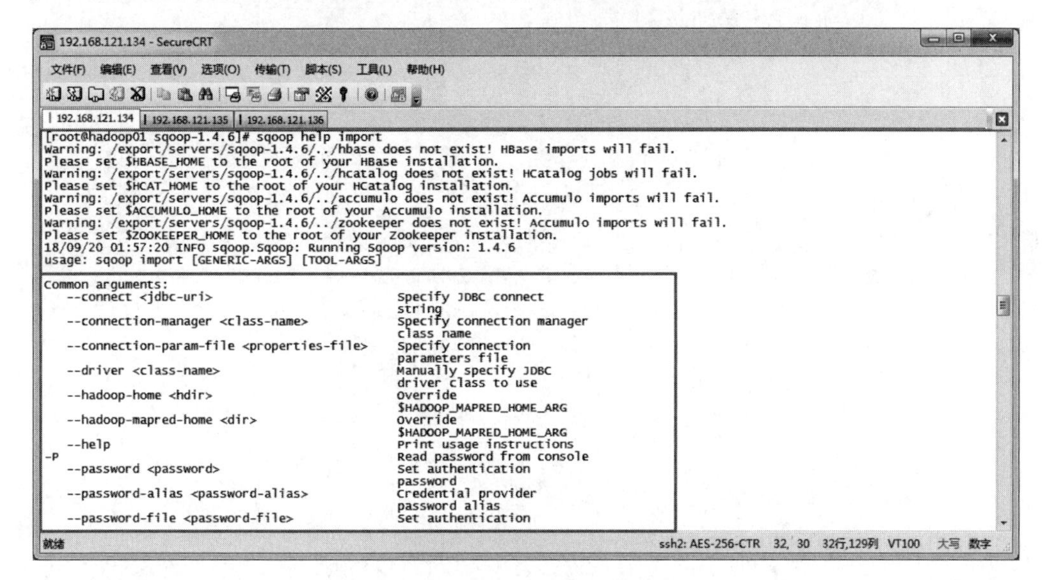

图 10-5　Sqoop 指令使用帮助

从图 10-5 可以看出，使用 sqoop help import 指令查看具体指令的相关参数，能够进一步帮助我们使用具体指令。

需要说明的是，在执行 Sqoop 指令进行操作时可以指定通用参数(Common arguments)和特定参数。通用参数主要用于对关系数据库的连接配置，而特定参数主要用于对 Sqoop 的具体操作实现进行功能配置，并且通用参数必须位于特定参数之前。

10.4 Sqoop数据导入

Sqoop数据导入(import)是将关系数据库中的单个表数据导入到HDFS和Hive等具有Hadoop分布式存储结构的文件系统中，表中的每一行都被视为一条记录，所有记录默认以文本文件格式进行逐行存储，还可以以二进制形式存储，如Avro文件格式和序列文件格式(SequenceFile)。

为了演示Sqoop数据导入、导出的相关操作，首先在hadoop01机器上安装的MySQL数据库中创建userdb数据库，字符集设置为UTF-8，接下来创建3张表：emp、emp_add和emp_conn，并导入相关初始化数据，具体userdb.sql语句如文件10-1所示。

文件10-1 userdb.sql

```
1  ------------------------------
2  --Table structure for `emp`
3  ------------------------------
4  DROP TABLE IF EXISTS `emp`;
5  CREATE TABLE `emp` (
6  `id` int(11) NOT NULL,
7  `name` varchar(100) DEFAULT NULL,
8  `deg` varchar(100) DEFAULT NULL,
9  `salary` int(11) DEFAULT NULL,
10  `dept` varchar(10) DEFAULT NULL,
11  PRIMARY KEY (`id`)
12 );
13 ------------------------------
14 --Records of emp
15 ------------------------------
16 INSERT INTO `emp` VALUES ('1201', 'gopal', 'manager', '50000', 'TP');
17 INSERT INTO `emp` VALUES ('1202', 'manisha', 'Proof reader', '50000', 'TP');
18 INSERT INTO `emp` VALUES ('1203', 'khalil', 'php dev', '30000', 'AC');
19 INSERT INTO `emp` VALUES ('1204', 'prasanth', 'php dev', '30000', 'AC');
20 INSERT INTO `emp` VALUES ('1205', 'kranthi', 'admin', '20000', 'TP');
21 ------------------------------
22 --Table structure for `emp_add`
23 ------------------------------
24 DROP TABLE IF EXISTS `emp_add`;
25 CREATE TABLE `emp_add` (
26   `id` int(11) NOT NULL,
27   `hno` varchar(100) DEFAULT NULL,
28   `street` varchar(100) DEFAULT NULL,
29   `city` varchar(100) DEFAULT NULL,
30   PRIMARY KEY (`id`)
31 );
32 ------------------------------
33 --Records of emp_add
34 ------------------------------
35 INSERT INTO `emp_add` VALUES ('1201', '288A', 'vgiri', 'jublee');
```

```
36 INSERT INTO `emp_add` VALUES ('1202', '108I', 'aoc', 'sec-bad');
37 INSERT INTO `emp_add` VALUES ('1203', '144Z', 'pgutta', 'hyd');
38 INSERT INTO `emp_add` VALUES ('1204', '78B', 'old city', 'sec-bad');
39 INSERT INTO `emp_add` VALUES ('1205', '720X', 'hitec', 'sec-bad');
40 ------------------------------
41 --Table structure for `emp_conn`
42 ------------------------------
43 DROP TABLE IF EXISTS `emp_conn`;
44 CREATE TABLE `emp_conn` (
45   `id` int(100) NOT NULL,
46   `phno` varchar(100) DEFAULT NULL,
47   `email` varchar(100) DEFAULT NULL,
48   PRIMARY KEY (`id`)
49 );
50 ------------------------------
51 --Records of emp_conn
52 ------------------------------
53 INSERT INTO `emp_conn` VALUES ('1201', '2356742', 'gopal@tp.com');
54 INSERT INTO `emp_conn` VALUES ('1202', '1661663', 'manisha@tp.com');
55 INSERT INTO `emp_conn` VALUES ('1203', '8887776', 'khalil@ac.com');
56 INSERT INTO `emp_conn` VALUES ('1204', '9988774', 'prasanth@ac.com');
57 INSERT INTO `emp_conn` VALUES ('1205', '1231231', 'kranthi@tp.com');
```

在完成前面相关数据的准备工作以及 Sqoop 数据导入的介绍后，接下来，就针对不同 Sqoop 数据导入的需求，通过具体的指令演示数据导入操作。

10.4.1 MySQL 表数据导入 HDFS

将 MySQL 表数据导入到 HDFS 中，具体指令示例如下(读者在演示时需要注意更新参数值，另外"\"符号用于单个指令换行)。

```
$ sqoop import \
  --connect jdbc:mysql://hadoop01:3306/userdb \
  --username root \
  --password 123456 \
  --target-dir /sqoopresult \
  --table emp \
  --num-mappers 1
```

上述指令演示了将 MySQL 表数据导入到 HDFS 中的基本使用，其中包含了多个参数，下面对其中的参数进行具体说明。

- --connect：指定连接的关系数据库，包括 JDBC 驱动名、主机名、端口号和数据库名称。应注意的是，Sqoop 数据导入导出操作需要启动 Hadoop 集群的 MapReduce 程序，所以这里连接的主机名不能是 localhost，必须是 MySQL 数据库所在主机名或 IP 地址。
- --username：用于指定连接数据库的用户名。
- --password：用于指定连接数据库的密码。这种方式直接暴露了数据库连接密码，不太安全，所以可以使用-P指令代替，这个指令会以交互方式提示用户输入密码。

- --target-dir：指定导入到HDFS的目录，代表MySQL数据表要导入HDFS的目标地址。这里需要注意该选项所指定的目录的最后一个子目录不能存在，否则Sqoop会执行失败。
- --table：代表要进行数据导入操作的MySQL源数据库表名。
- --num-mappers：指定map任务个数(默认为4个，并且会产生4个结果文件)，可简写为-m。这里指定map任务个数为1，那么只会启动一个Map程序执行相关操作，并只会生成一个结果文件。

执行上述指令后，Sqoop操作会转换为MapReduce任务在整个集群中并行执行，作业执行成功后可以通过HDFS UI查看数据结果文件，如图10-6所示。

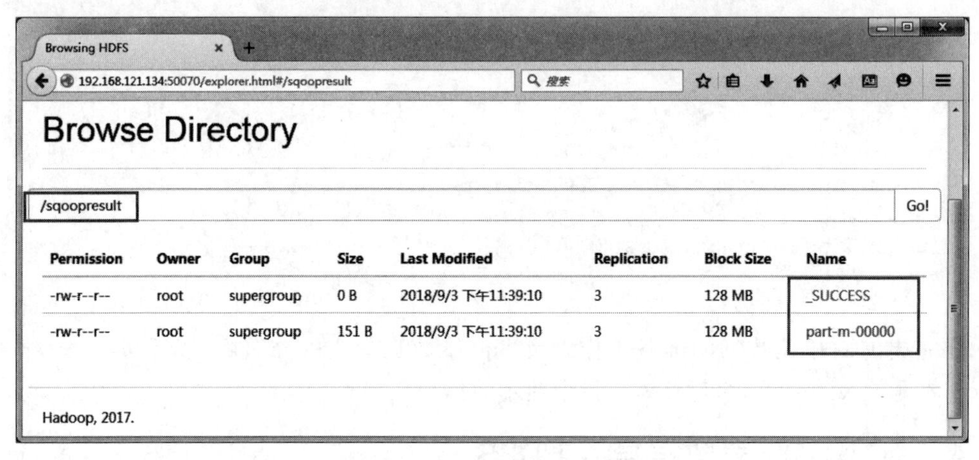

图10-6　导入HDFS目录结果

从图10-6可以看出，指定的MySQL数据库表emp的数据成功导入到HDFS中。用户可以将结果文件下载下来进行查看，也可以使用"hdfs dfs -cat /sqoopresult/part-m-00000"指令查看导入后的文件内容，效果如图10-7所示。

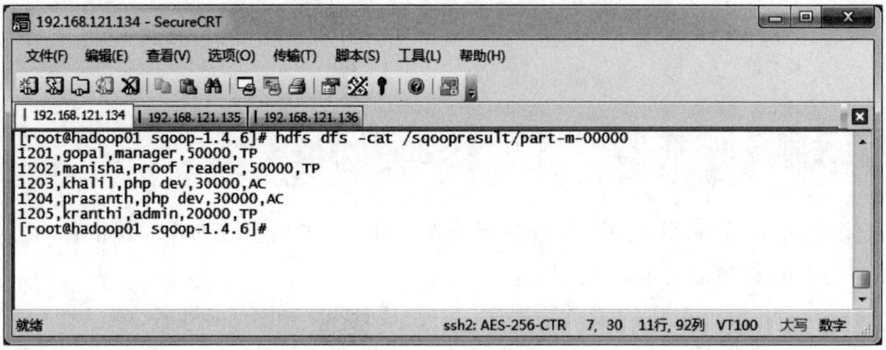

```
[root@hadoop01 sqoop-1.4.6]# hdfs dfs -cat /sqoopresult/part-m-00000
1201,gopal,manager,50000,TP
1202,manisha,Proof reader,50000,TP
1203,khalil,php dev,30000,AC
1204,prasanth,php dev,30000,AC
1205,kranthi,admin,20000,TP
[root@hadoop01 sqoop-1.4.6]#
```

图10-7　导入HDFS目录内容

从图10-7可以看出，导入到HDFS指定目录下的文件内容与MySQL数据库表emp中的数据保持一致，并且导入后的数据内容默认是按照逗号进行分隔的。

10.4.2　增量导入

当 MySQL 表中的数据发生了新增或修改变化，需要更新 HDFS 上对应的数据时，就可以使用 Sqoop 的增量导入功能。Sqoop 目前支持两种增量导入模式：append 模式和 lastmodified 模式。其中，append 模式主要针对 INSERT 新增数据的增量导入；lastmodified 模式主要针对 UPDATE 修改数据的增量导入。

在进行增量导入操作时，首先必须指定“--check-column”参数，用来检查数据表列字段，从而确定哪些数据需要执行增量导入。例如，在执行 append 模式增量导入时，通常会将“--check-column”参数指定为具有连续自增功能的列(如主键 id)；而执行 lastmodified 模式增量导入时，通常会将“--check-column”参数必须指定为日期时间类型的列(如 date 或 timestamp 类型的列)。

同时，还可以为增量导入操作指定“--last-value”参数，只用于增量导入 last-value 值以后的记录数据，然后存储到之前 HDFS 上相应目录下的一个单独文件中。否则，会导入原表中所有数据到 HDFS 上相应目录下的一个单独文件中。

为了演示增量导入操作，首先向 emp 表添加新数据，指令如下所示。

```
INSERT INTO `emp` VALUES ('1206', 'itcast', 'java dev', '50000', 'AC');
```

接下来，就针对 emp 表数据的新增变化执行 append 模式的增量导入，具体指令示例如下。

```
$ sqoop import \
  --connect jdbc:mysql://hadoop01:3306/userdb \
  --username root \
  --password 123456 \
  --target-dir /sqoopresult \
  --table emp \
  --num-mappers 1 \
  --incremental append \
  --check-column id \
  --last-value 1205
```

上述增量导入的操作指令与 10.4.1 节所示的指令基本相同，为了实现增量导入功能，新添加了 3 个参数。其中，“--incremental append”指定了使用增量导入的模式为 append；“--check-column id”指定了针对表 emp 数据的 id 主键进行检查；“--last-value 1205”指定了针对 id 值为 1205 以后的数据执行增量导入。

执行上述指令后，从 HDFS UI 查看增量导入结果，如图 10-8 所示。

从图 10-8 可以看出，增量导入的数据在指定的目标目录下创建了一个新的结果文件 part-m-00001，可以使用 hadoop fs -cat 命令查看数据，如图 10-9 所示。

从图 10-9 可以看出，当设置了“--last-value 1205”参数后，增量导入的新结果文件只会把指定值后的数据添加到结果文件中。

这里只演示了开发中常用的 append 模式的增量导入操作，读者也可以根据说明进行另

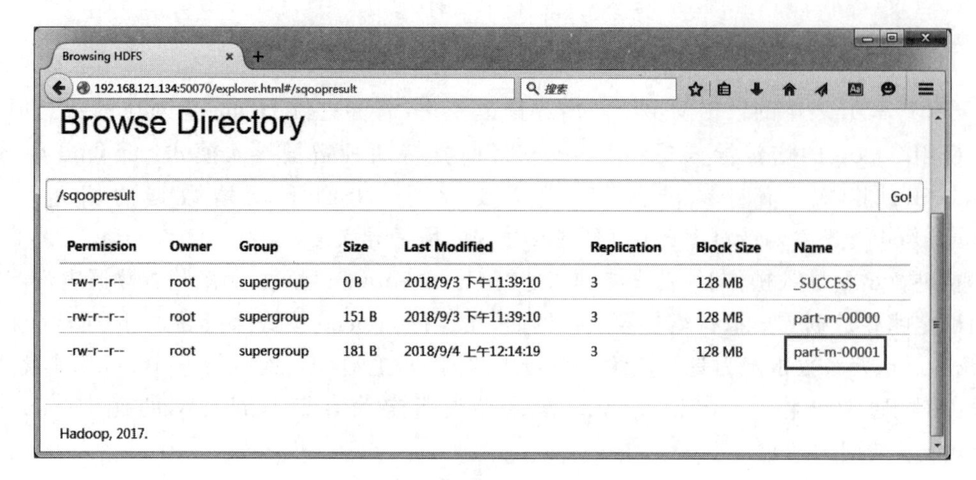

图 10-8 增量导入结果文件

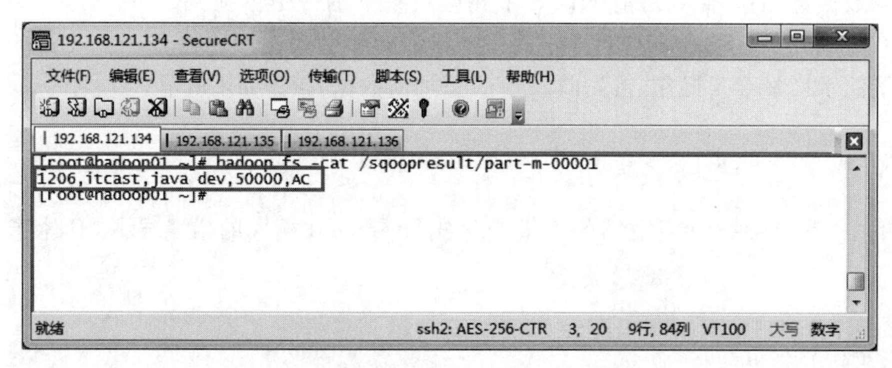

图 10-9 增量导入结果文件内容

一种 lastmodified 模式增量导入的操作。但需要注意的是，必须保证 lastmodified 模式增量导入的数据具有日期时间类型的列字段。

10.4.3 MySQL 表数据导入 Hive

如果 Hadoop 集群中部署了 Hive 服务，并且在 Sqoop 服务的 sqoop-env. sh 文件中配置了 Hive 的安装路径，那么也可以通过 Sqoop 工具将 MySQL 表数据导入 Hive 表中。

将 MySQL 表数据导入到 Hive 文件系统中，具体指令示例如下。

```
$ sqoop import \
  --connect jdbc:mysql://hadoop01:3306/userdb \
  --username root \
  --password 123456 \
  --table emp_add \
  --hive-table itcast.emp_add_sp \
  --create-hive-table \
  --hive-import \
  --num-mappers 1
```

上述指令中，"--hive-table itcast. emp_add_sp"用于指定上传到 Hive 上的目标地址为

itcast 数据仓库的 emp_add_sp 表中，这里必须提前创建对应的 itcast 数据仓库；“--create-hive-table”用于指定自动创建指定的目标 Hive 表(即 emp_add_sp 表)，如果表已存在，则执行失败；“--hive-import”用于将对应的 MySQL 表(即 emp_add 表)导入 Hive 中进行数据映射。

执行上述指令后，可以连接到 Hive 客户端查看 Hive 数据仓库表数据，结果如图 10-10 所示。

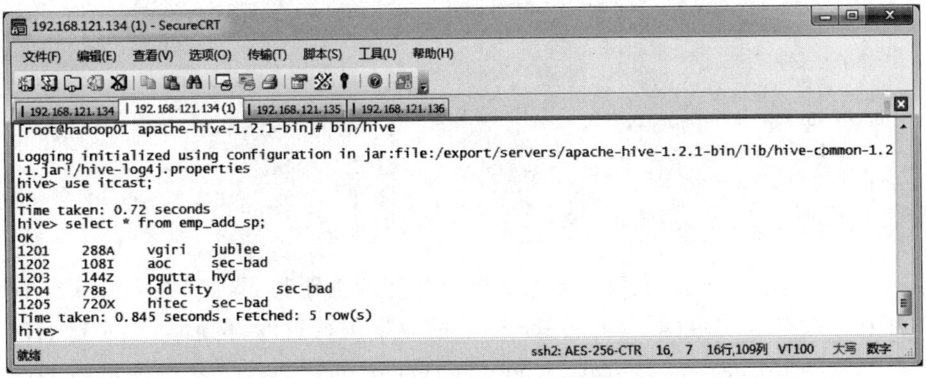
192.168.121.134 (1) - SecureCRT
[root@hadoop01 apache-hive-1.2.1-bin]# bin/hive
Logging initialized using configuration in jar:file:/export/servers/apache-hive-1.2.1-bin/lib/hive-common-1.2.1.jar!/hive-log4j.properties
hive> use itcast;
OK
Time taken: 0.72 seconds
hive> select * from emp_add_sp;
OK
1201 288A vgiri jublee
1202 108I aoc sec-bad
1203 144Z pgutta hyd
1204 78B old city sec-bad
1205 720X hitec sec-bad
Time taken: 0.845 seconds, Fetched: 5 row(s)
hive>

图 10-10　查看导入 Hive 表数据

从图 10-10 看出，Sqoop 成功将 MySQL 表数据导入了 Hive 中，也可在 HDFS UI 查看，如图 10-11 所示。

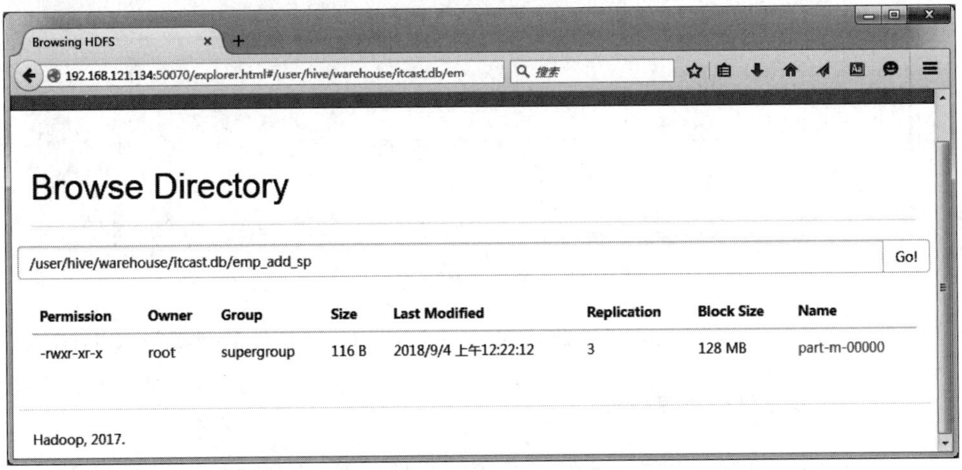
Browsing HDFS
192.168.121.134:50070/explorer.html#/user/hive/warehouse/itcast.db/em
Browse Directory
/user/hive/warehouse/itcast.db/emp_add_sp
Go!
Permission Owner Group Size Last Modified Replication Block Size Name
-rwxr-xr-x root supergroup 116 B 2018/9/4 上午12:22:12 3 128 MB part-m-00000
Hadoop, 2017.

图 10-11　Hive 表文件路径

从图 10-11 可以看出，Hive 表数据是一个 MapReduce 的结果文件，从命名可以看出，本次 MapReduce 作业只进行了 Map 阶段。

10.4.4　MySQL 表数据子集导入

前面几节针对 MySQL 表数据的全表导入与增量导入进行了讲解，而在实际业务中，有时候开发人员可能只需要针对部分数据进行导入操作。针对上述需求，可以使用 Sqoop 提供的“--where”和“--query”参数，先进行数据过滤，然后再将满足条件的数据进行导入。

1. “--where”参数进行数据过滤

Sqoop提供的“--where”参数主要针对简单的数据过滤，例如，将表emp_add中“city=sec-bad”的数据导入HDFS中，具体指令示例如下。

```
$ sqoop import \
  --connect jdbc:mysql://hadoop01:3306/userdb \
  --username root \
  --password 123456 \
  --where "city='sec-bad'" \
  --target-dir /wherequery \
  --table emp_add \
  --num-mappers 1
```

上述指令中，在MySQL表数据导入HDFS操作的基础上，添加了“--where "city='sec-bad'"”(注意标点符号)参数对“city=sec-bad”的数据进行过滤，然后再导入到HDFS上。执行完指令后，使用hadoop fs -cat /wherequery/part-m-00000指令在指定的HDFS的/wherequery路径下查看结果文件，如图10-12所示。

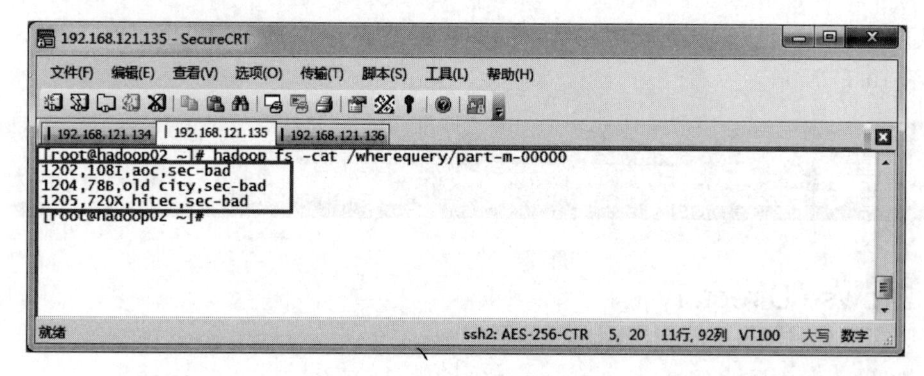

图10-12 导入HDFS目录内容

从图10-12可以看出，Sqoop成功将满足"city='sec-bad'"条件的数据导入HDFS中。

2. “--query”参数进行数据过滤

Sqoop提供的“--query”参数主要针对复杂的数据过滤，参数后面可以添加SQL语句，更方便高效地导入数据。例如，将表emp中“id>1203”的数据的id、name和deg字段导入HDFS中，具体指令示例如下。

```
$ sqoop import \
  --connect jdbc:mysql://hadoop01:3306/userdb \
  --username root \
  --password 123456 \
  --target-dir /wherequery2 \
  --query 'SELECT id,name,deg FROM emp WHERE id>1203 AND $ CONDITIONS' \
  --num-mappers 1
```

上述代码示例中，使用了 Sqoop 的"--query"参数进行数据过滤，它的主要作用就是先通过该参数指定的查询语句查询出子集数据，然后再将子集数据进行导入。上述示例中，$CONDITIONS 相当于一个动态占位符，动态地接收经过滤后的子集数据，然后让每个 Map 任务执行查询的结果并进行数据导入。

在使用 Sqoop 的"--query"参数进行数据导入时，要特别注意以下事项。

(1) 如果没有指定"--num-mappers 1"(或-m 1，即 map 任务个数为 1)，那么在指令中必须还要添加"--split-by"参数。"--split-by"参数的作用就是针对多副本 map 任务并行执行查询结果并进行数据导入，该参数的值要指定为表中唯一的字段(如主键 id)；

(2) "--query"参数后的查询语句中(如示例中单引号中的 SELECT 语句)，如果已经使用了 WHERE 关键字，那么在连接 $CONDITIONS 占位符前必须使用 AND 关键字；否则，就必须使用 WHERE 关键字连接；

(3) "--query"参数后的查询语句中的 $CONDITIONS 占位符不可省略，并且如果查询语句使用双引号(")进行包装，那么就必须使用\ $CONDITIONS，这样可以避免 Shell 将其视为 Shell 变量。

接着，就执行上述示例中的导入指令。执行完指令后，可以使用"hadoop fs -cat /wherequery2/part-m-00000"指令在指定的 HDFS 的/wherequery2 路径下查看结果文件，如图 10-13 所示。

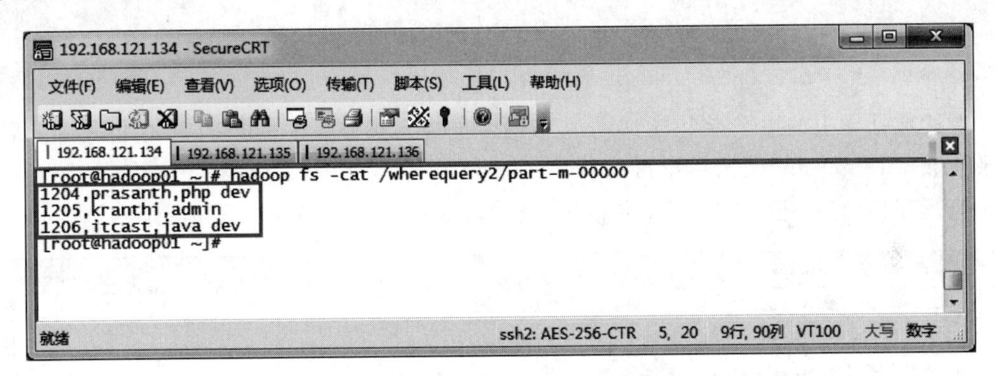

图 10-13　导入 HDFS 目录内容

从图 10-13 可以看出，Sqoop 成功将满足 SELECT 查询条件的数据的指定字段信息导入 HDFS 中。

10.5　Sqoop 数据导出

Sqoop 导出与导入是相反的操作，也就是将 HDFS、Hive 和 HBase 等文件系统或数据仓库中的数据导出到关系数据库中，在导出操作之前，目标表必须存在于目标数据库中，否则在执行导出操作时会失败。而 Hive 和 HBase 的数据通常都是以文件的形式存储在 HDFS 中，因此，本节就重点讲解如何将 HDFS 数据导出到 MySQL 中。

为了方便操作，这里就将 10.4.1 节中导入到 HDFS 上/sqoopresult 目录下的结果文件 part-m-00000 进行导出操作。首先在本地 MySQL 数据库中(如前面自定义的 userdb 数据库）提前创建目标表结构，该表结构需要与 HDFS 中的源数据结构类型一致，具体 emp_export. sql 语句如文件 10-2 所示。

文件 10-2 emp_export. sql

```
1 DROP TABLE IF EXISTS `emp_export`;
2 CREATE TABLE `emp_export` (
3   `id` int(11) NOT NULL,
4   `name` varchar(100) DEFAULT NULL,
5   `deg` varchar(100) DEFAULT NULL,
6   `salary` int(11) DEFAULT NULL,
7   `dept` varchar(10) DEFAULT NULL,
8   PRIMARY KEY (`id`)
9 );
```

完成上面目标表 emp_export 的创建工作后，接下来就将 HDFS 上/sqoopresult 目录下的 part-m-00000 文件进行导出操作，具体指令示例如下。

```
$ sqoop export \
  --connect jdbc:mysql://hadoop01:3306/userdb \
  --username root \
  --password 123456 \
  --table emp_export \
  --export-dir /sqoopresult
```

上述数据导出的操作指令与 10.4.1 节所示的导入指令基本相同，主要是将其中的导入目录参数“--target-dir”改为导出目录参数“--export-dir”。

执行完指令后，进入 MySQL 数据库，查看表 emp_export 的内容，如图 10-14 所示。

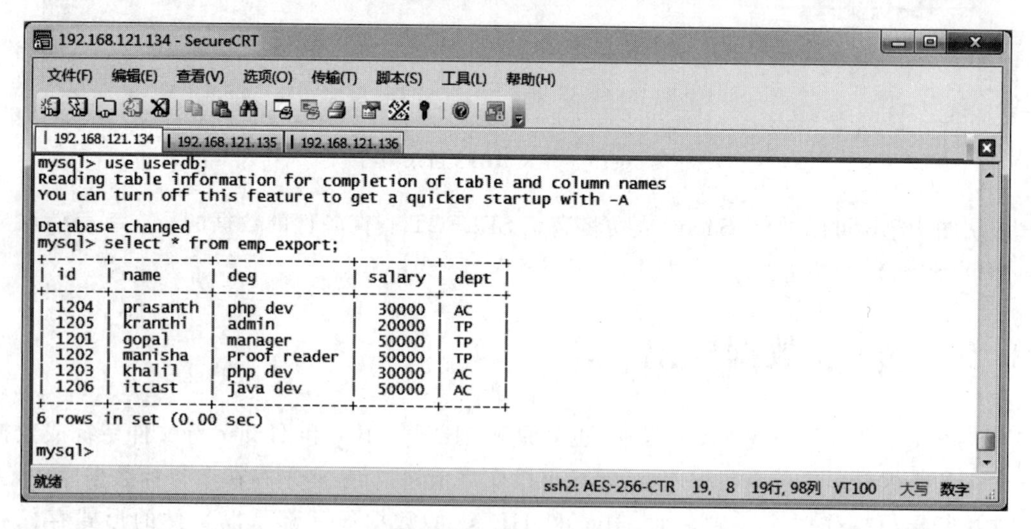

图 10-14 表 emp_export

从图 10-14 可以看出，使用 Sqoop 成功将 HDFS 的数据导出到 MySQL 数据库中。

需要说明的是，本章对 Sqoop 工具的安装配置和基本使用进行了详细讲解，而 Sqoop

还支持更多类型的数据导入与导出功能。有兴趣的读者可以参考 Sqoop 官方文档，具体地址 http://sqoop.apache.org/docs/1.4.6/SqoopUserGuide.html。

10.6　本章小结

本章讲解了 Sqoop 数据迁移工具的相关知识。首先，对 Sqoop 的相关概念进行了介绍；接着，对 Sqoop 的安装配置进行了详细讲解，并先行对 Sqoop 指令进行了入门介绍和帮助说明；最后，通过具体的示例演示讲解了常用的 Sqoop 数据导入和导出操作。通过本章的学习，读者能够掌握 Sqoop 的安装配置，并且能够使用 Sqoop 完成常用的数据迁移操作。

10.7　课后习题

一、填空题

1. Sqoop 主要用于在________和________之间进行传输数据。

2. Sqoop 底层利用________技术以________方式加快了数据传输速度，并且具有较好的容错性功能。

3. 从数据库导入 HDFS 时，指定以制表符作为字段分隔符参数是________。

二、判断题

1. Sqoop 是关系数据库与 Hadoop 之间的数据桥梁，这个桥梁的重要组件是 Sqoop 连接器。（　　）

2. Sqoop 从 Hive 表导出 MySQL 表时，首先需要在 MySQL 中创建表结构。（　　）

3. --target-dir 参数是指定 HDFS 目标目录地址，因此需要提前创建目标文件。（　　）

三、选择题

1. 以下（　　）参数是 Sqoop 指令？（多选）

   A. import　　B. output　　C. input　　D. export

2. 下列语句描述错误的是（　　）。

   A. 可以通过 CLI 方式、Java API 方式调用 Sqoop

   B. Sqoop 底层会将 Sqoop 命令转换为 MapReduce 任务，并通过 Sqoop 连接器进行数据的导入导出操作

   C. Sqoop 是独立的数据迁移工具，可以在任何系统上执行

   D. 如果在 Hadoop 分布式集群环境下，连接 MySQL 服务器参数不能是 localhos 或 127.0.0.1

四、简答题

简述Sqoop导入与导出数据工作原理。

五、编程题

1. 利用Sqoop将test数据库中的user表中id>5的用户导入到HDFS中的/user目录(user表字段：id,name)。

2. 利用Sqoop将test数据库中的emp表导入Hive表hive.emp_test表中。

第 11 章

综合项目——网站流量日志数据分析系统

学习目标

- 熟悉日志分析系统的架构。
- 熟悉系统环境搭建的步骤。
- 掌握日志分析系统业务流程。
- 掌握人均浏览页面模块的实现方法。

本章通过 Hadoop 生态体系技术实现网站流量日志分析系统,来帮助读者在开发中学习大数据体系架构的开发流程,以及利用现有技术解决实际生活中遇到的问题。本章的核心是在掌握网站流量日志数据分析系统的业务流程的前提下,具备独立分析日志数据,并利用 MapReduce 技术将数据提取出易于分析的数据结构,以及使用 Hive 完成数据分析,计算出需求结果的能力。

11.1 系统概述

11.1.1 系统背景介绍

近年来,随着社会的不断发展,人们对于海量数据的挖掘和运用越来越重视,互联网是面向全社会公众进行信息交流的平台,已成为了收集信息的最佳渠道并逐步进入传统的流通领域。同时,伴随着大数据技术的创新与应用,进一步为人们进行大数据统计分析提供了便利。

大数据信息的统计分析可以为企业决策者提供充实的依据。例如,通过对某网站日志数据统计分析,可以得出网站的日访问量,从而得出网站的欢迎程度;通过对移动 APP 的下载数据量进行统计分析,可以得出应用程序的受欢迎程度,甚至还可以通过不同维度(区域、时间段、下载方式等)进行进一步更深层次的数据分析,为运营分析与推广决策提供可靠的参照数据。

本章将通过已学的 Hadoop 相关知识,对某个网站产生的流量日志数据进行统计分析,得出该网站的访问流量。

11.1.2 系统架构设计

在大数据开发中,通常首要任务是明确分析目的,即想要从大量数据中得到什么类型的结果，并进行展示说明。只有在明确了分析目的后，开发人员才能准确地根据具体的需求去过滤数据，并通过大数据技术进行数据分析和处理，最终将处理结果以图表等可视化形式展示出来。

为了让读者更清晰地了解本章系统日志数据统计分析的流程及架构，下面通过一张图来描述传统大数据统计分析的架构图，如图 11-1 所示。

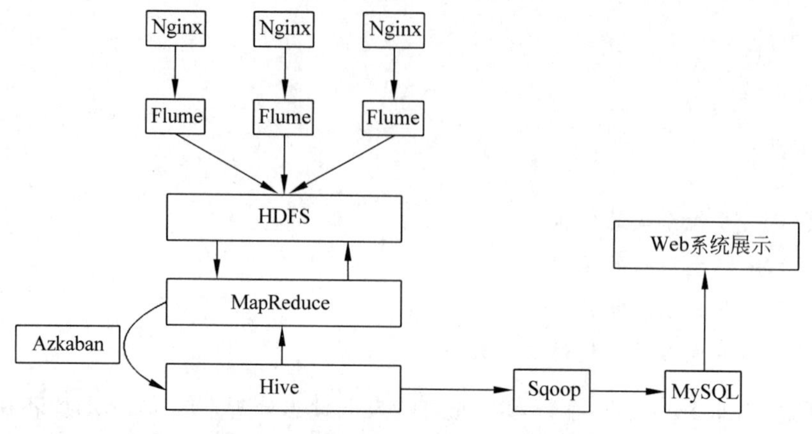

图 11-1 网站流量日志分析系统框架图

从图 11-1 可以看出，网站流量日志分析系统的整体技术流程如下：

- 首先，会将 Nginx 服务器所产生的日志文件通过 Flume 采集到 HDFS 中；
- 其次，开发人员根据原始日志文件及规定数据格式定制开发 MapReduce 程序进行数据预处理；
- 接着，通过 Hive 进行最为重要的数据分析；
- 再次，将分析的结果通过 Sqoop 工具导出到关系数据库 MySQL 中；
- 最后，通过 Web 系统，实现数据可视化。

在整个流程中，系统的数据分析并不是一次性的，而是按照一定的时间频率反复计算，因而整个处理链条中的各个环节需要按照一定的先后依赖关系紧密衔接，即大量任务单元的管理调度。所以，项目中需要添加一个任务调度模块，系统构架中采用 Azkaban 进行任务调度，如定时上传日志文件(第三章已经讲解思路)，定时执行 MapReduce 程序进行数据清洗等。

11.1.3 系统预览

点击流是指用户在网站上持续访问的轨迹，用户对网站的每次访问均包含了一系列的点击动作行为，如打开某个网站，点击某个标签等，将这些点击行为的数据串成一条线就构成了点击流数据，它代表了用户浏览网站的整个流程。这些信息都可通过网站日志保存下来，分析这些数据，就可以获知许多对网站运营等至关重要的信息，开发人员采集的数据越全面，分析就能越精准。本章将计算网站 7 日平均 PV 量，实现效果如图 11-2 所示。

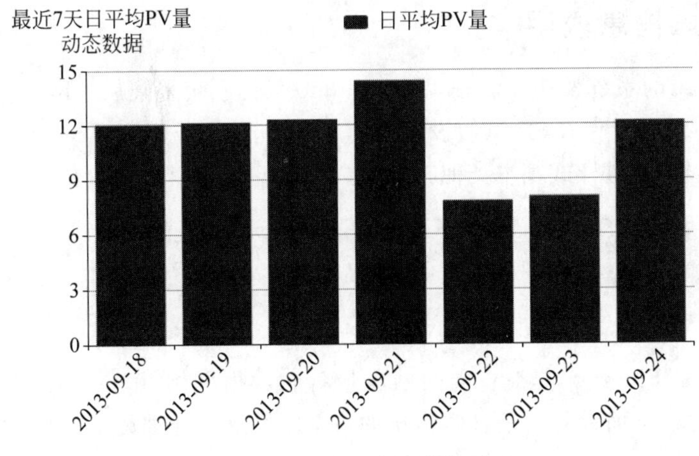

图 11-2　七日人均浏览量

11.2　模块开发——数据采集

在本项目中，对数据采集模块的可靠性、容错能力的要求通常不会非常严苛，因此使用通用的 Flume 日志采集框架完全可以满足数据采集的需求。

11.2.1　使用 Flume 搭建日志采集系统

Flume 采集系统的搭建非常简单，需要在服务器上部署 Agent 节点，从而对网站流量日志数据进行采集并将日志文件汇聚到 HDFS 中。搭载 Flume 进行日志采集的使用已经在第 8 章介绍了，因此这里只介绍此次采集日志数据的核心参数的配置，如下所示。

```
a1.sources=r1
a1.sources.r1.type=TAILDIR
a1.sources.r1.channels=c1
a1.sources.r1.positionFile=/var/log/flume/taildir_position.json
a1.sources.r1.filegroups=f1 f2
a1.sources.r1.filegroups.f1=/var/log/test1/example.log
a1.sources.r1.filegroups.f2=/var/log/test2/.*log.*
```

上述代码为核心参数的配置，选择 Taildir 类型的 Flume Source，它可以监控一个目录下的多个文件新增和内容追加，实现了实时读取记录的功能，并且可以使用正则表达式匹配该目录中的文件名进行实时采集。filegroups 参数可以配置多个，以空格分隔，表示 Taildir Source 同时监控了多个目录中的文件；positionFile 配置检查点文件的路径，检查点文件会以 Json 格式保存已跟踪文件的位置，从而解决了断点不能续传的缺陷。

需要说明的是，上述核心参数的配置是以示例的方式展示了进行 log 日志数据采集的 Flume source 的配置，而完整的日志采集方案 conf 还需要根据收集目的地（此案例的数据收集是到 HDFS 中保存），编写包含有 Flume source、Flume channel 和 Flume sink 的完整采集方案 conf 文件。

11.2.2 日志信息说明

根据前面介绍的系统架构和流程，通过Flume采集系统采集后的网站流量日志数据将会汇总到HDFS上进行保存(这里假设保存目录为/webflow/logs/access.log)。由于采集的日志数据内容较多，且样式基本类似，这里选取其中一条进行展示，具体数据样例如下：

```
58.215.204.118 -- [18/Sep/2013:06:51:35 +0000] "GET /wp-includes/js/jquery/
jquery.js?ver=1.10.2 HTTP/1.1" 304 0 "http://blog.fens.me/nodejs-socketio-
chat/" "Mozilla/5.0 (Windows NT 5.1; rv:23.0) Gecko/20100101 Firefox/23.0"
```

上述示例就是Flume采集汇总的网站流量日志数据样例，用户每访问一次网站，就会留下一条访问信息，下面针对一条日志信息的每个字段进行详细说明，如表11-1所示。

表11-1 日志信息描述

日志数据片段	描 述
58.215.204.118	访客IP地址
--	访客用户信息
[18/Sep/2013:06:51:35 +0000]	请求时间
GET	请求方式
/wp-includes/js/jquery/jquery.js?ver=1.10.2	请求URL地址
HTTP/1.1	请求协议
304	请求响应码
0	请求返回的数据流量
http://blog.fens.me/nodejs-socketio-chat/	访客来源URL
Mozilla/5.0 (Windows NT 5.1; rv:23.0) Gecko/20100101 Firefox/23.0	访客浏览器信息

11.3 模块开发——数据预处理

11.3.1 分析预处理的数据

在收集的日志文件中，通常情况下，不能直接将日志文件进行数据分析，这是因为日志文件中有许多不合法的数据，如以下两条数据：

```
58.215.204.118 -- [18/Sep/2013:06:52:33 +0000] -400 0 --
101.226.68.137 -- [18/Sep/2013:06:52:36 +0000] HEAD / HTTP/1.1 200 20 -
DNSPod-Monitor/1.0
```

上述日志数据在网络传输时发生了数据丢失，针对这种数据需要将其过滤去除，数据预处理流程如图11-3所示。

从图11-3可以看出，数据预处理阶段主要是过滤不合法的数据，清洗出无意义的数据信息，并且将原始日志中的数据格式转换成利于后续数据分析时规范的格式，根据统计需

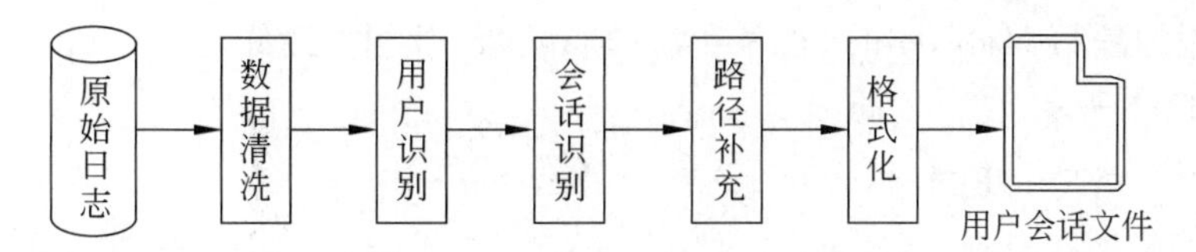

图 11-3　数据预处理流程

求，筛选出不同主题的数据。

在数据预处理阶段，主要目的就是对收集的原始数据进行清洗和筛选，因此使用前面学习的 MapReduce 技术就可以轻松实现。在实际开发中，数据预处理过程通常不会直接将不合法的数据直接删除，而是对每条数据添加标识字段，从而避免其他业务使用时丢失数据。

另外，此次数据预处理只是清洗和筛选不合法的数据信息，会读取每行日志文件数据并最终输出一条数据，不会进行其他操作，因此在使用 MapReduce 技术进行处理过程中，只会涉及 Map 阶段，不会涉及 Reduce 阶段。在默认情况下，ReduceTask 值为 1，因此在主运行函数中，需要设置 Job. setNumReduceTasks(0)。

11.3.2　实现数据的预处理

从图 11-1 网站流量日志分析系统框架图中可知，在数据处理环节，需要使用 MapReduce 技术进行数据预处理，作用是将复杂且没有具体格式的数据进行规范化。因此，我们创建一个 Maven 项目实现对日志数据的预处理。

1. 创建 Maven 项目，添加相关依赖

首先，使用项目开发工具（如 Eclipse）创建一个 Maven 项目，选择 jar 打包方式，如图 11-4 所示。

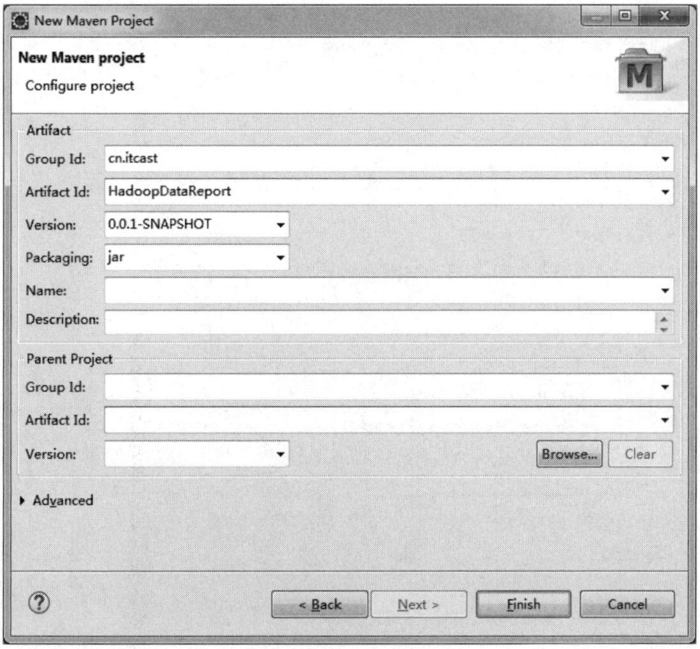

图 11-4　创建 Maven 工程

接下来添加编写 MapReduce 程序所需的 jar 包以及相关插件，打开 pom. xml 文件添加内容如文件 11-1 所示。

文件 11-1 pom. xml

```
1  <project xmlns=http://maven.apache.org/POM/4.0.0
2      xmlns:xsi="http://www.w3.org/2001/XMLSchema-instance"
3      xsi:schemaLocation="http://maven.apache.org/POM/4.0.0
4      http://maven.apache.org/xsd/maven-4.0.0.xsd">
5      <modelVersion>4.0.0</modelVersion>
6      <groupId>cn.itcast</groupId>
7      <artifactId>HadoopDataReport</artifactId>
8      <version>0.0.1-SNAPSHOT</version>
9      <dependencies>
10         <dependency>
11             <groupId>org.apache.hadoop</groupId>
12             <artifactId>hadoop-common</artifactId>
13             <version>2.7.4</version>
14         </dependency>
15         <dependency>
16             <groupId>org.apache.hadoop</groupId>
17             <artifactId>hadoop-hdfs</artifactId>
18             <version>2.7.4</version>
19         </dependency>
20         <dependency>
21             <groupId>org.apache.hadoop</groupId>
22             <artifactId>hadoop-client</artifactId>
23             <version>2.7.4</version>
24         </dependency>
25         <dependency>
26             <groupId>org.apache.hadoop</groupId>
27             <artifactId>hadoop-mapreduce-client-core</artifactId>
28             <version>2.7.4</version>
29         </dependency>
30     </dependencies>
31     <build>
32         <plugins>
33             <plugin>
34                 <groupId>org.apache.maven.plugins</groupId>
35                 <artifactId>maven-compiler-plugin</artifactId>
36                 <version>3.2</version>
37                 <configuration>
38                     <source>1.8</source>
39                     <target>1.8</target>
40                     <encoding>UTF-8</encoding>
41                 </configuration>
42             </plugin>
43         </plugins>
44     </build>
45 </project>
```

配置完成后，右击项目选择 Maven 选项，单击 Update Project 按钮，完成项目工程的搭建。

2. 创建 JavaBean 对象，封装日志记录

收集的日志数据中，每一行代表一条日志记录，并且包含有多个用空格分隔的字段信息，为了方便后续数据处理，可以创建一个 JavaBean 对象对每条日志数据进行封装。

通过前面的分析，同时结合实际开发需求以及日志数据字段信息设计出一个对应的名为 WebLogBean.java 的 JavaBean 对象，如文件 11-2 所示。

文件 11-2　WebLogBean.java

```
1   import org.apache.hadoop.io.Writable;
2   import java.io.DataInput;
3   import java.io.DataOutput;
4   import java.io.IOException;
5   /**
6    * 对接外部数据的层,表结构定义最好跟外部数据源保持一致
7    * 同时实现序列化,方便网络数据传输
8    */
9   public class WebLogBean implements Writable {
10      private boolean valid=true;              //标记数据是否合法
11      private String remote_addr;              //访客 IP 地址
12      private String remote_user;              //记录访客用户信息,忽略属性"-"
13      private String time_local;               //记录访问时间与时区
14      private String request;                  //记录请求的 URL
15      private String status;                   //记录请求状态
16      private String body_bytes_sent;          //记录发送给客户端文件主体内容大小
17      private String http_referer;             //记录从哪个页面链接访问过来的
18      private String http_user_agent;          //记录客户浏览器的相关信息
19      //设置 WebLogBean 进行字段数据封装
20      public void setBean(boolean valid,String remote_addr,
21              String remote_user,String time_local, String request,
22              String status, String body_bytes_sent,
23              String http_referer, String http_user_agent) {
24          this.valid=valid;
25          this.remote_addr=remote_addr;
26          this.remote_user=remote_user;
27          this.time_local=time_local;
28          this.request=request;
29          this.status=status;
30          this.body_bytes_sent=body_bytes_sent;
31          this.http_referer=http_referer;
32          this.http_user_agent=http_user_agent;
33      }
34      public String getRemote_addr() {
35          return remote_addr;
36      }
37      public void setRemote_addr(String remote_addr) {
```

```
38          this.remote_addr=remote_addr;
39      }
40      public String getRemote_user() {
41          return remote_user;
42      }
43      public void setRemote_user(String remote_user) {
44          this.remote_user=remote_user;
45      }
46      public String getTime_local() {
47          return this.time_local;
48      }
49      public void setTime_local(String time_local) {
50          this.time_local=time_local;
51      }
52      public String getRequest() {
53          return request;
54      }
55      public void setRequest(String request) {
56          this.request=request;
57      }
58      public String getStatus() {
59          return status;
60      }
61      public void setStatus(String status) {
62          this.status=status;
63      }
64      public String getBody_bytes_sent() {
65          return body_bytes_sent;
66      }
67      public void setBody_bytes_sent(String body_bytes_sent) {
68          this.body_bytes_sent=body_bytes_sent;
69      }
70      public String getHttp_referer() {
71          return http_referer;
72      }
73      public void setHttp_referer(String http_referer) {
74          this.http_referer=http_referer;
75      }
76      public String getHttp_user_agent() {
77          return http_user_agent;
78      }
79      public void setHttp_user_agent(String http_user_agent) {
80          this.http_user_agent=http_user_agent;
81      }
82      public boolean isValid() {
83          return valid;
84      }
85      public void setValid(boolean valid) {
86          this.valid=valid;
87      }
```

```
88      //重写 toString()方法,使用 Hive 默认分隔符进行分隔,为后期导入 Hive 表提供便利
89      @Override
90      public String toString() {
91          StringBuilder sb=new StringBuilder();
92          sb.append(this.valid);
93          sb.append("\001").append(this.getRemote_addr());
94          sb.append("\001").append(this.getRemote_user());
95          sb.append("\001").append(this.getTime_local());
96          sb.append("\001").append(this.getRequest());
97          sb.append("\001").append(this.getStatus());
98          sb.append("\001").append(this.getBody_bytes_sent());
99          sb.append("\001").append(this.getHttp_referer());
100          sb.append("\001").append(this.getHttp_user_agent());
101          return sb.toString();
102      }
103      //序列化方法
104      @Override
105      public void readFields(DataInput in) throws IOException {
106          this.valid=in.readBoolean();
107          this.remote_addr=in.readUTF();
108          this.remote_user=in.readUTF();
109          this.time_local=in.readUTF();
110          this.request=in.readUTF();
111          this.status=in.readUTF();
112          this.body_bytes_sent=in.readUTF();
113          this.http_referer=in.readUTF();
114          this.http_user_agent=in.readUTF();
115      }
116      //反序列化方法(注意与序列化方法顺序保持一致)
117      @Override
118      public void write(DataOutput out) throws IOException {
119          out.writeBoolean(this.valid);
120          out.writeUTF(null==remote_addr?"":remote_addr);
121          out.writeUTF(null==remote_user?"":remote_user);
122          out.writeUTF(null==time_local?"":time_local);
123          out.writeUTF(null==request?"":request);
124          out.writeUTF(null==status?"":status);
125          out.writeUTF(null==body_bytes_sent?"":body_bytes_sent);
126          out.writeUTF(null==http_referer?"":http_referer);
127          out.writeUTF(null==http_user_agent?"":http_user_agent);
128      }
129 }
```

文件 11-2 是将日志数据进行封装，实现 Hadoop 序列化接口 Writable，便于在 MapReduce 程序中解析日志数据信息并封装成对象传递数据，该方法重写 toString()方法并使用 Hive 默认分隔符“\001”进行分隔，便于后期导入 Hive 表进行数据分析，最后重写了序列化方法和反序列化方法，反序列化方法的字段顺序必须与序列化方法保持一致。

3. 编写 MapReduce 程序,执行数据预处理

创建 JavaBean 实体类后,接下来就开始编写 MapReduce 程序,进行数据预处理。代码如文件 11-3 所示。

文件 11-3 WeblogPreProcess. java

```
1  import org.apache.hadoop.conf.Configuration;
2  import org.apache.hadoop.fs.Path;
3  import org.apache.hadoop.io.LongWritable;
4  import org.apache.hadoop.io.NullWritable;
5  import org.apache.hadoop.io.Text;
6  import org.apache.hadoop.mapreduce.Job;
7  import org.apache.hadoop.mapreduce.Mapper;
8  import org.apache.hadoop.mapreduce.lib.input.FileInputFormat;
9  import org.apache.hadoop.mapreduce.lib.output.FileOutputFormat;
10 import java.io.IOException;
11 import java.util.HashSet;
12 import java.util.Set;
13 /**
14 * 日志数据预处理:数据清洗、日期格式转换、缺失字段填充默认值、字段添加合法标记
15 */
16 public class WeblogPreProcess {
17     //Mapreduce 程序执行主类
18     public static void main(String[] args) throws Exception {
19         Configuration conf=new Configuration();
20         Job job=Job.getInstance(conf);
21         job.setJarByClass(WeblogPreProcess.class);
22         job.setMapperClass(WeblogPreProcessMapper.class);
23         job.setOutputKeyClass(Text.class);
24         job.setOutputValueClass(NullWritable.class);
25         //此次案例测试数据量不是非常大,所以启用本地默认
26         //(实际情况会对 HDFS 上存储的文件进行处理)
27         FileInputFormat.setInputPaths(job, new Path("D:/weblog/input"));
28         FileOutputFormat.setOutputPath(job,
29                                 new Path("D:/weblog/output"));
30         //将 ReduceTask 数设置为 0,不需要 Reduce 阶段
31         job.setNumReduceTasks(0);
32         boolean res=job.waitForCompletion(true);
33         System.exit(res ? 0 : 1);
34     }
35     //Mapreduce 程序 Map 阶段
36     public static class WeblogPreProcessMapper extends
37                 Mapper<LongWritable, Text, Text, NullWritable>{
38         //用来存储网站 URL 分类数据
39         Set<String>pages=new HashSet<String>();
40         Text k=new Text();
41         NullWritable v=NullWritable.get();
42         /**
43          *设置初始化方法,用来表示用户请求的是合法资源
```

```
44          */
45          @Override
46          protected void setup(Context context) throws IOException {
47              pages.add("/about");
48              pages.add("/black-ip-list/");
49              pages.add("/cassandra-clustor/");
50              pages.add("/finance-rhive-repurchase/");
51              pages.add("/hadoop-family-roadmap/");
52              pages.add("/hadoop-hive-intro/");
53              pages.add("/hadoop-zookeeper-intro/");
54              pages.add("/hadoop-mahout-roadmap/");
55          }
56          /**
57          * 重写 map()方法,对每行记录重新解析转换并输出
58          */
59          @Override
60          protected void map(LongWritable key, Text value, Context context)
61                              throws IOException, InterruptedException{
62              //获取一行数据
63              String line=value.toString();
64              //调用解析类 WebLogParser 解析日志数据,最后封装为 WebLogBean 对象
65              WebLogBean webLogBean=WebLogParser.parser(line);
66              if (webLogBean !=null) {
67                  //过滤 js/图片/css 等静态资源
68                  WebLogParser.filtStaticResource(webLogBean, pages);
69                  k.set(webLogBean.toString());
70                  context.write(k, v);
71              }
72          }
73      }
74  }
```

在上述代码中，为了简化开发步骤，将 map()方法和运行主类写在了 WeblogPreProcess 类中，它的作用是处理原始日志，把日志数据解析成符合业务规则的数据格式。其中 setup()方法仅在执行 map()方法之前被调用一次，通常用于初始化加载数据，存储到 MapTask 内存中。在本项目中的作用是对比日志数据，如果用户请求的资源路径是 Set 集合中的值(被统计页面)，那么就表示用户请求的是合法资源，并添加相应的标识，供后续分析处理。

另外，在 map()方法中，定义 WebLogParser 类，用于解析读取每行日志信息，并将解析结果封装为 WebLogBean 对象，日志解析代码如文件 11-4 所示。

文件 11-4　WebLogParser.java

```
1  import java.text.ParseException;
2  import java.text.SimpleDateFormat;
3  import java.util.Locale;
4  import java.util.Set;
5  public class WebLogParser {
```

```
6        //定义时间格式
7        public static SimpleDateFormat df1=new
8                    SimpleDateFormat("dd/MMM/yyyy:HH:mm:ss", Locale.US);
9      public static SimpleDateFormat df2=new
10                 SimpleDateFormat("yyyy-MM-dd HH:mm:ss", Locale.US);
11       /**
12        * 根据采集的数据字段信息进行解析封装
13        */
14       public static WebLogBean parser(String line) {
15           WebLogBean webLogBean=new WebLogBean();
16           //把一行数据以空格字符切割并存入数组 arr 中
17           String[] arr=line.split(" ");
18           //如果数组长度小于等于 11,说明这条数据不完整,因此可以忽略这条数据
19           if (arr.length >11) {
20               //满足条件的数据逐个赋值给 webLogBean 对象
21               webLogBean.setRemote_addr(arr[0]);
22               webLogBean.setRemote_user(arr[1]);
23               String time_local=formatDate(arr[3].substring(1));
24               if(null==time_local || "".equals(time_local))
25                   time_local="-invalid_time-";
26               webLogBean.setTime_local(time_local);
27               webLogBean.setRequest(arr[6]);
28               webLogBean.setStatus(arr[8]);
29               webLogBean.setBody_bytes_sent(arr[9]);
30               webLogBean.setHttp_referer(arr[10]);
31               //如果 useragent 元素较多,拼接 useragent
32               if (arr.length >12) {
33                   StringBuilder sb=new StringBuilder();
34                   for(int i=11;i<arr.length;i++){
35                       sb.append(arr[i]);
36                   }
37                   webLogBean.setHttp_user_agent(sb.toString());
38               } else {
39                   webLogBean.setHttp_user_agent(arr[11]);
40               }
41               //大于 400,HTTP 错误
42               if (Integer.parseInt(webLogBean.getStatus()) >=400) {
43                   webLogBean.setValid(false);
44               }
45               if("-invalid_time-".equals(webLogBean.getTime_local())){
46                   webLogBean.setValid(false);
47               }
48           } else {
49               webLogBean=null;
50           }
51           return webLogBean;
52       }
53       /**
54        * 对请求路径资源是否合法进行标记
55        */
```

```
56     public static void filtStaticResource(WebLogBean bean,
57                                     Set<String>pages) {
58         if (!pages.contains(bean.getRequest())) {
59             bean.setValid(false);
60         }
61     }
62     /**
63      * 格式化时间方法
64      */
65     public static String formatDate(String time_local) {
66         try {
67             return df2.format(df1.parse(time_local));
68         } catch (ParseException e) {
69             return null;
70         }
71     }
72 }
```

上述代码首先定义了时间格式,用于转换日志数据中的时间格式,随后将日志数据切割,逐条保存在 WebLogBean 对象中,根据用户访问的 URL 来判断数据的合法性,添加标识字段。

在实际工作应用开发中,因为日志文件被最终采集到 HDFS 上,所以我们需要将编写好的 MapReduce 程序部署在 Hadoop 集群所在的操作系统中,并定时执行该程序,以及 FileInputFormat 要执行的文件路径也必须是 HDFS 文件路径。因为本案例中要处理的原始数据量较小,为了后续方便、快速演示效果,所以该项目使用本地模式运行。只需要在编写 MapReduce 程序完成后,在本地 D:/weblog/input 目录中放入将要清洗的日志文件,再去执行程序即可。

执行成功后,在相应的 output 目录中查看 part-m-00000 结果文件,如图 11-5 所示。

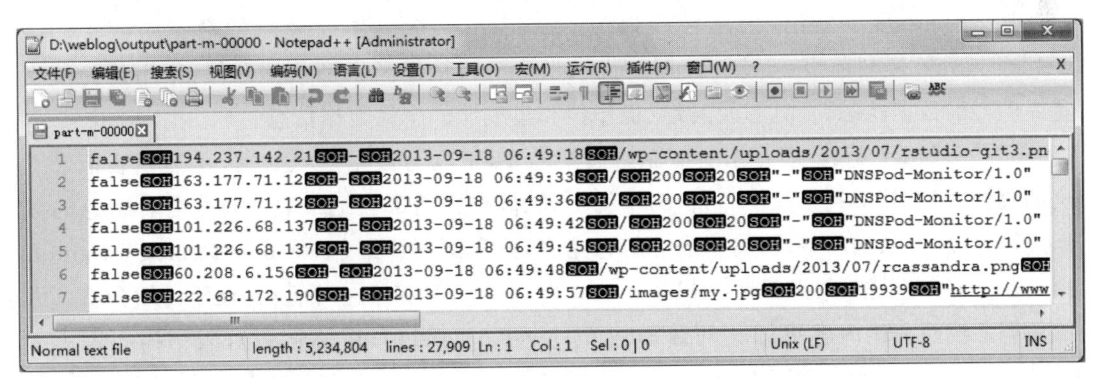

图 11-5 part-m-00000

从图 11-5 可以看出,每个字段之间使用"/001"分隔符进行分隔(使用 Notepad++文本编辑器打开文件,"/001"分隔符会以 SOH 字符显示;使用普通的 txt 记事本打开文件,"/001"分隔符是不可见的。因此,在不同文本工具打开文件,"/001"分隔符显示不同,可能会显示乱码,但是,它不会影响后续操作),false 字段代表当前数据不合法(缺失数据、请求地址不匹配等),日期格式的转换也便于后期进行数据分析,至此初步的预处理流程就完成了。

数据预处理是根据业务需求,生成符合业务逻辑的结果文件,因此不存在标准的程序代码,读者可以根据自身需求去拓展MapReduce程序以解决实际的业务问题。

11.4 模块开发——数据仓库开发

数据预处理完成后,就需要将MapReduce程序的输出结果文件上传至HDFS中,并使用Hive建立相应的表结构与上传的输出结果文件产生映射关系。

11.4.1 设计数据仓库

针对网站流量日志分析系统项目,可以将数据仓库设计为星状模式,使用一张事实表ods_weblog_origin(俗称窄表)来存储由MapReduce清洗之后的数据,表结构如表11-2所示。

表 11-2 ods_weblog_origin

字段	描述	字段	描述
valid	是否有效	status	响应码
remote_addr	访客IP	body_bytes_sent	响应字节数
remote_user	访客用户信息	http_referer	来源URL
time_local	请求时间	http_user_agent	访客终端信息
request	请求URL		

从表11-2可以看出,上述字段即为MapReduce初步预处理后的数据字段。ods_weblog_origin表名前缀ods(Operational Data Store)是指操作型数据存储,作用是为使用者提供当前数据状态,且具有及时性、操作性和集成性的全体数据信息。

ods_weblog_origin表是指对应原始数据的表,字段与数据产生映射,虽然该表记录了全部数据,但是并不利于数据分析,为了细化分析数据,通常会把窄表中融合各种信息的数据进行分隔,提取出新字段,将窄表分解为宽表,信息更加详细,如将ods_weblog_origin表中time_local字段拆分为dw_weblog_detail中的month和day等字段,便于后续分析。因此还需要构建上述内容更细化的数据表dw_weblog_detail(俗称宽表),表结构如表11-3所示。

从表11-3可以看出,dw_weblog_detail表将数据进一步细分,方便后期进行数据分析。表名前缀dw(data warehouse)即数据仓库,它是面向主题的,反映历史数据变化,用于支撑管理决策的事实表。

完成事实表设计后,结合实际业务需求设计维度表,如本章案例主要讲解日均PV量(page visits,页面浏览量),因此,对应设计的维度表如表11-4所示。

表 11-3　dw_weblog_detail

字　段	描　述	字　段	描　述
valid	是否有效	request	请求 URL 整串
remote_addr	访客 IP	status	响应码
remote_user	访客用户信息	body_bytes_sent	响应字节数
time_local	请求完整时间	http_referer	来源 URL
daystr	访问日期	ref_host	来源的 host
timestr	访问时间	ref_path	来源的路径
month	访问月	ref_query	来源参数 query
day	访问日	ref_query_id	来源参数 query 值
hour	访问时	http_user_agent	客户终端标识

表 11-4　t_avgpv_num

字　段	描　述
dateStr	日期
avgPvNum	平均 PV 值

表 11-4 结构简单，这里只设计了日期和平均 PV 值两个字段，读者也可以自行设计相关业务，如根据 IP 分析用户所在的地域制定访客地域维度，根据客户终端标识制定访客终端维度等多角度进行数据分析。

11.4.2　实现数据仓库

ETL(Extract-Transform-Load)是将业务系统的数据经过抽取、清洗转换之后加载到数据仓库维度建模后的表中的过程，目的是将企业中的分散、零乱、标准不统一的数据整合到一起，为企业的决策提供分析依据。

本项目的数据分析过程是在 Hadoop 集群上实现，主要通过 Hive 数据仓库工具，因此需要将采集的日志数据经过预处理后，加载到 Hive 数据仓库中，从而进行后续的分析过程。下面针对 11.4.1 节所设计的数据仓库结构，创建步骤如下。

1. 创建数据仓库

启动 Hadoop 集群后，在主节点 hadoop01 上启动 Hive 服务端，然后在任意一台从节点使用 beeline 远程连接至 Hive 服务端，创建名为 weblog 的数据仓库，命令如下所示。

```
hive> create database weblog;
```

创建成功后，通过执行 use 命令使用 weblog 数据仓库，然后按照数据预处理生成的结果文件和 11.4.1 节介绍的项目数据仓库设计，创建相应表结构。

2. 创建表

创建原始日志数据表 ods_weblog_origin（使用 Hive 默认分隔符）并使用日期进行分区，命令如下所示。

```
hive > create table ods_weblog_origin(
       valid string, --有效标识
       remote_addr string, --来源 IP
       remote_user string, --用户标识
       time_local string, --访问完整时间
       request string, --请求的 URL
       status string, --响应码
       body_bytes_sent string, --传输字节数
       http_referer string, --来源 URL
       http_user_agent string --客户终端标识)
       partitioned by (datestr string)
       row format delimited
       fields terminated by '\001';
```

创建完毕后使用命令 show tables 查看当前数据仓库创建的数据表，结果如图 11-6 所示。

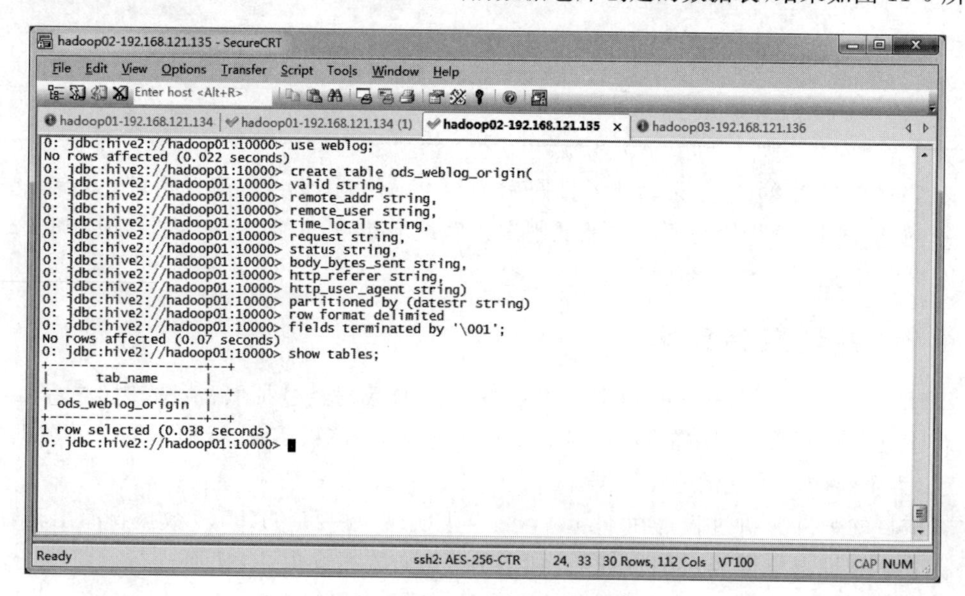

图 11-6　weblog 数据仓库表信息

3. 导入数据

在导入 ODS 层数据时，需要将本地 MapReduce 生成的结果文件（/weblog/output/part-m-00000）先上传至虚拟机中（如/root/weblog/），然后再上传至 HDFS 目录中（如/weblog/preprocessed），具体操作命令如下所示。

```
$ hadoop fs -mkdir -p /weblog/preprocessed
$ hadoop fs -put part-m-00000 /weblog/preprocessed
```

数据文件准备完毕，就可以加载数据了，使用命令如下所示。

```
hive > load data inpath '/weblog/preprocessed/' overwrite into table
            ods_weblog_origin partition(datestr='20130918');
```

由于实验数据是 2013-09-18 至 2013-09-24 这 7 天的数据，因此可以在加载数据时直接添加分区。通常情况下，开发人员会根据产品经理的需求，进行日、周、月、季度以及年度的时间维度进行数据分析。分区便于在今后的数据量大幅增长时，可以针对日期字段快速计算，并且规范了开发步骤。

为了验证数据是否导入成功，使用 select 语句查看表数据条数，如果返回数据信息，则证明数据加载成功；否则需要查看分隔符是否匹配，文件目录是否正确等细节问题。

在实际工作应用开发中，Hive 加载数据通常是写在脚本中，并配置 Azkaban 定时运行，但是执行时间点需在数据预处理之后，因此在实际开发中需要注意多个方面考虑系统架构的稳定性。

4. 生成明细表

整个数据分析的过程是按照数据仓库的层次分层进行，总体来说，是从 ODS 层原始数据中整理出一些中间表（如后续分析时，将原始数据中的时间、URL 等非结构化数据制定结构化抽取，将各种字段信息进行细化，形成明细表），并在中间表的基础之上统计出各种指标数据。明细表的创建与加载数据，具体操作步骤如下所示。

(1) 首先创建明细表 ods_weblog_detail，命令如下所示。

```
hive > create table ods_weblog_detail(
    valid              string, --有效标识
    remote_addr        string, --来源 IP
    remote_user        string, --用户标识
    time_local         string, --访问完整时间
    daystr             string, --访问日期
    timestr            string, --访问时间
    month              string, --访问月
    day                string, --访问日
    hour               string, --访问时
    request            string, --请求的 URL
    status             string, --响应码
    body_bytes_sent    string, --传输字节数
    http_referer       string, --来源 URL
    ref_host           string, --来源的 host
    ref_path           string, --来源的路径
    ref_query          string, --来源参数 query
    ref_query_id       string, --来源参数 query 的值
    http_user_agent    string --客户终端标识
    )
    partitioned by(datestr string);
```

明细表数据是由 ods_weblog_origin 表数据中的 URL 字段和时间字段按照业务需求

切分字段组成。

(2) 创建临时中间表t_ods_tmp_referurl,解析客户端来源地址字段,命令如下所示。

```
hive > create table t_ods_tmp_referurl as
       SELECT a.*,b.*
       FROM ods_weblog_origin a LATERAL VIEW
       parse_url_tuple(regexp_replace(http_referer, "\"", ""),
       'HOST', 'PATH','QUERY', 'QUERY:id') b as host, path, query, query_id;
```

上述命令中,LATERAL VIEW一般与用户自定义表生成函数结合使用,它能够将一列数据拆成多行数据,在此基础上可以对拆分后的数据进行聚合处理。

(3) 创建临时中间表t_ods_tmp_detail,解析时间字段,命令如下所示。

```
hive > create table t_ods_tmp_detail as
       select b.*,substring(time_local,0,10) as daystr,
       substring(time_local,12) as tmstr,
       substring(time_local,6,2) as month,
       substring(time_local,9,2) as day,
       substring(time_local,11,3) as hour
       from t_ods_tmp_referurl b;
```

上述命令使用substring函数将time_local字段拆分,当创建成功后,就可以通过查询这两张临时表数据插入到明细表中,并按照日期字段动态分区。

(4) 由于Hive默认情况下无法进行动态分区,因此加载数据之前,需要修改默认动态分区参数,命令如下所示。

```
hive > set hive.exec.dynamic.partition=true;
hive > set hive.exec.dynamic.partition.mode=nonstrict;
```

上述命令中,hive.exec.dynamic.partition指是否开启动态分区功能,默认为false,使用动态分区时,该参数必须设置成true;hive.exec.dynamic.partition.mode指动态分区的模式,默认为strict,表示必须指定至少一个分区为静态分区,通常需要修改为nonstrict模式,表示允许所有的分区字段都可以使用动态分区。

(5) 设置完动态分区参数后,就可以向ods_weblog_detail表中加载数据了,命令如下所示。

```
hive > insert overwrite table ods_weblog_detail partition(datestr)
       select distinct otd.valid,otd.remote_addr,otd.remote_user,
       otd.time_local,otd.daystr,otd.tmstr,otd.month,otd.day,otd.hour,
       otr.request,otr.status,otr.body_bytes_sent,
       otr.http_referer,otr.host,otr.path,
       otr.query,otr.query_id,otr.http_user_agent,otd.daystr
       from t_ods_tmp_detail as otd,t_ods_tmp_referurl as otr
       where otd.remote_addr=otr.remote_addr
       and otd.time_local=otr.time_local
       and otd.body_bytes_sent=otr.body_bytes_sent
       and otd.request=otr.request;
```

上述命令语法简单，将两张临时表的相关字段数据查询并保存到明细表中，插入成功后，打开 HDFS 的 Web UI 查看 ods_weblog_detail 文件夹，如图 11-7 所示。

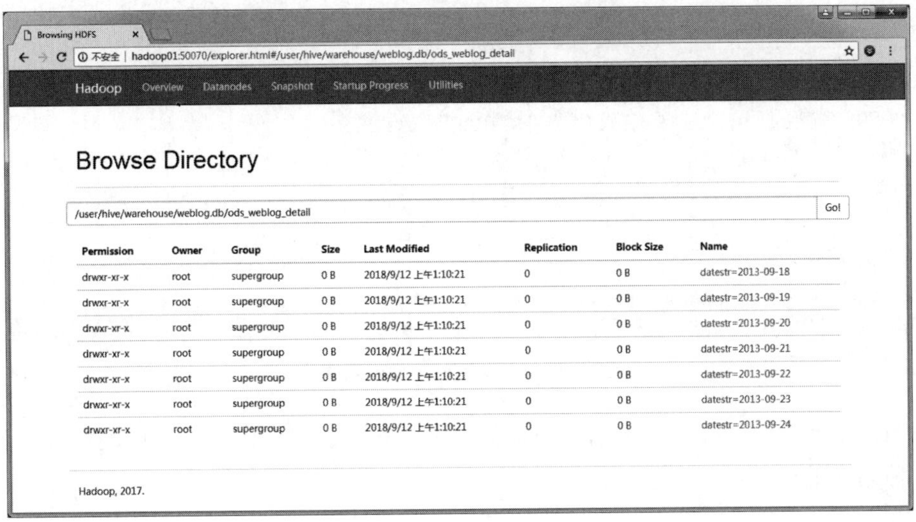

Browsing HDFS
hadoop01:50070/explorer.html#/user/hive/warehouse/weblog.db/ods_weblog_detail
Hadoop　Overview　Datanodes　Snapshot　Startup Progress　Utilities

Browse Directory

/user/hive/warehouse/weblog.db/ods_weblog_detail　Go!

Permission	Owner	Group	Size	Last Modified	Replication	Block Size	Name
drwxr-xr-x	root	supergroup	0 B	2018/9/12 上午1:10:21	0	0 B	datestr=2013-09-18
drwxr-xr-x	root	supergroup	0 B	2018/9/12 上午1:10:21	0	0 B	datestr=2013-09-19
drwxr-xr-x	root	supergroup	0 B	2018/9/12 上午1:10:21	0	0 B	datestr=2013-09-20
drwxr-xr-x	root	supergroup	0 B	2018/9/12 上午1:10:21	0	0 B	datestr=2013-09-21
drwxr-xr-x	root	supergroup	0 B	2018/9/12 上午1:10:21	0	0 B	datestr=2013-09-22
drwxr-xr-x	root	supergroup	0 B	2018/9/12 上午1:10:21	0	0 B	datestr=2013-09-23
drwxr-xr-x	root	supergroup	0 B	2018/9/12 上午1:10:21	0	0 B	datestr=2013-09-24

Hadoop, 2017.

图 11-7　明细表文件目录

从图 11-7 可以看出，明细表数据按照 daystr 字段进行了分区，方便后期缩小范围查询数据，有效提高数据的检索速度以及对数据的可管理性。

11.5　模块开发——数据分析

数据仓库创建好以后，用户就可以编写 Hive SQL 语句进行数据分析。在实际开发中，需要哪些统计指标通常是由产品经理提出，而且会不断有新的统计需求产生。下面介绍数据分析时常见的指标。

11.5.1　流量分析

PV(PageView)指页面点击量，是衡量网站质量的主要指标，PV 值是指所有访问者在指定时间内浏览网页的次数，在日志记录中，一条数据就代表了一次点击量。统计每一天的 PV 量是较为常见的需求，下面演示实现方式。

首先创建表结构，命令如下所示。

```
hive > create table dw_pvs_everyday(pvs bigint,month string,day string)
```

要计算每一天 PV 量，就需要查询明细表，因为在明细表中，已经把 day 字段提取出来了，命令如下所示。

```
hive >insert into table dw_pvs_everyday
      select count(*) as pvs,owd.month as month,owd.day as day
      from ods_weblog_detail owd
      group by owd.month,owd.day;
```

执行成功后，查询表数据，返回结果如图 11-8 所示。

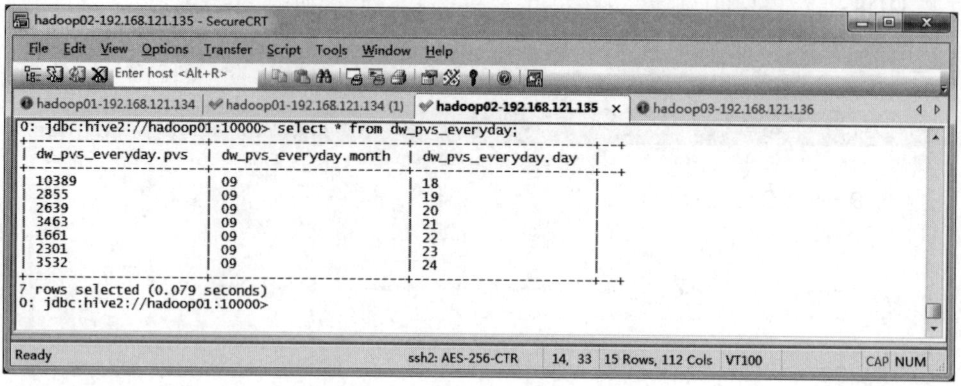

```
0: jdbc:hive2://hadoop01:10000> select * from dw_pvs_everyday;
+------------------------+--------------------------+------------------------+--+
| dw_pvs_everyday.pvs    | dw_pvs_everyday.month    | dw_pvs_everyday.day    |
+------------------------+--------------------------+------------------------+--+
| 10389                  | 09                       | 18                     |
| 2855                   | 09                       | 19                     |
| 2639                   | 09                       | 20                     |
| 3463                   | 09                       | 21                     |
| 1661                   | 09                       | 22                     |
| 2301                   | 09                       | 23                     |
| 3532                   | 09                       | 24                     |
+------------------------+--------------------------+------------------------+--+
7 rows selected (0.079 seconds)
0: jdbc:hive2://hadoop01:10000>
```

图 11-8　dw_pvs_everyday 表数据

从图 11-8 可以看出，9 月 18 日的 PV 值较大，通过数据报表，相关工作人员可以分析出造成这种问题的原因。

11.5.2　人均浏览量分析

人均浏览量通常被称为人均浏览页面数，该指标具体反映了网站对用户的黏性程度，简单地说是用户对该网站的兴趣程度，页面信息越吸引用户，那么用户就会跳转更多的页面。计算人均浏览量是通过总页面请求数量除以去重人数得出。

在数据中 remote_addr(访客来源 IP)可以用来表示不同的用户，因此可以先统计出当天所有的 PV 值作为总页面请求数，再将 remote_addr 重复的数据去除作为去重总人数。实现人均浏览量功能模块步骤如下。

(1) 首先，根据上面的需求分析，创建维度表 dw_avgpv_user_everyday，命令如下所示。

```
hive > create table dw_avgpv_user_everyday(
       day string,
       avgpv string);
```

(2) 接着，通过数据明细宽表 ods_weblog_detail 获取相关数据并插入到维度表 dw_avgpv_user_everyday 中，具体指令如下所示。

```
hive > insert into table dw_avgpv_user_everyday
       select '2013-09-18',sum(b.pvs)/count(b.remote_addr) from
       (select remote_addr,count(1) as pvs from ods_weblog_detail where
       datestr='2013-09-18' group by remote_addr) b;
```

上述命令可以得出 9 月 18 日用户平均浏览页面数量，计算 7 日值只需要将命令中的日期修改即可。7 日数据插入完毕后，执行查询命令，返回结果如图 11-9 所示。

从图 11-9 可以看出，dw_avgpv_user_everyday 表展示了每日用户平均浏览页面数量，从数据可以推测，在 9 月 18 号至 9 月 20 号，每个用户平均访问了 12 个页面，9 月 21 号上升

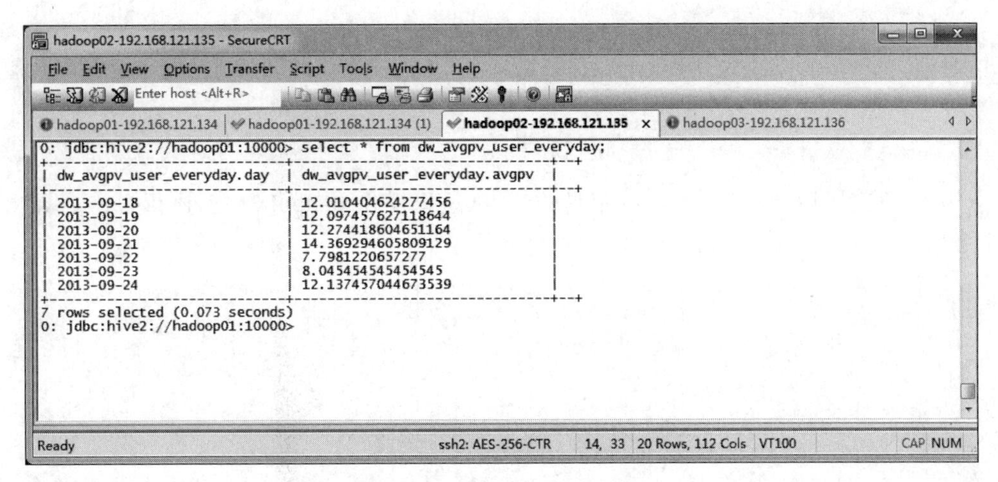

图 11-9　dw_avgpv_user_everyday 表数据

为 14 个页面，说明网站当日信息内容质量优秀，更加吸引用户，9 月 22 日骤降，可能造成的原因是由于昨天访问量过大，造成服务器崩溃，随后恢复了正常运行水平。数据分析的目的就是将数据量化，供决策运营人员通过数据解决实际问题。

11.6　模块开发——数据导出

使用 Hive 完成数据分析过程后，就要运用 Sqoop 将 Hive 中的表数据导出到关系数据库中，方便后续进行数据可视化处理。数据导出步骤如下。

(1) 首先通过 SQLyog 工具(图形化管理 MySQL 数据库的工具)远程连接 hadoop01 服务器下的 MySQL 服务，读者可自行下载安装该工具使用，如图 11-10 所示。

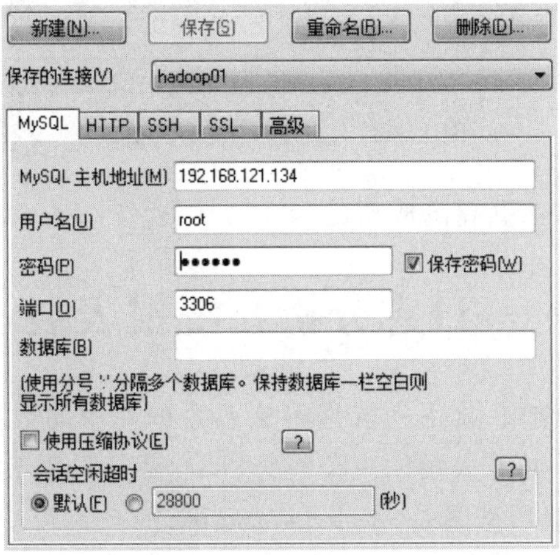

图 11-10　远程连接 MySQL 服务

(2) 连接成功后，即可创建 sqoopdb 数据库，在 sqoopdb 数据库下创建需要展示的七日人均浏览量表 t_avgpv_num，命令如下所示。

```
mysql > create table `t_avgpv_num` (
        `dateStr` varchar(255) DEFAULT NULL,
        `avgPvNum` decimal(6,2) DEFAULT NULL
        ) ENGINE=MyISAM DEFAULT CHARSET=utf8;
```

(3) 创建完毕后，在安装Sqoop工具的节点(这里操作hadoop01)上执行Sqoop导出数据命令。

```
$ bin/sqoop export \
--connect jdbc:mysql://hadoop01:3306/sqoopdb \
--username root \
--password 123456 \
--table t_avgpv_num \
--columns "dateStr,avgPvNum" \
--fields-terminated-by '\001' \
--export-dir /user/hive/warehouse/weblog.db/dw_avgpv_user_everyday
```

上述命令指定了MySQL表名、对应字段、分隔符方式以及Hive数据表，执行完成后，查看对应MySQL数据库表t_avgpv_num数据，如图11-11所示。

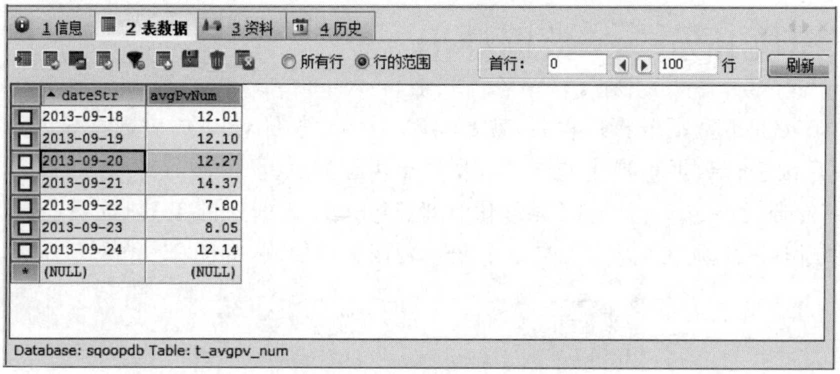

1 信息 | 2 表数据 | 3 资料 | 4 历史

○所有行 ◉行的范围 首行: 0 100 行 刷新

dateStr	avgPvNum
2013-09-18	12.01
2013-09-19	12.10
2013-09-20	12.27
2013-09-21	14.37
2013-09-22	7.80
2013-09-23	8.05
2013-09-24	12.14
(NULL)	(NULL)

Database: sqoopdb Table: t_avgpv_num

图11-11 t_avgpv_num表数据

从图11-11可以看出，数据导出成功。

11.7 模块开发——日志分析系统报表展示

随着数据分析流程的结束，接下来就是将关系数据库中的数据展示在Web系统中，将抽象的数据图形化，便于非技术人员的决策与分析，本系统采用ECharts来辅助实现。

ECharts是一款商业级数据图表，基于JavaScript的数据可视化图表库，且兼容大部分浏览器，底层是基于Zrender(轻量级Canvas类库)，它包含了许多组件，如坐标系、图例和工具箱等，并在此基础上构建出折线图、柱状图、散点图、饼图和地图等，同时支持任意维度的堆积和多图表混合展现，展示效果功能强大，想要充分学习ECharts的读者可以浏览官方网站http://echarts.baidu.com/，使用Echarts也非常简单，只需在官网下载相应版本的JavaScript源代码，并通过所选实例的教程编写接口参数即可。

下面讲解利用Java EE开发日志分析系统。

11.7.1　搭建日志分析系统

日志分析系统报表展示是一个纯粹的Java EE项目，本节将采用SSM框架搭建，详细搭建步骤如下。

1. 创建项目，添加依赖

打开Eclipse，创建名为Weblog的Maven工程，并选择war的打包方式，创建成功后，会提示"web. xml is missing and <failOnMissingWebXml> is set to true"的错误，这是由于缺少Web工程的web. xml文件所导致，只需要在工程的src/main/webapp/WEB-INF文件夹下创建web. xml文件即可，读者也可以通过右击项目，选择Java EE Tools选项，单击Generate Deployment Descriptor Stub选项可以快速创建web. xml文件。

下面编写Pom文件添加SSM框架所需的依赖，如文件11-5所示。

文件11-5　pom. xml

```
1 <project xmlns=http://maven.apache.org/POM/4.0.0
2     xmlns:xsi="http://www.w3.org/2001/XMLSchema-instance"
3     xsi:schemaLocation="http://maven.apache.org/POM/4.0.0
4     http://maven.apache.org/xsd/maven-4.0.0.xsd">
5     <modelVersion>4.0.0</modelVersion>
6     <groupId>cn.itcast</groupId>
7     <artifactId>Weblog</artifactId>
8     <version>0.0.1-SNAPSHOT</version>
9     <packaging>war</packaging>
10    <dependencies>
11        <!--Spring所需jar包-->
12        <dependency>
13            <groupId>org.springframework</groupId>
14            <artifactId>spring-context</artifactId>
15            <version>4.2.4.RELEASE</version>
16        </dependency>
17        <dependency>
18            <groupId>org.springframework</groupId>
19            <artifactId>spring-beans</artifactId>
20            <version>4.2.4.RELEASE</version>
21        </dependency>
22        <dependency>
23            <groupId>org.springframework</groupId>
24            <artifactId>spring-webmvc</artifactId>
25            <version>4.2.4.RELEASE</version>
26        </dependency>
27        <dependency>
28            <groupId>org.springframework</groupId>
29            <artifactId>spring-jdbc</artifactId>
30            <version>4.2.4.RELEASE</version>
31        </dependency>
```

```
32        <dependency>
33            <groupId>org.springframework</groupId>
34            <artifactId>spring-aspects</artifactId>
35            <version>4.2.4.RELEASE</version>
36        </dependency>
37        <dependency>
38            <groupId>org.springframework</groupId>
39            <artifactId>spring-jms</artifactId>
40            <version>4.2.4.RELEASE</version>
41        </dependency>
42        <dependency>
43            <groupId>org.springframework</groupId>
44            <artifactId>spring-context-support</artifactId>
45            <version>4.2.4.RELEASE</version>
46        </dependency>
47        <!--Mybatis 所需 jar 包 -->
48        <dependency>
49            <groupId>org.mybatis</groupId>
50            <artifactId>mybatis</artifactId>
51            <version>3.2.8</version>
52        </dependency>
53        <dependency>
54            <groupId>org.mybatis</groupId>
55            <artifactId>mybatis-spring</artifactId>
56            <version>1.2.2</version>
57        </dependency>
58        <dependency>
59            <groupId>com.github.miemiedev</groupId>
60            <artifactId>mybatis-paginator</artifactId>
61            <version>1.2.15</version>
62        </dependency>
63        <!--MySQL 所需 jar 包 -->
64        <dependency>
65            <groupId>mysql</groupId>
66            <artifactId>mysql-connector-java</artifactId>
67            <version>5.1.32</version>
68        </dependency>
69        <!--连接池所需 jar 包 -->
70        <dependency>
71            <groupId>com.alibaba</groupId>
72            <artifactId>druid</artifactId>
73            <version>1.0.9</version>
74        </dependency>
75        <!--JSP 所需 jar 包 -->
76        <dependency>
77            <groupId>jstl</groupId>
78            <artifactId>jstl</artifactId>
79            <version>1.2</version>
80        </dependency>
81        <dependency>
```

```
82            <groupId>javax.servlet</groupId>
83            <artifactId>servlet-api</artifactId>
84            <version>2.5</version>
85            <scope>provided</scope>
86        </dependency>
87        <dependency>
88            <groupId>javax.servlet</groupId>
89            <artifactId>jsp-api</artifactId>
90            <version>2.0</version>
91            <scope>provided</scope>
92        </dependency>
93        <dependency>
94            <groupId>junit</groupId>
95            <artifactId>junit</artifactId>
96            <version>4.12</version>
97        </dependency>
98        <dependency>
99            <groupId>com.fasterxml.jackson.core</groupId>
100           <artifactId>jackson-databind</artifactId>
101           <version>2.4.2</version>
102       </dependency>
103   </dependencies>
104   <build>
105       <finalName>$ {project.artifactId}</finalName>
106       <resources>
107           <resource>
108               <directory>src/main/java</directory>
109               <includes>
110                   <include>**/ * .properties</include>
111                   <include>**/ * .xml</include>
112               </includes>
113               <filtering>false</filtering>
114           </resource>
115           <resource>
116               <directory>src/main/resources</directory>
117               <includes>
118                   <include> * * / * .properties</include>
119                   <include> * * / * .xml</include>
120               </includes>
121               <filtering>false</filtering>
122           </resource>
123       </resources>
124       <plugins>
125           <plugin>
126               <groupId>org.apache.maven.plugins</groupId>
127               <artifactId>maven-compiler-plugin</artifactId>
128               <version>3.2</version>
129               <configuration>
130                   <source>1.8</source>
131                   <target>1.8</target>
```

```
132                 <encoding>UTF-8</encoding>
133             </configuration>
134         </plugin>
135         <!--配置 Tomcat 插件 -->
136         <plugin>
137             <groupId>org.apache.tomcat.maven</groupId>
138             <artifactId>tomcat7-maven-plugin</artifactId>
139             <version>2.2</version>
140             <configuration>
141                 <path>/</path>
142                 <port>8080</port>
143             </configuration>
144         </plugin>
145     </plugins>
146   </build>
147 </project>
```

上述依赖的作用主要是构建以 SSM 框架为基础的 Java Web 工程所需的相关 jar 包，项目源代码将会提供给读者使用，因此这里不再过多陈述，下面针对重要的功能模块讲解时，只会展示关键性的代码。

在正式讲解项目的编写之前，先了解一下项目中所涉及的包文件、配置文件以及页面文件等在项目中的组织结构，如图 11-12 所示。

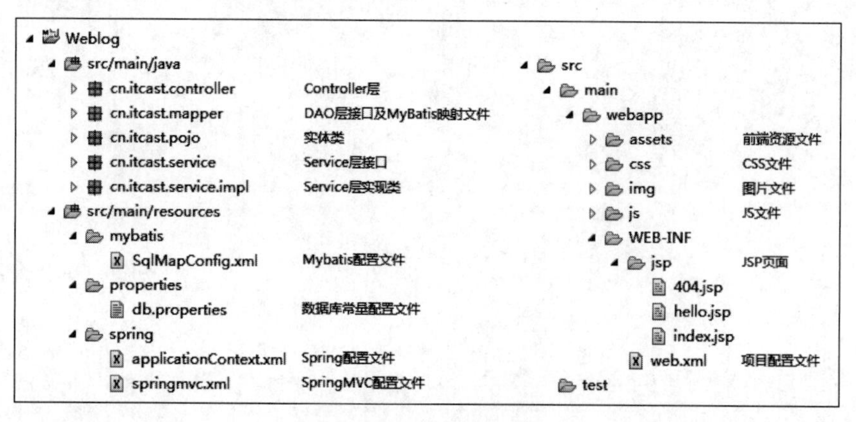

图 11-12　工程资源结构

2. 编写配置文件

(1) 在项目 src 文件夹下创建 SSM 框架所需的 mybatis、properties 以及 spring 文件夹，编写 spring 配置文件，如文件 11-6 所示。

文件 11-6　applicationContext. xml

```
1 <?xml version="1.0" encoding="UTF-8"?>
2 <beans xmlns="http://www.springframework.org/schema/beans"
3      xmlns:context="http://www.springframework.org/schema/context"
4      xmlns:p="http://www.springframework.org/schema/p"
```

```
5      xmlns:aop=http://www.springframework.org/schema/aop
6      xmlns:tx="http://www.springframework.org/schema/tx"
7      xmlns:xsi="http://www.w3.org/2001/XMLSchema-instance"
8      xsi:schemaLocation="http://www.springframework.org/schema/beans
9      http://www.springframework.org/schema/beans/spring-beans-4.2.xsd
10     http://www.springframework.org/schema/context
11     http://www.springframework.org/schema/context/spring-context-4.2.xsd
12     http://www.springframework.org/schema/aop
13     http://www.springframework.org/schema/aop/spring-aop-4.2.xsd
14     http://www.springframework.org/schema/tx
15     http://www.springframework.org/schema/tx/spring-tx-4.2.xsd
16     http://www.springframework.org/schema/util
17     http://www.springframework.org/schema/util/spring-util-4.2.xsd">
18     <!--加载数据库参数配置文件 -->
19     <context:property-placeholder
20              location="classpath:properties/db.properties" />
21     <!--数据库连接池 -->
22     <bean id="dataSource" class="com.alibaba.druid.pool.DruidDataSource"
23         destroy-method="close">
24         <property name="url" value="${jdbc.url}" />
25         <property name="username" value="${jdbc.username}" />
26         <property name="password" value="${jdbc.password}" />
27         <property name="driverClassName" value="${jdbc.driver}" />
28         <property name="maxActive" value="10" />
29         <property name="minIdle" value="5" />
30     </bean>
31     <!--创建 sqlSessionFactoryBean 生成 sqlSessionFactory -->
32     <bean id="sqlSessionFactory"
33                  class="org.mybatis.spring.SqlSessionFactoryBean">
34         <!--数据库连接池 -->
35         <property name="dataSource" ref="dataSource" />
36         <!--加载 mybatis 的全局配置文件 -->
37         <property name="configLocation"
38                  value="classpath:mybatis/SqlMapConfig.xml" />
39     </bean>
40     <!--使用扫描包的形式来创建 mapper 代理对象 -->
41     <bean class="org.mybatis.spring.mapper.MapperScannerConfigurer">
42         <property name="basePackage" value="cn.itcast.mapper" />
43     </bean>
44     <!--事务管理器 -->
45     <bean id="transactionManager"
46         class=
47     "org.springframework.jdbc.datasource.DataSourceTransactionManager">
48         <!--数据源 -->
49         <property name="dataSource" ref="dataSource" />
50     </bean>
51     <!--通知 -->
52     <tx:advice id="txAdvice" transaction-manager="transactionManager">
53         <tx:attributes>
54             <!--传播行为 -->
```

```
55            <tx:method name="save*" propagation="REQUIRED" />
56            <tx:method name="insert*" propagation="REQUIRED" />
57            <tx:method name="add*" propagation="REQUIRED" />
58            <tx:method name="create*" propagation="REQUIRED" />
59            <tx:method name="delete*" propagation="REQUIRED" />
60            <tx:method name="update*" propagation="REQUIRED" />
61            <tx:method name="find*" propagation="SUPPORTS"
62                                   read-only="true" />
63            <tx:method name="select*" propagation="SUPPORTS"
64                                   read-only="true" />
65            <tx:method name="get*" propagation="SUPPORTS"
66                                   read-only="true" />
67        </tx:attributes>
68    </tx:advice>
69    <!--切面 -->
70    <aop:config>
71        <aop:advisor advice-ref="txAdvice"
72            pointcut="execution(* cn.itcast.service..*.*(..))" />
73    </aop:config>
74    <!--配置包扫描器,扫描所有带@Service注解的类 -->
75    <context:component-scan base-package="cn.itcast.service" />
76 </beans>
```

上述代码是SSM框架整合配置文件,指定Spring所需的配置参数,主要由DAO层的数据库连接池以及Service层的包扫描器组成,还额外添加了事物的传播行为以及切面的配置。

(2) 编写数据库配置参数文件,便于项目的解耦,如文件11-7所示。

文件11-7 db.properties

```
1 jdbc.driver=com.mysql.jdbc.Driver
2 jdbc.url=jdbc:mysql://hadoop01:3306/sqoopdb?characterEncoding=utf-8
3 jdbc.username=root
4 jdbc.password=123456
```

上述代码是数据库连接参数,需要注意的是jdbc.url参数,连接的数据库是虚拟机中节点名称为hadoop01的MySQL数据库,这里需要根据读者具体配置情况填写。

(3) 编写SpringMVC的配置文件,如文件11-8所示。

文件11-8 springmvc.xml

```
1 <?xml version="1.0" encoding="UTF-8"?>
2 <beans xmlns="http://www.springframework.org/schema/beans"
3     xmlns:xsi=http://www.w3.org/2001/XMLSchema-instance
4     xmlns:p="http://www.springframework.org/schema/p"
5     xmlns:context="http://www.springframework.org/schema/context"
6     xmlns:mvc="http://www.springframework.org/schema/mvc"
7     xsi:schemaLocation="http://www.springframework.org/schema/beans
8     http://www.springframework.org/schema/beans/spring-beans-4.2.xsd
```

```
9      http://www.springframework.org/schema/mvc
10     http://www.springframework.org/schema/mvc/spring-mvc-4.2.xsd
11     http://www.springframework.org/schema/context
12     http://www.springframework.org/schema/context/spring-context-4.2.xsd">
13     <!--扫描指定包路径 使路径当中的@controller 注解生效 -->
14     <context:component-scan base-package="cn.itcast.controller" />
15     <!--mvc 的注解驱动 -->
16     <mvc:annotation-driven />
17     <!--视图解析器 -->
18     <bean
19     class=
20     "org.springframework.web.servlet.view.InternalResourceViewResolver">
21         <property name="prefix" value="/WEB-INF/jsp/" />
22         <property name="suffix" value=".jsp" />
23     </bean>
24     <!--配置资源映射 -->
25     <mvc:resources location="/css/" mapping="/css/**"/>
26     <mvc:resources location="/js/" mapping="/js/**"/>
27     <mvc:resources location="/echarts/" mapping="/echarts/**"/>
28     <mvc:resources location="/assets/" mapping="/assets/**"/>
29     <mvc:resources location="/img/" mapping="/img/**"/>
30 </beans>
```

上述代码配置了 Controller 层的包扫描、注解驱动、视图解析器以及资源映射。

(4) 编写 web. xml 文件，配置 Spring 监听器、编码过滤器和 SpringMVC 的前端控制器等信息，如文件 11-9 所示。

文件 11-9　web. xml

```
1 <?xml version="1.0" encoding="UTF-8"?>
2 <web-app xmlns:xsi=http://www.w3.org/2001/XMLSchema-instance
3   xmlns=http://java.sun.com/xml/ns/javaee
4   xsi:schemaLocation="http://java.sun.com/xml/ns/javaee
5   http://java.sun.com/xml/ns/javaee/web-app_2_5.xsd" version="2.5">
6   <display-name>Weblog</display-name>
7   <welcome-file-list>
8       <welcome-file>index.html</welcome-file>
9   </welcome-file-list>
10     <!--加载 spring 容器 -->
11     <context-param>
12       <param-name>contextConfigLocation</param-name>
13       <param-value>classpath:spring/applicationContext.xml</param-value>
14     </context-param>
15     <listener>
16         <listener-class>
17             org.springframework.web.context.ContextLoaderListener
18         </listener-class>
19     </listener>
20     <!--解决 post 乱码 -->
```

```
21     <filter>
22         <filter-name>CharacterEncodingFilter</filter-name>
23     <filter-class>
24         org.springframework.web.filter.CharacterEncodingFilter
25     </filter-class>
26         <init-param>
27             <param-name>encoding</param-name>
28             <param-value>utf-8</param-value>
29         </init-param>
30     </filter>
31     <filter-mapping>
32         <filter-name>CharacterEncodingFilter</filter-name>
33         <url-pattern>/*</url-pattern>
34     </filter-mapping>
35     <!--配置SpringMVC的前端控制器 -->
36     <servlet>
37         <servlet-name>data-report</servlet-name>
38         <servlet-class>
39             org.springframework.web.servlet.DispatcherServlet
40         </servlet-class>
41         <init-param>
42             <param-name>contextConfigLocation</param-name>
43             <param-value>classpath:spring/springmvc.xml</param-value>
44         </init-param>
45         <load-on-startup>1</load-on-startup>
46     </servlet>
47     <!--拦截所有请求jsp除外 -->
48     <servlet-mapping>
49         <servlet-name>data-report</servlet-name>
50         <url-pattern>/</url-pattern>
51     </servlet-mapping>
52     <!--全局错误页面 -->
53     <error-page>
54         <error-code>404</error-code>
55         <location>/WEB-INF/jsp/404.jsp</location>
56     </error-page>
57 </web-app>
```

(5) 编写SqlMapConfig.xml文件，由于在applicationContext.xml中配置使用扫描包形式创建Mapper代理对象，那么在SqlMapConfig.xml文件中就不需要再配置mapper的路径了，因此SqlMapConfig.xml如文件11-10所示。

文件11-10 SqlMapConfig.xml

```
1 <?xml version="1.0" encoding="UTF-8" ?>
2 <!DOCTYPE configuration PUBLIC "-//mybatis.org//DTD Config 3.0//EN"
3 "http://mybatis.org/dtd/mybatis-3-config.dtd">
4 <configuration>
5 </configuration>
```

(6) 将项目运行所需要的 CSS 文件、assets 文件、图片文件、JS 文件以及 JSP 页面按照图 11-12 中的工程资源结构引入到项目中。

至此，开发系统前的环境准备工作就已经完成。

11.7.2　实现报表展示功能

本节主要讲解编写前后端代码，实现报表展示功能，具体步骤如下。

1. 创建持久化类

前端与后端数据大多是通过 Json 数据进行交互，本项目同样是通过后端查询 MySQL 数据进行封装，返回与前端接口一致的数据格式。

(1) 创建一个 cn. itcast. pojo 包，在包中创建 TavgpvNum 实体类对象，并在该类中定义属性的 get/set 方法，如文件 11-11 所示。

文件 11-11　TavgpvNum. java

```
1  import java.math.BigDecimal;
2  public class TAvgpvNum {
3      private String datestr;                    //日期
4      private BigDecimal avgpvnum;               //平均 PV 数量
5      public String getDatestr() {
6          return datestr;
7      }
8      public void setDatestr(String datestr) {
9         this.datestr=datestr==null ? null : datestr.trim();
10     }
11     public BigDecimal getAvgpvnum() {
12         return avgpvnum;
13     }
14     public void setAvgpvnum(BigDecimal avgpvnum) {
15         this.avgpvnum=avgpvnum;
16     }
17 }
```

从文件 11-11 可以看出，实体类对象的属性值与 t_avgpv_num 表中字段保持一致。

(2) 在 pojo 包下创建 AvgToPageBean. java 文件，将后端查询的数据封装此对象中，便于与前端页面交互，代码如文件 11-12 所示。

文件 11-12　AvgToPageBean. java

```
1  public class AvgToPageBean {
2      private String[] dates;
3      private double[] data;
4      public String[] getDates() {
5          return dates;
6      }
7      public void setDates(String[] dates) {
8          this.dates=dates;
9      }
```

```
10     public double[] getData() {
11         return data;
12     }
13     public void setData(double[] data) {
14         this.data=data;
15     }
16 }
```

2. 实现DAO层

(1) 创建cn.itcast.mapper包,随后在mapper包下创建DAO层接口,并在接口中编写通过日期查询数据的方法,如文件11-13所示。

文件11-13 TAvgpvNumMapper.java

```
1 import java.util.List;
2 import cn.itcast.pojo.TAvgpvNum;
3 public interface TAvgpvNumMapper {
4     //根据日期查询数据
5     public List<TAvgpvNum> selectByDate(String startDate, String endDate);
6 }
```

(2) 然后在mapper包下创建MyBatis映射文件TAvgpvNumMapper.xml,并在映射文件中编写查询语句,如文件11-14所示。

文件11-14 TAvgpvNumMapper.xml

```
1 <?xml version="1.0" encoding="UTF-8" ?>
2 <!DOCTYPE mapper PUBLIC "-//mybatis.org//DTD Mapper 3.0//EN"
3 "http://mybatis.org/dtd/mybatis-3-mapper.dtd" >
4 <mapper namespace="cn.itcast.mapper.TAvgpvNumMapper">
5     <select id="selectByDate" resultType="cn.itcast.pojo.TAvgpvNum"
6        parameterType="String">
7        select *
8        from t_avgpv_num
9        where dateStr between #{0} and #{1} order by dateStr asc;
10    </select>
11 </mapper>
```

上述代码根据需求,只编写了一条SQL语句,用来查询指定日期区间的平均PV量,并按照日期dateStr升序排序。

3. 实现Service层

(1) 创建cn.itcast.service包,并在该包下创建Service层接口,在接口中编写一个根据日期查询数据的方法,如文件11-15所示。

文件11-15 AvgPvService.java

```
1 public interface AvgPvService {
```

```
2    //根据日期查询数据
3    public String getAvgPvNumByDates(String startDate, String endDate);
4 }
```

上述代码定义了一个通过起始时间和结束时间查询数据的方法。

(2) 下面创建 Service 层接口的实现类,创建 cn. itcast. service. impl 包,并在包中创建 Service 层接口的实现类,在该类中实现接口中的方法,如文件 11-16 所示。

文件 11-16　AvgPvServiceImpl. java

```
1  import java.util.List;
2  import org.springframework.beans.factory.annotation.Autowired;
3  import org.springframework.stereotype.Service;
4  import com.fasterxml.jackson.core.JsonProcessingException;
5  import com.fasterxml.jackson.databind.ObjectMapper;
6  import cn.itcast.mapper.TAvgpvNumMapper;
7  import cn.itcast.pojo.AvgToPageBean;
8  import cn.itcast.pojo.TAvgpvNum;
9  import cn.itcast.service.AvgPvService;
10 @Service
11 public class AvgPvServiceImpl implements AvgPvService {
12   @Autowired
13   private TAvgpvNumMapper mapper;
14   @Override
15   public String getAvgPvNumByDates(String startDate, String endDate) {
16       //调用查询方法
17       List<TAvgpvNum> lists=mapper.selectByDate(startDate, endDate);
18       //数组大小
19       int size=7;
20       //保存日期数据
21       String[] dates=new String[size];
22       //保存人均浏览页面数据
23       double[] datas=new double[size];
24       int i=0;
25       for (TAvgpvNum tAvgpvNum : lists) {
26           dates[i]=tAvgpvNum.getDatestr();
27           datas[i]=tAvgpvNum.getAvgpvnum().doubleValue();
28           i++;
29       }
30       //定义 AvgToPageBean 对象,用于前台页面展示
31       AvgToPageBean bean=new AvgToPageBean();
32       bean.setDates(dates);
33       bean.setData(datas);
34       //Jackson 提供的类,用于把对象转换成 Json 字符串
35       ObjectMapper om=new ObjectMapper();
36       String beanJson=null;
37       try {
38           beanJson=om.writeValueAsString(bean);
39       } catch (JsonProcessingException e) {
```

```
40            e.printStackTrace();
41        }
42        //返回 Json 格式的对象
43        return beanJson;
44    }
45 }
```

上述代码中，将查询的数据封装在 AvgToPageBean 对象中，这样就可以利用 Jackson 工具类将对象转换成 Json 格式的数据发送给前端。

4. 实现 Controller 层

创建 cn.itcast.controller 包，在 controller 包下创建 IndexController.java 文件，代码如文件 11-17 所示。

文件 11-17 IndexController.java

```
1  import org.springframework.beans.factory.annotation.Autowired;
2  import org.springframework.stereotype.Controller;
3  import org.springframework.web.bind.annotation.RequestMapping;
4  import org.springframework.web.bind.annotation.ResponseBody;
5  import cn.itcast.service.AvgPvService;
6  @Controller
7  public class IndexController {
8      @Autowired
9      private AvgPvService pvService;
10     @RequestMapping("/index")
11     public String showIndex() {
12         return "index";
13     }
14     @RequestMapping(value="/avgPvNum", produces=
15                                 "application/json;charset=UTF-8")
16     @ResponseBody
17     public String getChart() {
18         System.out.println("获取平均 PV 数据..");
19         String data=pvService.getAvgPvNumByDates("2013-09-18",
20                                 "2013-09-24");
21         return data;
22     }
23 }
```

从文件 11-17 看出，pvService 对象调用 getAvgPvNumByDates()方法时传入日期参数，读者可以通过以前端用户选择的日期作为参数传递的方式与后端数据库进行交互。

5. 实现页面功能

最终在 index.jsp 页面编写 JS 代码，利用 Echarts 工具，生成 Echarts 图例，接收后端发送的 Json 数据，Echarts 使用非常简单，读者可以参照此案例作为模板，完成 index.jsp 页面的其他图例，核心代码片段如下所示。

```
1  <div id="main1" style="width: 100%; height: 400px;"></div>
2  <script type="text/JavaScript">
3    $(document).ready(function(){
4        var myChart=echarts.init(document.getElementById('main1'));
5        //显示标题,图例和空的坐标轴
6        myChart.setOption({
7            title : {
8                text : '最近 7 天日平均 PV 量',
9                subtext : '动态数据'
10             },
11             tooltip : {},
12             legend : {
13                 data : [ '日平均 PV 量' ]
14             },
15             xAxis : {
16                 data : []
17             },
18             yAxis : {},
19             series : [ {
20                 name : '日平均 PV 量',
21                 type : 'bar',
22                 data : []
23             } ]
24         });
25         //加载动画
26         myChart.showLoading();
27         //异步加载数据
28         $.get('http://localhost:8080/avgPvNum').done(function(data) {
29             //填入数据
30             myChart.setOption({
31                 xAxis : {
32                     data : data.dates
33                 },
34                 series : [{
35                     //根据名字对应到相应的系列
36                     name : 'PV 量',
37                     data : data.data
38                 }]
39             });
40             //数据加载完成后再调用 hideLoading 方法隐藏加载动画
41             myChart.hideLoading();
42         });
43     });
44 </script>
```

从上述代码片段可以看出，首先编写了一个 div 标签，id＝"main1"，然后使用 JQuery 事件创建 Echarts 图例，在 setOption 方法中的参数是固定模板，只需要添加所需的说明文字即可，Echarts 是通过 Ajax 异步加载数据来实现动态填充 x 轴与 y 轴坐标系数据，那么可以利用 Controller 层返回的数据 data 来实现报表的可视化展示。

11.7.3 系统功能模块展示

至此编写代码完毕，下面右击项目，选择 Run As→Maven build，在 Goals 文本框输入"tomcat7：run"启动 Tomcat 服务，在浏览器输入 http://localhost:8080/index.html 网站，即可打开网站流量日志分析系统的主界面，功能模块效果如图 11-13 所示。

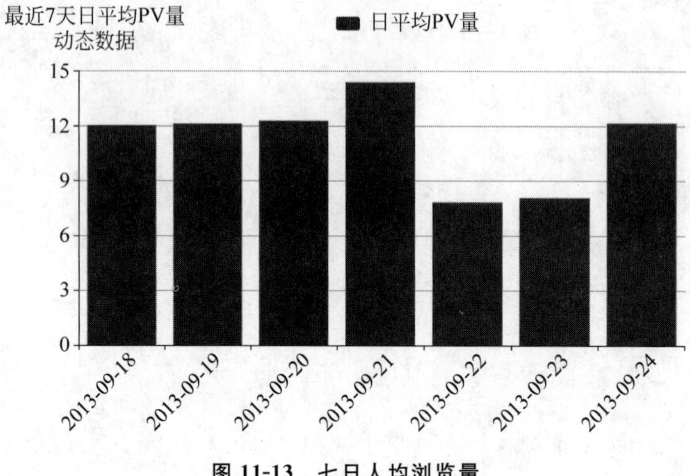

图 11-13 七日人均浏览量

11.8 本章小结

本章通过开发网站流量日志分析系统，讲解利用 Hadoop 生态体系的技术解决实际问题。首先介绍系统的框架流程，然后逐个讲解各个模块之间的实现方式，从数据采集、数据预处理、数据仓库的设计、数据分析、数据导出以及最后可视化处理，详细讲解了系统的环境搭建工作，最终实现了人均浏览量的功能模块，并且进行效果展示。读者需要熟练掌握系统架构以及业务流程，熟练使用 Hadoop 生态体系相关技术，完善本项目其他功能模块，这样才能将本书 Hadoop 知识体系融会贯通。